马克思主义理论研究
和建设工程重点教材

中国美学史

（第二版）

《中国美学史》编写组
主　编　张　法
副主编　朱良志
主要成员
（以姓氏笔画为序）
刘方喜　刘成纪　朱志荣
余开亮　冷成金　邹其昌
贺质朴

高等教育出版社·北京

图书在版编目(CIP)数据

中国美学史/《中国美学史》编写组编.--2版.--北京:高等教育出版社,2018.8(2025.10重印)
马克思主义理论研究和建设工程重点教材
ISBN 978-7-04-050093-6

Ⅰ.①中… Ⅱ.①中… Ⅲ.①美学史-中国-高等学校-教材 Ⅳ.①B83-092

中国版本图书馆CIP数据核字(2018)第168385号

责任编辑 李 喆　　封面设计 王 鹏　　版式设计 范晓红
责任校对 吕红颖　　责任印制 张益豪

出版发行	高等教育出版社	网　址	http://www.hep.edu.cn
社　址	北京市西城区德外大街4号		http://www.hep.com.cn
邮政编码	100120	网上订购	http://www.hepmall.com.cn
印　刷	北京中科印刷有限公司		http://www.hepmall.com
开　本	787mm×1092mm 1/16		http://www.hepmall.cn
印　张	19.5	版　次	2015年4月第1版
字　数	360千字		2018年8月第2版
购书热线	010-58581118	印　次	2025年10月第9次印刷
咨询电话	400-810-0598	定　价	39.70元

本书如有缺页、倒页、脱页等质量问题,请到所购图书销售部门联系调换

物 料 号 50093-00

目　录

绪论　中国美学史：缘起、历程、特点、意义

一、美学史：普遍性中的中国特性

中国美学史是对中国文化的审美现象进行理论总结而来的历史。审美现象普遍存在，人类最古老的艺术品可以追溯到5万年前，与晚期智人的出现同步，目前已经发现的史前艺术品约有50万件，以亚洲、欧洲、非洲为多。① 各种语言中的“美”字，是美的存在和审美意识存在最确切和最有力的证明。中国的甲骨文就有了“美”字（甲 686），印度梵文有 sundara，阿拉伯文有 jamil，古希腊文有 καλός，古罗马有 pulchrum，现代欧洲国家的“美的”一词，有些与古代希腊罗马的字源相关，如意大利语和西班牙语的 belo、法语的 beau、英语的 beautiful，有些则有自己的语源，如德语的 Schön 和俄语的 красивые。② 词汇是现实的反映，有“美”字存在，就说明有美存在。人们也用“美”谈论和赞叹他们认为美的事物。《左传·襄公二十九年》记载，吴公子季札欣赏当时朝廷之乐和各国之乐，每欣赏完一段音乐，谈一段感受，开头都是：“美哉！”③ 季札的感受，同时也是对乐之美的理论总结。放眼世界，玛雅神庙上的雕刻、埃及金字塔内的壁画、阿拉伯壮丽的清真寺、印度优雅的舞蹈、古希腊的瓶画、中国的园林……都成为不同文化背景的学者讲到美时津津乐道的实例。

但对审美现象的理论总结，中国与西方却有所不同。体现在文字上，西方美学从古希腊开始，关于美有两个词，名词 κάλλος（美）和形容词 καλός（美的），进而分出具体事物之美和抽象之美，前者用形容词 τὸ καλος充作名词，后者则延用原来的名词 κάλλος。这两种美都是客体之美，主体对美的感受又是另一个词 αἰσθητικός。这表明了什么呢？西方文化对审美现象的把握是用区分—划界型思维方式进行的。中国文化呢？美，既是名词（如西施之美、居室之美、山川之美），又是形容词（如美言、美德、美差），还是感叹词（如美哉、好美）。而且，美不

---

① “人们通过考古发掘或者出于偶然，已经发现了大约50万件史前时代的艺术物品，它们被一些博物馆以及上百个国家所收藏，这些物品中超过10000年历史的接近五分之一。”（［法］埃马努埃尔·阿纳蒂：《艺术的起源》，刘建译，中国人民大学出版社2007年版，第20页。）

② 有关西文的字源，参见［波兰］符·塔达基维奇：《西方美学概念史》，褚朔维译，学苑出版社1990年版，第163—164页。

③ 吴公子札来聘……请观于周乐。使工为之歌《周南》、《召南》，曰：“美哉！始基之矣，犹未也，然勤而不怨矣。”为之歌《邶》、《鄘》、《卫》，曰：“美哉，渊乎！忧而不困者也。吾闻卫康叔、武公之德如是，是其《卫风》乎？”为之歌《王》，曰：“美哉！思而不惧，其周之东乎！”（北京大学哲学系美学教研室：《中国美学史资料选编》上册，中华书局1980年版，第3页。）

仅用来指客观之美，还用来指主体的美感，如“目之于色也，有同美焉”（《孟子·告子章句上》）①，“毛嫱丽姬，人之所美也”（《庄子·齐物论》）②。美，只此一字而可多方流动，这表明了什么呢？表明它以中国的关联—交互的整合型思维为基础。

西方的区分—划界型思维进一步把美与真和善区别开来。真，对应主体的知，体现在学科上是逻辑学（包括哲学和科学），善对应主体的意志，体现在学科上是伦理学（包括伦理和宗教），美对应主体的是感性情感，体现在学科上是美学（包括美学和艺术理论）。中国的整合型思维，不把真善美严格区分开来，而是既看到三者有不同，又看到三者的交汇与互渗，讲究真美相连，美善相乐；也不把主体心理的性、心、情、意、志严格地区分开来，而是性心相关，心意一体，情志相连。这里，中国文化不像柏拉图那样，从区分性出发，由各种具体的美而追问后面的美的理式；也不像鲍姆嘉通那样，从区分性出发，把感性情感从知和意中区别开来，而以主体之感为中心建立 αἰσθητικός。鲍姆嘉通建立美学用拉丁文写作，希腊文的“感受”在拉丁文中是 aesthetica，鲍姆嘉通以此词立美学之后，“美学”进一步在西方各国语言中展开，德语为 Äesthetik，法语为 esthétique，英文为 aesthetics。西方语言进入东亚，日本学人用汉字“美学”一词去与之对译，并为中国学人所确认，因为中文的“美”本就有美感的含义。中国文化的整合型思维使之在对审美现象进行总结时，有自身的独特方式。在《说文解字》里可以看到，美字就与多个词汇系列有着相互关联，如“羊”字的系列、“味”的系列、器皿的系列、“示”的系列、“文”的系列、“乐”的系列等，共同汇成一个独特的美的“体系”。先秦以后，对艺术之美的品评总结，也分出了各种美的类型，如诗、书、画、文、赋、曲、琴，几乎都有过二十四品的区分。如徐上瀛《溪山琴况》的二十四况是：和、静、清、远、古、澹、恬、逸、雅、丽、亮、采、洁、润、圆、坚、宏、细、溜、健、轻、重、迟、速。这成为一个既有一般艺术特点又有古琴这种特殊艺术种类特点的“美的体系”。

对于审美现象，中国文化与西方文化不同，不是明确地用“美学”和“美学史”这样的学科形式和论著开展总结。因此，从现象上看，中国古代并没有出现“美学”和“美学史”这样的学科和以这两个词命名的论著。实际上，中国文化又对自己的审美现象作了很好的理论总结，它是用另一种理论方式呈现的。比如，西方美学面对的基本内容，是生活审美的各个方面、艺术的各个领域、自然美的

---

① 《孟子译注》，杨伯峻译注，中华书局 1960 年版，第 261 页。本书凡引《孟子》语均据此本，只在正文中注明篇名。

② 《庄子今注今译》（最新修订版）上册，陈鼓应注译，商务印书馆 2007 年版，第 97 页。本书凡引《庄子》语均据此本，只在正文中注明篇名。

欣赏和理论，以及从哲学上对美的言说。中国文化在这四个方面都有博大精深的理论和言说。例如，在生活审美方面，李渔的《闲情偶寄》就是一本体系性的著作；在艺术各领域，诗、文、书、画、乐、建筑、园林、戏曲、小说，理论著述蔚为大观；在自然美的欣赏上，姚鼐关于阳刚之美和阴柔之美的论述堪称经典；在哲学文献里，从孔、孟、荀、老、庄、墨、韩非始，历代哲人，多有关于美的哲学言说。由此可见，中国文化对于审美现象有很深的感受、体会和理论把握，这种体会和把握形成了不同于西方的学科形式的特殊方式。中国人对审美现象的独特理论把握一直以自己的方式在自身的文化范围中行进和发展着。

在西方文化率先进入现代进程，并带动整个世界进入现代进程之后，西方的学术体系成为现代型的世界学术体系的基础。在各非西方文化先后进入现代进程，并以西方的教育体制和学术体制为基本参照重建自己的现代学术体系的同时，中国学术从传统向现代的转变和目标，是按照世界学术体系重建中国现代学术。世界学术体系里面明确地有美学和美学史这样的学科，这使中国学人以时代和世界的眼光重新思考美学和美学史的问题，并在此激发下，去发现中国文化本有的美学理论和美学史，并将之由隐到显凸显出来。在世界的现代化进程中，各非西方文化，如印度、伊斯兰，乃至非洲学人，都以西方的学科型的美学为参照建构自己的美学史，写出了一本本关于自己文化的美学史论著，如潘迪的（K. C. Pandey）《印度美学》（1959）、勒斯曼（Oliver Lesman）的《伊斯兰美学导论》（2004）、卫斯-艾山特（Kariamu Welsh-Asante）的《非洲美学》（1994）……同样，中国现代学术从清末的文化转型开始，以王国维、刘师培、梁启超、蔡元培为代表的现代学人，开始了关于美学和中国美学史的现代写作。

二、中国美学史的现代写作演进

马克思早就注意到历史文化的多样性。对于东方文化，他在《不列颠在印度的统治》《不列颠在印度统治的未来结果》中提出了“亚洲式的社会”和“亚洲社会”，以区别于“西方式的社会”和“西方社会”①，后又在《1857—1858年经济学手稿》②《〈政治经济学批判〉序言》③ 中提出“亚细亚生产方式”以区别于西方的生产方式，这对认识中国文化和中国美学的独特性具有指导意义。马克思也注意到了各个不同的文化在世界现代化进程中走向一体化的必然性，提出在“精神生产”上“各民族的精神产品成了公共的财产。民族的片面性和局限性日益

① 参《马克思恩格斯选集》第1卷，人民出版社2012年版，第848—863页。
② 参《马克思恩格斯文集》第8卷，人民出版社2009年版，第123—126页。
③ 参《马克思恩格斯选集》第2卷，人民出版社2012年版，第3页。

成为不可能，于是由许多种民族的和地方的文学形成了一种世界的文学”①。这意味着，自现代以来，中国美学将成为世界美学的一个组成部分。如何从世界美学的眼光来看待中国美学，在世界美学的普遍性上使中国美学的独特性呈现出来，又如何把具有独特性的中国美学作为世界美学的一个特殊部分融入其中，同时，让作为中国文化重要组成部分的中国美学，成为中华民族走向复兴的推动力量。

在世界进入整体关联进程中的中国美学史写作，一是要获得一种显型的美学学科，二是参照这一显型的美学结构，把中国美学特色及其历史演进规律呈现出来。在第一点上，自清末以来，通过三个方面得以完成：首先是确定汉语译名，其次是进入体制设置，最后是体系性论著的产生。

具体来说，在第一方面，aesthetics 传到东亚，西方传教士、日本和中国学人曾选用不同的汉字词汇与之对译，如有“佳美之理”、“审美之理”（由传教士罗存德 Wilhelm Lobscheid 1886 年的《华英词典》所用）、“审美学”（由日本小幡甚三郎撮译、吉田贤辅 1870 年校正的全二册《西洋学校轨范》所用）、“论美形”或“如何入妙之法”（由德国传教士花之安 Ernst Faber 1873 年的《德国学校论略》所用）、“佳趣论”（由日本西周 1870 年的《百学连环》讲义所用）、“美妙学”（西周 1872 年的《美妙学说（进讲草案）》所用）、“艳丽之学”（华人颜永京 1889 年翻译出版美国心理学家海文《心灵学》时所用）、“美学”（日本中江兆民 1883 年译《维氏美学》所用，该书翌年 3 月由日本文部省编辑局先后刊行）……最后，在王国维、蔡元培、康有为、梁启超的影响下，“美学”成为定译。

在第二方面，张之洞等组织制定的《奏定大学堂章程》（1904），规定“美学”为工科“建筑学门”的 24 门主课之一，随后王国维《奏定经学科大学文学科大学章程书后》（1906）要求在大学的文科里开设“美学”专门课程。民国初年，教育部公布《大学规程》国文学中列入“美学概论”。这一系列的运作，使美学成为中国现代教育体制中的一门学科。

在第三方面，美学成为体制中的一门学科之后，中国学人借鉴西方的相关论著，较快地写出了美学原理著作。萧公弼《美学概论》连载于《寸心》杂志 1917 年第 1~4 以及 6 期，未完。1923 年吕澂出版了中国第一本《美学概论》。从此之后，美学原理著作不断涌现。民国时期共出版美学原理著作 20 本。

获得西方美学原理的基本框架之后，要让中国美学史由隐到显地以学科的方式出现却较为艰辛。这是因为中国美学的特殊性与由西方美学而来的美学原理有相当的距离。中国美学史写作的进展经历了三个步骤：一是前面讲的具有美学这一视点；二是用美学视点去看古代的材料，而形成关于中国美学个别方面的理论；

① 《马克思恩格斯文集》第 2 卷，人民出版社 2009 年版，第 35 页。

三是形成整体性的中国美学史著作。第一步和第二步在美学进入中国之时就同时进行了。在用美学视点去看古代材料方面，王国维在清末对《红楼梦》的研究，是具体点上的努力；王国维在清末对词的研究，特别是后来朱光潜、宗白华、方东美、邓以蛰等对诗、文、书、画、舞等的研究，是在艺术门类上的努力；宗白华在艺术门类之间和中西文化之间的比较研究，是一种深度的探索……这里的进展相对美学原理而言要缓慢得多。原因在于，美学原理直接移植西方著作即可，中国美学史却无样板可依，必须从头做起。因此，作为整体性的中国美学史，在改革开放以后才正式出现。

三、中国美学史著作类型

中国美学史的研究，从局部研究到汇成中国美学史的通史著作的整体，形成于20世纪80年代。李泽厚、刘纲纪主编的《中国美学史·先秦两汉编》（1984）开启了中国美学史通史著作的发端，叶朗《中国美学史大纲》（1985）是第一本完整形态的著作。自此之后到2009年，严格意义上的通史著作共有19种。[①] 这些著作有什么样的特点，又体现了怎样的演进逻辑呢？

首先，呈现了四种类型。一是教材型通史，以新中国成立以来形成的教材模式去呈现中国美学，即由古到今的各个朝代，每一朝代的主要人物，主要人物的主要著作，主要著作的主要思想，一一梳理列出。李泽厚、刘纲纪合著《中国美学史》中的“先秦两汉编”和“魏晋南北朝编”（1987）以及敏泽的《中国美学思想史》（三卷本，1989，2004）可为代表。二是范畴型通史，也讲朝代、人物、著作、思想，但着重突出命题和范畴在其中的作用。前面已提到过的叶朗著作和陈望衡《中国古典美学史》（1998，2007）可为代表。三是把美学理论放到理论所由产生的丰富的文化关联之中，又将之汇成理论，总结出中国美学史的特点，张法的《中国美学史》（2000，2006）、王振复的《中国美学史新著》（2009）、吴功正的《宋代美学史》（2007）等属于这一类型。四是跨越型通史，突破朝代、人

① 如果算上不断有修改和增加的陈望衡2版、王振复2版、张法2版，共6种，应有22种。再加上有通史之貌而未有通史之全的著作4种，有26种。论文方面，据牟娟（《25年来中国大陆中国美学史研究综述》，《南平师专学报》2007年第1期）统计，1980—2004年论文共发表2 546篇。在资料方面，有北京大学哲学系美学教研室编《中国美学史资料选编》（中华书局1980、1981年版），胡经之主编《中国古典美学丛编》（中华书局1988年版），叶朗主编《中国历代美学文库》（高等教育出版社2003年版），如果加上许明、陈炎等关于中国审美文化史的众多研究，加上蔡钟翔主持的“中国古典范畴丛书”（1987年策划，后列入“十五”国家重点出版规划，要出30种，到21世纪初已出10余种），成复旺主编的《中国美学范畴辞典》（中国人民大学出版社1995年版）、王振复主编《中国美学范畴史》（山西教育出版社2009年版）等关于中国古典美学范畴的众多研究，再加上更为广阔的各门类艺术里的美学研究，中国美学史研究已经有非常壮观的局面。

物、著作、思想的时空划分，用具有总领性的思想为线，去统帅历时演进，并在历时演进中建立中国美学整体结构，李泽厚的《华夏美学》（1989）和朱良志的《中国美学十五讲》（2006）属于这一类型。

其次，呈现为两种方向。美学进入中国之后，如何面对中国古代材料建立中国美学，基本上有两种态度。一是从美学原理的角度看待中国美学。中国人写的美学原理，在讲述美学理论时，除了运用西方美学史的资料外，一定要大量运用中国美学史的资料，但其运用是为说明美学原理服务的，因此，引用中国美学史材料之后的结论，与西方美学原理得出的结论大致相同。朱光潜的相关论著基本上是用这种方式进行的。二是虽按西方美学的基本框架撰写，但更重视中国材料的独特性，最后的结论都落实到中国美学自身的特色上。王国维、宗白华、邓以蛰的著作都体现了这一方向。这是言说中国美学的两种方向。以此来对照中国美学史的四种类型，前两种可视为由朱光潜方向演进而来，并有了与时俱进的变调；后两种可看作王国维、宗白华方向在改革开放后的复出，并作了与时俱进的提升。

最后，汇通与细衍。前面讲的四种类型和两种方向，是为了突出其不同的一面，实际上在不同之中又有共同点。本来，四种类型就有内在的相同性。在两种方向里，前一方向越走向深入，就越会通向后一方向，同时，后一方向要走向细化和深入，也必会走向前一方向。在四种类型和两种方向的交会之中，还可以看到本身就在进行的中间交叉地带。比如，在专题上的深研，如王文生《中国美学史：情味论的历史发展》（2008），以及相当多的通史著作在一系列具体问题上的演进，如对儒家美学（陈昭瑛《儒家美学与经典诠释》，2008）、道家（包括道教）美学（李春青《道家美学与魏晋文化》，2008）、佛教美学（祁志祥《中国佛教美学史》，2010）的推进，从广阔一些的角度看，李泽厚《美的历程》（1981）、周来祥主编《中华审美文化通史》（2007）、陈炎主编《中国审美文化史》（2000）、许明主编《华夏审美风尚史》（2000）等，都是在这两种方向之间的。从更广阔的角度看，中国艺术各门类的美学研究，如金学智《书法美学谈》（1984）、袁禾《中国舞蹈意象概论》（1994）、李允鉌《华夏意匠》（2005）、巫鸿《时空中的美术》（2009）也是在这二者之间的，他们都以专门领域上的独到见解，衬出了通史研究在某些点上或某些面上的盲点。

对于属于会通与细衍方面的许多著作，算不算严格意义上的中国美学史著作，是有争论的。之所以有争论，根本原因在于中国美学与西方美学的差异。这主要体现在三点上：一是有无学科的差异，二是学科结构的差异，三是理论形态的差异。

第一，美学在西方是一个学科，有确定的范围，虽然这一学科从建立到今天，至少有四种模式（以美的本质为核心建立体系，以审美心理为核心建立体系，以艺术为核心建立体系，以概念分析为方式建立体系），并且可以按照这四种模式形成自身的资料体，很快进入美学理论的体系建构，并依这一理论建构排列出各类模式在历史上的演进。而在中国古代，没有用一个明显的美学学科去统领各个美学领域，它的材料是散在各个与美学相关的已成学科之中的，如哲学、政治、社会、艺术、生活、自然等。因此，写中国美学史，首先需要一个寻找、分析、鉴别材料的过程。这一过程因为下面要讲的第二方面和第三方面而显得复杂起来。

第二，西方文化是通过各个学科的区分，再将之统合为一个整体。中国文化在区分学科的同时，既要讲究整体与部分的关联，还要讲究各部分之间的会通。因而中国的美，从主体上讲，既不是一个与知和意在本质上区别开来的情，也不是一个与外在感官（关联着生理欲求）区别开来的内在感官（是超越功利的），而既是由同一个性、心、情、意、志的整体生发出来，又是与日常情感对象交会一体的情感对象；从客体上讲，不是基本集中在（与现实不同的）艺术上，而是对现实与艺术同样看重，所谓"会心山水真如画，巧手丹青画似真"（杨慎《总纂升庵合集》卷二百零六）①。正因为中国文化讲究整体关联，因此，中国之美在各个领域流动，从而决定了中国美学史资料的广泛性。

第三，西方文化中的理论，首先要求外在形式上要有严格的理论逻辑，由范畴、概念、术语形成体系结构的才算是理论，而中国的理论并不讲究严格的外在形式，只要内在具有理论深度即可。因此，哲学上有《老子》《论语》的警句型著作，文艺上以诗话、词话形式为主，文论、画论、书论多采用警句和闲谈的形式，戏曲小说以评点为主体，甚至以诗歌形式来论诗、论画、论书（如司空图《二十四诗品》、黄钺《画品》、杨曾景《书品》、郭麐《词品》、许奉恩《文品》等）。因此，中国美学的材料选取范围更为复杂多样。

特别是最后一种差异，决定了中国美学史写作不是从纯理论的文本和纯概念的理论而来，而是要面向各类形态的文本，要把审美文化和理论言说结合起来，全面地总结并呈现出中国美学史的特色。上面所举四种类型的中国美学史著作，实际上都是把各种学科的资料、各类审美现象言说与理论著作结合起来而写成的。

四、中国美学史的资料范围

中国美学史的内容必然包括两个方面，一是美学，二是中国。就美学来讲，可以先用西方美学中最具包容的类型，如近代黑格尔型美学，从历史、自然、艺术的宽广范围去组织美学资料并提炼出一种体系；如现代自然主义美学（桑塔耶那、杜威、门罗）从最广的范围，自然、社会、生活、艺术、身体、心灵等方方

---

① 北京大学哲学系美学教研室编：《中国美学史资料选编》下册，中华书局1981年版，第107页。

面面去组织资料，而形成一种体系。就中国而言，则要从中国文化的特性着眼，一方面要从历史、自然、社会、生活、艺术、身心之美去组织资料，另一方面要从这些资料中提炼和呈现出中国美学的特色。

这里包含着两个题域，一是中国美学史资料体的形成，二是从资料体中提炼出中国美学的特色。在资料体方面，如前所讲，美学的构成在于三个方面：哲学的总体论述，艺术的各个领域，政治制度、社会生活和自然景象的各个方面。在这些方面中，艺术的各个领域和自然景象的各个方面，资料相对易于寻找和形成；哲学中的总体论述怎样进入美学，与“美”字相关的话语如何进入美学，政治制度、社会生活的各个方面如何进入美学，则是一个较大的问题。这一问题也从学术史的演进上显示出来：中国在各个艺术领域的资料整理有了很好的基础，如文学方面有郭绍虞主编的《中国历代文论选》（四册）等，绘画方面有俞剑华编著的《中国画论类编》（上下册）等，书法方面有上海书画出版社、华东师范大学古籍整理研究室选编、校点的《历代书法论文选》（上下册）等，音乐方面有蔡仲德注译的《中国音乐美学史资料注译》等，建筑方面有程国政编注的《中国古代建筑文献精选》（已出从先秦到元三册）等。然而，作为美学梳理，不但要综合各门艺术，而且要把艺术领域之外的资料综合成一种美学史资料。改革开放以来，出过三种较有影响的资料集：北京大学哲学系美学教研室编的《中国美学史资料选编》（上下册，1980—1981）、胡经之主编的《中国古典美学丛编》（三册，1988）、叶朗主编的《中国历代美学文库》（十九册，2003）。

《中国美学史资料选编》虽在改革开放后出版，但其学术背景是新中国成立初期为由中宣部组织的全国高校文科教材中美学类三本（即一论两史）中的两本服务：一是为《中国美学史》（宗白华受命，但后未完成）的写作梳理资料，二是为《美学概论》（王朝闻主编，1981 年出版）的编写梳理中国美学的学术资源。王朝闻主编《美学概论》的目的和新中国成立初期的美学原理水平，在相当程度上决定了该选本的内容范围，即依据当时的美学原理框架（美、美感、艺术），对相关材料进行寻找和梳理，并按当时的观点，对所选文献的性质进行总结，提出其中与美学相关的一系列问题。对所选的段落，也从美学的角度赋一标题，点明关键性内容。整个选本所提供的资料体系，对当时美学原理的写作，以及后来中国美学史的写作，提供了非常充分的理论和材料支持。

《中国古典美学丛编》是 20 世纪 80 年代初，在美学从新中国成立初期强调美学的政治内容走向改革开放初期强调美学的艺术特性的背景下，从艺术规律的角度，以文艺美学的结构对中国古代材料进行的提问。第一，该书分上中下三册，依次为作品、创作、鉴赏，呈现了文艺美学的基本结构。第二，在每一部分里，以类编的方式把材料分为不同的方面或层次，从中国美学资源角度显示了不同于西方美学原理的方面和层次。第三，对文艺美学结构的把握，是按范畴方式进行的。从材料中选取一个范畴，作为一类材料的标题（同时也是主题）。这一选本较好地服务于当时文艺美学的转型和呈现中国美学在艺术各领域丰富资源的需要。

这两个选本突出了中国美学史资料中较为明晰的方面，即美学原理框架（美、美感、艺术）和文艺美学框架（各门艺术的创作、作品、欣赏）。但它们对中国美学资料中不甚明晰的方面，如哲学总论、政治制度、社会生活的美学呈现不够。

《中国历代美学文库》不但力图在本来明晰的方面，而且要在本来模糊的方面呈现中国美学原貌，在这两个方面都进行了新的努力。也许是为了让文献呈现原初形态，《中国历代美学文库》没有突出美学原理的框架，每一文献前面只有作者介绍和选文的文献学介绍，而对于总体内容较为混沌的文献，究竟在哪些方面、哪几点上属于美学，没有指明。对于明显关联到艺术领域的文献，究竟体现了怎样的美学特色和中国特点，也没有明指，需要读者自己去体会。它以19卷的资料形成了一个巨大的资料体，对于中国美学资料体的完成迈进了一大步，体现了当时的最高水平。

由于中国美学史在中西对照中的一系列困难，如何在已有的成就上更进一步，成为中国美学史写作面临的问题。首先，需要让模糊方面明晰起来；其次，需要让明晰方面的中国特色凸显出来；第三，需要让目前还未进入学术视野的资料（比如古代多元一体的天下观资料，与朝廷制度有关的美学方面，等等），或者虽已进入但尚未得到明确呈现的资料（比如关于中国宇宙观的资料，关于中国特殊的心理把握方式的资料，等等）进入到中国美学史的资料体之中。而这三个方面的进步，将会让中国美学史的内容得到更为全面的呈现。

五、中国美学史的主要特点

作为中国文化史重要组成部分之一的中国美学史，有不少独有的特点，其中最重要的是以下四点。

第一点，中国美学是带有中国宇宙观特点的美学。

中国文化中的宇宙是一个气化流行、阴阳相成、虚实相生的宇宙。在气的宇宙中，气化流行产生万物，物亡又复归于宇宙之气。中国的气的宇宙观不同于西方的实体宇宙观，实体宇宙观要把事物归到最小的物质实体（如原子），而气不是实体，是虚体，不能进行实体性的分割和分析。气是虚的，又是万物的根本，也是审美对象的根本。因此，文学上讲“文以气为主”（曹丕《典论·论文》）①，书法上讲“梭梭凛凛，常有生气”（萧衍《答陶隐居论书》）②，绘画上以“气韵生

① 郭绍虞主编：《中国历代文论选》第一册，上海古籍出版社2001年版，第158页。

② 上海书画出版社、华东师范大学古籍整理研究室选编、校点：《历代书法论文选》上册，上海书画出版社1979年版，第80页。

动”为第一（谢赫《古画品录》）[1]，抚琴要“满弦皆生气氤氲”（徐上瀛《溪山琴况》）[2]，等等。因为中国文化中的宇宙是气的宇宙，从而中国美学对审美对象的评价，其最高层次就是虚体性的神、情、气、韵等与气具有同质性的东西。

在气的宇宙中进一步的把握就是阴阳，所谓“一阴一阳之谓道”（《周易·系辞上》）[3]。在这样一个宇宙中人也要求“静而与阴同德，动而与阳同波”（《庄子·刻意》）。宇宙万物万象皆可分为阴与阳，同样，中国之美也可首先分为阳刚之美与阴柔之美。姚鼐《复鲁絜非书》讲了阳刚之美与阴柔之美存在于天地间的方方面面：“其得于阳与刚之美者，则其文如霆，如电，如长风之出谷，如崇山峻崖，如决大川，如奔骐骥；其光也，如杲日，如火，如金镠铁；其于人也，如冯（凭）高视远，如君而朝万众，如鼓万勇士而战之。其得于阴与柔之美者，则其文如升初日，如清风，如云，如霞，如烟，如幽林曲涧，如沦，如漾，如珠玉之辉，如鸿鹄之鸣而入寥廓；其于人也，漻乎其如叹，邈乎其如有思，煗乎其如喜，愀乎其如悲。”[4] 阴阳还可以进一步展开为四（季）、五（行）、八（卦），展开为各种“多”：为十二、二十四、六十四……中国美学也是以这一具有文化特点的数的规律来展开的。如刘勰《文心雕龙·体性》讲的八种类型：典雅、远奥、精约、显附、繁缛、壮丽、新奇、轻靡，就是按照《周易》哲学中的一分为二、二分为四、四分为八的方式进行。八类可简化为四：“雅与奇反，奥与显殊，繁与约舛，壮与轻乖。”[5] 四组中又可分为二：雅、显、繁、壮一组，属阳；奇、奥、约、轻为一组，属阴。在司空图《二十四诗品》里，也是一个由二而四而五而二十四的结构。因为中国文化的宇宙是一个阴阳合一的宇宙，从而形成了审美类型上的基本划分方式，以及对美的体悟的特殊方式。

气的宇宙不但分为阴阳，还要分为虚实。气是无形的，当它在作品中显出时，就从无到有，化虚为实。但这无、这虚、这气又是最根本的。老子说：“三十辐，共一毂，当其无，有车之用。埏埴以为器，当其无，有器之用。凿户牖以为室，当其无，有室之用。”（《老子·十一章》）[6] 讲的就是，像陶器、车子、房屋这样的物体，正因为有虚，才成其为一个物体。对于中国文化来说，在天地之间具有

---

① 俞剑华编著：《中国古代画论类编》上册，人民美术出版社 2007 年版，第 355 页。

② 蔡仲德注译：《中国音乐美学史资料注译》（增订版）下，人民音乐出版社 2007 年版，第 757 页。

③ 李学勤主编：《十三经注疏·周易正义》，北京大学出版社 1999 年版，第 268 页。本书凡引《周易》语均据此本，只在正文中注明篇名。

④ 郭绍虞主编：《中国历代文论选》第三册，上海古籍出版社 2001 年版，第 510 页。

⑤ 郭绍虞主编：《中国历代文论选》第一册，上海古籍出版社 2001 年版，第 243 页。

⑥ 陈鼓应：《老子注译及评介》，中华书局 1984 年版，第 102 页。本书凡引《老子》语均据此本，只在正文中注明篇名。

生气的物体都有虚实相生的结构。审美对象也是如此。对虚的一面的重视，形成了中国美学的特点：文学讲究含蓄有余味，"无字处皆其意"①。绘画重视空白处理，"虚实相生，无画处皆成妙境"②。书法追求"潜虚半腹"③，"实处之妙皆因虚处而生"④。建筑提倡"透风漏月"（姚正镛题个园楼），从房屋的门窗和亭台廊榭之空去得自然之动景，感宇宙之情韵。

中国文化中的宇宙是一个虚实合一的整体，中国美学对审美对象也以虚实相生的方式进行把握。这与西方对美进行实体性的把握完全不同。宇宙是一个虚实结构，语言词句和概念范畴也是一个虚实结构。在虚实相生中，虚的一面更根本，体现在美学理论的形态上，中国美学理论更看重语言和概念的虚的一面。《论语》里有"天何言哉"和"予欲无言"之说⑤，《老子·五十六章》有"知者不言，言者不知"之论，《周易·系辞上》里有"言不尽意"之辞，《庄子·天道》里有"口不能言，有数存焉于其间"之语。这造就了中国美学的理论表达方式与表现形式，从而与西方美学形成差异。孔子说："天何言哉？四时行焉，百物生焉。"（《论语·阳货》）天是有规律的，这规律不仅体现在理论语句上，更体现在四季的运行和万物的生长上。同样，中国美学是有规律的，这规律不仅体现在逻辑性和概念性的表述之中，更体现在具体的审美文化之中。从后一方面总结出中国美学的理论，对于突出中国美学的特点同样重要。这一点在下面还会细说，这里只是从虚实原则初步点一下。

中和境界。中国文化的最高境界是"和"，包括人与人之和、人与社会之和、人与宇宙之和。中国艺术之美自觉追求表现天地之心，拟太虚之体，因而也把"和"作为最高境界。对"和"的追求是艺术家通过对中国文化基本精神的体会并用艺术的形式表现出来的。中国古人早就懂得"和实生物，同则不继"（《国语·郑语》）⑥ 的道理。在艺术上，音乐须五音配合，绘画要"错画为文""墨分五彩"，书法是八种基本笔画的整合。中国各门类艺术都是通过自己所依媒介的多样性组合，按和实生物的原则产生的。"和"不是无矛盾无差别的同一，而是包含矛盾诸方面的阴阳之和、五行之和，以及有无相生、相反相成。绘画中墨的浓淡枯湿，书法中笔的长短曲直，建筑中的墙与顶，音乐中的八音克谐，都如此。中国的"和"与"中"是联系在一起的，所谓"中"，就是按照一定的文化法则来组

---

① 《姜斋诗话笺注》，戴鸿森笺注，人民文学出版社1981年版，第138页。

② 笪重光原著：《画筌》，关和璋译解，薛永年校订，人民美术出版社1987年版，第7页。

③ 叶朗主编：《中国历代美学文库》（隋唐五代卷）上，高等教育出版社2003年版，第12页。

④ 俞剑华编著：《中国古代画论类编》修订本，人民美术出版社2000年版，第355页。

⑤ 《论语译注》，杨伯峻译注，中华书局1980年版，第187页。本书凡引《论语》均据此本，只在正文中注明篇名。

⑥ 徐元诰：《国语集解》，中华书局2002年版，第470页。

织多样的或相反的东西，并把这些构成一个和谐的整体。“中”在艺术上表现为对中心的追求。音乐须有主音，最好是宫音，在五行体系里，宫是中。绘画讲整体性，首先是突出主要人物或主峰，人物画中主要人物总是画得大于他人，山水画“画山者必有主峰，为诸峰所拱向”①。书法要“每字中立定主笔。凡布局、势展、结构、操纵、侧泻、力悖，皆主笔左右之也。有此主笔，四面呼吸相通”（朱和羹《临池心解》）②。在戏曲乐器中，鼓板是中心，它指导着整个乐队的演奏。建筑群要有主体建筑，于故宫是太和殿，于寺庙是大雄宝殿。美学的范畴体系首先是阳刚之美和阴柔之美。中国艺术和中国美学的和谐感和理性精神，都是靠其整体性中的中心，才显得气韵生动。中国文化的宇宙观是时空合一的。“和”在时间方面显现为四季循环、历史盛衰、国家分合、王朝兴亡。正像四季中有秋冬，历史的运转中必有分、衰、亡，心理情感中有悲、怨、愤、憾等。因此，中国的和谐中包含悲、怨、愤、憾的一面，但中国艺术和中国美学在表现悲、怨、愤、憾时，也是建立在根本的和谐精神之中的。徐渭、金农的书法，八大山人（朱耷）、石涛的绘画，不论用笔造型多怪多奇，仍保持和谐的章法。明清悲剧无论怎样使忠臣义士良民走向死亡，总是以平反昭雪的大团圆来结尾。这类艺术表面上是不和的，根子上是求和的。它的不和是文化之和必不可少的部分之一，是不和之和。司空图的《二十四诗品》里有“悲慨”一品，也是整个体系中必不可少的部分，是不和之和，而这种不和之和体现的正是和，要以中为核心。总之，中和是中国文化的最高境界，也是中国美学的最高境界。

因此，本书在对中国美学的历史叙述中，总是要把中国宇宙观影响下的中国美学特色体现出来。

第二点，中国美学是带着中国天下观的美学。

中国境内自一万年前农业文明出现之时，呈现“满天星斗”的文化多元景观，在以后的发展中，在西北（以炎黄集团为主）、东方（以两皋蚩尤集团为主）、南方（以九黎三苗集团为主）的冲突与融合中产生了夏商周的中央王朝③，形成了在地理上以中原为中心、在文化上以华夏为中心的天下一体的观念。这一观念在《山海经》《尚书·禹贡》《礼记·王制》中形成了一个中央和四方（东南西北）具有高度统一的五方世界；在现实中形成了以中央王朝的京城为中心，以其直接控制的华夏地区为基础，与之相紧密关联的东西南北周边的四夷地区（从各地域区别上讲，可以如《礼记·王制》那样，讲东夷、西戎、南蛮、北狄，从与华夏

① 刘熙载：《艺概》，上海古籍出版社 1978 年版，第 165 页。

② 上海书画出版社、华东师范大学古籍整理研究室选编、校点：《历代书法论文选》下册，上海书画出版社 1979 年版，第 736—737 页。

③ 参见徐旭生：《中国古史的传说时代》，广西师范大学出版社 2003 年版，第 42—147 页。

的对比讲，可如《孟子·尽心下》那样只用“夷”概括），以及更远的知其存在而或常有往来或少有乃至并无往来的八荒地区（这里的“荒”即《禹贡》五服中讲最远的往来关系的“荒服”之“荒”，也即贾谊《过秦论》中讲“席卷天下，包举宇内”，“囊括四海”，“并吞八荒”① 时形容最远的地理边缘之荒，也是《明史·外国传》中“荒渺莫考”② 之“荒”）。天下的中心就是中国，国即城，中国即天下之中的城，即京城。如《诗经·大雅·民劳》毛传所说：“中国，京师也。四方，诸夏也……京师者，诸夏之根本。”③ 京城作为文化核心，不仅代表华夏地区，还象征包括四夷和八荒在内的整个天下。如王绍兰《说文段注订补》所说：“案京师为首，诸侯为手，四裔（夷）为足，所以为中国之人也。”④ 这个既有中心性又有多样性的天下观，以天下为一体，如《诗经·小雅·北山》所讲是“溥天之下，莫非王土。率土之滨，莫非王臣”⑤。用《资治通鉴》的话来讲即：“王者之于万物，天覆地载，靡有所遗。”⑥ 这一天下观具有三大特点：第一，中央朝廷的京城代表了文化的最高级，也成为天下的最核心。京城文化代表着天下的雅和正。正如《诗经》中的“雅”。因此，形成了中国文化的中心性。第二，整个华夏地区，一方面以雅正为核心，另一方面也有着地域的多样性，正如《诗经》中的十五国风。因此，在坚持文化中心性的同时，又具有文化的多样性。第三，对于四夷八荒，有着天下胸怀的开放性。正是这一开放性，第一，使作为这一天下观中心的华夏不断地发展。第二，使华夏周边的四夷呈现为两种发展方式，一是以华夏文化为最高级不断进取，在先秦有以楚、秦为代表的文化不断地华夏化，进入华夏的中心；在秦汉以后，有鲜卑族的北魏、契丹族的辽、女真族的金、蒙古族的元、满族的清，在不断华夏化的过程中，进入华夏的中心。二是其他周边各族也在与华夏核心区的交往中，在保持自己独特的文化传统的同时，认同华夏文化并融入中华民族之中，使中国文化更加丰富多彩。第三，使中华民族通过陆上丝路和海上丝路与各种文化进行着持续不断的交流。印度文明、西方文明、伊斯兰文明等世界上的各种文明正是在这一开放性中进入到中国文化，一方面让世界各文化对

---

① 《贾谊集校注》，吴云、李春台校注，天津古籍出版社 2010 年版，第 3 页。原文为“秦孝公……有席卷天下、包举宇内、囊括四海之意，并吞八荒之心”。

② 荒渺莫考之荒，即其远难于到达。明代对利玛窦带来的西方国家知识，难以置信又难以怀疑，于是《明史》在《外国传》中云：“其说荒渺莫考，然其国人充斥中土，则其地固有之，不可诬也。”（《明史》，中华书局 1974 年版，第 8459 页。）

③ 李学勤主编：《十三经注疏·毛诗正义》，北京大学出版社 1999 年版，第 1138 页。

④ 顾廷龙主编：《续修四库全书》213 册，“说文段注补订”卷五，上海古籍出版社 1995 年版，第 279—280 页。

⑤ 《诗经译注》，周振甫译注，中华书局 2002 年版，第 335 页。

⑥ 司马光：《资治通鉴》第 19 册，中华书局 2013 年版，第 6269 页。

中国产生了极大的影响，另一方面也让中国文化对世界产生了极大的影响。中国古代美学正是在中国天下观的语境中，既形成了独特的美学中心，又具有地域美学的多样性，还在面向世界各文化美学的开放和互动中不断地丰富着自己。带着中国天下观特点的美学，具体体现有：第一，华夏核心区因其中心的坚实性和地域的多样性而形成了一个内容丰富的整体；第二，在各边疆民族地区形成了具有民族特色的美学话语；第三，作为核心的华夏美学正因为有边疆民族美学的存在以及与世界的交流，吸收精华，从而更加丰富。因此，华夏美学一方面体现了中华核心区的地域文化的美学，另一方面又体现出代表中国型的宇宙和天下的美学。正如汉族是多民族融和的结果，华夏美学中本就内蕴着四夷美学的内容。它所体现的不仅是华夏，而且是作为整体的天下观的美学。所以，中国美学史不但要呈现作为天下核心的华夏美学，还要体现出具有地域特色的四夷美学思想，从而使之显示出自己的内蕴深度。

因此，本书在对中国美学的主体进行历史叙述时，总是要兼顾中国天下观影响下的中国地域美学的多样性。

第三点，中国美学具有独特的理论形态。

中国和西方对学科的不同态度和方式，产生了中国美学的第三个特点：具有独特的理论形态。西方美学的特点，第一是区分型的美学，即通过知情意的截然划分，让情感作为与（概念性的）知识和（伦理性的）意志区分开来，作为美的领域，美就是对感性以完善，给情感以形式。第二是以艺术为主的美学，即虽然认为现实、社会、自然中都有美，但这美是与功利考量和知识概念混杂在一起的，是不纯粹的。要获得纯粹的美，只有与现实生活、社会事物、自然现象拉开距离，不考虑其功用和概念，而只采用一种纯形式的欣赏，一种审美的静观，现实、社会、自然的美的一面才凸显出来，成为美的对象，而人也在这种距离、静观中获得形式美感而成为审美主体。这一让事物成为美，让人获得美感的过程在文化中具体地落实在艺术上，艺术正是对距离、静观、形式的专门化，是人为了美而创造出来的，情感的完美化体现为审美经验，审美经验的外化体现为艺术。在中国文化中，在第一点上，不是把主体心理几何式地区分为知、情、意，而是看作一个相互联系的功能整体，性、心、情、意、志是一个整体。程颢说：“心即性也。在天为命，在人为性，论其所主为心。”① “性之本谓之命，性之自然者谓之天，自性之有形者谓之心，自性之有动者谓之情。凡此数者皆一也。”② 《诗大序》说：“在心为志，发言为诗，情动于中而形于言。”③ 情与志互文见义。中国人不会把

---

① 《二程集》，中华书局1981年版，第204页。

② 《二程集》，中华书局1981年版，第318页。

③ 郭绍虞主编：《中国历代文论选》第一册，上海古籍出版社2001年版，第63页。

性、心、知、志、意区分开之后来讲情，而是将之结合起来讲情。在第二点上，不是把艺术看成与现实不同，而将艺术与现实融合为一体，社会和自然中本身就有美，天地有大美，日月星为天之文；山河动植为地之文；谈社会，《礼记·少仪》讲了“朝廷之美”；论人物，孔子讲“周公才之美”（《论语·泰伯》）；说文学，刘勰认为，六经是一切文学的核心，文学之美由之而出。整个艺术就是要反映天地之心、万物之情、时世风貌，以及人在天地之间、现实之中的真实感受。中国的诗、文、书、画、建筑、音乐，都强调直接反映现实和人在现实中的真实性情。中国美学在主体上的性、心、情、意、志不分和在客体上直面天地和现实，决定了中国美学的理论形态在讲究其与现实审美文化形态有区别的同时，更讲究与审美文化紧密地联系在一起。与之相应，其理论言说既有理论型的专论（如荀子《乐论》、刘勰《文心雕龙》、孙过庭《书谱》、张彦远《历代名画记》、刘熙载《艺概》），也有与生活紧密相连的诗话、词话、画语、书语，还有以诗论诗、以诗论画、以诗论书，更有理论与文艺作品绝不能分开来的理论形态：两汉诗经学（《毛诗》），古文评点（如吕祖谦《古文关键》），古诗评点（如刘辰翁的唐诗评点），文人画中的诗文题跋，明清小说和戏曲的评点形式（如《金圣叹评点西厢记》和张竹坡评点《金瓶梅》）。这一类的理论形态，一定要与文艺文本结合在一起，才能形成这一理论的原貌。去掉文艺文本，只把总评、评注、行批、夹批、眉批一条条地拈出，完全无法显示评点的整体和原意。这一类理论形态的存在，突出了中国理论的一大特色，即理论是与文本结合而存在的。古代名言：“世事洞明皆学问，人情练达即文章。”讲的正是现实、理论、美学的同一性。由于中国文化如是的理论观，如是的理论形态，所以，具有中国特色的中国美学史，应是把美学理论、美学思想、审美文化结合在一起的美学史。一个具有中国特色的中国美学史，只有在突出美学理论、美学思想的同时，一定程度地把理论与现实、与艺术、与审美文化联系在一起，在多样的联系中进行理论的提炼和讲述，才能反映出中国美学史的原貌和特点。

因此，本书在对中国美学的历史叙述中，既有专讲理论名著的纯理论，也有面对具体美学领域的美学思想，还有在没有理论话语的时候，从审美文化中提炼出来的美学思想，从而在形态上体现为美学理论、美学思想、审美文化相统一，以审美文化为基础，以美学理论为核心，形成对中国古代美学进行原貌和本质呈现的中国美学史。

第四点，中国美学具有历史丰富性。

中国美学史首先是一种“史”，中国美学是从史的展开中呈现出来的，从而有了其在史的各阶段的演化、发展、丰富。中国美学史可以分为三大阶段：从远古到先秦为第一阶段，是中国美学的形成期；从秦汉到唐为第二阶段，是中国美学的发展期；从宋到清是第三阶段，既是中国美学的丰富和总结期，同时又是中国美学向现代转型的时期。

在第一阶段里，中国美学可以分为三段：从山顶洞人到夏之前、夏商周、秦前期。夏之前是从岩画、彩陶、玉器、坛台中，在巫礼（原始仪式）中呈现了中国型的审美和艺术初型，审美观念内蕴在其中。夏商周的礼乐文明，是远古时代美学思想的总结和体系化。美学观念既体现在礼乐文明的朝廷之美里，又从关键性的文字（甲骨文和金文）里体现出来。先秦时代，形成了以诸夏为中心的天下观。先秦美学是对夏商周礼乐文明的文化总结和理性提升，以孔子和老子为代表的先秦诸子，对中国思想作了结构性呈现（如道的宇宙、仁的人性、法的政治功用、侠的社会情怀），也对与之关联的中国美学思想作了奠基性论述，同时在朝廷和人格、文与乐等多方面为中国美学从先秦转向秦汉作出了开创性贡献。

在第二阶段里，中国美学也可以分为三段：秦汉、魏晋南北朝、隋唐五代。秦汉时期，大一统的朝廷依地理上的长城划出了长城以南的农业区和以北的游牧区，在制度上依郡县制划出核心区与边疆区。美学最主要的成就是朝廷方面：一是体现新的宇宙观和天下观的“巨丽”（主要由汉赋和宫苑体现出来的美学思想）；二是体现大一统朝廷在政治上进行美学调控的评论《诗经》的美学思想和讲述史传的美学思想，也体现在宫殿苑囿陵墓体系、汉赋、舞乐、秦篆汉隶、秦汉漆器、汉画像、汉帛画等所内蕴的观念之中。同时，民间文化形式之中内蕴的美学思想和边疆民族文化中内蕴的美学思想也在天下观的框架中得到了呈现。

魏晋南北朝时，两大事件对美学最为重要：一是魏晋以来士人自觉意识的形成，产生了具有体系性的以士人为主体的美学，在人物品藻、诗、文、书、画、音乐、园林方面体现出来的美学思想。在此基础之上，美学理论得到了质的提升，产生了中国美学的体系著作《文心雕龙》《书品》《古画品录》等。二是东晋之后中华民族进入了又一个大交会和大融合阶段，由此产生了南北两种不同的美学类型。而这一时期产生的佛教美学思想、道教美学思想、自然美学（由《水经注》等体现出来）思想、民间美学思想（由南北朝民歌体现出来）等，具有横跨南北的性质。

隋唐五代是美学上五彩缤纷的时代。首先，士人的美学思想得到了全面发展和丰富展开，典型地体现在三大美学类型上：以李（白）诗、张（旭）书、吴（道子）画为代表的具有天才性的审美类型，以杜（甫）诗、颜（真卿）书、韩（愈）文为代表的具有法度性的审美类型，以山水诗和水墨画为代表的淡逸境界的审美类型。在唐代，三教都得到了极大的发展，儒家美学、佛教美学、道教美学放射出耀眼的光芒。唐代长安是一个世界之都，由丝绸之路而联系到广大的世界，各民族、文化、宗教都会聚到长安。而隋代运河的开通让扬州成为商业大都，联系着海上丝路，透出一种新型都市里的美学思想的兴起。唐代既是第二阶段发展的顶峰，又是由第二阶段进入第三阶段的转折，除了扬州型的都市美学思想生成，白居易中隐园林、韩柳古文中的美学思想、禅宗美学，反映了社会的转型。

第三阶段里，还可分为三段：宋辽金元、明代、清代。而这三个阶段之中有更多的关联。在一些方面，应三段合一，如小说戏曲的发展，宋元明呈现为一个总体面貌；在另一些方面，应两段合一，文人画，宋元合论较好；而带着西方近代思想的传教士来华，明清应合起来讲；在诸多方面三段则各有特点，如宋代的文人画与院体画的争论、明代的启蒙美学思想、清代在各艺术领域的总结性著作。这里，从整体来看，分为宋辽金元和明清两段来论述。

宋辽西夏金，一方面继承着唐代以来的各种潮流，另一方面又有了全新开拓。宋代科举制度和文官制度的完善，使由唐而来的美学主流有了新的发展和演变，体现在古文、绘画、园林、诗词、棋茶等的美学思想之中，特别体现在宋代的中隐园林理论和宋元的文人画理论里。宋代的城市繁华，科技发展、经济繁荣，产生了美学的新质，体现在都市背景的通俗文艺及其美学思想之中。精英美学与大众美学的不同倾向从雅俗之争中显示出来，而文人画与院体画的不同趣味，从理论上的神逸之争中显示出来。宋代作为一个多民族政权共存的时代，造就了各政权区域里不同的美学类型。到元朝蒙古族政权一统天下，而且是进行了极大的世界性扩张之后定都北京，既进行着新的社会文化分层（蒙古人、色目人、汉人、南人），又以中华文化的继承者而重振美学，还在世界性的民族移动中，由色目人（西方和西域各民族的总称）进入全国各地，带来了美学的新融合（各民族中的美学类型）与新风貌（戏曲美学）。

明代由汉人王朝取代蒙古人王朝之后，经济、社会、文化、对外交流有了空前的发展。清代再一次由少数民族入主中原，清王朝的大一统思想，对后来中华民族的形成和中国疆域的稳定具有非常大的作用，对中华民族美学的多样性和丰富性也有非常大的作用。明清美学有如下几个特点：首先，美学的各个领域都得到了大的发展，包括三教在内的各种思想，以及具有一定启蒙性质的王学、李贽、黄宗羲等人的思想，还有西方传教士带来的西方思想。其次，艺术的各个领域（诗、文、书、画、小说、戏曲、园林、工艺等）得到了极大的发展，并在美学思想上得到了体系化，特别是在小说美学、戏曲美学、园林美学方面成就尤甚。这里需要强调的是，明代的主要特色是发展，而清代的主要特色是体系化，特别是对那些具有悠久历史的艺术门类（如诗、文、词、赋等）进行的总结性的体系化。第三，是各边疆民族呈现出丰富多彩的美学类型。

明代俺答汗将藏传佛教中的黄教引入蒙古族聚居区，改变了蒙古草原上的审美风貌。佛教教义进入到萨满教的祭词、赞词、祷词、歌谣中。文学上，明代的英雄史诗《江格尔》得到定型，有散文诗小说《乌巴什洪台吉传》产生；清代有《格萨尔王传》出现。新疆维吾尔族民间故事《阿凡提故事》形成，整理和定型了《十二木卡姆》，阿曼尼莎罕写出了诗歌、书法、音乐的理论著作《心灵的协商》。清代，阿布杜热依本·尼札里写出了长诗《热碧娅——赛丁》。明代，伊斯兰教开始了中国化。王代舆的“学通四教”（伊斯兰、儒、释、道）具有代表性，他与詹应鹏、张忻等“以儒诠经（古兰经）”取得了成就。在文艺领域，明代的回族诗人有丁鹤年、海瑞、李贽、金大车、金大舆、孙继鲁、马继龙。清代马世俊、丁澎、蒋湘南、沙琛等回族诗人写有论著。在藏族，明代有索南坚赞的《西藏王统记》等历史著作，桑吉坚赞的《米拉日巴传》等僧传著作，《米拉日巴道歌集》等文学作品；清代有《格萨尔王传》《仓央嘉措情歌集》《尸语故事》的出现，内蕴着深厚的藏族美学思想。明代，西藏五大寺（白居寺、甘丹寺、哲蚌寺、色拉寺、扎什伦布寺）和青海塔尔寺建成；清代，兴修布达拉宫等十余所寺庙。这些寺庙集建筑、雕塑、绘画、文学、工艺为一体，展现了独特的审美风貌。南方众多的少数民族文化也各呈风采，如苗族《花边姑娘》、瑶族《盘王歌》、黎族《葫芦瓜》。如何对具有历史丰富性的中国美学进行总结，是中国美学史的重要任务。

六、学习中国美学史的目的、方法、意义

毛泽东在《中国共产党在民族战争中的地位》中说：“从孔夫子到孙中山，我们应当给以总结，承继这一份珍贵的遗产。”① 中国美学史是中国文化史的一个重要组成部分，中国的美学遗产是中华民族珍贵遗产的重要组成部分。中华民族在数千年的历史中，创造了独特的中华文化，其独特的价值体系和独特的美感形式，已经成为民族基因，植根在中国人的心灵深处。中国文化正是以这些基因为基础，面向现代的挑战，吸收世界各先进文化，走向世界的现代化。正如只有理解了中华传统文化的内在特点和突出优势，才能理解中国何以走了一条独特的现代化道路一样，只有理解了中国美学的内在特点和突出优势，才能理解现代中国人的审美方式何以在走向世界现代美学的道路上展现独特的方式和丰富创新，从文学的鲁迅、郭沫若、茅盾，绘画的齐白石、林风眠、徐悲鸿，音乐的贺绿汀、冼星海、聂耳，电影的郑正秋、蔡楚生、谢晋等各艺术领域的优秀艺术家身上，都可体会到中国传统美感因子在其身上的巨大影响。了解中国传统美学，有利于增强中国人在走向世界现代化进程中的文化自信和美学自信，有利于中国与世界的相互了解，有利于世界美学在多元互动中的崭新创造。

从这一高度学习中国美学史，其目的一是认识中国美学史的丰富内容；二是

① 《毛泽东选集》第2卷，人民出版社1991年版，第534页。

在认识其丰富内容的基础上，认识中国美学在世界美学中的独特性；三是在理解中国美学独特价值的基础上，更自觉地投身于对中国和世界之美的欣赏和创造之中。

学习中国美学史，认识其丰富内容和独特性，在方法上，要用历史唯物主义和辩证唯物主义的方法。历史唯物主义要求坚持实事求是的原则，把中国美学史的原貌原样地呈现出来。在理解中国宇宙观的特点、天下观的特点，关联整合思维的基础上，去理解中国美学的历史演进和丰富展开，并在此基础上掌握中国美学的基本特点。辩证唯物主义要求从过去与今天的互动中突出中国美学史的优秀成果，从今天看过去，让过去在今天发挥作用。毛泽东曾提出“古为今用，洋为中用”①。中国美学史的学习和研究，其实也包括这两个方面，“古为今用”就是让中国美学优秀的一面呈现出来，使之为中华民族在现代化的过程中培育和创新符合时代的美感形式服务。“洋为中用”，这里可以用来指学习中国美学，要与世界其他文化的美学，特别是西方美学进行比较，在比较中让中国美学的民族特点得到更鲜明的呈现。在运用历史唯物主义和辩证唯物主义的同时，还要运用学术的规律和美学的规律，即把历史唯物主义和辩证唯物主义贯彻到美学学术研究之中，使之和学术研究的方法、和美学研究的方法结合在一起。这样才能以学术的方式和美学的方式把中国美学史的原有面貌、独有特性和优秀亮点呈现出来，成为新时代的审美创造的丰厚滋养。

21 世纪，中国学术正在走向现代化，中华民族正在走向伟大的民族复兴。学习中国美学史具有重要的意义。首先，中国美学史是中国现代学术体系和学科体系中美学学科的一个组成部分，不同于西方美学史，对于美学的学科建设、完善中国的现代学术体系具有重要意义。其次，中国美学史是中国美感经验的历史呈现，是文化史的一个重要组成部分。对中国美学史进行理论总结，有利于认识中国美感经验的特点，从而有利于认识中国文化的特点。习近平《在文艺工作座谈会上的讲话》提出“要传承和弘扬中华美学精神”②。“中华美学精神”这一命题，内蕴着丰富的内容。我们的初步理解，中华美学精神包括三个方面：一是中华民族在几千年的审美实践中形成具有中华民族特色的美感；二是这一具有中国特色的美感具体地体现在丰富多彩的审美活动，特别是几千年来产生的优秀艺术作品中；三是以理论的形式体现在几千年来中华民族论及美和艺术的理论作品中。这三者紧密相连，当我们对中华民族几千年来论及美和艺术的理论，联系几千年来的优秀艺术作品和美感实际进行总结，正是要揭示内蕴在其中的中华美学精神。

---

① 《毛泽东文艺论集》，中央文献出版社 2002 年版，第 227 页。

② 习近平：《在文艺工作座谈会上的讲话》，人民出版社 2015 年版，第 26 页。

在中华民族正在崛起并实现民族复兴的今天，中国美学理论的总结有利于中华民族的民族认同和审美认同。最后，当今时代，在全球文化由西方主导转向各类文化的多元共生之中，需要让中国文化对世界文化的重建产生积极的作用，中国美学史的学科建设有利于中国对世界的文化贡献。

中国美学史是建立在中国文化的宇宙观基础上的美学，中国宇宙观是一个生态型的宇宙观，这一点正与现代的生态世界的转型相契合，并会为世界的生态转型提供中国的经验。中国的天下观是讲“和”的天下观，这一点正与现代世界向多元共生的和谐世界的转型相契合，并会为世界的多元共生提供中国经验。中国美学是一个具有历史丰富性的美学，从文献上的伏羲、女娲、炎黄、两皋、蚩尤、九黎、三苗和考古上的仰韶文化、良渚文化、红山文化、屈家岭文化、大汶口文化、龙山文化的远古，到夏、商、周、春秋、战国、秦、汉，魏、晋、南北朝、隋、唐、五代、宋、辽、金、元、明、清，中国几千年的美学成果集聚了丰富的审美经验和理论形态，将对世界美学的重建提供中国经验，并在中国与世界的互动中，提升中国文化的感召力，从而有利于中华民族在新时代的民族复兴。

思考题

1. 中国美学史有怎样的存在形态？
2. 中国美学史的主要特点是什么？
3. 学习中国美学史的意义是什么？

► 本章小结与知识拓展

第一章 远古美学[①]

远古美学，是讲美、美感、艺术如何从中国大地产生，并逐步发展到夏商西周的礼乐文化阶段的美学。对于这一进程的认识，主要依托于对考古资料、历史文献的梳理以及对古文字字义的辨析。远古至夏商西周，是中国社会早期审美意识和审美观念的发端期，它为春秋战国时期的美学提供了源头和基础。

第一节 远古美学的基本面貌

一、远古美学的最初时空

中国大地上人类留下的早期遗迹，目前发现的有距今200万年前安徽繁昌人字洞、河北阳原泥河湾的石器，有180万年前元谋猿人的居住遗址，有两万年前山顶洞人的仪式和装饰。这一漫长的历史区间，类似于文献传说中的燧人氏、有巢氏时代。与后世文明紧密相关的是一万年前原始农业的出现，并进而形成了中国新石器时代两大主要的农业区，即位于北方的粟作业区和南方的稻作业区。这可以用伏羲、神农、女娲等文献人物所处的时代来象征。到距今6 000年左右，中国史前文明显现出多元并起之势，考古学家苏秉琦将其分为六大相对独立发展的文化区，即中原、燕辽、甘青、山东、长江中游、江浙文化区。这一时期大致对应于文献传说中的黄帝、炎帝、蚩尤时代。到距今4 000年，现代考古学对中国远古历史的认识，逐渐与传世文献的记载相互重叠。像河南偃师的二里头文化，直接对应着传世文献中记载的第一个中原世袭王朝——夏。史书中说禹时有万国，而夏朝成为中国大地的核心和多元中的一体，形成系统性的礼乐文明。从夏至商到周，中国早期礼乐文明不断发展，最终在春秋战国时代进入辉煌。

从美学的角度看，考古器物是中国远古至夏、商、西周时期各区域文明特性和文化价值的强化象征。其过程经历了从山顶洞人的装饰品到农业初期的石器、陶器、玉器、岩画，再到新石器时代各种器物的灿烂出现。其中，在新石器时代，

---

① 远古至夏商西周，是中国美学的发端期，也是史前审美意识向相对稳定的审美观念过渡的时期。本章所讲的“远古美学”，不是一个固定的历史概念，而是意在借此梳理中国美学早期从审美意识向审美观念、美学思想的逐步进化。在现代中国史学界，“远古”一词的用法大致有两种：一是白寿彝在其主编的十卷本《中国通史》中，将中国夏代以前的史前文明史称为远古史；二是王玉哲在其《中华远古史》中，将“远古”的范围从史前文明一直延伸到夏商西周。本教材在两者之间采取了折中立场，即用“远古”指代中国史前文明到夏商西周的整个历史进程，但在具体论述中又做了适当区隔。

以燕山南北长城地带为中心的北方，红山文化的玉器、富河文化的筒形罐、夏家店文化的筒形鬲等，器型和纹饰均表现出鲜明的地域特色和高超的工艺水平。以山东为中心的东方，大汶口文化的纹饰彩陶、龙山文化的蛋壳黑陶以及形形色色的玉器和骨器，体现出了比当时中原地区更高的工艺水平和审美价值。以环太湖为中心的东南部，河姆渡文化的干栏式建筑、象牙雕刻，马家浜文化的釜、鼎、豆、壶，尤其良渚文化琳琅满目的玉璧、玉琮、玉璜、玉钺等，代表了当时最杰出的成就。另外，在以环洞庭湖和四川盆地为中心的中国西南部、以环鄱阳湖—珠江三角洲一线为中轴的南方，器具制作的艺术性也不输中原。这表明，在中国社会早期，作为多元文明表现形式的审美和艺术创造，也是随着各自文明的演进路径，显现出既具有共性又具有区域个性的特点。

二、远古美学的演进逻辑

新石器时代，黄河中游地区只是中国远古文明的一个区系，但它却最早跨进了文明的门槛，逐渐在各区域文明中占据主导地位。像距今9 000年的河南舞阳贾湖遗址，其中出土的骨笛是迄今发现的世界上最古老的乐器，已具备七声音阶。贾湖遗址中刻在龟甲、骨器、石器、陶器上的楔形符号，也已具有原始文字的性质。另像距今8 000年左右的裴李岗文化遗址，出土了磨盘、磨棒、镰铲等农业生产工具，意味着中华民族历史上占据主导性的产业类型，在中原文化区系中最早形成了相对成熟的形式。到距今6 000年左右，黄河流域进入全面繁荣的仰韶文化时期。它以华山周边为中心，东起豫东，西至甘肃青海，北到内蒙古，南抵江汉。农耕文明建构的人地关系和对泥土属性的深刻理解，使以泥土为材质的陶器成为这一时期最重要的审美表现形式。陶器上形形色色的几何纹饰和动植物图案，表现出多样的审美趣味和高超的工艺水平。其中，河南临汝阎村出土的鹳鱼石斧纹彩陶缸，画面简洁疏朗，生动传神。鹳鸟衔鱼加上一柄石斧的构图，反映了当时人们卓越的审美造型能力和对物象关系的奇异理解。另外，庙底沟陶器中最具特色的花卉图案，线形简洁流畅而富有装饰感，具有极高的艺术水平。

仰韶文化之后，黄河流域进入更为高级的龙山文化时期。它的薄如蛋壳、光亮如漆的黑陶，是中国远古制陶水平的顶峰。同时，原始城市开始大批出现，如山东章丘城子崖城址、日照尧王城遗址、河南淮阳平粮台城址、登封王城岗城址、郾城郝家台城址、辉县孟庄城址等，都显现出后世中国城市的基本建制形式和功能构成。城市的出现说明，当时的中国社会已从散布四野的村落聚居形态，向跨村落的中心区域聚集。城市对周边地区形成的向心力和吸纳能力，使跨越血缘、族际、地域的文明共同体得以形成。龙山文化之后，中国社会之所以在中原地区率先进入国家形态，并形成夏商周王朝，明显依托于这些早期城市对周边资源的聚集和权力的投射。从美学角度讲，城市因能工巧匠的聚集而成为精美器具的制作和集散地，因政治、经济和文化的强势而成为审美时尚的发布者和审美标准的制定者。进而言之，当一个更趋强大的城市权力集团扩张其势力时，它只要控制了周边区域性城市，也就掌握了整个地区的政治经济和文化命脉。据此来看，中国文明之所以从早期的“满天星斗”走向中原中心，其前提就是仰韶文化的村落向龙山文化的城市形态发展，以及以城市为中心形成的对周边文化的强大吸纳力和自身的创造功能。比如，曾在红山文化、良渚文化、凌家滩文化辉煌过的玉器被吸收进来，成为龙山文化之后夏文化的重要组成部分。河南龙山文化则在向夏文化的延续中由制陶发展出青铜文明，使陶器、玉器、青铜器成为早期中原文明的共同代表。

中国远古时期的美学进程，是从多元渐趋一体的过程。在这一过程中，既有非中原地区的审美元素进入中原，熔铸成为华夏文化的有机组成部分，更有体现中原特色的审美元素向外播迁，在和各地域文化的融合中体现出审美的一致性。中国远古美学就是通过多元美学因素的交互影响形成的审美共同体。这种多元一体的格局为后世中国美学的发展提供了初始的范型。

三、远古美学的基本问题

根据现代已有的考古发现，我们可以大致勾画出远古美学的路线图。但是，同仍深埋于地下的历史遗迹相比，今人所谓的发现毕竟有限。历史越趋于久远，越会因史证的匮乏而难以确知，这决定了后世对远古时期中国人审美状况的认识，只能不断接近真相，而非确知真相。远古美学研究也只能做到对史前审美史大而化之的概述，而难以一览无余。那么，远古美学的基本问题是什么？且举要如下：

第一，天下观与远古美学的空间形态。古代中国自中原中心观念确立以后，“中国”基本上是一个中心明确、框架清晰而边缘模糊的概念。在商代甲骨文中，就存在“中央”和“四方”的观念。这一观念，具体见于《尚书·禹贡》。按照《禹贡》设定的贡服体系，整个天下以“中邦”为中心，沿着甸服、侯服、绥服、要服、荒服的顺序向四方蔓延，直至天边。正是这一以天下为国家的观念，让远古文化由“满天星斗”产生出了六大文化区域，进而产生出了夏商周的中原中心。在这由中心、四方、九州、天下构成的空间观念中，可以看到六大文化区域中的文化精华，如彩陶、玉器、青铜、宫殿、庙坛、墓葬等，都在交流之中汇集成了一个共同的体系结构，形成了一种天下的美学样态。

第二，农耕文明对中国远古美学的孕育。中国古典美学是农耕文明的产物，这种生产方式所建构的人地关系影响了后世中国哲学、美学和艺术的方方面面。像哲学上的天人合一，伦理中的中庸和谐观念，文学里的农事田园传统，绘画上的山水花鸟主题，建筑里的土木营造，等等。从远古与后世的关联看，中国美学传统发端于新石器时代的原始农业。这种农业文明对美学的贡献主要表现在两个方面：一是产生了为农业服务的天文历法，二是中国人对泥土的加工日益精细化，并对相关的山川地理材质有了深刻体认。前者形成了中国的宇宙观和天下观，后者从泥土中创造了辉煌的彩陶，从山川中创造了玉器和青铜器。

第三，器物图案、纹饰的可视性与审美意识的自觉。中国远古时代的器物图案、纹饰包含着宗教、礼仪的内容，同样也外显着美感形式。首先，陶器是圆形的，面向各方。比较言之，平面化的具象图案易于把人的注意力集中在一面，倾向于形成定点观赏。而平面转为圆形、具象转为抽象之后，整个图案就是游走的了。它面向各面，使各面形成一个既没有起点、也没有终点的一气呵成的整体。这样彩陶的绘制就自然而然成了移动的散点透视。它让你围绕着彩陶进行“步步移，面面看”式的欣赏，又在这彩陶的有限圆面中体会到一种周而复始的无尽效果。这种“游目”，正是后来中国绘画和中国园林的一个基本审美法则。其次，各种彩陶都注意由上观下的视觉效果。如果是盆与盘，它往往在盆、盘内部绘有图案；如果是瓶和罐，它在绘制四面图案时就会有意向瓶罐颈口处集中。这样，由上观下又构成一幅和谐图案。这不就是《周易》中伏羲氏的仰观俯察的方式吗？由此可推，中国人的审美方式，来自于远古彩陶制造和欣赏时对人视觉的迎合和照顾，体现出为人的欣赏而进行纹饰布局的鲜明特性。

第四，“器以藏礼”与远古器物的表意功能。中国社会自旧石器时代就开始有墓葬和随葬品，至新石器时代墓葬更密集地出现。这一时代的考古器物，如陶器与玉器，大多与墓葬、祭祀有关。与此一致，新石器时代也是一个社会贫富分化、权力层级化日益凸显的时期，器物相应地以其精美和昂贵程度对此做出反映。像当时大量出土的玉器，并不是作为生产工具，而是人的身份和地位的标识物。而这种标识，无论出现于墓葬还是被活人使用、佩戴，都意味着它们在精神层面的象征意义大于物质层面的实用意义。在这些装饰品中，器具的物性已让位于精神性，成为一种符号性的存在物。由此，中国远古器物的审美价值，就不仅仅表现在它的外观形式，而且在于它的形式图案所包蕴、暗示的精神意义。

第二节　中国美学的历史发端

一、基于考古资料的判断

就目前学界对中国远古时期审美状况所能达到的认知水平看，中国审美意识的发端，最早可以上溯到距今两万年左右的山顶洞人时期，其标志就是遗址中出土了钻孔的兽牙、海蚶壳、小石珠、石坠等人体装饰物。装饰物的出现，说明人的着装不仅是为了满足保暖、遮羞、蔽体等实用目的，而且有了自我展示、自我表现的审美需要。也就是说，这时已经产生了可以被史迹确证的审美意识。

山顶洞人属于旧石器晚期，处于中国历史从打制石器向磨制石器过渡的阶段。从山顶洞人遗址发现的器物形制看，仍属打制石器，但已使用了磨光和钻孔技术。就器物作为生产工具而言，它的表面是否磨光，并不会对其实用功能产生重要影响，能够影响的只会是器物的手感和好看与否，这个好看就是美。山顶洞人的石器造型就其从旧石器向新石器演变的特性不难看出，这个部落不仅通过装饰品实现对自身的美化，而且也表现出通过美化日常用具来美化生活环境的意向。也就是说，美作为从实用逐渐向精神升华的价值选择，自此开始对人的自我评价和生活态度形成影响。而描述美的历史的中国美学史，自此也就有了最早的萌芽。

山顶洞人在人体装饰和器物制造方面所体现出的审美取向，在旧石器晚期并不是孤立的个案。另像同一时期山西朔县的峙峪文化、沁水县的下川文化、辽宁海城小孤山遗址等，都有装饰品和体现一定工艺水平的细石器出土。这种由人对生产器具和饰物的加工等表现出来的审美化倾向，到距今8 000—4 000 年的新石器时代，开始变得蔚为大观。在这一时期，除了石器以其更趋光滑规整的外观体现出审美特性外，最具代表性的工艺成就是岩画、陶器和玉器。其中，岩画主要分布于中国北部的黑龙江、内蒙古、甘肃、新疆以及南部的川、滇、贵、闽等地，内容涉及自然天象、生殖崇拜、游牧狩猎、战争舞蹈等诸多方面，造型或朴拙、或粗犷、或简洁、或变形，具有原始艺术独特的表意能力和视觉震撼力。陶器主要分布于中国黄河、长江流域，尤其在黄河流域发展出最高水平并表现出不断进化的特征。像新石器早期的夹砂红陶、中期的泥质彩陶、晚期的蛋壳黑陶，基本代表了从磁山—裴李岗文化到仰韶文化、再到龙山文化的演变过程。而陶器的器形、色彩和刻绘其上的纹饰图案，无不表现了当时人的审美造型能力和对器物之美的追求。玉器是中国新石器时代出现的多重功能聚合的审美形式。就目前的考古发现看，当时辽河流域的查海—红山文化、黄河流域的仰韶—龙山文化、长江流域的河姆渡—良渚文化，代表了那一时期玉器制作的最高水平。玉既是当时石头磨制技术的必然产物，可以用作生产工具，又因其质美、材轻、形巧等特点，被广泛用于人体佩饰及社会宗教礼仪。这多重的特点，使其成为中国人从实用走向审美、从审美走向精神的重要标示物。其中，玉器因参与原始宗教礼仪活动而获得的意义承载，意味着当时人对美的理解已不止于事物的感性形式，而是有了内在的精神深度。也就是说，玉的礼器属性，使其成为天地人哲思的物态形式，美也因此由一般的感性表现进一步跃升为观念形态。

通过以上分析可以看出，虽然因为语言和文字资料的缺乏，今人无从直接了解远古时期的中国人如何认识美、理解美，但与美有着密切关联的历史遗迹的存在，却足以证明美成了那一时代不可或缺的重要问题。器物无言，无法直接陈述一个时代的审美观念和思想，但它却以自身的在场彰显了美的观念和思想。这正是我们以久远的石器时代作为中国美学历史发端的原因所在。

二、基于传世文献的判断

自从现代考古学介入对中国远古史的解释以来，对这段漫长历史的描述，就开始存在两套话语系统：一是由有巢氏、燧人氏、伏羲氏、神农氏、黄帝、颛顼、帝喾、尧、舜组成的圣王史系统，一是由旧石器、中石器、新石器组成的器型演变系统。按照“五四”以降占主导地位的科学史观，前者无疑是虚幻不经的，后者则因为有具体的物证而被视为获得信史的不二途径。但是，就目前考古学取得的实绩来看，根据片断性的考古发现勾勒中国史前文明的路线图，依然存在着巨大的风险。像所谓的文明区块论，明显存在着对于中国史前史的假设和想象成分。相反，传说性的古史系统，虽然看似荒诞，却使史前文明显现出从野蛮逐步走向文明的演进规律。这一规律以圣王的更迭为线索，将社会的进化和美的发展植入了一个合理的历史进程。

按照传世文献所构建的这一上古史系统，中国文明始于伏羲氏。据《易传·系辞下》：“古者包牺氏之王天下也，仰则观象于天，俯则观法于地，观鸟兽之文，与地之宜，近取诸身，远取诸物，于是始作八卦，以通神明之德，以类万物之情。”从这段话看，伏羲在中国文明的开端，做的最重要的工作就是观察周遭世界和人自身，然后将无限杂多的自然现象归纳整理成八种图式（“八卦”），从而使人对自然的认识趋于固定、简洁而富有规律性。这是在认识层面实现的对自然的掌握，具有“为自然立法”的性质。此后，神农氏“斫木为耜，揉木为耒，耒耨之利，以教天下”，这是讲远古中国人在伏羲氏构建的自然空间框架内，开始农耕实践，将在观念层面属人的世界打造成可以赖以生存的世界。同时，人类有了劳动，也就有了社会分工，由农耕获得的生活资料只有通过商业贸易才能互通有无，各得所需。正是因此，神农氏在教人耕种之后，又“日中为市，致天下之民，聚天下之货，交易而退，各得其所”（《易传·系辞下》）。集市的出现，意味着以个体或家庭为单位的生产方式，让位于与其他人群互惠互利式的生产方式，人在交易中成为一种共同体，也使人从个体的存在转化为社会的存在。这样，从伏羲氏到神农氏，中国远古历史的圣王谱系，其实描述了早期人类从自然认知到人类实践、再到社会共同体形成的初始过程。

按《易传·系辞》载，伏羲、神农之后，接续而来的圣王是黄帝、尧、舜。在这一时期，农业种植所需要掌握的四季变化规律被重视，于是有了中国最早的历法《颛顼历》。商业贸易促进了社会的人口流动和创富热情，使人对自然物候和社会生活变化的感知变得敏锐，时间意识得以产生并强化。《易传·系辞下》讲："神农氏没，黄帝、尧、舜氏作，通其变，使民不倦；神而化之，使民宜之。易穷则变，变则通，通则久。"这种对变化的强调，正是运动、时间、效率意识渐趋凸显的表现，也是人的关注重心从自然向人事转移的明证。面对这个为求变、求通而"不知倦"的新型社会共同体，如何使人遵守交往规范成为重大问题。对此，黄帝、尧、舜制定了中国社会最早的命服制度，即"黄帝、尧、舜垂衣裳而天下治"（《易传·系辞下》）。服装，最基本的功能是防寒保暖，其次是在人兽之间建立区别，解决人对自己身体的羞感问题，再次是对人的形象进行美化，最后是借助服装款式、图案区分尊卑贵贱，以彰显社会等级秩序。据此可以看到，黄帝、尧、舜的"垂衣裳而天下治"，不仅预示着中国社会从野蛮向文明转渡，在伦理层面为人类立法，而且也预示着人关于自身的审美要求开始出现，社会等级秩序以形象的方式得到彰显。沿着这一顺序，到西周初年周公制礼作乐，一种审美化的政治制度也就呼之欲出了。

总之，从远古至西周，见于史传的圣王谱系虽然因其无法证诸史迹而引人质疑，却无法否认它为中国远古历史提供的演进线索的合规律性。其中，伏羲为自然立法，黄帝、尧、舜为社会伦理立法，周公为王朝政治立法，基本勾勒出了中国社会从自然到人事、从社会伦理到政治制度逐步沿革的路线图。这中间，美的进展与人类社会的进展是一致的。像伏羲氏的"观物取象"，本是中国社会早期的自然认知方式，但这种对自然的"观"与审美观照具有类似性，被"取"的"象"也与审美意象相通。也就是说，"观物取象"既是中国人认识世界的起点，也是中国审美观照和审美意象理论的起点。黄帝、尧、舜以服饰为社会建立规范，这说明在中国社会早期，美的愉悦功能和社会伦理功能具有一体性，美和善密不可分。此后，周公的制礼作乐，则将礼乐的审美价值纳入国家政治制度的整体建构之中。政治通过审美获得了雅化的形式，审美通过政治获得了更具内在性的社会价值。这种政治的审美化和审美的政治化，生成了西周"郁郁乎文哉"的整体风貌，也开启了后世用古人自己的话来说是"朝廷之美"①，用今天的话来说是"中国审美政治学"或"制度美学"的传统。

三、基于哲学反思的判断

关于远古美学的历史起点，现代考古学和传世文献给出了不同的判断。但是，

① 《荀子·大略》《礼记·少仪》都用了"朝廷之美"的话语，孔疏曰：美即仪，即威仪。可以说即是以朝廷冕服为核心的朝廷之文显出的威仪之美。

从根本意义上讲，这一问题与其说是历史问题，还不如说是哲学问题。美学史虽然要讲述美的历史事实，但这一事实又是被哲学对美的认识和美学史观规定的。

就哲学之于美学历史发端问题的规定来看，至少可以得出如下数种不同判断。比如，按照马克思主义的实践观点，制造工具是人的起点，也是美的起点，从而可将中国美学的源头置于石器时代。但就美学作为感性学的特性而言，人不会制造工具则未必不具备对周围世界的感知能力，也未必不能从这种感知中获得愉悦。由此，人的审美历史可能远远地早于制造工具的历史。也就是说，自从人对世界形成感知，美的历史可能就已经开始。而按照现代生态学的观点，审美并不是人独具的能力，一些高级动物也具备审美能力。据此，动物的审美史也应被纳入美的历史之中，从而美学史的范围必然会冲破“人学”的边界，朝着更久远的史前延伸。最后，按照机械唯物主义的美学史观，美学史是美的历史，而不仅仅是审美的历史。根据这种看法，在人类甚至动物出现之前，无限广袤的宇宙也是繁星点点，日月朗照，大地草木葱郁、万紫千红。这些美的事物和现象，都是历史的客观存在，也应该被纳入美学史的范畴。由以上分析可以看出，中国美学史从山顶洞人讲起，可能只是从哲学理论推导出的众多选项之一。之所以选择这一起点，一是因为马克思主义实践学说对历史的认知更能经得起科学的检验，二是因为远古工具或器物的存在使历史研究具有更强的可操作性。

同样的问题也存在于远古历史的无限漫长和人的认识能力之间的极端不对称。如上所言，一种极端的美学理论，甚至可以推出宇宙的存在和演化史无一不是美的历史。但按照现代科学家的推算，宇宙的年龄大致在100亿至160亿年之间，我们根本没有能力从美的角度去认识它、描述它。退而言之，即便我们仅仅将美的历史限定在旧石器晚期和新石器早期，自此至西周的时间也有上万年。对于这段仍显漫长的历史，人们假如通过几处遗址或者几个圣王，就想将那一时代的美学问题一网打尽，也必然会存在重大的缺失和问题。也就是说，面对历史的无限丰富性，考古学迄今能够提供的人类史前历史的证据，永远避免不了破碎、片断的局限。这种现象说明，中国美学的历史发端问题，永远是中国美学史研究中最充满“变数”和最活跃的问题之一。新的考古发现总会提供新的证据以推翻原来的结论，新结论的出现也必然会使既有的关于审美意识发端的时间定位进一步向前推展。

但是，就目前学界对中国史前历史的认识水平看，为中国人的审美意识确定一个发端依然重要。它使“远古”这个向过去无限延伸的概念，在人的经验范围之内获得了一个相对清晰的轮廓。而山顶洞人时期，正是这个美的相对远古史的一个基于审慎判断的始点。

四、基本结论

中国远古美学研究是一个魅力无穷的领域。这种魅力并不在于它靠有限的史证为美学起点提供了确定性的答案，相反，却在于史证的破碎和匮乏，为理论反思和历史想象提供了发挥效能的空间。历史是一个时间性的存在物，按照人的时间意识，它应该有始有终，但这个“始”或“终”却总是因为超出了人的经验范围而需要想象的补充，需要哲学对其运行路线做出合乎规律的审视和修正。也就是说，远古美学史，不仅是基于考古学的历史，也是被哲学反思和历史想象共建的历史。考古的实证性、历史想象的价值指向和哲学的反思、修正，共同形成了关于中国美学发端问题的判断。

现代以来，中国远古美学之所以是可以书写的，关键在于20世纪以来的一系列考古发现为美的产生提供了实物证明。与此比较，传世文献以圣王为中心，为今人提供了远古历史从野蛮向文明逐步发展的演进逻辑。这种逻辑符合人类的进化规律，但就其构建方式来讲，却基本上属于后人的历史想象。这样，如何将考古学的实证性与圣王谱系提供的历史线索的明晰性结合起来，就成为研究远古美学的重要课题。根据今人的判断，这两大述史系统虽然表面难以兼容，但双方的内在统一性仍然大于相互矛盾。像传说中的伏羲画卦、神农发明耒耜、炎黄二帝结盟、颛顼创制历法、帝喾神道设教、尧舜以德治民，基本对应于中国社会从远古渔猎到农耕时代、从部落政治到王朝政治的发展进程。根据这种情况，要实现对远古美学相对完整的认识，既不能全然依赖考古学，更不能盲目相信文献传说。过于依赖考古发现必然导致美学史的破碎，囿于史传则会减损美学史的可信性。目前最稳妥的方案只能是在两者之间寻求相互参证。

但是，就考古史和文献史各自表现出的局限而言，两者的互证对研究远古历史显然又是不够的。比如，考古学虽然立足于实物考证，但根据有限的文物构建中国远古史的整体框架和演进规律，其中必然充满了推理和想象成分。就美学史的独特性而言，无论是基于考古的实物史还是基于文献的圣王史，都有其自身无法克服的局限。其中，考古器物的造型和纹饰固然可以反映那一时代的审美意识，但审美意识就其源发性而言，必然早于器物性实践。传世文献则往往会涉及远古圣王在艺术领域的贡献，如《吕氏春秋·古乐》曾记载陶唐氏作舞、黄帝命伶伦作律、尧舜命乐师作琴，等等。就美与艺术的关联看，人的审美历史显然又远远早于成型的艺术作品。这提示人们，远古美学的发端问题，一方面需要考古器物和文献的验证，另一方面，美的历史却必然会溢出由器物和文献规定的边界。对于这种情况，哲学的介入是必要的。哲学不但要起到审查历史资料的作用，而且要在史料之外提出更周延的理论判断。

另外，美学史作为一个理论问题，它的起点最根本地依托于对美的理论界定。比如，如果美学史被视为审美意识或审美文化史，它的起点至少可追溯到旧石器晚期和新石器早期；如果美学史被视为美学思想史，那么对中国美学史而言，它的起点则只能放在春秋时期。进而言之，如果美学被视为艺术哲学，并以艺术的自觉为前提，那么它最恰当的起点可能在魏晋。由此来看，美学的历史，最根本地取决于从哲学角度对美的定位。美的问题是一个历史问题，更是一个哲学问题。

据此，中国远古美学的研究，应遵循器物考古、传世文献和哲学理论的三重证据法。王国维在《古史新证》中所提出的“二重证据法”①，对一般历史研究是有效的，但对于美学这一高度理论化的学科，对其历史的追溯则必须在出土文物和纸上文献之外加上哲学判断。

第三节　审美时空格局的形成

一、审美空间：经验与想象

中国社会，自从距今6 000年左右的仰韶文化确立了农耕生产方式的主导地位，中经龙山文化时期，到距今4 000年的夏朝正式进入王朝政治时代。这一过程对后世中国美学的发展是奠基性的。这中间，农耕生产方式对土地的固着，使人对于外部世界的空间经验变得相对固定。由于这种文明在黄河中游地区发展出了最发达的形态，这里逐渐崛起为天下的政治、经济、文化中心，这使中国社会早期的空间经验成为从中原出发的经验形态。

自仰韶文化时期至夏商西周，虽然中国历史有传说与正史、原始部落与王朝政治之别，但由于农耕生产方式一以贯之，所以这一过程具有连续性。所谓的以中原为中心的空间地理观念，也可视为一个不断形成并最终确立的过程。从文献看，中原民族的这种空间观念主要是以“四方”标示的。如甲骨卜辞：“癸卯卜：今日雨？其自西来雨？其自东来雨？其自北来雨？其自南来雨？”② 这里的“西、东、北、南”，预设了一个占卜者自我环绕的中心，即它是以自我为中心形成的空间认知和空间结构。在《尚书》中，这种空间观表现出更强的秩序性，如《尚书·尧典》：

> （尧）乃命羲和，钦若昊天，历象日月星辰，敬授人时。分命羲仲，宅嵎夷，曰旸谷。寅宾出日，平秩东作。日中，星鸟，以殷仲春。厥民析，鸟兽孳尾。申命羲叔，宅南交。平秩南讹，敬致。日永，星火，以正仲夏。厥民因，鸟兽希革。分命和仲，宅西，曰昧谷。寅饯纳日，平秩西成。宵中，星

---

① 王国维：《古史新证——王国维最后的讲义》，清华大学出版社1994年版，第2页。
② 郭沫若：《卜辞通纂》，科学出版社1983年版，第368页。

虚，以殷仲秋。厥民夷，鸟兽毛毨。申命和叔，宅朔方，曰幽都。平在朔易。日短，星昴，以正仲冬。厥民隩，鸟兽氄毛。①

另如《尚书·舜典》：

岁二月，（舜）东巡守，至于岱宗，柴，望秩于山川，肆觐东后。协时月正日，同律度量衡。修五礼、五玉、三帛、二生、一死贽，如五器，卒乃复。五月南巡守，至于南岳，如岱礼。八月西巡守，至于西岳，如初。十有一月朔巡守，至于北岳，如西礼。归，格于艺祖，用特。②

引文的第一段，以天文为背景，划定中原民族存在的空间格局。其中，羲和氏作为天顶的游历者，形成了对大地的整体俯瞰。羲仲、羲叔、和仲、和叔四位天官分居于东、南、西、北，住在中央的是圣王和他的子民。引文的第二段，记载居于天下之中的圣王（舜）在四境游历的过程。他按照东、南、西、北的圆周型顺序，巡守以四岳为标志的国家疆域。同时，四岳因其高耸而近神灵，对山岳的祭祀则是试图与居于四方的天官实现天人交感、神人相通。根据这种关于天空的空间想象和大地的地理经验，一个完美的世界也就在天覆地载中形成了：居于天地之中的圣王及其子民，像蛋壳里的鸡雏一样，在天地的立体包围中得到特别的护佑和垂爱，并从这一具有无限优越感的中心地带出发，对周边世界做出种种既客观又主观、既充满偏见又富有想象的判断。

中国社会早期的空间经验是非客观的。如《庄子·天下》讲："我知天下之中央，燕之北越之南是也。"天下本无中央，所谓的"中央"只不过是人以自我为中心形成的空间判断。但是，这种自然认知的非客观性，却正好铸就了它的诗意或审美特性，所谓的地理也因此成为诗性地理或审美地理。根据这种建立在中原中心论基础上的天下观，中国社会早期对于周边世界的审美认知分为两类：一是根据对自身文明的优越感，将周边地区视为荒蛮；二是按照想象的逻辑，将周边世界视为神的居地，并且越遥远越充满超现实的浪漫和神奇。其中，像《尚书·禹贡》中所确立的贡服体系，天下以五百里为单位，被划分成甸服、侯服、绥服、要服、荒服五个层面，最后直至"东渐于海，西被于流沙"。按照这一地理规划，作为帝国中心的王畿之地是文明的中心，也是美的中心。其疆域向外放大的过程，也是文明水准和美的含量不断被稀释或递减的过程。与此对比，上古时期记载周

① 李学勤主编：《十三经注疏·尚书正义》，北京大学出版社 1999 年版，第 28—30 页。
② 李学勤主编：《十三经注疏·尚书正义》，北京大学出版社 1999 年版，第 59—60 页。

穆王远行探险的《穆天子传》，却提供了一幅截然相反的图景：周穆王四方游历征伐，所到之处，看到的是神奇瑰丽的自然景色，得到的是白鹿玄貉等祥兽，驾乘的是四方进献的赤骥盗骊等八骏，交往的是西王母等神仙人物。根据这种开放式的空间观念，远方不但不是荒蛮的，反而因超出日常经验范围而神奇。在这一过程中，美不是随着空间距离的放大而逐渐稀释，反而按照愈远愈美的想象不断增加它的魅力。

建立在中原中心论基础上的远古空间观念，总体表现出以下特点：首先，这是一种审美化的空间认知模式。它把人对外部世界的客观认知与主观经验相结合，从而使自然人文化，使人居世界的外部环境成为审美和文化价值的载体。其次，按照中原文明中心论，虽然远方世界被设定为远离文明的荒蛮区域，但它同时却以自我为尺度勾勒出了一个在政治、文化诸层面趋于完美的现实世界。这种对当下生活的肯定，为后世儒家构建尘世的审美乌托邦提供了思想背景。这是一个充满人道精神的和谐世界，因此也是审美的世界。第三，人对外部世界的审美评价，总有一对相互矛盾的标准，一是人文，二是自然。在人文方面，远方可能因为文明处于不发达状态而被视为荒蛮，但也会因其超出经验的范围而变相激起人的好奇心和想象力，使其成为审美眺望的对象。夏商周时期的《穆天子传》和《逸周书·太子晋》所体现的超越意向，意味着“生活在别处”已开始影响中国人的审美理想。后世，从道家的远方想象到道教的游仙思想，延续了这一审美活动的超现实路向。

二、审美时间：景色与四季

任何一种文明都会有时间观念，但农耕文明对时间审美价值的发现却具有独特性。在中国美学中，时间意识的诞生与先民对土地生殖能力的体认密切相关。自然或土地的这种生殖力被赋予了两方面的意义：首先，自然的生殖性即是其生命性。“天地之大德曰生”（《易传·系辞下》），所谓“美的本质”，就是自然的生命本质。进而言之，自然生命总是在运动中表现为过程，并通过大地上的花开花落、草木枯荣实现形象的表征。这样，人对自然物候变化的体验就成为对自然生命过程的体验，这种体验使中国人发现了时间的审美特性。

中国社会早期对自然生命属性的体认，在古汉字这种象形文字中得到了直观的表现。如“土”字，甲骨文中写如“”，金文中写如“”，都是以土地对植物的生殖来表意。《说文解字》释“土”云：“土，地之吐生物者也。二象地之下、地之中。丨，物出形也。”① 与此相应，古汉字中的“生”从“土”获得本义，甲

① 许慎撰：《说文解字注》，段玉裁注，上海古籍出版社1981年版，第682页。本书凡引《说文解字》语均据此本。

骨文中写如“⊻”，金文中写如“⊻”，也是在强调土地对于植物生命的本源性。如《说文解字》所讲：“生，进也。象草木生出土上。”从古汉字“土”“生”互训的特性可以看出，中国远古时代对自然的认识，土是孕育生命的土，土中包含着生命的元质；生是从土中而来的生，它以草木的萌发反证着生命之于土地的本己性。进而言之，自然界的生物，虽然直接源于大地的孕育和生殖，但同样也离不开日月的照耀、雨露的滋润，以及自然空间对这种生命形式的承载。这样，自然界的草木与其说来自土地的生殖，还不如说来自天地的共同化育。《易经·归妹》中所谓“天地不交，而万物不兴”，正是对两者关系的明解。而“天地之大德曰生”，则是由“地生万物”的直观判断转向了经验判断。这种判断是更趋于理性的，也是更周延的，它将整个自然界都纳入到了一个生成生命并展示生命的系统。

远古农业文明在人地之间建立的密切关联，形成了中国人的自然生命观。就其与美的关联看，自然的生命本性也就是美的本性，自然孕育的草木与花朵，以感性形式表征着土地和自然的生命之美。这种源于大地又隶属于大地的美的表象，被上古时期的中国人以“丽”字象形（甲骨文：[illegible]；金文：[illegible]；篆文：[illegible]），即“百谷草木丽乎土”①。这里的“丽”，本义是依附和附着，引申义是美丽和华丽。这两种词义之间具有连续性，即它一方面说明了大地是谷物百草等感性生命形式的本源，另一方面说明了自然植被之美是大地生命的绽放和外显。也就是说，土地与土地上自然植被的关系，是美的本源和美的感性表现的关系。扩而言之，从《周易·归妹》中万物来自“天地之交”的观念看，这大地上的百谷草木，之所以能从沉寂的土地向外涌现为活跃的感性生命形式，又不仅仅来自土壤的孕育，更在于与天地之气的互动。一个地区气候（天）发生的冷暖干湿、风霜雪雨的变化，总会使植物的生长状态和生命周期发生相应的变化。这样，如果说大地对植物生命的赐予是常态性和连续性的，那么气候（天）的变化则是植物生长的另一主因。也就是说，天空与大地的互动，共同孕育了自然生命，促成了自然景色在四季中的变化和运动。中国社会早期的人类，正是在这种自然界的草木枯荣、花朵开谢中发现了时间。

中国现存最早的历法《夏小正》，鲜明地表现了三代时期中国人时间认知的审美特性。如其中的《正月》一节：“正月：启蛰，雁北向，雉震呴，鱼陟负冰。农纬厥耒。初岁祭耒，囿有见韭。时有俊风。寒日涤冻涂。田鼠出。农率匀田。獭兽祭鱼，鹰则为鸠。农及雪泽，初服于公田。采芸。鞠则见。初昏参中，斗柄悬在下。柳稊。梅、杏、杝桃则华。缇缟。鸡桴粥。”② 这段话，从气候讲到物候，

① 《周易》“离卦”。

② 黄怀信：《大戴礼记汇校集注·夏小正》，三秦出版社2004年版，第146—147页。

从人事讲到天象自然。它不是对时间运动过程的抽象排列，而是各种生动而美好的自然物象在时间之链上的感性集结。这与其说是要以制度性的历法来规范人事活动，倒不如说是以制度性的时间范式承载了人对自然的审美活动。时间在此被审美化了，人在大地上的劳作以及日常活动，则因被纳入到了这一审美化的自然系统，而同样体现出因循自然的格调和韵致，并因此具有鲜明的审美特性。《诗经》中的农事诗（如《七月》）在本质上与之相同。此后，从《逸周书·时训解》到《吕氏春秋·十二纪》《淮南子·时则训》《礼记·月令》，这种以自然物候变化为基础的时间观，对自然现象和人事活动的涵盖范围日益扩大，包括了十二律、五行、五方、五色、五味、五嗅、五政等一切人之所见、所感、所行的内容。于此，以四季彰显的时间的节奏和韵律，也就将中国人的生活彻底纳入了一个审美化的自然生命进程中。

三、审美者：自我认知与自我发现

在中国上古史中，第一个以农耕立国并奠定了此后数千年政治、风教传统的中原王朝是西周。与殷商游牧、游农或农牧间杂的生产方式不同，西周发展出了中国社会早期最成熟的农业生产方式。这种生产方式改变了上古时期的人神关系，使殷商时期“不问苍生问鬼神”的巫觋文化转变为“自求多福”“唯德是亲”的重德文化，人的主体性被凸显。抒发人内在心志的诗歌成为这一时期代表性的艺术形式。

西周时期对人的主体地位的强调，主要表现在《尚书》和《诗经》中对于重人观念和民本思想的论述，这种观念的内在依据则来自当时人对人的心灵深度和丰富性的发现。一个值得注意的现象是，“心”字在甲骨卜辞中没有出现过，殷商晚期青铜铭文中也无“心”字。但到西周，不但青铜铭文上大量出现“心”字，而且开始占据相当的分量。与此同时，西周青铜铭文中以“心”为部首的字被大量创制，甲骨文中原本无“心”的字，也用“心”进行了重新配置。这种现象说明，所谓人的主体性，最根本地建基于对人内在心灵的清晰定位。唯有心成为身体的主宰，人才会以此为基准反思自己的思想和行为，并实现对外部世界的自觉认识。可以说，从殷商甲骨文中“心”字的缺失，到西周金文中“心”和“心”部字的大量出现，正是对人在这一时期逐步获得主体自觉的证明。

有周一代，是歌与诗的时代。诗是当时人内在心志的主要外发形式，其标志性的文本是《诗经》。关于诗与人内在情志的关系，《尚书·舜典》中有“诗言志”之论。这种对诗的定位虽然出现于《尚书》中帝舜与夔的对话，但学术界一般认为它反映了西周至春秋早期的诗歌主张。那么，什么是诗所言的“志”？按照《说文解字》的解释：“志，意也。从心之（㞢，止）声。”所谓的“意”则与

“志”互训，即“意，志也。从心察言而知意也。从心从音”。进而言之，“音，声也。生于心，有节于外，谓之音”。按照这种释义的链条，诗所言的志，奠基于人的心灵体验。这种心灵体验以情感为主调，然后向更具思想特质的“意”作了适度蔓延。根据闻一多的讲法：“志字从㞢，卜辞㞢作㞢从止下一，象人足停止在地上，所以㞢本训停止。……志从㞢从心，本义是停止在心上。”① 闻一多认为，这停在心上或藏在心里的“志”包含三层意义：一是记忆；二是记录；三是怀抱，即情思、感想、怀念、欲慕等心理状态。从这种释义可以看出，“志”首先是以记忆和记录等方式，让人对外部世界的感知体验内化于心灵，然后再以情感的方式抒发出来。据此，“诗言志”这一定位，预示着人的心灵有了内在的根基和深度，预示着从居于心灵深层的经验性记忆到情感的外显式表达有了一条垂直贯通的道路。从美学角度讲，这种由情感与记忆交会的心灵与认知理性（知）和实践理性（行）有着显著的差异，它纯任情感、直抒胸臆，以美为本位。也正因此，“诗言志”在西周或春秋初期的提出，标志着审美主体这一概念在中国美学史上的确立和自觉。“在心为志，发言为诗”，诗则是这一审美主体内在情志的外显形式。

中国早期诗歌以情志为本体，表现区域向自然、社会、人生的诸多层面蔓延，从而勾画出了中国人审美或诗意生存的早期轮廓。在空间维度，《诗经》的十五国风、大雅小雅，使国家的山川风物、草木虫鱼浸润着人的情感，呈现为诗性的图景；在时间维度，《诗经》的周颂、鲁颂和商颂，以虔敬的历史追怀和历史想象，使历史复活于当下记忆，并使本性虚无的时间因审美化的填充变得丰盈。作为建构这种诗性时空的主要方式，它以“赋”铺陈事物，激扬想象，使物之所在成为情之所在；它以“比”建构人与自然的类同关系，使自然成为人之情志的物化表征；它以“兴”引譬连类，感发志意，将自然体验导向对人生价值的积极肯定。可以认为，有周一代从情志层面对人的内在丰富性的认知和发现，不但在伦理上的重德之外别开境界，而且使这个自信“溥天之下，莫非王土”的国度，从此成为被诗之情志重构的世界。西周至此也就有了另一副面孔，即被诗情和诗语雅化的美丽面孔。

四、天下观的审美生成

中国远古文明，经过早期“满天星斗”式的多元发展，至仰韶文化时期向中原聚集。到龙山文化时期，以村落经济为基础的传统文明进一步向城市汇聚，使城市不但成为贸易中心，而且成为政治、文化中心。这种聚集趋势的必然结果，就是王城的出现。司马迁《史记·封禅书》云：“昔三代之居皆在河洛之间，故嵩

---

① 闻一多：《神话与诗》，上海人民出版社 2006 年版，第 151 页。

高为中岳，而四岳各如其方。”① 正是对夏商周时代以黄河中游为中心、形成稳固的国家地理版图的恰切说明。

在远古对国家自然地理缺乏科学认知的时代，以中原为中心的天下观的形成，既是政治和文化问题，也是美学问题。早期人类对地理空间的认知是客观性与诗性的合一。古罗马时期的希腊史学家普鲁塔克说：“地理学家把世界上那些他们毫无所知的地方填塞到自己绘制的地图的边缘，……超过这个范围，再上溯到更加遥远的时代，那就惟有种种传说和杜撰的故事了，那里是诗人和传奇作家活跃的领地，虚无飘缈、荒诞不经、令人难以置信。”② 这段话对理解中国社会早期审美空间的构成同样有效。经验的现实性与想象的浪漫性，依据从身边到远方的顺序不断递增或递减。同时，中国人由这种纯任感知和想象的“私经验”所构建的审美世界，比西方更具系统性，也更具历史延续性。比如，早期华夏民族不仅根据自己的空间经验设定了东、南、西、北、中五方，而且将五色、五音、五味、四季等共同纳入到了这个稳态的地理系统中，从而使包括四方在内的诸种审美要素都形成对天下“中央”的环绕。超越这一经验范围之外的区域，在文化优劣论的主使下被认为荒蛮，但在美学层面，则往往被想象为仙人的居地。从美学角度理解中国人这种中心清晰、边缘模糊的天下观，可以看到的就是这种从经验到想象、从现实到浪漫逐步过渡的审美系统。

远古时代，以中原为中心的天下观不仅规定着空间地理观念，而且也规划着时间。就黄河流域中国的早期农业而言，除黄土以其良好的保水性和自肥能力为农作物的生长奠定基础外，在气候方面，这里属于暖温带，四季分明，雨量适中。这种气候使它既不会像北方草原因过度干旱而沙漠化，或者因缺少植被而无法彰显自然界的时序变化，也不会像南方热带或亚热带地区草木葱茏，森林遍野，使自然植被因长年茂盛生长而失去时间感。这中间，对于农耕民族来讲，如果说时间意识的诞生主要源于对自然界物候变化的感知，那么，这种物候变化的规律性就成为中国早期历法产生的背景。像黄帝历、颛顼历、夏历等中国上古时期的历法，都是根据黄河流域的自然物候变易规律制定的。它既以规则的形式安排了农耕民族的田野劳作，也将空间性的自然体验转换为四季流转式的时间感知。于此，土地对自然生命的直接孕育、气候对自然生命过程的周期性调节，使中国人从自然之中发现了时间。

但同时值得注意的是，历史上的中国作为一个起于中原、疆域不断向外拓展的国家，它由历法规定的时间秩序并不具有普适性。像政治层面的中原中心论一

---

① 司马迁：《史记》第四册，中华书局1959年版，第1371页。

② ［古希腊］普鲁塔克：《希腊罗马名人传》上册，陆永庭等译，商务印书馆1990年版，第5页。

样，中国古代建基于自然认知的历法，也是以黄河中游的暖温带气候为标准。在实践层面，这种农业性的历法对游牧、渔猎民族的生活缺乏针对性，对非中原地区的农业人口也同样缺乏指导意义。但是，自远古以降，中国的农历却从来没有因为地域差异而变得多元，它恒久不变的标准就是“中原时间”。这种历法借助政治权力获得强制性统一，使时间具有了意识形态性，也为理解中国美学中的时间感知增加了制度主义的内容。

除了审美化的时空经验外，农耕文明对中国美学最根本的影响还在于对民性的塑造。《吕氏春秋·上农》曾讲：“古先圣王之所以导其民者，先务于农”，“所以务耕织者，以为本教也”。农业劳动本身就构成了对人民的教化。那么，这种教化达成的结果是什么？“民农非徒为地利也，贵其志也。民农则朴，朴则易用，易用则边境安，主位尊。民农则重，重则少私义，少私义则公法立，力专一。民农则其产复，其产复则重徙，重徙则死处，而无二虑。舍本而事末则不令，不令则不可以守，不可以战。民舍本而事末则其产约，其产约则轻迁徙，轻迁徙则国家有患皆有远志，无有居心。民舍本事末则好智，好智则多诈，多诈则巧法令，以是为非，以非为是。”① 从这段话可以看出，中国社会自文明早期就奠定的重农传统，不仅涉及个人财富的积累和国家富强问题，而且涉及对人民心性的正面养成，即农耕生产能使人心性素朴尚质，远离商业的好智多诈。据此，中国美学由质而文或先质后文的传统、对人性素朴之美的肯定以及哲学上的实用理性，均无法忽视农耕生产方式的塑造。后世中国文学艺术中的思乡主题、家国之恋，则同样源于这种生产方式培育出的人对故土的天然情感。

总之，农耕文明对中国美学的孕育是全方位的，其直观的形式就是由空间、时间和人共同组成的天下观念。时间、空间这些已被现代科学高度抽象的范畴，在农耕文明背景下，因人对自然的凭附而保持着鲜活的审美特征。或者说，农耕背景下的时间和空间，是被自然表象的时间（四季）和空间（风景），它的自然性即可感性，它的可感性即审美性。同时，人参与农事就是参与自然，就是将个体纳入自然时空的生命律动之中。关于这种由人、时、空复合共铸的农事生活的美，宗白华曾讲：“中国古代农人的农舍就是他的世界。他们从屋宇得到空间观念。从‘日出而作，日入而息’（《击壤歌》），由宇中出入而得到时间观念。……空间、时间合成他的宇宙而安顿着他的生活。他的生活是从容的，是有节奏的。对于他空间与时间是不能分割的。春夏秋冬配合着东西南北。这个意识表现在秦汉的哲学思想里。时间的节奏（一岁，十二个月二十四节气）率领着空间方位（东西南北等）以构成我们的宇宙。所以我们的空间感觉随着我们的时间感觉而节奏化了、

① 许维遹撰：《吕氏春秋集释》，中华书局2009年版，第682—684页。

音乐化了！”① 据此可以看到，发端于远古时代的中国农耕文明，不但建构了中国人的时空体验和四方想象，而且通过人与自然的相互渗透，为人的生存注入了本质性的审美内容。

第四节 原始仪式与礼乐文明

一、“美”与美的早期内容和意识

“美”是美学的核心。在远古时期，虽然中国人的时空观念中天然地潜藏着审美因素，但真正切近美学真义的还是那一时期对“美”字的认识。按照汉字“依类象形”的创制原则，汉字的字形设计和结体方式本身就潜藏着对字义的基本理解。这样，对“美”字进行形式分析就成为发现其早期所包蕴意义的便捷方式。

按照东汉许慎在《说文解字》中的解释：“美，甘也。从羊从大。羊在六畜，主给膳也。美与善同意。”宋代的徐铉补注云：“羊大则美，故从大。”这就是今人一般以“羊大为美”的来历。近世以来，随着现代释义方法的使用以及甲骨文、金文等新史料的发现，新的解释层见叠出。比如马叙伦在《说文解字六书疏证》中指出，“美”与“媄”相通，“媄之初文，从大犹从女也”，所谓美（媄）即指女性“色好也”②。萧兵认为，所谓“羊大则美”实为“羊人为美”，它指一个人顶着羊头在跳舞，与原始歌舞中的图腾崇拜相关联。③ 徐中舒认为，甲骨文中的“”，“像人首上加羽毛或羊首等饰物之形，古人以此为美。所从之为羊头，为羽毛”④。

在甲骨文中，美字写如“”、“”或“”，金文中写如“”，篆文写如“”，这似乎足以说明，自殷商以来，中国人对“美”字的使用具有历史连续性，但如果据此从“美”的字形探寻远古时期中国人对美的认识，有些问题必须澄清。这是因为，首先，目前已发现的甲骨文和金文中的“美”字，多为指称人名和地名，缺乏进行意义解析的语义背景。其次，从甲骨文、金文、篆体字形看，确实有人顶羊头（或羽毛）的意味，但据此引申出巫术歌舞及图腾崇拜，还有可讨论的空间。因为这三种字体都没有传递出跳舞的动感。图腾是否符合中国至今仍有争议。第三，即便从“美”字中臆测出的巫术歌舞及图腾崇拜是符合历史真实的，

---

① 《宗白华全集》第2卷，安徽教育出版社1994年版，第431页。

② 马叙伦：《说文解字六书疏证》第二册卷七，上海书店1985年版，第119页。

③ 萧兵：《从“羊人为美”到“羊大则美”》，《北方论丛》1980年第2期。

④ 徐中舒：《甲骨文字典》，四川辞书出版社1989年版，第416页。

那也与美学意义上的“美”无多大关联。这是因为，美即便起源于巫术，也不等于巫术。作为一种把握世界的方式，美有自己的独特规定。“美”字上面的羊头（或羽毛）与其说是图腾，倒不如说是头饰更符合美学角度的历史猜想。另外，也有论者由羊头联想到原始时代的物物交换或者以羊作为交换货币的问题，这对于“美”作为美学范畴的考察更缺乏实际的意义。

但是必须指出的是，虽然关于“美”字的字源学考察不足以让人了解远古时期中国人的审美意识，但如果由此得出相反的结论，即在这一时期中国人尚缺乏对“美”的认识，也同样错误。从某种意义上讲，由于当时甲骨卜辞和青铜铭文多用套语、意义表述程式化，对于美这种更多涉及主体感受和评价的语词而言，缺乏针对性的表达也是必然的。在这种背景下，以《诗经》填补金文的缺失就显得十分重要。《诗经》是中国西周至春秋时期诗歌的结集，其中的大部分诗篇创制于西周时期。在这些诗篇中，出现了大量表达人的心理感受和对事物做出审美评价的词汇，这些词汇标示了当时人的审美取向和价值判断。同样，在《诗经》中，“美”字也不仅仅指称具体的人和地，而是更多指涉人对事物的审美感受和评价。如下面的诗句：

> 云谁之思，西方美人。彼美人兮，西方之人兮。(《简兮》)
> 自牧归荑，洵美且异。匪女之为美，美人之贻。(《静女》)
> 爰采唐矣，沬之乡矣。云谁之思？美孟姜矣。(《桑中》)
> 螓首蛾眉，巧笑倩兮，美目盼兮。(《硕人》)
> 岂无居人？不如叔也，洵美且仁！(《叔于田》)
> 野有蔓草，零露漙兮。有美一人，清扬婉兮。(《野有蔓草》)
> 卢重环，其人美且鬈。(《卢令》)
> 猗嗟昌兮，欣而长兮！抑若扬兮，美目扬兮！(《猗嗟》)
> 彼汾沮洳，言采其莫。彼其之子，美无度。(《汾沮洳》)
> 葛生蒙楚，蔹蔓于野。予美亡此，谁与独处？(《葛生》)
> 东门之池，可以沤麻。彼美淑姬，可与晤歌。(《东门之池》)
> 防有鹊巢，邛有旨苕。谁侜予美，心焉忉忉。(《防有鹊巢》)
> 彼泽之陂，有蒲菡萏。有美一人，硕大且俨。(《泽陂》)

检视《诗经》中对“美”字的运用，有两点值得注意：一是“美”字是《诗经》中称颂人物之美的主导词。虽然有时也使用其他的词，如佼、姝、婉等，但美字具有较大的使用量。二是美字的使用专属于赞美人物形貌，主要指女性，个别也指男性。同时，高大、健壮、丰腴似乎超越了一般的人体美，成为极致性标准。像《诗经》之《考槃》《硕人》《椒聊》《泽陂》《狼跋》《车辖》《白华》诸篇，无一不将人物的高大、壮硕作为赞美的对象。另外，以人物的感性之美为基础，向德行、才干、气质的延伸被视为强化魅力的最重要向度。如“美且仁”“美且好”“美且武”（《叔于田》），“美且偲”（《卢令》），“硕大且笃”（《椒聊》），“硕大且俨”（《泽陂》），等等，明显将人物一般性的“美”和极致性的“硕”，进一步引向了超感性的善。

除了对人物的视觉审美，味觉享受也是《诗经》理解美的重要侧面。如《鹿鸣》：“我有旨酒，嘉宾式燕以敖。”《鱼丽》：“君子有酒，旨且多。”《桑扈》：“兕觥其觩，旨酒思柔。”《頍弁》：“尔酒既旨，尔肴既嘉。”《宾之初筵》：“酒既和旨，饮酒孔偕。”《泮水》：“既饮旨酒，永赐难老。”这里的“旨”，甲骨文中写如“”，金文中写如“”，字形上像汤匙、下像口，以匙入口，表示味美。在《诗经》中，“旨”字多用于贵族的欢宴，诗中的场景既快乐和谐、其乐融融，又充满节制。这与殷纣王时期“酒池肉林”“腥闻在上”式的狂喝滥饮形成了鲜明对照。这说明经过西周初期的禁酒令（《尚书·酒诰》）以及周公制礼，饮食对于西周贵族来讲，已由一般生理快感的满足逐步提升为味觉的审美品鉴和情感的交流方式。在这些诗篇中，“旨”往往与“嘉”同时出现，“嘉”既指嘉鱼、嘉味，又指嘉宾、嘉言。这种过渡，正说明了从味觉上的“美”向情感交流上的“好”变化的特征。在这里，饮食生理上的合目的性逐步被引向了道德上的合目的性。

视觉愉悦和味觉享受（色与食），以及从中引申出的德性目的，基本可以概括西周至春秋早期中国社会的审美取向。由此反观许慎在《说文解字》中基于文字古义的训诂结论，不难看出对于理解这一时期的审美观念是有说服力的。其中，“美，甘也”，正是《诗经》映显的味觉之美；“从羊从大”反映了对象以肥硕、胖大为美的视觉特征；“美与善同义”，则是以美导善、美善统一这种价值取向的良好证明。但需要指出的是，从《诗经》看，时人对于视觉和味觉审美感受的判断仍然缺乏内在统一性，它被分成了“视觉—美”与“味觉—旨”两种话语系统，并由此形成了两相并置的审美观。许慎以“甘”释“美”，其实是通过将味觉感受纳入视觉体系实现了两者的统一。

同时，这种解释虽然在味觉层面与人类社会早期的审美取向相通，但对“甘”与“旨”的差异依然应予以重视。从文献看，从以“旨”为美味到以“甘”为美味，有一个变化的过程。《论语·阳货》云：“食旨不甘，闻乐不乐。”明显意味着“旨”原初是一个名词（酒与肴）与形容词相混杂的概念。“旨”作为名词向形容词的虚化，显示了从物向物感的滑动。与此比较，“甘”是一种与具体物相脱离的更趋纯粹的味，而且是与“五行”相比附的“五味”中的“正味”。这种差异说明了两个问题：一是西周至春秋以后，中国人对于味觉感受的认知更纯粹、更明晰；二是后世由五行引申出的辛、酸、咸、苦、甘五味，使其中作为正味的“甘”，代替“旨”成为美味的代称。也就是说，“旨”“甘”之变，正说明了西周至春秋时期对美味的认识与后世的差异。

另外，许慎以属于视觉的“美”统合西周时期原本两相分离的视觉和味觉体验，并不是他此项努力的全部。事实上，他将中国社会早期关于色与味的诸多差异性指称，都赋予了美的共性。比如他在《说文解字》中对如下文字，如“旨”“甘”“甛”“嘉”“懇”“媄”“嫛”“好”等，均以“美也”给出了共同的解释。①这种解释有助于使“美”获得理论的普遍性，但它忽视了视觉与味觉之间的不可通约性，从而导致了主体感受中诸多细微差异的遗失。所谓审美观念，也就是这种忽略差异、日趋类化（也日趋虚化）的审美判断。

根据以上分析，汉字字义从殷商向西周、春秋的变化，为理解中国人审美意识的觉醒和审美观念的形成提供了一条难得的线索。在《诗经》中，“美”字对于人物审美的专属性，以及对人体肥硕壮大之形的赞颂，使视觉层面的审美判断有了一个相对固定的尺度；“旨”字作为对饮食之味的肯定和赞美，则为味觉审美确立了需要达到的标准。同时，无论视觉的快感还是味觉的快适，都应在超越层面将人引向合目的的善。这样，色之美、味之旨及德性之善，就基本可以概括西周至春秋前期的审美观念。

二、“礼”与美的早期内容和意识

中国远古时期的礼，是一种祭天或祭祖仪式。至西周初期，周公通过制礼来建构国家权力基础。这时，礼从祭祀放大为一般政治活动所应遵循的行为规范。至春秋时期，周王室“礼崩乐坏”，礼则从国家政治问题下降为士人修身和人际交往的礼仪。这中间，礼的意义有变化，但仪式性、行为性构成了礼的本质特性。许慎在《说文解字》中讲：“礼，履也，所以事神致福也。”这种解释说明了礼作为人之活动的两个基本面向：一是与人的日常活动相比，合礼的行为彰显精神意义；二是这种活动具有表演的性质，显现出一种雅化的、合乎秩序的人际关系。同时，合乎礼仪的行为总是在特定的空间场所进行，这就需要借助器物营造出独特的空间氛围，并通过器具操作使行为的仪式性得到直观显现。这样，礼器就成为不可或缺的表意符号或意义载体。孔子说：“器以藏礼，礼以行义。”② 正说明了礼的表现涉及器物和人的行为两个方面。这中间，由于合礼的行为和器具都具有

① 《说文》：“旨，美也，从甘匕声。”“甘，美也，从口含一。”“甛，美也，从甘从舌。”“嘉，美也，从壴加声。”“懇，美也，从心額声。”“好，美也，从女、子。”“嫛，美也，从女殹声。”“媄，三女为媄。媄，美也。”

② 杨伯峻编著：《春秋左传注》（修订本），中华书局1990年版，第788页。

超越性的精神意义，并因合乎美的规律而雅化，所以今人一般将礼称为“行为艺术”，将礼器称为“礼仪美术”。

从考古学的角度看，仪式性的活动与人类历史相伴随。或者说，仪式性彰显了人存在的本性。中国远古礼仪活动的史迹主要见于墓葬。像北京周口店的山顶洞人遗址，曾发现被安葬的人骨周围散布有赤铁矿粉末和随葬品，堪称中国有史可稽的最早的“礼器”。到新石器时代墓葬更密集地出现，这一时期的大量考古器物，如玉器和陶器，大多与墓葬有关。同时，这些礼器也随时代的进展而不断强化其符号特征和审美品质。像裴李岗遗址中的陶制葬器基本没有纹饰，造型也粗糙。到了仰韶文化、大汶口文化时期，器物的礼仪性或象征性则逐渐变强。尤其到龙山文化时期，它的蛋壳陶，作为实用器具已缺乏可能性，但审美和象征价值却全面提升。与此一致，良渚文化的玉器，像玉钺、玉琮，其中的玉钺，已彻底丧失了军事实用功能，成为精神价值的暗示物；玉琮则彻底摆脱了对现实的摹拟及实用价值，成为一种独立于现实之外的关于天地哲思的符号。

中国远古文明的进程，是原始礼仪不断完善的过程。孔子说：“殷因于夏礼，所损益，可知也。周因于殷礼，所损益，可知也。”（《论语・为政》）从这段话看，夏代和商代接续了史前时代的礼仪传统，并形成了国家性的礼仪体系。但是，就这一体系的完备性和社会重要性而言，以“周公制礼”为标志的西周礼仪制度最具代表性。有周一代，“国之大事，在祀与戎”①，祖灵祭祀是当时礼仪活动的中心，然后向日常政治和人际交往蔓延。西周政治以血缘为基础，举行祖灵祭祀的目的是加强宗族内部团结，从而保证国家政权稳固。同时，礼为人的行为建立规范，则是要在君臣父子之间，形成有序的尊卑等级制度，从而使社会变得有序。就美与礼仪的关联看，西周礼仪的政治性不但不会减损其审美品质，反而使行为性的礼获得了内在的情感支撑和外向拓展。也就是说，祖灵祭祀过程中唤起的对于祖先的共同记忆使礼具有了情感基础，礼从祭祀活动向现实政治和人际交往的蔓延，则使社会变得井然有序，使人的行为温文尔雅。有周一代之所以被称为“尚文”的时代，就在于礼仪造就了整个社会的审美化。

从《仪礼》看，周代礼仪有成年礼、婚礼、士人相见礼、诸侯聘问礼、朝觐天子礼、乡饮礼、乡射礼、贵族宴饮礼、丧葬礼、祭祖礼等诸种形式，几乎囊括了社会生活的方方面面，而且每一种礼仪都有相对固定的程式。就礼仪的表意性而言，它无非是要用人感性的行动将复杂的人伦关系、高低贵贱的等级秩序演绎出来，即用行动解释社会珍视的价值或理念。但这一过程的仪式性却增加了庄严肃穆或温馨典雅的气氛，仿佛瞬间阻断了日常化的时间湍流，让人进入了一种超

① 杨伯峻编著：《春秋左传注》（修订本），中华书局 1990 年版，第 861 页。

越性的意义空间。同时，人的礼仪行为对日常行为的超越，使这一过程具有演剧的性质——礼仪参与者升降揖让、酬唱盘桓，使身体之美在纯粹的意义阐释中得到淋漓尽致的发挥。我们说礼仪是一种身体性艺术，正在于它用感性的身体彰显精神，用雅化的行为揭示社会珍视的价值。

有周一代，礼的审美特性不仅仅止于身体本身，而且靠诸多物质配置使其意义得到更灿烂、更圆满的显现。首先，从身体出发，这种物化配置中最具本己性的是服装。按《尚书·益稷》《周礼·司服》等文献，中国社会起码在西周时期已经形成了完备的章服制度，自天子至公、侯、伯、子、男都有固定的服装纹饰以标明身份。其次是佩饰。从西周考古发现看，当时作为服装佩饰的器物主要有贝类器（蚌饰）、石料器（如绿松石）、骨器（骨笄）、玉器等，但最主要的是玉器。《礼记·玉藻》所谓"君子无故，玉不去身"，是对其重要性的恰切说明。琳琅满目的玉饰，不仅灿烂地表现了人体的感性之美，而且渗透着宗教、社会、政治等诸多象征性内容。同时，玉对身体之美的展示，不是静态的，而是动态的。悬于人体不同部位的玉器组件，对人步履的疾徐缓急形成调节，身上的佩玉则按照人行为的节律发出鸣响。如《礼记·玉藻》云："古之君子必佩玉，右徵、角，左宫、羽，趋以《采齐》，行以《肆夏》，周还中规，折还中矩，进则揖之，退则扬之，然后玉锵鸣也。"① 从这段话看，周代的佩玉既是可视的，也是可听的；既是装饰品，也兼具"乐器"的性质。合乎礼仪的身体性运动，自动生成着音乐。这种韵律和乐感，使佩饰之间的机械组合因音乐的灌注而显出整体性、有机性和圆通性，同时也将原本被视觉局限的人物风仪推向"超以象外"之境。

除了与身体密切相关的佩饰和服饰，西周礼器按照不断放大的逻辑向人的生活空间有序拓展。

首先是器具。西周时期的制造业较之商代有了很大发展，其制造的器具主要包括陶器、骨器、漆器、青铜器、玉器等。其中，青铜礼器代表了这一时期最成熟的技术工艺，其材质之坚固、形式之奢华都超出了其他器物。围绕它形成的意义凝聚也最具代表性。与殷商青铜器大量与酒有关不同，西周以食器为多，青铜乐器开始出现，尤其是钟成为代表。在这一时期，食器之所以压倒酒器成为青铜器的代表，和周初的禁酒令有关（《尚书·酒诰》），但更重要的是西周贵族试图借"大家族式的共餐礼仪"② 实现对祖先的共同追怀，以求增进团结。在此类家族共餐礼仪中，作为食器的鼎总是与乐钟相配，目的在于用钟所指代的音乐实现人神的交接和精神的上升。在青铜器的造型上，西周与殷商也有重大区别。殷商"那

---

① 李学勤主编：《十三经注疏·礼记正义》，北京大学出版社 1999 年版，第 913—914 页。

② ［日］白川静：《金文的世界：殷周社会史》，温天河、蔡哲茂译，台北联经出版事业公司 1989 年版，第 10 页。

种复杂雄伟的器制与充满古代神秘感的文样便逐渐隐没，而有显著的定型化与形式化的倾向”①。这种变化，意味着青铜器在西周时期已告别了殷商的“狞厉之美”，由追求器物对人的震慑转向以人为本的理智清明。另外，青铜铭文自殷商晚期开始出现，至西周蔚为大观。青铜器自此由供人观赏的器物变成了供人识读的器物，表意的确定性大大加强。铭文的内容集中于对制器者受天子册命、赀见等活动的记载，这也意味着西周青铜器逐渐以人文主题取代了前朝的自然主题，人性的光辉在器物上得到了映显。

其次是建筑。西周是中国上古建筑的集大成时期，也是开启后世建筑范式和格局的时期。其建筑的礼仪表现，从《周礼》以及散见于《诗经》《左传》中的文献看，最重要的是宗庙：“凡邑，有宗庙先君之主曰都，无曰邑。”②“君子将营宫室，宗庙为先，厩库为次，居室为后。”③ 也就是说，宗庙因承担着祭祀祖灵、演习礼仪的功能而在西周建筑中占据核心位置。当时，作为宗庙仪式体系中重要组成部分的辟雍，是诸种礼仪活动的汇聚场所。在形而上层面，它指向祖灵，具有神圣的精神性；在形而下层面，则指向国家重大的政治性集会、士子日常礼仪的培训与修习。这中间，如果认为西周礼仪是美的，那么辟雍则可视为一代礼仪之美的汇集之地。正如日本学者白川静所言，当时，“反映了周之大一统终于完成的事实，就是辟雍礼仪的盛行，……洋洋颂声与雅声，大约是以辟雍礼仪为中心而兴盛起来的。这的确是一个礼乐盛行的时代”④。

最后是城市。中国城市的自觉营建史起于西周初年对洛邑的经营。今天，西周时期洛阳城的建制已经无法见到，但从《逸周书》《尚书》中的相关资料看，当时建都洛邑的过程，先有武王观察地望、确立城址，继有召公“相宅”“卜宅”，再有周公实地勘验，最后由周成王奠基。这一过程的烦琐说明，洛阳城的营建绝对不仅仅是为了“盛人”，而是要将周王朝奉行的政治和伦理原则植入其中，使其成为礼仪观念的物态形式。关于周代王城的布局，《周礼·考工记》说：“匠人营国，方九里，旁三门。国中九径、九纬，经涂九轨。左祖，右社；面朝，后市。市朝一夫。”⑤ 这种以王宫为中心，对于集市与官府、祖庙与社坛、街道与城门的安排以及对城市规模的限定，明显是将周王朝抽象的社会政治及伦理理想，对应成了可视、可居的空间形态。其中，王宫居于城市中心，说明了王权对城市的主

---

① ［日］白川静：《金文的世界：殷周社会史》，温天河、蔡哲茂译，台北联经出版事业公司1989年版，第10页。

② 杨伯峻编著：《春秋左传注》（修订本），中华书局1990年版，第242页。

③ 李学勤主编：《十三经注疏·礼记正义》，北京大学出版社1999年版，第114页。

④ ［日］白川静：《西周史略》，袁林译，三秦出版社1992年版，第70页。

⑤ 杨天宇撰：《周礼译注》，上海古籍出版社2004年版，第665页。

导性；左祖右社，说明祖宗神与自然神是王朝政治所依托的两大精神支柱；王宫的南向是治事的官府，说明行政事务在现实政治中具有优先性；王宫的北向是集市，说明饮食之于人生存的基础地位。这种主次分明、井井有条的布局，使城市中心即是权力中心，相关建筑配置离这一中心的远近，则成为判断尊卑、主次、贵贱的标杆。

西周以礼制观念为先导对城市的营造，并没有因为王城的诞生而告终结，而是沿着逐步放大的模式蔓延向整个国家，甚至外部自然。比如，在一个由各种城市组成的国家权力网络中，地方领主的身份地位决定着其所居城市的规模。如《左传·隐公元年》："先王之制：大都，不过参国之一；中，五之一；小，九之一。"① 权力等级制与城市等级制形成清晰的匹配关系。最终，这种礼仪的施行范围被从人居环境放大到整个自然界，即礼天祭地。这种礼仪向自然世界的延展，直接导致了一个被无限放大的礼仪空间的生成，即"大乐与天地同和，大礼与天地同节"②。这中间，如果说由礼器组成的表意体系具有审美属性，那么从身体性的服饰到器具、建筑、城市、自然，就形成了一个逐步放大的审美系统。这里的自然，虽然因为它的非人工性而似乎与礼无涉，却在观念层面被整合进了天地大礼的框架之内，它的"天文"也因此在认知层面成为"人文"。这个被知觉建构的自然世界，因此也就成了被礼仪限定的人文化的审美世界。

三、"乐"与美的早期内容和意识

中国上古音乐有漫长的历史，至西周而集大成。按《礼记·乐记》："昔者，舜作五弦之琴以歌南风；夔始制乐以赏诸侯。……《大章》，章之也。《咸池》，备矣。《韶》，继也。《夏》，大也。殷、周之乐尽矣。"③ 显然是把殷周当成了上古音乐的汇集和发展高峰。

这一时期，以"六乐"为中心，建立起了中国历史上第一个完备的宗庙音乐体系。按《周礼·大司乐》，"六乐"即《云门》《大卷》《大咸》《大韶》《大夏》《大濩》《大武》，其沿革历史上自黄帝，下至周武王，具有史诗的性质。《诗经》中的颂诗，即《商颂》《周颂》和《鲁颂》，也在这一范围之内。除宗庙音乐外，周代音乐又可分为士人音乐、民间音乐和四夷之乐。其中士人之乐主要见于《诗经》之《大雅》《小雅》，民乐可见于《国风》。四夷之乐无存，但仍在文献中有表现。如《周礼·春官》云："鞮鞻氏掌四夷之乐与其声歌。"④ 另据《礼记·明

---

① 杨伯峻编著：《春秋左传注》（修订本），中华书局 1990 年版，第 11 页。
② 李学勤主编：《十三经注疏·礼记正义》，北京大学出版社 1999 年版，第 1087 页。
③ 李学勤主编：《十三经注疏·礼记正义》，北京大学出版社 1999 年版，第 1099—1100 页。
④ 杨天宇撰：《周礼译注》，上海古籍出版社 2004 年版，第 348 页。

堂位》：周成王曾下令周公在其封国鲁配享天子礼乐，其中就包括四夷之乐："《昧》，东夷之乐也。《任》，南蛮之乐也。纳夷蛮之乐于大庙，言广鲁于天下也。"① 据此可以看到，宗庙音乐、民间音乐、士人之乐、四夷之乐，构成了中国西周时期音乐体系的四种形态。

在中国社会早期，音乐是一门既有"高度"又有"广度"的艺术。"高度"是指它对现实礼仪的超越，代表了礼仪可达的最高境界；就其"广度"而论，则表现为音乐与天地人神的感通以及对诗、乐、舞的整体包容。在上古乐论中，音乐与风密不可分，《尚书·伊训》将淫乱之乐称为"巫风""淫风""乱风"，《左传·昭公二十一年》有"天子省风以作乐"之说，都是讲乐与风具有同质性，人工之音是自然之音的感通形式。这种乐与风、气的内在一致性，拓展了音乐表现的广度，使中国社会早期形成了一种音乐化的宇宙观。就艺术自身来讲，则表现为音乐对诗、乐、舞的整体涵盖。

那么，一体化的诗、乐、舞三者构成了怎样的关系？乐又如何在其中表现其主导性？关于这一问题的最早论述，见于《尚书·舜典》："帝曰：'夔！命汝典乐，教胄子，直而温，宽而栗，刚而无虐，简而无傲。诗言志，歌永言，声依永，律和声。八音克谐，无相夺伦，神人以和。'夔曰：'於！予击石拊石，百兽率舞。'"这段文献，是中国音乐美学史上的纲领性文献。它涉及的内容是否真正产生于尧舜时代已不可考，但可以确认的是，按照中国社会早期往往以述古为当下行为建立合法性的一般状况，这些文献应该反映了西周时期对于音乐的理解和定位，或者起码代表了那一时代的音乐美学观念。简述如下：

首先，"和"是当时官方为音乐确立的核心标准，即"乐德"。这也是诗、乐、舞一体观念得以成立的观念性基础。按《说文》："和，相应也。"所谓"相应"，既可指对立事物之间的相互呼应，也可指事物多元差异之间的相互协调。《尚书·舜典》中谈到音乐之"和"，主要涉及以下问题：第一是音乐中诸种对立风格的和谐，即要在刚直与温和、宽厚与让人畏惧、刚强与虐待感官、简洁与傲慢之间取其中间态，以防止听觉的刺激给人带来心理上的痛感，进而破坏人心性的中正和稳健；第二是音乐内部诸构成要素的和谐，如诗、乐、舞诸体式，唯有形成有序的协调关系，才能传达出整体的美感；第三是各种乐器（"八音"）在音色、音高、音量上的相互协调，以保证各种声音在差异与趋同之间实现平衡；最后涉及音乐的外延式效果，即它不仅仅要给人美感、有益于人格养成，而且要借此使人与人之间关系和睦，并实现人间与神界的正向沟通。中国社会自三代以来，之所以重视乐教，正是看到了音乐对个体、社群、自然诸层面和谐关系的培育功能。

---

① 李学勤主编：《十三经注疏·礼记正义》，北京大学出版社 1999 年版，第 937 页。

《周礼·春官·宗伯》所谓“合天地之化，百物之产，以事鬼神，以谐万民，以致百物”①，代表了那一时代对音乐价值的基本看法。

其次，诗、歌、乐是一个逐渐向审美自由之境递升的连续体。在《尚书·舜典》中，诗被定位为艺术的初级形态。诗的媒介是语言，语言的优势在于表意的确定性，但追求语义的明晰和字音的准确，又会妨碍表达的流畅，将诗本身连续性的乐感阻断。同时，在《舜典》中，诗的任务被界定为“言志”，志可解释为志意、心志或情志，是一种理性与情感相杂合的精神意向，这种状态也决定了诗的表达基本被限定在了理性的范围内，情感的表达不会过于开放。与此相比，“歌永言”的“永”，按《说文》：“永，水长也。象水巠理之长。”这说明歌是将诗语拉长的艺术形式，即“长言”。从技术层面看，诗语被拉长，也就意味着字音之间的间断被联缀、被贯通，音乐感明显在加强。同时，诗语之所以需要拉长，是因为短促的字音妨碍了情感表达的浓烈和丰富。由此看从诗到歌的演进，不仅是声音更富乐感的问题，而且是表情的浓度在不断强化的问题。以此为背景，再配以五音（宫、商、角、徵、羽）的伴奏（“声依永”），声律抑扬顿挫的调节（“律和声”），美好的歌乐也就诞生了。

最后，在诗、歌、乐之后，舞蹈是音乐的最高表现形式。《尚书·舜典》和《益稷》篇展示了乐舞更加宏大的适用空间，这就是在仪式中，人、兽、乐在原始乐舞的统一。在“击石拊石”中达到一场“百兽率舞”的场景。这里，舞乐不仅是自然与人建立感通关系的媒介，而且也是天人交会、人神相和的最佳象征物。

有周一代，音乐娱人情志、沟通人神、促进和谐的功能，使乐教成为审美教育的重要内容。按《周礼·春官·宗伯》，西周王朝有专门的音乐机构。按音乐史家杨荫浏的讲法，这一机构“归‘大司乐’领导。其中的工作人员，包含乐师在内，……有明确定额的，为一千四百六十三人”②。其中，大司乐既是国家音乐机构的领导者，也是国家高等教育的负责人。按《周礼·春官》，当时的贵族子弟13岁至20岁修习音乐，所涉内容如下：

> （大司乐）以乐德教国子，中、和、祗、庸、孝、友；以乐语教国子，兴、道、讽、诵、言、语；以乐舞教国子，舞《云门》《大卷》《大咸》《大韶》《大夏》《大濩》《大武》。以六律、六同、五声、八音、六舞大合乐，以致鬼、神、示，以和邦国，以谐万民，以安宾客，以说远人，以作动物。③

---

① 杨天宇撰：《周礼译注》，上海古籍出版社2004年版，第282页。

② 杨荫浏：《中国古代音乐史稿》上册，人民音乐出版社1981年版，第34页。

③ 杨天宇撰：《周礼译注》，上海古籍出版社2004年版，第326—327页。

从这段话看，西周音乐教育分为“乐德”“乐语”“乐舞”三个方面。所谓“乐德”，即音乐的道德本质。在周人看来，音乐天然具有中、和、祗、庸、孝、友等诸种品质，音乐教育能够使人心态中正平和，对神灵诚敬，对父母孝养，与兄弟和睦。以此为基础，“乐语”则重视通过音乐教育实现对贵族子弟语言技能的训练，包括借物言志、以古论今、抑扬顿挫的朗诵、流畅自如的对话等诸多环节。“乐舞”是音乐教育的最高环节，它所要达到的境界不但是自我的审美陶醉和身心和谐，而且放大为君与臣、主国与邦国、人与神、人与自然的亲密无间、和乐共处，从而生成一个音乐化的理想世界。作为音乐的修习者，在心性方面领悟乐德，在语言方面学习乐语，在行为方面演练乐舞，进而达到心性、语言、行为的全面雅化，是当时士人君子借以自我完善的目标。

四、礼乐文明的形成

关于西周王朝对于中国历史的意义，王国维曾在《殷周制度论》中讲：“中国政治与文化之变革，莫剧于殷、周之际。……殷、周间之大变革，自其表言之，不过一姓一家之兴亡与都邑之移转；自其里言之，则旧制度废而新制度兴、旧文化废而新文化兴。”[①] 那么，经过殷周之际剧烈的社会变革，西周王朝对包括美学在内的中国文明史，到底作出了什么贡献？要而言之，就是以周公制礼作乐为标志的礼乐文明的诞生。

在中国美学史中，礼与乐的发展有漫长的历史，但真正将两者结合并将其价值提高到制度文明层面的，却奠基于西周。按《尚书大传》，周公在其摄政的第六年，开始规划国家的长治久安之策，即“一年救乱，二年克殷，三年践奄，四年建侯卫，五年营成周，六年制礼作乐”[②]。那么，礼乐的本性及两者之间的关系是什么？比较言之，礼以对人行为的制约为起点，涉及理性、节制、秩序、尊卑、等级等概念；乐则以满足人性需要为目的，涉及情感、开放、自由、和谐，是对严峻而刻板的制度的超越。比较言之，礼遵循现实原则，是人的行为的雅化；乐遵循快乐原则，是抒解行为规训为人带来的心理压力。周公之所以制礼作乐，并以此作为保证国家长治久安的根本大法，一方面因为礼与乐分别象征了张与弛、收与放、理与情相互制衡的政治取向，另一方面也因为礼乐的统一昭示了一种既秩序井然又和谐雍容的社会理想。

首先看礼。西周时期的礼仪指涉一套严整的政治典章制度，如宗庙、朝仪、冠服、册命、贽见等，但重点表现于祖灵祭祀和军事活动中。其中，祭祀的目的大

---

① 王国维：《观堂集林》，河北教育出版社 2003 年版，第 231—232 页。

② 伏胜撰：《尚书大传》，陈寿祺辑校，见朱维铮主编：《中国经学史基本丛书》第 1 册，上海书店 2012 年版，第 40 页。

致有二：一是表达对先王的追忆和敬拜，二是通过对共同祖先的追忆唤醒族群的血缘认同，强化宗法制的政治凝聚力。西周时期，这类大型祖灵祭典一般在莽京的辟雍举行，这里是周人的起源地，也是其精神的圣都或神乡。除了祖灵祭祀，军事活动也被西周王朝礼仪化，其中有代表性的就是作为“六艺”之一的“射”礼。就射击作为一种军事技术的特性看，它起于战场上的血腥搏杀，极难与美和艺术产生相关性，但西周政治稳定之后，它渐渐转化为一种集军事训练、游戏、礼仪、政治于一体的公共交际活动，这为其向艺术与现实政治的生成提供了重要的契机。

从军事训练、竞技到礼仪，西周射礼的审美特性表现出不断增加的趋势。但反而言之，当射礼因雅化而成为艺术时，这种形式就反过来成为构建现实政治的重要手段。如西周《令鼎》铭文，记载了周王藉田仪式后举行的一次射礼。其中，令和奋两人因为射技高超，受到周王表扬，并给予“臣十家”的赏赐。这说明，射礼能够综合反映参与者的军事、政治和艺术素养，是周王朝发现、选拔人才的重要方式。正如《礼记·射义》所讲：“古者天子之制，诸侯岁献，贡士于天子，天子试之于射宫。其容体比于礼，其节比于乐，而中多者，得与于祭。……故曰：‘射者，射为诸侯也。’”① 另外，西周《长由盉》铭文记载了周穆王和邢伯参与的一次射礼。“这次射礼专为邢伯而举行，用意是考察其忠顺程度。在射礼过程中，邢伯给周王留下‘弥不奸’的好印象。”② 当然，射礼之所以可用于选拔人才、辨别忠奸，并不仅在于射箭水平的高超与低下，而更在于是否完美地遵循了射仪的规范。内在或忠或奸的心志，可以从行为过程的细枝末节中显现出来。如《礼记·射义》云：“故射者，进退周还必中礼。内志正，外体直，然后持弓矢审固。持弓矢审固，然后可以言‘中’。此可以观德行矣。”③ 这种观点说明，射礼作为“六艺”之一，射的最高境界是达到艺术化的高度。当这一“高度”被确立为射礼的最高标准，它就反向由“批判的武器”转化为“武器的批判”，成为观察王室贵族和属国诸侯德行和忠诚度的手段。从这一实践性转向可以看出，射礼的实施过程，既是从军事、礼仪向艺术境界不断上升的过程，也是以审美标准检验人的德行、重构社会政治秩序的过程。所谓君子人格或礼乐社会，正是来自于这种超越性的审美标准对人的二次生成。

再看乐。在西周时期，礼乐作为一对并举的概念，两者之间并没有截然的分界，更多情况下是相互融会、配合的。这中间，重大祭祀活动需要礼与乐的互动自不待言，其他政治活动也概莫能外。比如，西周射仪中的乡射礼，有所谓的“三番射”。据研究先秦的史家杨宽的概述，乡射礼中的第一番射，由乡学中弟子

---

① 李学勤主编：《十三经注疏·礼记正义》，北京大学出版社 1999 年版，第 1643 页。
② 刘雨：《金文论集》，紫禁城出版社 2008 年版，第 7 页。
③ 李学勤主编：《十三经注疏·礼记正义》，北京大学出版社 1999 年版，第 1641 页。

参加，着重于射的教练，具有纯粹军事演练的性质；第二番射除了青年弟子外，还有主人和宾客参加，更重视集体配合，并为胜者献酒，对输者罚酒，礼仪、娱乐性质在增加；第三番射则讲究射击与音乐节奏的配合。① 在这一过程中，乐队演奏《驺虞》之乐，射箭的前后行为必须与音乐的节拍相应，否则就不算数。这显然是将军事行为最终转化成了人体的舞蹈，是通过将实用技能训练纳入到音乐的框架，最终实现从实用向审美之境的擢升。同时，从《周礼・夏官・司马》看，参加射礼的王侯贵族，按其身份的差异而用乐不同。其中，国王“乐以《驺虞》，九节五正”，诸侯“乐以《狸首》，七节三正”，孤、卿、大夫“乐以《采蘋》，五节二正”，士“乐以《采蘩》，五节二正”。这又将音乐化的射礼进一步规范到等级化的礼仪之中，使射击过程既充满艺术意味，又具备理性格局，表现出条理分明的秩序感。

按照《仪礼》的《乡射礼》和《大射仪》，西周射礼除“三番射”外，还有射前宴饮和射后宴饮。而这些宴饮，则必有“鼓瑟吹笙”之类的伴奏，如宾至奏《周南》《召南》，宾出奏《陔夏》等。这说明，但凡当时大型的礼仪活动，音乐都是其中必不可少的贯穿因素。就礼乐的不同特质而论，音乐对礼仪活动过程的参与十分重要。首先，音乐作为一种超越日常声音之上的乐音，以此作为礼仪的开始，代表着日常意识的中断。它将人带入与日常生活相区隔的氛围，为人行为的雅化提供了背景和铺垫。其次，礼作为一种视觉化的行为艺术，有声音的参与才能使行为过程更饱满、更立体，能够起到烘托气氛的作用。再次，礼仪性的行为虽然比日常行为更加雅化，更富有意义，但它毕竟是跳跃式或间歇性的，这就需要更具绵延性的音乐将其联缀起来，使其成为一个富有节奏和韵律的流畅整体。也就是说，音乐有助于克服礼仪过程的机械和呆板，使人的行为成为一个有机而连贯的意义传达过程。最后，周代乡饮、乡射之礼，宴饮结束一般奏《九夏》中的《陔夏》之乐，即“宾出奏陔”（《仪礼・乡饮酒礼》）。在西周，《陔夏》之乐主要用钟、鼓、镈、磬等打击乐器演奏，这种音乐具有明确的节奏感，似乎有助于为酒醉的宾客制造出行止规范。② 但反之可以想见的是，这种节制之音出现之前，音乐同样也会用它的高潮配合宴饮的狂欢状态，使整个礼仪过程成为有开始、有间奏、有高潮、有终结的音乐化过程。

与礼的机械性相比，乐明显是礼仪活动中的活跃因素。它修补着礼仪，也将秩序性的礼仪之美带入更圆融、更和谐的境界。但同时，周代礼乐政治，以乐作为最高境界，并不必然减损礼的重要性。事实上，在现实政治的运作和规范方面，礼的实践意义要远大于乐。如《礼记・经解》云：“礼之于正国也，犹衡之于轻重

---

① 杨宽：《西周史》，上海人民出版社 2003 年版，第 716—721 页。

② 按郑玄《仪礼・乡饮酒礼》注：“《陔》，《陔夏》也。陔之言戒也。终日燕饮，酒罢，以《陔》为节，明无失礼也。”

也，绳墨之于曲直也，规矩之于方圆也。”① 也就是说，在现实实践层面，为了保证社会的井然有序，乐需要被纳入礼的格架，然后才是借助乐的融合性特质，使其成为礼仪制度的活化因素，实现对秩序性体制的修补和润色。但在理想层面，又必然是以乐弘礼的，因为制定任何制度的目的都不会是拘泥于制度，而是超越制度。或者说，最美好的制度最终只可能是无制度，惟此才能实现无差别的人类和平和世界大同。据此，西周时期的礼乐政治，虽然现实层面以礼节乐，但最终必然表现为乐对礼的融会和超越。这种以乐昭示的人的生存的无差别状态，可视为周代礼乐政治的乌托邦远景。

在春秋晚期，孔子曾讲：“周监于二代，郁郁乎文哉，吾从周。”（《论语·八佾》）文，最初是原始仪式中巫师型领导人的文身，随着由氏族向方国向王朝的演进，巫师型的文身演进为王朝帝王型领导人的冕服，进一步引申为以帝王冕服为中心的包括旌旗、车马、宫室、器物、典章在内的整个朝廷之美，孔子这里说的“文”，就是周代礼乐文化的整体之美。正如孔颖达《左传正义》所言：“中国有礼仪之大，故称夏；有服章之美，谓之华。”② 礼仪服饰成了以王朝为核心的天下之美的象征。西周时期创制的礼乐文明之所以重要，并不在于它为这个国家构建了一套有效的政治模式，而在于这种模式内部洋溢的审美精神。它是“郁郁乎文”的，所以是美的。美的传统自此成为中华民族最伟大的精神传统。

思考题

1. 考古学为中国远古美学提供了怎样的线索？
2. 文献学为中国远古美学提供了怎样的线索？
3. 古文字为中国远古美学提供了怎样的线索？
4. 美的哲学对美的起源是怎样判断的？

▶ 本章小结与知识拓展

---

① 李学勤主编：《十三经注疏·礼记正义》，北京大学出版社 1999 年版，第 1371 页。
② 孔颖达：《春秋左传正义》，北京大学出版社 1999 年版，第 1587 页。

第二章 春秋战国美学

随着先秦士人理性的觉醒，中国文化迎来了对后世影响深远的轴心文化期——春秋战国。习近平《在文艺工作座谈会上的讲话》引用了雅思贝尔斯的思想，并强调古代中国在轴心时代产生了伟大的思想家，他们提出的思想原则塑造了中国的文化传统，并一直影响着中国人的生活。其中，儒、道两家各自思想的创建与互补，奠定了中国美学的基本精神。儒、道美学加上墨子、韩非、屈原以及工艺美学思想，构成春秋战国美学的总貌。

第一节 春秋战国美学的基本面貌

一、春秋战国美学的时空范围

从周王室东迁（前770）到秦王朝建立（前221）的约550年间，是一个制度大变更时期。西周分封制到秦朝大一统郡县制的变动，使以周礼为基础的美学变成以秦朝礼法为基础的美学。春秋伊始，王权衰微，礼崩乐坏，僭越频繁，争战和兼并不断发生。在春秋时代的140多国中，先后有齐、晋、楚、秦、吴、越凭借着国富兵强取得霸主地位。到战国中后期，除了秦、齐、楚、燕、韩、赵、魏七雄之外，其他国家都不复存在。诸侯国之间的势力更替形成了不同的美学空间，最后在秦的大一统下形成了新的政治制度美学。

在争夺霸权的过程中，众多的戎狄蛮夷民族陆续被兼并臣服，天下版图进一步扩大，如晋对附近戎狄部落的吞并、齐对莱夷等国的征服、秦对西戎的攻伐、楚对东夷诸国的统一等。到战国时期，多元中的统一迹象渐为明晰。经过春秋战国的战乱、迁徙、杂居，一方面，大量的四夷民族融入华夏民族，成为华夏民族多元共同体的组成部分；另一方面，游牧之族迁至边疆，华夷之间的文化交流具有了新的形态，特别是四夷民族对华夏文化的接受使得诸子思想得到了广泛的传播和接受。孔子“道不行，乘桴浮于海”（《论语·公冶长》）的感叹，其基础是“四海”之地对华夏文化的接受；赵武灵王的“胡服骑射”改革，则显示了四夷文化对中原文化的影响。在这种华夷关系中，新的天下美学观逐渐形成。

王室衰微、诸侯战乱、民族融合导致的是周代知识分子流落民间。从“学在官府”到“官师分离”，导致了士人群体的崛起。知识权利的下移，使私学兴盛，讲学论政现象蔚然成风。私学的兴盛，导致了学术上的“百家争鸣”：儒家起于鲁，墨家始于宋，道家源于楚，法家发于三晋、盛行于秦，阴阳家齐国较多，纵横家出于周、卫。各诸侯国为了富国强兵，也大量地从社会上笼络人才，贵族和庶人之间的分界线逐渐消弭。一些受过教育和有才干的庶人或进入政坛，成为各诸侯大夫的家臣、食客、谋士，或成为特立独行的隐士、侠士等。在士人阶层的兴起过程中，新的士人美学产生了。

周代礼乐文化的衰微伴随着民间以情爱感受为题材的诗乐的兴起，《诗经·国风》、郑卫之音、楚辞等大量流行。随着诸侯权贵对耳目之欲的追求，新声曼舞、台榭园囿、工艺雕刻、记述散文等以精巧、清新的艺术形式开始挣脱礼的制约，直接迎合人的感官享受。由此，民间与世俗生活美学得以长足发展。

二、春秋战国美学的演进逻辑

春秋战国美学虽然主要包括美学理论和审美意识两个层面，但作为春秋战国代表性的美学思想，则主要围绕着相关理论著作而呈现，体现为一种理论性美学。所以，对春秋战国美学思想的把握在资料选择上应该主要围绕着相关著作而进行。①

春秋战国美学思想多数分散在如下主要著作之中：道家美学主要内含在《道德经》《庄子》和《管子》等文献之中；儒家美学主要体现在《论语》《孔子诗论》《性自命出》《孟子》《荀子》《乐记》②《易传》《礼记》《周礼》等文献之中；墨家和法家美学主要由《墨子》《韩非子》等文献体现出来；历史著作如《国语》《左传》《吴越春秋》《吕氏春秋》《战国策》等，文学文献《诗经》《楚辞》等也内含丰富的美学思想；工艺美学主要反映在《考工记》等文献之中。

春秋战国美学思想虽然比较庞杂，但又各成类型和流派。从类型而言，春秋战国美学可分为朝廷美学、士人美学、民间与世俗生活美学，三者具有交叉互渗的关系。

春秋战国的朝廷美学包括儒家对礼乐文化的重建，法家对审美功利性的援用，特别体现在《周礼》《礼记》为代表的朝廷冕服、典章制度、营国制度、工艺技术上。在春秋战国，三代之礼制开始发生变化。一方面，礼的宗教神圣性、外在他律性被儒家转化为人格的内在道德要求；另一方面，礼乐所蕴含的等级性则被僭越成为享受娱乐性。诗、礼、乐因此分离，诗乐自身的抒情性、艺术性也得以突出。随着大一统趋势的出现，荀子从实用政治角度把礼乐感性形式与政治重新组合，为新的大一统帝王设计了新的制度美学。

春秋战国士人美学包括儒家、道家、墨家、法家对士人人格、精神境界的开

---

① 先秦的理论著作比较复杂，很多著作的成书年代与确切作者较难厘定，这就给先秦美学思想的研究带来了一定的困难。根据学界的传统和近年来考古的发现，此处列举相对有共识的资料。

② 本书把该著作放到秦汉时期讲。

拓以及新的士人形象塑造等。其中，儒家的君子人格、道家的隐士人格、墨家的侠士人格、法家的循吏人格等都构成了中国士人人格美形象的多元内涵。

民间与生活美学包括《诗经·国风》、俗乐新声、日常宴饮舞乐等。随着诸侯权贵对享受娱乐的追求，民间与生活美学开始进入朝廷和士人领域。这种以形式美为特征的美学或在民间与日常生活中继续发展，或被整合进了朝廷制度美学体系，或被士人吸收转化、否定批判，呈现复杂化的发展态势。

从流派而言，春秋战国美学有儒家、道家、墨家、法家等。从对中国审美精神以及后世艺术的影响而言，这些流派的美学思想应成为春秋战国美学关注的主要内容。

春秋战国儒道两家的美学思想奠定了中国美学精神的基本特色。经由孔子开创，思孟学派的发展，到荀子的歧出，儒家美学思想奠定了其伦理美学的基本特色。在战国晚期的屈原那里，儒家思想和楚国的巫风结合形成了中国美学中的屈骚抒情传统。经由老子开创，庄子发展，到《管子》四篇，道家美学思想奠定了其自然美学的基本特色。儒道两家虽然在很多观点上持不同见解，但并非水火不容，反而构成互补关系。《黄帝内经》《易传》《管子》《吕氏春秋》等著作就体现了儒道合流的趋势。儒道美学之外，《国语》《左传》《吕氏春秋》《战国策》等历史著作的美学，墨家、法家的功利主义美学和以《诗经》《考工记》为代表的文学、工艺美学思想等呈现了春秋战国美学的其他面貌。

具体而言，儒家美学思想从人与自身、人与人的关系立论，主要围绕如何通过审美来成就一个君子人格展开，在此论题下，进行了关于美善关系、诗乐教化机制与功能、人格美、理想人生境界等美学问题的讨论。道家美学思想主要从人与宇宙的关系立论，围绕着如何通过审美来成就一种超越性的自由人格展开，在此论题下，进行了对现实世界审美观念的批判、体道心理状态的发掘，以及对审美精神境界、言意、道技等美学问题的讨论。另外，墨家、法家美学思想主要围绕着如何看待审美的功用性而展开，《考工记》美学思想则主要围绕着如何进行体现文化观念的工艺设计而展开。

三、春秋战国美学的基本特征

春秋战国美学思想主要以一种哲学美学的形态存在，其关注的重点是如何让人的心性主体处于自由的审美精神状态。虽然，春秋战国美学思想在审美实践活动方面的论述有所欠缺，但其对审美精神活动领域的领悟却是极为深刻的。与生命的审美精神相联系，春秋战国美学主要体现为如下几个基本特征。

第一，强调美与生命性情的统一。

春秋战国美学作为关注生命精神的哲学美学，立足于生命的情感根基之上。不管是儒家的血缘亲情、道家的率性真情，还是艺术上的“诗言志”理论，都把情感问题作为基本的存在问题进行了反思。在中国哲学中，对情的反思是与性联系在一起的。“情生于性”的观念说明了“情”与作为人之本质的“性”的关系。一方面，“情”出自人的生命本质；另一方面，“情”又与外物相互连接。这样，“情”处于“性”与物的中间状态，构成了人生在世的存在方式。在这种人生存在方式之中，“情”潜在的危险就是被外物所役而偏离“性”，从而丧失生命的本质。所以，如何处理“情”与“性”的关系，构建一种性情中和的和谐生命状态，成为春秋战国美学重要的关注点。儒家美学非常注重情感抒发在生命中的意义，但主张情感的激发应受到“性”的节制，以达成一种性情统一的和谐主体；道家美学则把情性合一，主张以性命之情应物而无累于物，以维持住率性真情的自由生命精神。

第二，强调美与生命境界的统一。

在春秋战国美学思想中，美不仅表现为一种外在的感性，更关涉到一种生命精神状态的自由与和谐。在春秋战国哲学中，最理想的生存方式或生命境界就是达成个体或群体生命的自由与和谐。因此，在春秋战国美学那里，人生的最高境界同时也是一种审美境界。不管是儒家“尽善尽美”“游于艺”的生命境界，还是道家自由自在、“逍遥游”的生命境界，都体现了一种审美精神。美与生命境界的统一，既表现了中国文化对美与人生关系的深刻理解，又表明了中国文化所追求的最高生存方式，不是抽象且纯然理性的，而是有着诗意的美学品格。

第三，强调美与天道观念的统一。

春秋战国美学强调美与生命境界的统一，把美与人生存在方式联系起来。而在中国“天人合一”的主流文化中，人生存在方式又是与天道观念连贯一体的。天道作为中国哲学的核心概念之一，体现了天地宇宙的创造精神，为万物存在的根据。先秦儒道哲学虽然对天道观念的理解不同，但其主流都认为人源出于天并秉承天道精神而存在。人通过对自身精神的修养，最终目的是实现内在超越复归天道，实现人与天即人与自身根源的合一。由于这种天人合一的生命境界同时也是一种审美境界，这就把美与艺术带到了一种超越性的天道观念中。春秋战国时期美与天道的统一，基本奠定了中国文化注重审美与艺术的虚灵性、精神超越性的特色。

应该说，春秋战国美学的基本特征是密切相连的，体现了中国美学对于情感与理性、审美与人生、审美与天道关系的辩证看法。

第二节 儒家美学思想

一、儒家美学概述

孔子作为儒家美学思想的开创人，从时代精神对礼乐文化进行了新的解释，对美善关系、文质关系、诗乐艺术的情感特征与道德人格的关系以及生命审美境界等美学问题进行了理论化阐述。孔子之后，其弟子和再传弟子对诗乐艺术中的情感因素进行了理论高扬。在上海博物馆藏战国楚竹书《孔子诗论》中，孔子及其弟子对《诗》的评论，充分注意到了《诗》本身所蕴含的情感性特征。“诗无吝志，乐无吝情”观念的提出是对《尚书·舜典》“诗言志”美学理论的推进；在《性自命出》等郭店楚简中，孔门弟子开始立足人性论，较为深入地思考了礼乐制度和人之性情的内在关联。《性自命出》的美学思想在《荀子·乐论》《乐记》中得到了更为全面和系统的发展。儒家美学思想发展到孟子那里，开始偏向于发掘人性结构中性、情、气的关系，并在性善论的基础上展开了对个体人格美的系统探讨。战国后期，随着个体感性欲望的发展，如何既肯定人的合理的情欲要求，又使其纳入整个统治秩序之中，成为荀子美学思想关注的要点。荀子立足于人性恶的经验层面，主张通过礼乐制度来化性起伪，从而把人的情感满足纳入政治制度的规范之中。《易传》美学吸纳了道家宇宙论观念，对儒家思想的天道观进行了论述，从而为儒家思想确立了一种宇宙论根据。《易传》哲学揭示的天地创生、变易的生命精神，为儒家人格精神、中国艺术精神奠定了形而上的根据。

总体而言，先秦儒家美学与儒家的道德伦理学有着千丝万缕的关系，具有美善统一的基本特色。先秦儒家思想极为重视伦理道德，以成就君子人格和仁政社会为其文化目标。因此，先秦儒家美学思想立足于人性论基础，主要围绕着审美、艺术与人生理想和政治理想的关系展开。

二、孔子美学

仁学是孔子思想的核心，其美学思想是奠定在仁学基础之上的。所以，要理解孔子的美学思想，首先要理解孔子的仁学。

（一）仁学与美学

“仁”是孔子思想中核心的哲学范畴。仁，首先体现为一种建立在血缘亲情之上的爱。“孝弟也者，其为仁之本与!”（《论语·学而》）儒家认为，亲子之爱、弟兄之悌并不是被强制要求的爱，而是出自自然亲情的真挚之爱。孔子说：“为仁由己，而由人乎哉?”（《论语·颜渊》）仁，出自人性的本然要求，发自内心的真诚之爱。其次，仁体现为自然亲情向他人的不断推及。孔子言：“弟子，入则孝，出则悌，谨而信，泛爱众，而亲仁。”（《论语·学而》）如果每个人能把亲子、兄弟之间的爱推及他人，那人与人之间的关系就将是相亲相爱、和睦友好，整个社会也不会有人犯上作乱，从而秩序井然。再次，仁是人秉承天命的一种责任担当。孔子之所以认为要像对待自己的父母兄弟一般去爱他人，是出于“下学而上达”过程中对人生存意义的一种价值领悟。《礼记·中庸》引孔子语：“仁者人也。”

《论语·尧曰》载孔子曰："不知命，无以为君子也。"这表明，人之行仁实是人自身存在的使命感，是对自身生命价值的自觉选择和积极承当。只有在仁体流行的生命情感过程中，人才能乐天知命，达于一种"天人合一"的生命境界。

孔子确立仁学作为自己的思想主题，主要目的是试图去挽救"礼崩乐坏"的局面。孔子以"仁"释"礼"就是不再把礼乐制度视为一种外在的强制或虚华的形式，而是把它看成是"仁"的必然要求。仁与礼乐制度在孔子那里呈现为一种相互生发的关系。一方面，礼乐制度奠基在仁的情感根基之上，是仁的显发；另一方面，人对礼乐制度的学习又有利于仁的内心修养。可以说，孔子的美学思想正是在仁与礼乐制度的相互关系中酝酿出来的。所以，孔子对包括诗、乐、礼等在内的礼乐制度的评价既看重其包含的人性情感要求，又看重其对于成就一个君子仁人的道德要求。同样，孔子对仁的体验之乐中，既包含了对感性情感之美的注重，又包含了对道德情感之善的关切。在这种总体性视野下，孔子展开了关于诗乐艺术、人格美、人生之乐的境界等方面的美学论述。

（二）诗乐美学

孔子的诗学主要是围绕着对《诗》的评价展开的。首先，孔子非常注重《诗》本身所蕴含的抒情性、文学性特征。《孔子诗论》开篇孔子就云："诗无吝志，乐无吝情。"① 孔子以"情志"说来总括《诗》，认为《诗》"不吝啬""不遮掩""不隐藏""不离开""不泯灭"自身本有的情感，可谓震烁古今。其次，孔子极为看重《诗》中所蕴含的道德伦理价值。孔子云："《诗》三百，一言以蔽之，曰：'思无邪'。"（《论语·为政》）再次，孔子还注意到了《诗》的社会功用。他说："诵《诗》三百，授之以政，不达；使于四方，不能专对；虽多，亦奚以为?"（《论语·子路》）可见，孔子在对《诗》的评价中初步形成了一套较为全面的诗学评价体系。这一诗学体系最典型地体现在"兴""观""群""怨"学说中。孔子曰："诗，可以兴，可以观，可以群，可以怨。"（《论语·阳货》）"兴"首先是一种"起情"，是对情感的激发。"兴"又是对情感的导引，所谓"引譬连类""感发意志"。"兴"的两层含义表明了孔子对感性之美和道德之善的相互统一的关注。朱熹对"兴于《诗》"的注解为："兴，起也。《诗》本性情，有邪有正，其为言既易知，而吟咏之间，抑扬反覆，其感人又易入。故学者之初，所以兴起其好善恶恶之心，而不能自已者，必于此而得之。"② 因此，孔子对《诗》的道德价值的引出并不扼杀《诗》的情感性特征，反而正是建立在《诗》的审美价值之上的。"观"，郑玄注为"观风俗之盛衰"，即通过对《诗》的阅读欣赏去了解各地

① 季旭升主编：《〈上海博物馆藏战国楚竹书（一）〉读本》，北京大学出版社2009年版，第5页。

② 朱熹：《四书章句集注》，中华书局1983年版，第104—105页。

的人情风貌。“群”，孔安国注为“群居相切磋”，朱熹释为“和而不流”。春秋时期有赋诗言志的社会习气，通过一个人的赋诗、引诗，可以看出一个人的志向、品位。所以，通过《诗》可以在社会群体中交流思想感情，起到协调社会关系的作用。“怨”，有“刺上政”和抒怨两层含义。通过《诗》，一方面可以怨刺上政，以正得失，另一方面也可以释憾抒怨、宣泄情感。《论语·公冶长》所言的“匿怨而友其人，左丘明耻之，丘亦耻之”之怨，就是一种个人的情怨，“兴”“观”“群”“怨”作为孔子较为全面的诗学体系，注意到了诗中所蕴含的多重价值。孔子在看重诗的社会功用的时候，并没有放弃诗的审美价值，而是把审美价值、道德价值和社会功用价值结合在一起的。

孔子的乐教美学，同样注重美善的相互统一。一方面，孔子非常注重音乐本身给人带来的审美快乐，例如：“《关雎》，乐而不淫，哀而不伤。”（《论语·八佾》）“师挚之始，关雎之乱，洋洋乎盈耳哉！”（《论语·泰伯》）另一方面，孔子又要求人在音乐的充盈中体会到一种道德性的满足。这一美学观念集中体现在孔子对于《韶》乐的评价中：

> 子在齐闻《韶》，三月不知肉味。曰：“不图为乐之至于斯也。”（《论语·述而》）
>
> 子谓《韶》，“尽美矣，又尽善也”。谓《武》，“尽美矣，未尽善也”。（《论语·八佾》）

首先，《韶》乐“尽美”，即符合形式美和感官愉悦的要求。但仅限于此并不是最好的音乐。具有极佳形式美的《武》乐没有得到孔子的最高评价，因为《武》乐中有杀伐之声，在道德上有所欠缺。在孔子看来，最好的音乐除了符合形式美要求外，还必须符合道德要求并激发起人的行仁向善的意志。只有尽美尽善的音乐才是孔子心目中最为理想的艺术形态。这里，孔子虽然对形式之美和内容之善做了区分，但最终又在艺术中将形式与内容、美与善结合起来。孔子认为，只有尽善尽美的《韶》乐才能让人不流于形式美带来的感官愉悦，而进入一种情理圆融的持久艺术高峰体验。显然，只有美善统一的音乐对于仁心的培养才具有意义。

（三）文质彬彬的君子人格美

《礼记·经解》托言孔子曰：“温柔敦厚，《诗》教也。”“广博易良，《乐》教也。”孔子对诗乐的重视，目的在于培养一种文质彬彬的人格美君子。《论语·雍也》曰：“质胜文则野，文胜质则史。文质彬彬，然后君子。”

一般而言，“质”指一个人内在的纯朴之资：“君子义以为质。”（《论语·

卫灵公》)"夫达也者，质直而好义。"(《论语·颜渊》)可见，在孔子那里，"质"具体指的是一个人内在固有的正直好义的道德品质，为仁善之质。"文"在孔子那里既指人文典籍("博学于文")，又指包括礼乐在内的人文教养("文之以礼乐")。所以，"文"指的是人因学习或礼乐教化而具备的外在文饰，为审美之文。

在孔子看来，如果一个人能依照纯朴本性而行，固然也好，但由于缺乏人文教养之文饰，就会显得有点粗野；同样，如果一个人徒有外在的文饰，而缺乏内在道德品质的支撑，则显得浮华。这里，孔子既对重质轻文的"质胜文"观念进行了否定，又对礼崩乐坏下的礼乐形式主义的"文胜质"进行了批评。针对"质胜文"观念，《论语·颜渊》记载：

> 棘子成曰："君子质而已矣，何以文为？"子贡曰："惜乎，夫子之说君子也！驷不及舌。文犹质也，质犹文也。虎豹之鞟犹犬羊之鞟。"

棘子成认为君子只要重"质"就可以了，"文"则为不需要的东西。而子贡则认为文与质是同等重要的，否则，具有不同毛色的虎豹和犬羊就难以区别了。针对"文胜质"观念，孔子更是发出了"礼云礼云，玉帛云乎哉？乐云乐云，钟鼓云乎哉"(《论语·阳货》)的慨叹。

可见，孔子眼中"文质彬彬"的理想君子人格，应该是既具有内在正直的仁之道德品质，又有着因人文教养而具有的优雅文饰，是内在之仁和外在文饰的相得益彰。

(四) 乐的人生境界

孔子认为，通过内在的自省、改过、徙义和外在的诗书礼乐的教化，最终带来的就是一种情理中和、美善圆融的人生境界的形成。孔子所追求的最终生命理想实际就是审美情感和道德情感的"中和"，是生命精神各种样态的相成相济，融畅不二。

中和境地正是孔子极力颂扬的"尽善尽美""游于艺""成于乐""从心所欲不逾矩""吾与点也"的最高人生境界。当生命的冲突最终达于一种情志状态的和谐自由之时，生命的快乐也就不言而喻了。孔子的"饭疏食饮水，曲肱而枕之，乐亦在其中矣"(《论语·述而》)，颜子的"一箪食，一瓢饮，在陋巷，人不堪其忧，回也不改其乐"(《论语·雍也》)，实为一种乐道境界。这种人生的乐境在孔子对其学生曾点志向的评价中得到了鲜明的体现。《论语·先进》载曾点志向为："莫春者，春服既成，冠者五六人，童子六七人，浴乎沂，风乎舞雩，咏而归。"曾点的这一极具审美性的志向得到了孔子"吾与点也"的极高评价。于此生命状态中，“其胸次悠然，直与天地万物上下同流，各得其所之妙”①。这种人生境界体现了一种圆融无滞、浑然天成的生命精神，同时又能使生命得以超越，与天地合一。而这恰恰也是中国美学和艺术精神的形而上旨趣所在。

三、孟子美学

孟子在继承孔子学说的基础上，发展了儒家思想的内在心性之学。孟子明确提出了影响深远的性善论传统，并在性善论基础上对人格美、共同美、作品的阅读理解等美学问题予以了阐发，其中人格美观念为孟子美学最为核心之思想。

（一）性善论和美学

“孟子道性善，言必称尧舜。”（《孟子·滕文公上》）性善在孟子那里是人禽之异和人之为人的本质所在。孟子从天道的形而上根据和经验的现实例证两个方面论证了性善论。《孟子·离娄上》云：“是故诚者，天之道也；思诚者，人之道也。”既然天之道呈现为无不善之诚，作为追求诚的人道也必然是无不善的。在经验现实层面，孟子在《公孙丑上》认为，人伸手去救将掉入井里的小孩是出于人性固有的恻隐之心。这种恻隐之心是随机而发的情感、情绪之直接呈露，所以体现了人性之善。以恻隐之心为统括，孟子提出了“恻隐之心、羞恶之心、辞让之心、是非之心”四端以及由此四端存养扩充而成的“仁、义、礼、智”四德。孟子把道德品质植入人心，奠定了儒家文化人性论的基本特色。孟子的性善论对其美学观点的提出有着重要影响。孟子所处的战国中期，礼乐已然崩坏。所以，孟子并没有过多地展开对诗乐等艺术的美学论述，而是把思考的重心放到了如何为美的产生奠定一个主体人格基调的问题上。

（二）人格美思想

孔子是从外在文饰和内在道德的相得益彰方面去论述人格美的，而孟子则主要从内在的心理、精神机制方面更系统深入地阐释了人格美的产生、内涵以及超越性。

孟子对人格美论述的一个最大特点是“气”的观念的引入。正是“气”在人性结构上的介入，使得道德人格转化为审美人格成为可能。孟子关于人格美的论述集中体现在《尽心下》的这句话中：“充实之谓美，充实而有光辉之谓大，大而化之之谓圣，圣而不可知之之谓神。”前两句为人格美的基本内涵，后两句为人格美的审美超越性。

“充实之谓美”指的是生命之气充盈而积实，故美自在其中。这种充盈积实之

① 朱熹：《四书章句集注》，中华书局1983年版，第132页。

气的具体样态表现为志对气的统帅之用。“夫志，气之帅也；气，体之充也。夫志至焉，气次焉；故曰：‘持其志，无暴其气。’”“志一则动气，气一则动志也。”（《孟子·公孙丑上》）正由于志、气的这种相互作用，时刻保持志对气的统帅、警惕不良血气对志的销蚀成为孟子充实之美的关键所在。孟子养气的过程即是让志气时刻统摄血气，让血气逐渐转化为志气，最终生成浩然之气的过程。《孟子·公孙丑上》云：“其为气也，至大至刚，以直养而无害，则塞于天地之间。其为气也，配义与道；无是，馁也。是集义所生者，非义袭而取之也。行有不慊于心，则馁矣。”这种“配义与道”“集义所生”的“浩然之气”在身体的弥漫充盈应为孟子“充实之谓美”的深意所在。

“充实而有光辉之谓大”是在“充实之谓美”基础上的再一次提升。内在之身的充实必然会在外在之身上显现出来。《孟子·尽心上》言：“君子所性，仁义礼智根于心，其生色也睟然，见于面，盎于背，施于四体，四体不言而喻。”在孟子看来，面、背、四体都为外在的身体，为小体，为贱体，其在浩然之气的发见之下就显得清和润泽、丰厚盈溢而光辉四耀。这种“生色”恰是大体渗透小体、小体精神化的过程。所以，外在身体不是纯粹的肉体器官，而是渗透了精神的内涵并能把这种精神内涵显现出来。肉身的精神化气质流动就能使得“德润”之身顶天立地而成“富贵不能淫，贫贱不能移，威武不能屈”（《孟子·滕文公下》）的“大丈夫”。正是在这种意义上，孟子认为通过人的外在身体可以体达人的内在精神。所以《孟子·离娄上》言：“存乎人者，莫良于眸子。眸子不能掩其恶。胸中正，则眸子瞭焉；胸中不正，则眸子眊焉。听其言也，观其眸子，人焉廋哉？”人的眸子、形体不是纯粹的肉身，而是一种道德志气渗透弥散的精神化肉身，故能从外在的身体察其内在的精神。相反，如果没有内在的道德精神为底，外在的好形体也只能令人生恶。所以孟子说：“西子蒙不洁，则人皆掩鼻而过之。”（《孟子·离娄下》）

“大而化之之谓圣，圣而不可知之之谓神”，是在美、大基础上对人格境界的进一步提升，是人格美的超越。“圣”为“大”美之人泯其可见之迹，同时又超出个人的主体性推己及他、成己成物而成为化育天下的百世之师。“圣”作为“大”美之上的人格美实为个体精神的超越性，这种超越性超脱了一己之身而担当起了一种社会的责任，从而进入了儒家“以人弘道”、亲亲而仁民而爱物的“践形”历程。“不可知之”表明“神”是一个超验的形而上范畴。神是由圣进一步超越而抵至的天人合一的最高生命境界。美、大、圣为经验世界能为之事，而神则已经实现了由经验世界向超验世界的跨越和升腾。这也就是《孟子·尽心上》说的：“尽其心者，知其性也。知其性，则知天矣。存其心，养其性，所以事天也。”于此最高生命境界，孟子给人的生命找到了精神安顿之处。

（三）共同美感

基于共同的人性论，孟子还提出了美感的共同性或普遍性的问题。《孟子·告子上》载：

> 口之于味也，有同耆焉；耳之于声也，有同听焉；目之于色也，有同美焉。至于心，独无所同然乎？心之所同然者何也？谓理也，义也。圣人先得我心之所同然耳。故理义之悦我心，犹刍豢之悦我口。

孟子这段话是出于论证人性皆善的需要提出来的。在孟子看来，“圣人与我同类”，既然圣人之心是悦理义的，则每个人也都具有悦理义之心，故人心皆善。就美学而言，孟子这段话已经触及美学中美感共同性这一理论问题。

第一，孟子认为美感的共同性源于人有相似的感觉器官。在孟子看来，正因为天下人耳、目相似，所以对于好听的音乐和好看的美人都会产生美感。这里孟子看到了共同美感的产生离不开一定的生理基础，具有合理的因素，但他不可能认识到感觉器官也是社会实践的产物，他也没有看到在美感的共同性之外，还存在着美感的差异性。毛泽东就曾说：“各个阶级有各个阶级的美，各个阶级也有共同的美。‘口之于味，有同嗜焉。’”①

第二，孟子认为美感的共同性有待于向理想的鉴赏家看齐。在讲上面那段话之前，孟子说了易牙、师旷、“知子都之姣者”作为理想的鉴赏家都是具有极为敏感的感受力之人，他们代表了共同美感的最高标准。孟子认为，只要天下人都能把自己的审美感受“期于”向他们看齐，就能够获得恰当的美感。这表明，孟子对共同美感的论述在感觉器官的基础上，也注意到了共同美感还期待于人不断地向最高标准的提升。

（四）《诗》的阅读与理解

孟子在展开其哲学观念的论述中，还提出了如何阅读和理解《诗》的美学方法论问题，主要包括“以意逆志”和“知人论世”两大观念。

> 说诗者，不以文害辞，不以辞害志。以意逆志，是为得之。（《孟子·万章上》）
>
> 颂其诗，读其书，不知其人，可乎？是以论其世也。是尚友也。（《孟子·万章下》）

---

① 转引自何其芳：《毛泽东之歌》，《人民文学》1977年第9期。

“不以文害辞”指的是不要因为过于注重文采或修辞手法去破坏文章字里面的意思。“不以辞害志”指的是不要因为过于纠缠字面的意思而破坏对诗人情志的把握。“以意逆志”指的是对于读《诗》人而言，应该用自己的心意去感受、体贴、回溯诗人意图在诗中表达的情志。

“知人论世”同样围绕着如何去正确把握诗人情志而提出。孟子认为，要想真正理解古人，与古人为友的话，必须了解诗人生活的时代和他的思想生平，这样才能真正知道诗人创作时的情境，从而真正把握诗人创作的意图。

可以说，孟子的两大《诗》学观念依然是建立在其共同人性论的哲学基础之上。正因为诗人和读诗者有着共同的人性论基础，故二者能够通过正确的阅读理解方法而达至心志的相通。对于孟子来说，知人论世和以意逆志的结合能构成一种良性的解释学循环，达至对作者、理解者和作品文辞的相互统一。

四、荀子美学

如果说孟子的学说主要侧重于心性的内在修养，荀子的学说则主要侧重于外在的礼乐教化。二人对人性论的看法不同，故在美学思想的展开方面有着不同的路径。孟子持性善论，他是从内在修心养气层面建构儒家人格美的；荀子持性恶论，是从外在的礼乐教化层面建构了儒家人格美的。由于重视外在礼乐，故荀子在乐教美学上作出了突出贡献。

（一）荀子人性论与美学

要理解荀子美学思想，首先要理解荀子对人性的基本看法。荀子从人的自然之性出发，提出了著名的性恶论。

首先，荀子认为人性基于人所固有的自然之性，如“生之所以然者谓之性”（《荀子·正名》）①，“性者，本始材朴也”（《荀子·礼论》）。“所以然者”说的是生命之所以生而依附的生理材质。荀子认为这种天生自然的材质就是性，是谓“本始材朴”。同时，荀子的天并没有义理之意，而是一种“天行有常，不为尧存，不为桀亡”（《荀子·天论》）的自然法则之天。故“天之就”说的也是自然具有的意思。这表明，荀子不认为人性具有善的道德内涵。

其次，这种自然之性必然会导致人性恶。“今人之性，生而有好利焉，顺是，故争夺生而辞让亡焉；生而有疾恶焉，顺是，故残贼生而忠信亡焉；生而有耳目之欲，有好声色焉，顺是，故淫乱生而礼义文理亡焉。然则从人之性，顺人之情，必出于争夺，合于犯分乱礼而归于暴。”（《荀子·性恶》）这就说明，自然材质状

---

① 王先谦撰：《荀子集解》，沈啸寰、王星贤点校，中华书局 1988 年版，第 412 页。本章所引《荀子》均据此本，只在正文中注明篇名。

态的人性在实现的过程中，由于缺乏孟子本有的道德心智，无法通过自身进行道德定位。因此，潜在自然材质的人性在与外物交接的过程中，如果没有人为的干预，顺应其性（顺是），其必然结果就会是好利争夺、偏险悖乱。因此，人性是恶的。《荀子・礼论》说："性者，本始材朴也；伪者，文理隆盛也。无性则伪之无所加，无伪则性不能自美。"这表明，性自身是无法让自己完美的。与"制天命而用之"的天人关系一致，荀子提出要从人的后天作为上来改造人性，通过礼乐制度教化来促使人性由恶转化为完美。可以说，"化性起伪"是荀子美学思想展开的基本思路。正是在注重人的后天学习、实践的基础上，荀子展开了其关于君子人格之美和礼乐教化美学的论述。

（二）君子的"全粹"人格之美

荀子对君子人格之美有如下论述：

> 百发失一，不足谓善射；千里跬步不至，不足谓善御；伦类不通，仁义不一，不足谓善学……君子知夫不全不粹之不足以为美也，故诵数以贯之，思索以通之，为其人以处之，除其害者以持养之，使目非是无欲见也，使耳非是无欲闻也，使口非是无欲言也，使心非是无欲虑也。及至其致好之也，目好之五色，耳好之五声，口好之五味，心利之有天下。是故权利不能倾也，群众不能移也，天下不能荡也。生乎由是，死乎由是，夫是之谓德操。德操然后能定，能定然后能应。能定能应，夫是之谓成人。天见其明，地见其光，君子贵其全也。（《荀子・劝学》）

荀子这段话是针对学习提出的。由于人"性不能自美"，故只能通过后天的修习才能成就人格之美。"君子之学也，以美其身。"（《荀子・劝学》）荀子认为，人通过学习会有三种结果：涂巷之人善恶参半、桀纣盗跖恶大于善、学者（君子）全善无恶。荀子认为，人通过诗书礼乐的学习达成的最高人格境界为"全粹"之境界。"全粹"为道德仁义布满身体的精纯状态，实现了自然情性与道德教化的相养和相融，故具有审美性。"目非是无欲见""耳非是无欲闻""口非是无欲言""心非是无欲虑"，描述的都是君子人格中感性和理性的和谐统一。

（三）礼乐美学

荀子的"全粹"人格美的生成主要依靠外在的学习与实践，其中对礼乐制度的学习又是最为重要的。可以说，荀子的礼乐美学是对人格美思想的进一步延展。

"礼乐之统，管乎人心矣。"（《荀子・乐论》）人通过对礼乐制度的认识、操习，一方面满足情欲的发动，另一方面又有助于构建道德仁义，从而实现情理的调和。礼的审美外观、乐的艺术形式对情欲心性的化育恰恰是荀子美学思想的具体体现。

从分析的角度看，礼既包含核心内容——礼义（理或道），又包含附带形式——礼仪（文），所谓“文理隆盛”是也。“性不知礼义，故思虑而求知之也。”（《荀子·性恶》）礼的礼义层面更多地直接作用于心智理性，去直接构建道德理性以强化对情欲发动的控制，所谓使人能“分”、能“别”、能“度量分界”。礼的礼仪层面主要由具有感性色彩的繁文缛节构成，其感性形式能直接作用于情欲。“由礼而雅”，具有感性形式的礼仪使得情感欲望既能得到有效传达又达之有节，“故其立文饰也至于窕冶；其立粗衰也，不至于瘠弃；其立声乐恬愉也，不至于流淫惰慢；其立哭泣哀戚也，不至于隘慑伤生”（《荀子·礼论》）。故礼仪不但能满足情欲的自然需求，又能对情欲的发动予以疏导，所谓能“养人之欲，给人之求”，又“使欲必不穷于物，不屈于欲”。这样，礼对主体的教化不但能让人获得美的享受，还获得了道德的熏陶，即所谓“达爱敬之文，而滋成行义之美者也”（《荀子·礼论》）。

“乐合同，礼别异。”如果说礼对心性的化育带有某种“著诚去伪”的强制性，乐则对心性的化育能直接切入、贴近人性情欲并对自然情欲予以不露斧斫、悠然而然的化育。故《荀子·乐论》云：“夫声乐之入人也深，其化人也速，故先王谨为之文。”“其感人深，其移风易俗。”礼正是通过乐的辅助配合，使其等级分明、冰冷森严的秩序感在其乐融融的氛围中稀释消融，达成一种差等的和谐，从而实现礼乐制度相互配合的教化功能。

《荀子·乐论》云：“夫乐者，乐也，人情之所必不免也，故人不能无乐，乐则必发于声音，形于动静。”这说明音乐的出现是基于人的自然性情，契合人性对快乐的自然需求。从音乐的产生看，人之自然性情必然会借助音乐形式来传达，但这种音乐传达并不包含情感节制与道德调控之义。如果任由其自身发动，则蕴含着乱的可能。从音乐的欣赏看，如果耳边萦绕的全是听任自然性情产生的音乐，那么人的性情世界也蕴含着乱的可能。所以《荀子·乐论》云：“凡奸声感人而逆气应之，逆气成象而乱生焉；正声感人而顺气应之，顺气成象而治生焉。唱和有应，善恶相象。”可见，人与外物存在“唱和有应，善恶相象”的心物感通或同构关系，如果能从外在制度上确立起一种独特的“中平”“和合”“肃庄”的音乐形式，令人欣赏、学习、操习，就能使人的自然性情发动，构建起与外在音乐形式相适应的秩序，从而达成对人的心性的改造。

礼乐教化最终带来的是一种情感与理性、天官与天君、身与心的和谐主体的形成，而这种审美与道德相融的和谐主体又能“各得其宜”“群居和一”，从而形成一个“莫不和敬”“莫不和亲”“莫不和顺”的理想社会。故《荀子·乐论》

曰："故乐行而志清，礼修而行成，耳目聪明，血气和平，移风易俗，天下皆宁，美善相乐。故曰：乐者，乐也。""美善相乐"不仅是荀子理想的人格美，也是荀子理想的社会美。

五、《易传》美学思想

《易》本为占筮吉凶休咎之书，《易传》则通过对其经文的发挥使之成为儒家的经典。《易传》不但为儒家的道德论确立了一种形而上学根基，而且鲜明地凸显了中国文化的生命美学精神。

（一）生生之美

《易》通过阴爻"--"和阳爻"—"的组合、错综方式以六十四卦展示了一个独特的宇宙模型。在这个宇宙模型中，阴阳为其基本元素。在《易传》中，阴阳为奠基于宇宙阴阳二气基础之上形成的两种不同性质的符号。宇宙万物因阴阳二气组合、化生，而阴阳二符号的组合、错综正揭示了宇宙万物生化的大法则。是故《系辞上》云："《易》与天地准，故能弥纶天地之道。"[①]《易传》中的阴阳变动不居、周流六虚给我们呈现出了一幅充满生生之美的宇宙图景。

> 天地交而万物通也。(《泰·彖传》)
>
> 天地感而万物化生。(《咸·彖传》)
>
> 是故阖户谓之坤，辟户谓之乾，一阖一辟谓之变，往来不穷谓之通。(《系辞上》)
>
> 刚柔相推，变在其中矣……天地之大德曰生。(《系辞下》)
>
> 天地细缊，万物化醇，男女构精，万物化生。(《系辞下》)

"交感""化生""阖辟""相推""细缊"这些动态描述彰显的是一个乾坤推荡、阴阳变易的宇宙。变易是宇宙的根本属性，没有了变易，宇宙就不复存在。故《系辞上》云："乾坤毁，则无以见易。易不可见，则乾坤或几乎息矣。"这里呈现了一个因阴阳二气交感化醇而充满动态的宇宙。

阴阳合德、天地细缊、刚柔相推展现了宇宙的生命精神。这种宇宙生命精神主张阳中有阴，阴中有阳，动中有静，静中有动，辟中有翕，翕中有辟。这种阴阳和合的辩证特征对后世艺术精神的影响极为深远。中国艺术正是在这种相辅相成的辩证和谐中构筑了一种生命美学精神。

---

① 李学勤主编：《十三经注疏·周易正义》，北京大学出版社1999年版，第266页。本章凡引《周易》语均据此本，只在正文中注明篇名。

《易传》对于天地生生之美的领略不仅是个体和局部经验之生动世界，还有全体的宇宙神妙之美。这就是立足于阴阳变化而又超越其上的“神”。《系辞上》云：“阴阳不测之谓神。”这种“神”之天道观实是宇宙万物生化过程中所显现出来的动态的全体宇宙神妙之美。既然是“神妙全体”，则它不可测度，不可约规，唯变所适，是故“神无方而易无体”（《系辞上》）。

（二）君子人格美

《易传》对天道宇宙观念的论述是为了推天道以明人道，为儒家的人道观确立合理性的来源。《易传》记载：

> 一阴一阳之谓道，继之者善也，成之者性也。仁者见之谓之仁，知者见之谓之知，百姓日用不知，故君子之道鲜矣。（《系辞上》）
>
> 昔者圣人之作《易》也，将以顺性命之理。是以立天之道曰阴与阳，立地之道曰柔与刚，立人之道曰仁与义。（《说卦》）

《易传》的天道观在其发用处即是阴阳变化、刚柔相推的生生不息的动态宇宙。这种阴阳变化、刚柔相推为天地之大德。由于宇宙万物均因乾坤、天地化生，故天道“生生”之大德也必然会具体实现于所生万物的生命之中而“各正性命”。这就是“继之者善也，成之者性也”的含义。“崇效天，卑法地”，《易传》推天道以明人事，为儒家人道观点确立了合理性来源。而人所能做的就是应时而顺天，以人道去合乎天道，并在生命实践中时刻保持着这种天命之性（成性存存），就能“穷理尽性以至于命”。故《乾·文言》云：“夫大人者，与天地合其德，与日月合其明，与四时合其序，与鬼神合其吉凶。”《系辞上》：“与天地相似，故不违。”这种天道和人道的合一性在美学上具体体现为天道之美的显现和人道之美的显现的合一性。

与宇宙的生生不息相一致，君子人格也应该是自强不息和与时俱化的。《乾·象》说：“天行健，君子以自强不息。”君子要效法天道的刚健有为、周而复始的品格，自强不息，努力奋斗。这种自强不息的精神体现的就是一种动态的生命历程。动态的生命与动态的宇宙相互交融，展示了一种生命的动态、日新之美，这就是《大畜·象传》中说的“刚健笃实，辉光日新其德”的理想人格之美。

君子应时而动，但是否就是没有原则地随世间万物而沉浮呢？显然，儒家理想的君子人格绝不是这种圆滑世故的小人、乡愿之流。天道“贞、正”，人道则有“中”。时中，是指因时而中。一方面要因其时，另一方面又要得其中，二者缺一不可，可谓有经又有权。所以，《易传》的君子人格彰显的是一种动而有静、阳中有阴、流而有止、开辟而有收敛的“含弘光大”“含章可贞”的性情之美。章，释为美的文采；贞，正也。这种中和的君子人格之内美还能由内向外散发，呈现感性的辉光，达到美之至极。即《坤·文言》：“君子黄中通理，正位居体，美在其中，而畅于四支，发于事业，美之至也。”

（三）易象之美

君子对生生之美、圣人之意、天地之道的领悟借助于“象”的开启，这就是《易传》中的“立象以尽意”观念。易象在创制和研习过程中都蕴含着深刻的美学内涵。

《系辞下》云：“古者包牺氏之王天下也，仰则观象于天，俯则观法于地，观鸟兽之文，与地之宜，近取诸身，远取诸物，于是始作八卦，以通神明之德，以类万物之情。”从《易传》“观物取象”的创制过程可以看出，中国文化的“观”不是站在客体对象之外的固定焦点的观看，而是一种仰观俯察、远近游目的融入世界的整体性“流观”。这种仰观俯察方式成为中国文化基本的审美观照方式。宗白华说：“俯仰往还，远近取与，是中国哲人的观照法，也是诗人的观照法。”①

天地人生之道以易象的方式显现出来，需要习《易》者细细体味把玩，方能“探赜索隐，钩深致远”。这就是帛书《易传·要》篇所言的“不安其用而乐其辞”，也是《系辞上》所言的“是故君子居则观其象而玩其辞，动则观其变而玩其占”。《易传》的“象”包含了卦象、事象、义类之象等复杂内涵。卦象，即阴阳二爻通过“分阴分阳，迭用柔刚”六画所成六十四卦之卦象本身。这是对阴阳交感推荡所成之流变宇宙的符号化表达。事象，即卦象中蕴含的事物形象，具有形象直观性，如乾天、坤地、离火、坎水、震雷、巽风、艮山、兑泽皆属此类。义类之象，即事象所牵连的理义，如乾之阳、健、刚，坤之阴、顺、柔等。“象”的三个层次不是隔绝而是相互牵连的。卦象因事象和义类之象而得以存在，离开了后者，就仅是一堆毫无意义的符号。义类之象也不是抽象概念，而是牵连在事象之中并从中流转出来的。《系辞上》云：“圣人有以见天下之赜，而拟诸其形容，象其物宜，是故谓之象。”这里的“形容”为事象，而“物宜”则为义类之象，二者共同构成了卦象的内涵。事象具有形象，是有形的，义类之象则蕴含于有形的事象中，所以可以说又是无形的。处于有形无形之间的“象”恰能承担起连结形而下的器和形而上的道之功能。“象”的这种丰富内涵呈现出了一个生动流变的符号世界，这个符号世界和宇宙天地、人生境遇相互含摄，构筑了一个天—人—象三者融合、相互流转的有机统一体。天地之道的生生不息、刚健中正与神妙全体之境在周流六虚、当位不当位的“象”中被开显出来，而人则以周遭的切身情境去和“象”互动互参、比类会通，了悟觉解人生的自强不息、与时俱化、性情中

① 宗白华：《美学散步》，上海人民出版社1981年版，第111页。

和与人生的全体之境，最终达成“穷理尽性以至于命”的天人合一、心物合一境地。这种易象体验方式和审美体验方式有着异曲同工之妙。

《易传》的象论中还蕴含着丰富的艺术性思维。如晋卦，其卦象为坤下离上，这种卦象在阐释的过程中发挥了人的审美想象力，极具诗情画意。晋卦为一轮红日从地平线上冉冉升起的形象，故《晋·象传》云：“晋，进也，明出地上。顺而丽乎大明，柔进而上行。”其他如对蒙卦、贲卦、离卦、大壮卦等的释卦过程也都具有这种美学内涵。

这种“立象以尽意”、对天地人生之道的开显方式，因其对“言—象—意”的独特性看法，特别是它对形象直观、生动流变的“象”的注重，使得它极具有艺术性。这就为后世把“易象”转化为艺术“意象”奠定了哲学基础。

第三节　道家美学思想

一、道家美学概述

道家美学主要是指《老子》《庄子》以及《管子》四篇里的美学思想。

道家美学由老子发其端，庄子尽其致，并在《管子》四篇（《内业》《心术上》《心术下》《白心》）中实现了儒道兼综。面对社会的混乱局面，老子设想了另一种理想的社会状态，试图把自然界遵循的“道”的法则应用到人的社会界，要求社会界的运行和自然界一样，不要人为去干预，不要用礼义去雕饰，而回到一种纯任自然的状态。与此文化目标相适应，老子对世俗有为的文饰之美进行了批评，并提倡一种自然无为的生命观和朴素无华的审美观。同时，老子在对超越性之道的论述中提出的很多哲学范畴也对中国美学和艺术产生了重要影响。

庄子哲学是对老子哲学的继承和发展。老子哲学的道侧重于客观的、实有的描述，而庄子哲学则侧重于把老子的道转化为一种精神境界的描述。庄子哲学在老子哲学基础上，对超越性精神境界自身的特征、如何达成这种精神境界以及语言、技艺和精神境界的关系等方面都展开了更加深入的探索。

《管子》四篇将老子“玄而又玄”的形而上之道，以精气为中介具象化落实到人心之上，成为中国美学“气”范畴发展的重要环节。《管子》还发展了老庄的虚静观，提出了“虚”“一”“静”的修心之道。同时，儒道融合的《管子》对诗、乐、礼的态度也和老庄的排斥态度不同，而是主张通过诗、乐、礼的文明教化来正身节欲。

如果说儒家美学是在肯定世俗美基础上对其进行了积极有为的人文思考的话，

道家思想则对世俗美的表象进行了批判和否定，并从本质层面对美、美感、艺术等进行重新定位，构建了一种超越性美学思想体系。道家主张人要超越现实经验世界去追寻一种无拘无束、自然自由的生命态度，而这种生命态度恰和审美与艺术中主张的超功利性相互契合，故道家哲学本身就具有诗化色彩，对中国美学和中国艺术精神产生了深远影响。道家美学和儒家美学互补，共同构筑了丰富的中国古代传统美学。

二、老子美学

老子的美学思想是与其哲学观念紧密结合的。老子哲学中不但蕴含了美学思想，他提出的诸多范畴、命题等也对后世美学产生了重大影响。

（一）老子哲学与美学

面对政治动乱、生命无常、人生困境，老子哲学以道为形而上根源，构建了自己的宇宙论、人生论和政治观。

老子的道论虽然具有多样性的内涵，但从美学角度而言，老子的道论可视为其人生论的形而上学，而其德论则为经验世界以人合天的人生境界论。“孔德之容，惟道是从。”（《老子·第二十一章》）道与德是人的根源，人之生应为“道德”的人生，亦是自然无为的人生。但人因生之形质，则有心之“知”、耳目口鼻之“欲”，会引领人去向外追求，最终给人的自然无为本性加上了很多不必要的东西，使人丧失其德。要保全“道德”，复归本性，人必须去智、去欲，无智、无欲。如此，人则能“专气致柔”，如同婴儿、赤子、愚人一般超越于文明理性和淫巧欲望而自然而然地体道生存。这种无拘无束、自然自由的生存态度恰和非功利性、超脱性的审美直观联通起来，而自由愉悦的生命境界也和审美的人生境界相互融通。正是在这里，老子哲学中蕴含的美学意义得以出场。

（二）老子对世俗社会美与艺术观念的批评

老子至少从两个方面展开了对现象层面之美和艺术观念的批评，通过这种批评，老子希望扭转人们对于世俗之美的执着而转向对道境之美的追求。

第一，老子认为世俗层面的美都是相对而生的，美丑观念也是相互转化、相对而言的。因而，“人之所美”事实上也并非真正之美。《老子·第二章》云：

> 天下皆知美之为美，斯恶已；皆知善之为善，斯不善已。

美的东西是相对于丑的东西产生的，一种美的东西相对于更美的东西也许就是丑的。“美之与恶，相去若何？”（《第二十章》）这表明，众人所持的外表形式上的美丑观念因其都是在对待中、转化中呈现，所以并不是一种真正的美。真正的美，就是道之美，它并不因现象界的差别而改变，它不受外在现象的干扰而固存于生命的自然自在之中，是一种生命本质的自由与欢畅。

第二，老子认为世俗层面的美导致了人的情感的波动，从而有可能破坏人之德性的自然。因而，“人之所美”不利于德性的完善。

> 五色令人目盲；五音令人耳聋；五味令人口爽；驰骋畋猎，令人心发狂；难得之货，令人行妨。是以圣人为腹不为目，故去彼取此。(《第十二章》)

老子认为，世俗层面包括五色、五音等形式美艺术在内的一切文明享受都必然损害人的自然生命，当众人都着意于流连忘返这种声色之美时，恰恰遮蔽了对道境之美的观照与聆听。“大巧若拙”（《第四十五章》），老子主张去除这些多余的感官之美而回归一种朴拙之美。

（三）“涤除玄鉴”的审美直观论

老子说：“涤除玄鉴，能无疵乎？”（《第十章》）涤除玄鉴在王弼通行本里为“涤除玄览”。王弼注云：“玄，物之极也。言能涤除邪饰，至于极览。”① 按照王弼的注解，“览”是“见”或“观”的意思，“涤除玄览”说的是排除一切物欲和心智的干扰而实现对物的本质（道）的观看，最终达至与物玄同的精神境地。按照帛书老子乙本，“玄览”实为“玄鉴”。古代“鉴”与“览”二字通用，指镜子。玄鉴，陈鼓应释为“喻心灵深处明澈如镜。‘玄’，形容人心的深邃灵妙。”高亨说：“玄鉴者，内心之光明，为形而上之镜，能照察事物，故谓之玄鉴。”以上两种注解虽然在个别字义上有歧义，但总体意思大致是相同的。心能做到排除杂念，就能如同明镜一般照察事物，去除了主观成见的干扰，自然也能获得对事物本质的观照和体认。《第十六章》云：“致虚极，守静笃。万物并作，吾以观复。夫物芸芸，各复归其根。归根曰静，静曰复命，复命曰常，知常曰明。”人如果能保持虚静的心态，万物则能自在兴现，并显现出其自身的本性。

所以，玄鉴的“观世”态度不是感官经验的认识态度，而是超越了一般认识方法的直觉体验。作为本质直观的态度，呈现出来的是人之本性与物之本质的一体玄同之境。这种非功利性的直观态度实质上就是一种审美的诗性直观，它指向的不是具有形式美的审美对象，而是直接与自然形态的天地万物的契合融洽。老子的审美直观论最终带来的是生命本质与道契合的“美乐”生命境界。这种审美直观经庄子的大力倡导后开启了中国文人最为向往的精神生存方式，并给中国美学和艺术的意境论、妙悟说的生成埋下了伏笔。

---

① 《王弼集校释》上册，楼宇烈校释，中华书局1980年版，第23页。

（四）老子美学的重要范畴

老子哲学中很多范畴也对中国美学和艺术产生了深远影响。老子哲学观念中关于道、气、象、有无、虚实、动静、妙、味、自然、清、远、巧、拙等诸多范畴都对后世美学与艺术观念中的审美主体、审美对象、审美过程、审美意境等各个方面产生过影响。其中以“有无、虚实、动静”“妙”“味”最具影响。

1. 有无、虚实、动静

老子哲学关于有无观的论述分为两个层次，从道体层次而言，无和有为万物本原的道的一体两面。《第四十章》云：“天下万物生于‘有’，‘有’生于无。”道作为宇宙的本原，它是一个无限的大全，所以是“无”。同时，这个宇宙的大全又是一种真实的存在，老子道体层次的有无不二的关系直接影响到其对现象层面“有无相生”（《第二章》）关系的提出。

> 三十辐，共一毂，当其无，有车之用。埏埴以为器，当其无，有器之用。凿户牖以为室，当其无，有室之用。故有之以为利，无之以为用。（《第十一章》）

在老子看来，现象界的有无、虚实是相互依赖的。有和实的功用的产生，实际也体现了无和虚的妙用。离开了无和虚的妙用，有和实也无法产生功用。所以，天地万物只有在有无、虚实的统一中才能使得万物进行正常流动不息，才能承载道的运转功能，也才能焕发生命的气息。

老子哲学关于动静观的看法依然具有道体和现象界两个层次。道作为宇宙的创造性动力，是动；作为宇宙的本根，是静。老子道体层次的动静不二的关系也直接影响到了其对现象层面动中有静、静中有动关系的提出。《第十五章》说：“孰能浊以静之徐清；孰能安以动之徐生。”讲了要能在动中做到清静，也要能在静中做到生动。在老子看来，现象界的动静是相互依赖的。如果只有静，只能是死寂；如果只有动，只能是盲目。天地万物只有在动静的统一中才能使得万物静谧而不乏生动之致，生动而不乏宁静之姿。

老子的有无、虚实、动静相互并存、相互生发的观点对后世文人的审美心灵特别是艺术形象的创建产生了极大影响。有、实、静可以说是艺术形象最凸显、最鲜明的表象特征，但中国文人的审美情趣从没有放弃追求与这种鲜明表象特征紧密关联的无、虚、动之艺术特性。

2. 妙

老子对道的属性描述还用到了“妙”一词。

> 玄之又玄，众妙之门。（《第一章》）

> 故常无欲以观其妙。(《第一章》)
> 古之善为道者，微妙玄通，深不可识。(《第十五章》)
> 不贵其师，不爱其资，虽智大迷，是谓要妙。(《第二十七章》)

王弼注云：“妙者，微之极也。”① 这表明，“妙”是对道的属性的一种描述，是对道莫可名状、莫可言说、不可形诘之态的说明。故“妙”往往与“道”联系在一起，用来表明一种微妙玄通之境，如玄妙、微妙、要妙、神妙、妙境、妙品等；从人的感知而言，由于“妙”深不可识，“妙”无法直接为感官把握，也无法诉诸言语，只能经由心灵的直觉和领悟，所以，“妙”又往往与“悟”联系在一起，如妙悟、悟妙、妙解、妙赏、妙机其微等。

后世美学关于“妙”的理论意义极为丰富，它可以是一种创作主体特质的描述，如妙才、妙心等；它可以用来作为一种审美体验的说明，如妙悟、妙赏等；它可以是一种审美对象风格的描述，如妙文、妙品等；它可以是一种创作技巧的论述，如舍文无妙，剪裁之妙等。

3. 味

许慎《说文解字》对美的解释为：“美，甘也。”中国美学并不排斥味觉在审美情感中的地位。就老子而言，他认为人的感官对“五味”的无休止追寻往往导致人损害自然的生命，最终偏离人之自然无为的德性。所以，老子反对那种对外界“五味”的生理享受和情感体验。但是，老子并没有取消“味”所带来的美感，他提出了一种与道相应的特殊美感：无味。

> 恬淡为上。(《第三十一章》)
> “道”之出口，淡乎其无味。(《第三十五章》)
> 为无为，事无事，味无味。(《第六十三章》)

“味无味”，即以无味为味，以恬淡为味。在老子看来，无味也是一种味道，是一种以淡为特征的味道，是谓淡味。淡味作为一种薄味，它引发的是人微妙的情绪体验。这种微妙的情感因其与道的契合无间，就显得不但不淡乎寡味，反而淡中有真味有至味。“道之出口，淡乎其无味。”正因为淡味避免了人对“五味”的偏执及其对人的自然无为生命的扰乱与侵袭，故能与道贯通。所以，淡味恰是人与道相合时的一种情感体验状态，是味外之味。

正因如此，后世艺术家往往把自己体验到的与道合一的这种平淡情感状态通

---

① 《王弼集校释》上册，楼宇烈校释，中华书局 1980 年版，第 1 页。

过艺术传达出来并形成了中国文人艺术最为注重的一种平淡艺术风格。

三、庄子美学[①]

庄子把老子偏于客观性、实体性的道落实为人的精神境界，并围绕着如何成就这一精神境界展开了丰富的美学思考。

（一）庄子论审美精神境界

庄子人生审美精神境界主要体现在“游”和“至美”“至乐”两个方面。

游，在《庄子》一书中出现了一百多次，其意主要包括形体之游和精神心灵之游，前者为游的形而下层面，而后者则构成了游的最为主要的境界层面。《庄子》一书中对游的主要描述正是围绕着心灵与精神的自由伸展、逍遥嬉戏的意义展开，是一种无所依恃而绝对自由的高迈境界。

> 若夫乘天地之正，而御六气之辩，以游无穷者，彼且恶乎待哉！（《逍遥游》）
>
> 藐姑射之山，有神人居焉，肌肤若冰雪，绰约若处子；不食五谷，吸风饮露；乘云气，御飞龙，而游乎四海之外。（《逍遥游》）
>
> 饱食而敖游，泛若不系之舟，虚而敖游者也。（《列御寇》）

可以看出，庄子的游的心灵境界正是心灵与无穷、淡漠之道相互契合的天人合一境界。这境界解除了世俗功用、机心巧智的约束，而自由无滞地与道合一，使得主体心灵处于一种超越时空、非功利的自由嬉戏状态。游的心灵的自由境界是与道合一的人生境界，这种心灵的自由欢畅必然也是至美、至乐的精神境界。庄子至美、至乐的精神境界更鲜明地点出了庄子所追求的人生境界是审美化的精神境界。

《庄子》一书对世俗意义的经验世界的美进行了批评，认为这种现象层面的美只能是源于美丑的社会标准而得出，因而是带有成见之心的美，这种美不可能是真正的美。庄子举例说：

> 毛嫱、丽姬，人之所美也；鱼见之深入，鸟见之高飞，麋鹿见之决骤。四者孰知天下之正色哉？（《齐物论》）
>
> 阳子之宋，宿于逆旅。逆旅人有妾二人，其一人美，其一人恶，恶者贵而美者贱。阳子问其故，逆旅小子对曰：“其美者自美，吾不知其美也；其恶

① 此处泛指庄子及其后学的美学思想。

者自恶，吾不知其恶也。”（《山木》）

世间所谓的美丑之分实是人依照一定的判断标准来鉴别的。这套判断标准本身是存在问题的。如果放在世界的整体中以道观之的话，物本来无所谓美与丑、善与恶。庄子列举了王骀、申徒嘉、叔山无趾、哀骀它、支离疏等丑残形象之人来鲜明地表达自己的这一观念。从现象层面看，这些人显然是属于不美的丑陋之人。但从本体层面看，这些人因其对道的体认，“德有所长而形有所忘”（《德充符》），因而具有和藐姑射山神人一样的境界之美。这里，庄子本无心于丑的形象，但不期然把丑的形象带入了中国美学和中国艺术。

庄子对美的追求，打破了形相的美丑分际，而直抵人的自由无滞的“大美”“至美”的生命精神深处。

静而圣，动而王，无为也而尊，朴素而天下莫能与之争美。（《天道》）

淡然无极而众美从之。此天地之道，圣人之德也。（《刻意》）

天地有大美而不言，四时有明法而不议，万物有成理而不说。（《知北游》）

庄子所言的大美、至美不是现象层面相对于丑而言的美，乃是一种绝对的美。这种美的精神境界是一种得道的自由心境，它远离了是非美丑的社会标准，远离了判断、分析、思察，因而自然真挚、朴素淡然、宁静无言，是与天合一的纯美境界。

审美是一种精神性的愉悦，至美的精神境界必然带来至乐的精神愉悦。庄子对世俗现象层面的快乐进行了否定，认为基于欲望之身的现象层面的快乐注定是短暂的，不可能是真正的快乐，只有“独与天地精神相往来”的愉悦才是真正的人生天乐、至乐。

夫得是，至美至乐也，得至美而游乎至乐，谓之至人。（《田子方》）

与人和者，谓之人乐；与天和者，谓之天乐。（《天道》）

言以虚静推于天地，通于万物，此之谓天乐。（《天道》）

庄子的至乐、天乐超越了感官性的快乐，它来自于对外物所累的消亡，来自于顺应自然、安时处顺、“从然以天地为春秋”的纵迹大化的生命归属感。因而，至乐、天乐的精神境界恰是一种与天合一、与道契合时呈现出的生命的自由欢畅。

（二）体道和审美直觉

庄子提出了用心斋、坐忘的修养工夫来达至与道合一的生命境界。

心斋，即对有蓬之心、欲望之心的斋戒，是对人世间之俗知、情欲的去除。

若一志，无听之以耳而听之以心，无听之以心而听之以气！耳止于听，心止于符。气也者，虚而待物者也。唯道集虚。虚者，心斋也……瞻彼阕者，虚室生白，吉祥止止。（《人间世》）

孔子问于老聃曰：“今日晏闲，敢问至道。”老聃曰：“汝齐戒，疏瀹而心，澡雪而精神，掊击而知！”（《知北游》）

“无听之以耳”“无听之以心”，是要终止一切日常感官和心灵活动；“疏瀹而心，澡雪而精神，掊击而知”是疏导心灵，洗涤精神，去除俗见心智。通过对“成心”的斋戒，生命以一种整全的自然状态之心来应对外物。这种心斋之心由于外于心智，因而能达至如气一般的至虚至柔之态，从而以一种整全的生命状态直观大道，与道浑然同一。这样，人的生命状态就能处于一种至虚至柔的澄明之境，如同太阳照进房子一样映照出宜人的光芒。所以，庄子心斋的生命状态，看似是无情的、枯槁的，却又是一番让性命之情自由流淌的澄明至美之境。

对成见之心的斋戒在庄子那里又被称为忘心，亦即亡心，是对成见之心的去除。忘是对心斋的进一步说明。

颜回曰：“回益矣。”仲尼曰：“何谓也？”曰：“回忘礼乐矣。”曰：“可矣，犹未也。”他日，复见，曰：“回益矣。”曰：“何谓也？”曰：“回忘仁义矣。”曰：“可矣，犹未也。”他日，复见，曰：“回益矣。”曰：“何谓也？”曰：“回坐忘矣。”仲尼蹴然曰：“何谓坐忘？”颜回曰：“堕肢体，黜聪明，离形去知，同于大通，此谓坐忘。”（《大宗师》）

颜回的忘礼乐、忘仁义、忘形体、忘心智，说的是要让心灵摆脱生理性、道德性、概念性的功利因素。如果说忘礼乐仁义尚还没有完全消解主体思维的话，当颜回达于坐忘的修养状态时，此时的人已然真正忘其所忘、无思无虑，以本然的生命状态去观照大道。显然，庄子的心斋、坐忘都是一种心理体验，是摆脱理性、欲望、功利后的本然之心对道的直觉体认。

庄子通过心斋、坐忘带来的自由无滞、惠照澄明的体道生命状态，不期然与纯粹的审美直观状态是相通合一的，为中国美学的直觉妙悟之说奠定了坚实的理论地位。

（三）道境的诗意言说与技艺显现

既然体道的生命状态是对认识之心和外在之物的去除，而日常语言恰恰是认识之心对外在之物的言说，故真正的体道生命境界是不可以言说的，是一种只可意会不可言传的无言而心悦之美。庄子对道与言的关系的说明呈现为三个基本的层次：

首先，庄子对日常语言进行了全面的否定，认为道或体道境界是无法用日常语言来传达的。大象无形，大音希声，道是不可言说的。世俗之人自以为用语言在言说道，殊不知恰恰是用语言隐蔽了道。

> 道恶乎隐而有真伪？言恶乎隐而有是非？道恶乎往而不存？言恶乎存而不可？道隐于小成，言隐于荣华。（《齐物论》）

其次，庄子并没有否定语言本身。他认为，对道或体道境界的言说不同于日常语言的言说。由此，庄子提出了一种关于道的言说的特殊方式：寓言、重言、卮言。《天下》云："以卮言为曼衍，以重言为真，以寓言为广。"

寓言，即用一种寄之他人或他物故事的语言形式来使人悟解道境。重言，即通过人所尊重的历史人物之言来使人悟解道境。出自先哲时贤之口的话往往"经纬本末"，深文隐蔚，能令人触类旁通，感通悟道。卮言，即无心之言，顺应自然之言。卮言无所持故，因物随变，散漫流衍，保持着一种无限的开放性。"道之为名，所假而行。"（《则阳》）寓言、重言、卮言都是面对道不可言而又不得已言说时采用的"吊诡"式语言策略。生命的体道境界本不可言说，实在要言说的话也只能以一种非逻辑的语言来进行。所以，寓言、重言、卮言都应是一种无心合道的诗化语言，它能开启无所偏执、多元开放的语意空间，使得不可言说的生命境界得以敞开。

再次，庄子虽然提出用无心之言来勉强地言说道境，但最终还是要求人对这种无心之言也弃置不用，而应仅把它们当作一种工具，所谓"得意而忘言"。

> 筌者所以在鱼，得鱼而忘筌；蹄者所以在兔，得兔而忘蹄；言者所以在意，得意而忘言。吾安得夫忘言之人而与之言哉！（《外物》）

筌，捕鱼工具；蹄，捕兔工具。体道境界终究不可言说，即使勉强用无心之言去说，也仅是一种导向道境的工具而远不是境界本身。人一旦经由这些无心之言的提点而对道境有所领会时，就应该把这些语言通通忘掉。庄子要求人们不要执著于言与默，打破对语言表达的常规看法，突破有形迹象的限制，直接进入道境的直观妙悟。

所以，体道境界和审美体验一样，都不是语言和有形迹象本身，而只是语言和有形迹象去指向的言外之意、象外之象、韵外之致的形而上境界。庄子的言意关系深远地影响了中国艺术和审美的最终旨趣，成为意境理论诞生的重要理论资源。

道境不仅仅因澄明光照而英华发外，令人目击道存，还能通过现实生活的践履而显现于体道者的日常生活中。与儒家的道德践履活动不同，道家道境的践履活动主要是通过日常生活中出神入化的身体技艺来体现的。庄子指的技艺是自生命本性所发出的身体动作行为。这种率其本性、非假外为的本真技术远不是今天说的注重理性功用的技术，而更相近于今天说的艺术。庄子寓言中的庖丁解牛、轮扁斫轮、痀偻者承蜩、津人操舟、吕梁丈夫蹈水、梓庆削木为鐻、工倕旋、运斤成风、大马之捶钩者等高超技艺，无不都是顺应生命本性而发出的鬼斧神工之举。这种身体技艺并不凭借外在的功利机巧，它任性而发，故能和道境相通相合，把不可言说的道境具体呈现出来。庄子对技艺的一些看法深远地影响了中国艺术的美学旨趣。在《养生主》的庖丁解牛中，庖丁把自己技艺精湛的原因归结为对道的体悟："臣之所好者道也，进乎技矣。""道进乎技"说的就是在技艺的创作活动中，对道的体悟的重要性超过技术本身。这表明，艺术心性的涵养对于艺术创作具有极为重要的作用。《达生》云："以瓦注者巧，以钩注者惮，以黄金注者殙。其巧一也，而有所矜，则重外也。凡外重者内拙。"可见，艺术家如果不提升自身的精神境界，不能以一种心斋、坐忘、虚静、专注的心灵去感通世界，就不可能让自己的艺术技能提升到出神入化的地步。

艺术心性的涵养为艺术的创作准备了必要的条件，但艺术心性的涵养不等于艺术创作本身。所以，胸中之竹还有待于艺术的创作过程才能转化为手中之竹。在关于技艺的寓言中，庄子提出了一种心—手—物三者合一的直觉式艺术创作之法。

> （轮扁）斫轮，徐则甘而不固，疾则苦而不入。不徐不疾，得之于手而应于心，口不能言，有数存焉于其间。（《天道》）
>
> 工倕旋而盖规矩，指与物化而不以心稽。（《达生》）

"得之于手而应于心"说的是心和手的关系。艺术的创作往往会受到表达技巧的限制，但得手应心之人则打破了艺术意象和艺术传达之间的隔阂。"指与物化"说的是手和物的关系。艺术的创作还受到被表现对象的限制，但指与物化之人则打破了艺术传达和艺术对象之间的隔阂。所以，庄子提倡的艺术创作之法实际是一种消解心身、主客界限的"以天合天"的艺术创作过程。

第四节 其他重要美学思想

春秋战国美学除了儒道两家，还有其他一些方面的美学思想。其中，以墨子和韩非子的功利主义美学比较重要。战国后期，儒家思想与楚国巫风文化相结合还造就了屈原独特的人格美以及极具想象和抒情的骚体诗。另外，在春秋战国的历史著作、艺术和工艺现象中也蕴含着一些重要的美学思想。

一、墨子、韩非子、屈原的美学思想

（一）墨子美学

墨子站在普通百姓的立场，对当时社会出现的奢靡之风进行了批判，他从社会功利的角度反对过分的审美享受，具有一定的合理性。

墨子并非没有认识到审美的作用。《墨子·非乐上》云："是故子墨子之所以非乐者，非以大钟鸣鼓、琴瑟竽笙之声以为不乐也，非以刻镂华文章之色以为不美也，非以犓豢煎炙之味以为不甘也，非以高台厚榭邃野之居以为不安也。"① 但墨子认为事有缓急，如果老百姓连基本的温饱问题还没有解决，就大量利用财力、物力和人力去追求审美享受，这是一件极不人道的事情。《墨子佚文》就云："故食必常饱，然后求美；衣必常暖，然后求丽；居必常安，然后求乐。"正是出于这种功利先于审美的考虑，墨子提出了"非乐"的主张。

在墨子看来，音乐不利于天下之大利，为"无用之费"。《非乐上》云："利人乎，即为；不利人乎，即止。且夫仁者之为天下度也，非为其目之所美，耳之所乐，口之所甘，身体之所安，以此亏夺民衣食之财，仁者弗为也。"由于音乐时刻要"亏夺民衣食之财"，"上考之不中圣王之事，下度之不中万民之利"，所以应该取消音乐。

墨子从制造乐器、演奏乐器、欣赏音乐三个层面对音乐进行了批判。为乐必须先制造乐器，而制造乐器"将必厚措敛乎万民，以为大钟鸣鼓、琴瑟竽笙之声"（《非乐上》）。为乐还得找很多人演奏乐器："将必使当年，因其耳目之聪明，股肱之毕强，声之和调，眉之转朴。使丈夫为之，废丈夫耕稼树艺之时，使妇人为之，废妇人纺绩织纴之事。"（《非乐上》）为乐的目的是用于欣赏，而"与君子听之，废君子听治；与贱人听之，废贱人之从事"（《非乐上》）。正因为音乐有如此多的危害，所以墨子主张把音乐取消："今天下士君子，诚将欲求兴天下之利，除天下之害，当在乐之为物，将不可不禁而止也。"（《非乐上》）

墨子的"非乐"主张认识到了人的精神需要是建立在物质需要基础上的，但他没有认识到人的物质需要和精神需要是不可分割的。并且，墨子过于注重以功用性来衡量审美享受，因而对一些正常满足人的精神需要的艺术和文饰之美也进

① 孙诒让撰：《墨子间诂》，孙启治点校，中华书局2001年版，第250页。本章凡引《墨子》语均据此本，只在正文中注明篇名。

行了否定，具有“蔽于用而不知文”的偏颇性。

（二）韩非子美学

韩非子的美学思想也是建立在他的功用论基础上的。韩非子进一步发挥了荀子的人性恶哲学观念，把人与人之间的关系归结为赤裸裸的利益关系。韩非子认为，为政者不要寄希望于通过人文教化来改变人的“欲利之心”，而只能采用严刑峻法来实现统治。“文学者非所用，用之则乱法。”（《五蠹》）① 韩非子不但对礼乐、艺术的功用性进行了否定，而且还认为礼乐、艺术的存在是有害于实际功用的。因此，韩非子几乎对一切艺术活动和审美性事物都进行了否定，把墨子的功用主义美学推到了极致。②

韩非子在说明、例证自己的社会政治思想时讲了很多有趣的故事。有些故事鲜明地表明了他的美学观点。

> 宋人有为其君以象为楮叶者，三年而成。丰杀茎柯，毫芒繁泽，乱之楮叶之中而不可别也。此人遂以功食禄于宋邦。列子闻之曰：“使天地三年而成一叶，则物之有叶者寡矣。”故不乘天地之资，而载一人之身；不随道理之数，而学一人之智；此皆一叶之行也。（《喻老》）
>
> 墨子为木鸢，三年而成，蜚一日而败。弟子曰：“先生之巧，至能使木鸢飞。”墨子曰：“吾不如为车輗者巧也。用咫尺之木，不费一朝之事，而引三十石之任致远，力多，久于岁数。今我为鸢，三年成，蜚一日而败。”惠子闻之曰：“墨子大巧，巧为輗，拙为鸢。”（《外储说左上》）
>
> 客有为周君画荚者，三年而成。君观之，与髹荚者同状。周君大怒。画荚者曰：“筑十版之墙，凿八尺之牖，而以日始出时加之其上而观。”周君为之，望见其状尽成龙蛇禽兽车马，万物之状备具。周君大悦。此荚之功非不微难也，然其用与素髹荚同。（《外储说左上》）

“以象为楮叶”“墨子为木鸢”“画荚”都需要极为高超的艺术技巧，创作对象也具有极高的审美性、艺术性。但在韩非子看来，这些费力费时的活动不能产生任何实际功用，所以是毫无意义的。可见，韩非子对艺术活动进行了否定。

同样，那些看起来具有审美性、艺术性的事物因毫无用处，甚至还有害于实

---

① 《韩非子新校注》，陈奇猷校注，上海古籍出版社 2000 年版，第 1104 页。本章凡引《韩非子》语均据此本，只在正文中注明篇名。

② 韩非子唯一肯定的是能带来实际功用的艺术活动和审美性事物，但这并非是从美学角度来肯定它们。

际功用，也受到了韩非子的否定。如“千金之玉卮”，极具美感但因其底是漏的，故都比不上至贱之瓦器。与儒家主张用具有审美性的礼乐来感化人的精神促使人向善不同，韩非子认为，用礼乐来教化性恶之人无济于事，反而有害于君主的统治。所以，韩非子把儒家宣扬的“五音”“女乐”列在君主的“十过”之列，看成是亡国之祸。

韩非子还对于一切多余的文饰进行了辛辣的讽刺，主张“好质而恶饰”。其著名的“秦伯嫁女”“买椟还珠”等故事都旨在抨击儒家的文饰之害。《解老》云：“礼为情貌者也，文为质饰者也。夫君子取情而去貌，好质而恶饰。夫恃貌而论情者，其情恶也；须饰而论质者，其质衰也。何以论之？和氏之璧，不饰以五采，隋侯之珠，不饰以银黄，其质至美，物不足以饰之。夫物之待饰而后行者，其质不美也。”韩非子的文质观主张疾伪主实具有一定合理性，但他连正常合理的文饰也予以反对就失之于偏颇了。韩非子对质的注重看似和道家美学相似，但二者不在同一层面。老庄的“主质”是要回归一种非功利的自然自由的审美态度，而韩非子的“主质”恰恰是功利性的。

（三）屈原美学

屈原美学是儒家理性精神和楚国巫风文化相结合的产物，既有清醒的理论自觉又有瑰丽的想象心灵。在美学思想上，屈原继承并拓展了儒家的人格美理论内涵。《离骚》写道：“纷吾既有此内美兮，又重之以修能。”① “内美”即一种人格美。《离骚》开篇，屈原就对自己的非凡出身进行了描述：“帝高阳之苗裔兮，朕皇考曰伯庸。摄提贞于孟陬兮，惟庚寅吾以降。皇览揆余初度兮，肇锡余以嘉名。名余曰正则兮，字余曰灵均。”在屈原看来，自己的出身既渊源有自，又秉承天赋之美质，故呈现为中正刚毅之态。在“内美”的基础上，屈原还时时加强自己的修身。《离骚》中的“扈江离与辟芷兮，纫秋兰以为佩”“朝搴阰之木兰兮，夕揽洲之宿莽”“朝饮木兰之坠露兮，夕餐秋菊之落英”“高余冠之岌岌兮，长余佩之陆离”等诗句，一方面表明了屈原的高贵神态，另一方面表征了屈原洁身自好、自我砥砺的精神世界，同时又呈现为一种美的外观。屈原正是把先天的“内美”和后天的“修能”结合起来塑造了孤芳香溢、顶天立地的高傲心灵，而呈现为一种美的形象。

屈原对儒家人格美理论有着新的发展与突破，在中国文化上形成了一种新的屈原式的士人形象。一方面，屈原按照时代的发展给人格美注入了忠君爱国的新内涵；另一方面，面对个人人格与社会的冲突时，屈原又把人格美提升到了一种

① 崔富章等主编：《楚辞集校集释》，湖北教育出版社 2003 年版，第 29 页。本章凡引《楚辞》语均据此本，只在正文中注明篇名。

悲剧性高度。

不管是先秦的儒士、隐士、侠士还是谋士，他们看重的是自己理想抱负的实现而并不在乎在哪里实现。屈原作为楚国的贵族，和王族同姓。这使得他和其他出身于庶人或没落贵族的士人不一样，对楚国有一种强烈的爱国忠君情怀。屈原既不像其他先秦游士那样去选择在其他国家出仕效力，又没有像老庄一样看破世事而选择归隐。他一如既往地认为："欲变节以从俗兮，媿易初而屈志。"（《九章·思美人》）"鸟飞反故乡兮，狐死必首丘。"（《九章·哀郢》）

屈原失意招贬，还一如既往坚守自己的立场，维护自己的独立性。于此，屈原与兼济、独善的儒家中道文化分道扬镳，其以身殉道的悲剧性就在所难免。《离骚》写道："亦余心之所善兮，虽九死其犹未悔。""虽体解吾犹未变兮，岂余心之可惩"。可见，屈原把对个人志向的坚守上升到了生命的高度，用自己的最后尊严捍卫了自己的志向和理想。这种以身殉道的精神把中国士人文化提升到了一种悲壮、悲剧的氛围之中。

二、历史、艺术、工艺中的美学思想

在春秋战国，《国语》《左传》《考工记》《吕氏春秋》等著作也蕴含着一些重要的美学思想。

（一）以和为美

远古以来，"和"就已经成为中国美学中的一个极为重要的概念。《国语》《左传》对"以和为美"已经有了高度的理论自觉。"和"这一审美范畴的出现是与中国古人阴阳五行的宇宙观紧密相连的。《国语·周语下》载单襄公的话说："天六地五，数之常也。"① "天六"即天有阴、阳、风、雨、晦、明六气，"地五"即水、火、木、金、土五行。春秋时期，《易》的阴阳观念和《尚书·洪范》的五行学说逐渐整合，后经战国阴阳家和汉儒的精致化而成为对中国文化影响深远的阴阳五行学说。

阴阳五行学说把宇宙（包括自然、社会、万物等）看作阴阳五行基本要素构成的有机整体，认为天地万物达至阴阳五行和谐统一的状态才能得以存在和发展。基于此，《国语》中出现了以"五味""五色""五声"的和谐统一来谈论美和美感的问题。

《郑语》载史伯言："以他平他谓之和。"这表明，"和"指的不是完全相同要素的叠加，而是不同要素之间所形成的辩证统一的关系。"以和为美"既包含了客

---

① 徐元诰撰：《国语集解》，王树民、沈长云点校，中华书局2002年版，第89页。本书凡引《国语》语均据此本，只在正文中注明篇名。

观审美对象的和谐构成，又包含了主观感受的和谐心态。对审美对象而言，和谐来自多样性的统一。史伯明确表示，单一或单调的事物是无法令人产生美感的。他说："声一无听，色一无文，味一无果，物一不讲。"（《郑语》）晏婴认为只有不同艺术因素的相成相济才能产生美，所谓"声亦如味，一气，二体，三类，四物，五声，六律，七音，八风，九歌，以相成也；清浊、小大，短长，疾徐，哀乐，刚柔，迟速，高下，出入、周疏，以相济也"（《春秋左传·昭公二十年》）①。季札在评价周乐时把音乐各要素之间的和谐直接赞叹为"美哉"，而伍举则对"美"下定义为"夫美也者，上下、内外、大小、远近皆无害焉，故曰美"（《楚语上》）。

从主观感受来说，"以和为美"体现为人的生理、心理乃至精神的和谐美感。在春秋前期的这些思想家看来，人的存在和发展也在于主体身与心、感性与德性的和谐。所以，人对声色之美的感受不应该超过生理感官的限度，而应该遵循和谐适度的原则。否则，声色不但不能给人美感反而会给身心带来伤害。单穆公说："若听乐而震，观美而眩，患莫甚焉。"（《周语下》）单穆公、伶州鸠在谈及君王听乐时还注意到了感官享受与心理、道德精神以及政治的相互关系。《周语下》记载单穆公说的"听和则聪，视正则明，聪则言听，明则德昭，听言昭德，则能思虑纯固"，伶州鸠说的"夫有平和之声，则有蕃殖之财。于是乎道之以中德，咏之以中音，德音不愆，以合神人，神是以宁，民是以听"，都表明了他们已经把对乐的审美感受与道德的增进以及政治安宁联系起来。这些观点都深深影响到了儒家乐教美学理论。

战国末期的《吕氏春秋》一书对"以和为美"的观点予以了继承和发展，提出了"以适为美"的观点。《吕氏春秋·大乐》说："声出于和，和出于适。和适，先王定乐，由此而生。"② 在《吕氏春秋》那里，"适"是对"和"的更基础性的说明。"适"的美学概念的提出体现了《吕氏春秋》对道家贵生、养生思想的吸收。不过，《吕氏春秋》并不赞成道家的清心寡欲，而是认为欲望得到合理的满足是有利于养生的。虽然春秋前期的思想家已经注意到了"和"与生理的关系，但这些思想家谈"和"的主要目的还是道德和政治的。《吕氏春秋》的"适"则以利生为本，有着尊重个人自然生命的朴素认识。《吕氏春秋·适音》以"适"来说明"和"，提出"以适听适则和矣"。"以适听适"指的是以心之快适去欣赏适中之音乐，从而明确地把审美主体和审美对象、生理快适和审美快感关联起来。

---

① 杨伯峻编著：《春秋左传注》（修订本），中华书局1990年版，第1420页。

② 许维遹撰：《吕氏春秋集释》，中华书局2009年版，第109页。

（二）艺术美学

春秋战国艺术现象中也蕴含着丰富的审美意识，这些审美意识虽然不具备诸子美学那样的哲学深度，却形象直观地从另一个层面呈现了春秋战国社会的美学观念。

随着春秋中叶以来礼乐文化的崩坏，人的感性欲望挣脱礼法的制约而得到极大的解放。新声、俗乐、器乐、舞蹈、铜器、雕刻、建筑、漆画、帛画等多种艺术形态都大量出现，它们以耳目一新的观赏性传达了一种世俗生活之美。与庄重典雅、繁缛肃穆的礼乐艺术相比，这些艺术往往在形式上活泼清新，给人强烈的感官愉悦效果。

在先秦艺术现象中，对后世文学审美影响最为深远的当属《诗经》和《楚辞》两部经典诗集了。

《诗经》分为风、小雅、大雅、颂几个部分，风的大部分诗篇为各诸侯国的民间歌曲，以男女情爱题材为主；二雅多为日常仪式乐歌，以描述宗亲和睦题材为主；颂多为祭神祭祖乐歌，以追祖颂功为主要题材。可见，《诗经》主要描述的是现实的生活内容，抒发了日常生活中的主观情感。

《诗经》在美学上最大的特色是奠定了中国艺术独特的表现手法。中国艺术中的“赋”“比”“兴”美学原则就是源于《诗经》的艺术表现手法。宋代朱熹在《诗集传》中有精简的概括：“赋者，敷陈其事而直言之者也。”“比者，以彼物比此物也。”“兴者，先言他物以引起所咏之辞也。”不管是“赋”对事物的铺陈描绘，“比”对事物的相关性类比，还是“兴”的借物起情，三者都涉及如何处理“物”来表情达意的问题。对描写的事物与抒发的情感之间建立一种独特的内在关联成为《诗经》中最鲜明的艺术成就，从而开创了中国文化注重情景关系的诗学路径。在此方面，《诗经》关于“兴”的艺术手法运用最为典型。《诗经》中“兴”的运用往往是把物象或景象作为诗句开头，然后通过这种物象或景象来带出一种主观情感。这种情景、心物的内在性关系往往有多种关联方式：有的出于一种习惯性隐喻，如《邶风·燕燕》之“燕燕于飞，差池其羽”[①]；有的出于一种情感氛围的营造，如《秦风·蒹葭》之“蒹葭苍苍，白露为霜”；有的出于对情感推进的需要，如《召南·摽有梅》之“其实七兮”“其实三兮”“顷筐塈之”。可以说，《诗经》正是通过“赋”“比”“兴”手法的交相运用，虚实相生，在一唱三叹、回环往复的张弛美感中构筑了中国诗学的含蓄和谐之美。

与具有现实风格的《诗经》不同，屈原开创的“楚辞体”或“骚体诗”以

---

① 《诗经译注》，周振甫译注，中华书局2002年版，第39页。下引《诗经》语皆据此本，只在正文中注明篇名。

其所充满的瑰丽奔放的想象、发愤抒怨的情感、诡异华美的文辞、比德规讽的修辞开创了中国浪漫式的诗风。瑰丽谲怪的想象和比德手法的大量运用构成了《楚辞》艺术最为鲜明的特点。在《离骚》中，屈原驱龙驾凤，远眺四极，遨游天际，揭露着黑暗，感悟着时序，构筑了一个高蹈浪漫的精神世界。在艺术手法上，《离骚》大量使用了比兴、比德方法。王逸在《楚辞章句·离骚序》中云："《离骚》之文，依诗取兴，引类譬喻，故善鸟香草以配忠贞，恶禽臭物以比谗佞，灵修美人以媲于君，宓妃佚女以譬贤臣，虬龙鸾凤以托君子，飘风云霓以为小人。"屈原把《诗经》中单个诗句的比兴手法发展为更具体的一系列美的形象的创造，从而让人在美的形象想象中去感受诗人坚毅、孤傲、怨艾、自怜的复杂心绪。

（三）工艺美学

战国时期还出现了一部重要的工艺著作《考工记》，其文字经汉人整理收录在《周礼》中。《考工记》不但记载了当时手工业部门的技术分工、器物形状、具体制作等内容，而且还蕴含着一些工艺造物方面的美学思想。

《考工记》的工艺美学主要包含了中国传统工艺造物两大思想：一是审美性和实用性的统一，二是工艺制作和宇宙观念的统一。

审美性和实用性的统一说明了古人在制造各种器物的时候除了注重实际功用外，还极为注重器物给人带来的审美满足。《考工记》在描述"梓人为笱虡"时具体谈到了乐器支架制作和音乐审美之间的美妙关联。笱虡为悬挂钟磬等乐器的支架，其中中央的横木为笱，两旁的直柱为虡。按照《考工记》的记载，先秦匠人在制作笱虡时往往会用裸类、羽类、鳞类、小虫等动物作为笱虡的造型或刻饰：

> 厚唇，弇口，出目，短耳，大胸，燿后，大体，短脰，若是者谓之赢属。恒有力而不能走，其声大而宏。有力而不能走，则于任重宜；大声而宏，则于钟宜：若是者以为钟虡，是故击其所县，而由其虡鸣。
>
> 锐喙，决吻，数目，顅脰，小体，骞腹，若是者谓之羽属，恒无力而轻，其声清阳而远闻。无力而轻，则于任轻宜；其声清阳而远闻，于磬宜：若是者以为磬虡，故击其所县，而由其虡鸣。
>
> 小首而长，抟身而鸿，若是者谓之鳞属，以为笱。①

① 杨天宇撰：《周礼译注》，上海古籍出版社 2004 年版，第 656—657 页。以下所引《考工记》语皆据此本。

这段文字表明，匠人们在把动物造型运用到筍虡制作中时，考虑到了动物形态、动作、声音等属性与乐器功能之间的相互呼应。如有力量、走不快且声音洪亮的裸类动物适宜用作钟虡的造型，脖长轻盈且声音清远的羽类动物适宜用作磬虡的造型，而头小身长、身体圆润的鳞类动物适宜用作筍的刻饰。动物造型与乐器的相映成趣使得人在欣赏音乐时，仿佛觉得钟、磬发出的声音就是从钟虡、磬虡动物嘴里发出似的。筍虡生动形象的动物造型和刻饰使得乐器的制作实现了审美性和实用性的统一，体现了古人的工匠精神。

《考工记》的器物设计中还深深浸染着中国天圆地方、阴阳五行的宇宙观念。《考工记》认为，器物的创造是“知者创物，巧者述之”，要求天时、地气、材美和工巧的结合。所以，中国工艺设计从一开始就讲究器与道、器与礼的结合。如：

> 轸之方也，以象地也。盖之圜也，以象天也。轮之辐三十，以象日月也。盖弓二十有八，以象星也。龙旂九斿，以象大火也。鸟旟七斿，以象鹑火也。熊旗六斿，以象伐也。龟蛇四斿，以象营室也。弧旌枉矢，以象弧也。

按《考工记》的说法，马车的形状和旌旗的动物纹饰都出自对天、地、日月、星宿等的天地、天体的艺术象征，具有象天法地的美学性和礼仪性。

《考工记》中还谈到了绘画中的色彩观念：

> 画缋之事，杂五色。东方谓之青，南方谓之赤，西方谓之白，北方谓之黑，天谓之玄，地谓之黄。青与白相次也，赤与黑相次也，玄与黄相次也。青与赤谓之文，赤与白谓之章，白与黑谓之黼，黑与青谓之黻，五采备谓之绣。
>
> 土以黄，其象方。天时变。火以圜，山以章，水以龙，鸟、兽、蛇。杂四时五色之位以章之，谓之巧。凡画缋之事，后素功。

受阴阳五行宇宙观念的影响，《考工记》明确建立了五色、五方与四时之间的文化关联。特别是其对“素”色的注重，更是深远地影响了中国艺术的美学追求。

思考题

1. 儒家哲学和儒家美学之间有什么样的关系？
2. 如何看待艺术在成就儒家君子之美中的作用？

3. 道家的审美直观具有什么样的特点？

4. 以屈原自身人格为例阐述：屈原是如何发展了儒家的人格美思想的？

▶ 本章小结与知识拓展

第三章　秦汉美学

秦汉美学，体现为具有新的大一统观念的以朝廷思想为核心的美学和宏伟的天下观胸怀的美学，首先表现为汉赋的巨丽境界、音乐的宇宙境界；其次是各门艺术思想和自然的表现；最后，体现在华夏与四夷的地域美学上。朝廷的政治美学体现在对《诗经》的解释和由之而形成的美学原则上。

第一节　秦汉美学的基本面貌

一、秦汉美学的时空范围

中国古代中央集权制形成于秦汉时期，从秦王朝建立到东汉最后一位皇帝献帝退位（234）共400多年，可以明显地分为四段：秦、西汉、东汉、汉末。最后一段从黄巾起义（184）算起，属于三国时代，观念开始大变，可归入魏晋南北朝。因此，从时空整体看秦汉时期，主要是三大阶段。在这一时期，中国实际地域有了大扩展和大变化，随之而来的具有整体观和通变性的管理架构基本形成，夷夏五方的天下观得到进一步的具体化。在观念与现实的相互影响中，构成了秦汉天下观整体。

秦汉在空间地域上，是中华民族第一次大一统的形成。大一统包含两层意思。第一，天下一统，都归为一个中央集权的皇帝，皇帝通过一个中央集权的官僚系统来管理。这是观念上的。第二，在地理上，大一统体现为三个方面。首先是华夏核心区，是由朝廷直接管理的郡县制地区。其次是四夷地区，北方的匈奴及以后的鲜卑、乌桓；东北的夫余、高句丽、挹娄；西及西北的氐、羌，以及西域诸国；西南诸夷：滇、夜郎、哀牢、昆明；江汉诸蛮：武陵蛮、长沙蛮、廪君蛮、板楯蛮；东南百越诸族：瓯越、闽越、西瓯、骆越、南越。最后是比四夷更远的“八荒”，只知其有，但不知其具体为何，这特别体现在西域概念上。西域在汉代包括由天山南北葱岭以东由汉朝的西域都护管理（督录总领）的诸国（初36国，后50多国），又包括不在都护内的诸国，还包括葱岭以西的广大空间直到安息和大秦（罗马帝国）。在《史记》《汉书》《后汉书》里把直接交往的四夷具体化了，上述各地非汉民族，进入到了《史记》《汉书》《后汉书》关于东南西北的各夷的列传之中。八荒则在这些列传中间接涉及。这些实际的四夷图景与观念上的夏夷五方正好相互补充和支持，构成一个统一的天下。在中原、四夷、八荒这一天下结构里，四夷显出了丰富多彩的地域特性。天下观中的这几大基本层级是相互影响的。只有理解地域的多样性、相关性、互动性，才能理解中原王朝的美学（以及其中的各郡国）何以是这样的，同时才能理解东西南北边疆地区多样的审美文化和美学思想何以是这样的。

整个秦汉的空间，就是中原王朝，郡县制地区、四夷、八荒构成天下的空间。在中原王朝直接管理的核心区，从《汉书·地理志》中可以看到这一空间有着厚重的传统文化内容。地理、山川、民俗、历史、天文结成整体，秦汉空间又在时间中流动着。

首先，中原王朝由秦而不断向外扩展，到闽越、岭南、河西设郡。在推进到四夷地区的同时，中央王朝进行的边疆管理采用了多种形式：一是纳入郡县制，但不同于汉族居住地的县，不称“县”称为“道”；二是设置属国，臣服中央但基本自治，与之类似的还有初郡或新郡或边郡；三是都护制，主要在西域，调节西域各国的关系，维护边疆的和平和商路的畅通。在王朝的推进中，通西域、伐匈奴、平西羌、征朝鲜、服西南夷、收闽越和南越……产生了王朝军民的外移和各边疆民族的内迁性的相互流动。

其次，与秦汉大一统同时，北方草原，匈奴冒顿单于在前 209 年杀父自立后，东灭东胡、西击月氏，四面征伐，建立起了南起阴山，北抵北海（贝加尔湖），东尽辽河，西逾葱岭的庞大草原帝国。

最后，秦汉的空间又是变动的。一是匈奴与中原王朝围绕长城边界的进与退，最终南北匈奴分裂，南匈奴内附而北匈奴远迁西方。二是在匈奴的衰退中乌桓和鲜卑崛起，成为北方的强胡，及其后来的部分内附。三是西域诸国的变动。四是西部的氐族和羌族的变动。五是南方、东南、西南非汉民族的变动。这些变动构成了一幅多彩的秦汉时空图景。

在中原、四夷、八荒的天下观里，有着两个不同的层级系统：文化和军事。在文化层级，中原王朝具有绝对高位；在军事层级，中原王朝对整个南方具有绝对的优势。从秦汉始，中原王朝的管理体制和文化影响一直稳步地向南扩张，只有高原和山地是其阻碍。面对北方，地理（400 毫米降水线）和文化（长城）形成的边界是一条基本线，把北方的游牧文化和南方的农耕文化区分开来。而游牧和农耕的特点，又决定了游牧文化在军事上的强势。南方则只要把政治/经济/文化作正方向的发展，就能取得军事上的优势，不能作正方向的发展，则处于弱势。因此在军事层级上，中原王朝与北方民族，因时而各有高低，基本上形成了“南有大汉，北有强胡”（《史记·匈奴列传》）的两强局面。这个“强胡”随着时代变迁而不断变化，在两汉，先是匈奴，后有乌桓和鲜卑。而当游牧民族强大之时，更深受中原的天下观念的影响。单于看到自己的强大，便自认为是“天之骄子”，可以说已经有了共同的天下观。从这一角度看，北方强大时，南侵中原；弱小时，内附于王朝，如南匈奴、乌桓、鲜卑以及西部的氐与羌，都是在共同的天下观中的民族交往形式。这都让秦汉的空间显得丰富多彩，也构成了秦汉美学的一个基础。同样，西部的氐和羌、东南诸越、江汉诸蛮、西南诸夷在汉文化的扩展中，通过中央王朝诸多管理方式而进行的各类交流中，也与汉文化分享了共同的天下观，并在这一天下观中给了自身一个恰当的定位。整个天下，四方八面，各有其风（地理环境），各有其俗（本土文化），但又都在中央王朝的天下观的影响之下结合自己的位置，“混同天下，一之乎中和”（《汉书·地理志》）。这里的三个关键词：“天下”即一个整体，“中”即有一个中心（朝廷），在中的原则下，各不相同的四方（四夷、八荒）达到和谐。① 秦汉美学的丰富性正是从这里产生出来。

二、秦汉美学的基本领域

在秦汉的天下中，处在地理最核心，占据文化最高位的中央王朝及其核心区即郡县制区域的美学，是整个天下美学的中心。其他的地域，东西南北都有着丰富的审美实践，创造了丰富的审美器物，具有丰富的审美心灵。但由于历史的原因，没有文字表达工具，未能自己对其进行总结。因此，这一总结的任务，主要是由汉文化以汉文来进行的。由于汉文化与各民族共存在一个天下之中，因此，其美学表现和美学思想本身就包含了各族的思想在内。而其理论的总结，也是在与其他民族的共存和交流中进行的，并且是在天下胸怀中进行的。因此，汉文化的美学表现和总结，在一定的意义上代表了东方天下的共同经验。

秦汉时代的美学，有六个基本领域和两个重要领域。

（一）六个基本领域

第一，宇宙论美学。即整个宇宙的结构是怎样的，人们在这个宇宙结构中体会到怎样的美。这是由《淮南子》《春秋繁露》《黄帝内经》为代表的秦汉哲学著作所描述的秦汉的宇宙。具体来讲，就是一个气的宇宙，在气/阴阳/五行的规律中运行的宇宙。气/阴阳/五行的基本法则及其动态运行，形成了整个宇宙的基本面貌，同时也是美的基本法则，宇宙中的一切，朝廷、社会、自然、人体、事物，都因这一宇宙的基本法则而显为美。因此，由气/阴阳/五行而来的美学法则，构成了秦汉时代的美的哲学。秦汉的宇宙论美学，还存在于扬雄《太玄》、桓谭《新论》、班固《白虎通》等著述之中。

---

① 秦汉时期也是中国各民族自春秋战国华夏形成之后又一次与各族在建立互动关联中进行融合的时期。王桐龄根据史书统计，秦汉时期，皇室族际通婚 19 例，“归化人物” 55 例（其中 28 例为匈奴首领），“归化部落” 18 例，另有归化羌人部落 17 例（约 83 万人），与中央安置政策直接有关的移民活动 12 例（其中有数字可考的 8 例约 220 万人）。参见王桐龄：《中国民族史》，吉林人民出版社 2013 年版，第 46—58 页。

第二，朝廷之美及其理论话语。中央王朝以一种美的外观来展示自己的文化和自己的天下胸怀，特别体现在朝廷仪式上。有宗教性仪式：对天地日月山川的祭祀和对祖先的祭祀；有政治性仪式：在各种政治事务之中，君臣之间，臣子之间，中央王朝与四夷国王或使臣之间见面交往时的各种仪式；有宫廷中的各种宴乐形式，包括政治性的和娱乐性的。朝廷中的美学代表了秦汉之美的最高水平。这三种仪式关系到一整套的美学体系：建筑（宫殿、衙门、府第、居室、陵墓）、服装（仪式中的朝廷冕服、生活中的内院便装，娱乐中的表演服装）、礼器（仪式中的器物、装饰）、舞乐（音乐的系列和舞蹈的系列），还有旌旗、车马、典章、文字，等等。从美学的角度来看，由建筑、服饰、工艺、音乐、舞蹈、设计及其相关的话语中呈现出来，从《史记》中的《礼书》《乐书》《封禅书》，《汉书》中的《礼乐志》《郊祀志》，《后汉书》中的《礼仪》《祭祀》《舆服》，还有《周礼》《礼记》《礼仪》中的相关篇章，以及《三辅皇图》、清孙星衍辑《汉官六种》、叔孙通《汉礼器制度》（孙星衍辑）、蔡邕《独断》等著述中呈现出来。

第三，人之美及其理论话语。一个文化和一个时代，都是由其代表性的人物形象组成的。因此，中国的史书，围绕着人物传记来书写，要突出的也是一个时代主要的人物形象。《史记》《汉书》《后汉书》通过本纪、世家、列传，呈现了整个秦汉的人物群像，同时通过专传显示了人物的类型：循吏、酷吏、儒林、文苑、独行、逸民、方术、游侠、佞幸、宦人、滑稽……在秦汉的人物群像中，可以看到先秦人物系列在秦汉的变异，还可以看到秦汉的人物类型对后世的影响。这些主要体现在《史记》中的《循吏列传》《儒林列传》《酷吏列传》《游侠列传》《佞幸列传》《滑稽列传》，《汉书》中的《儒林列传》《循吏列传》《酷吏列传》《游侠列传》《佞幸列传》，《后汉书》中的《循吏列传》《酷吏列传》《宦者列传》《儒林列传》《文苑列传》《独行列传》《方术列传》《逸民列传》等材料之中。

第四，叙事中的美学思想。汉代的叙事，包括汉画像里面的图像叙事和史书以及小说里面的文字叙事。汉画像有关于神界人物、历史人物、现实人物的多种多样的叙事，体现了中国美术叙事的多种方式和基本模式。文字叙事继承先秦的《春秋左传》《国语》及诸子中的叙事。在史传方面，《史记》开创了纪传体，《汉书》《后汉书》予以继承，形成了中国史书中的叙事模式。鲁迅称《史记》为“无韵之《离骚》”①，正是从美学的性质来看史传叙事的。与正史的大说相对应的小说，在秦汉也不断涌现，《汉书·艺文志》列小说 15 家，共 1 380 篇，内容丰富，题材广泛。与正史叙事具有类似之处的是子史类故事，子类的如《韩诗外传》，刘向的《列女传》《新序》《说苑》，应邵的《风俗通》；史类的如《越绝

① 鲁迅：《汉文学史纲要》，人民文学出版社 1973 年版，第 59 页。

书》《吴越春秋》《燕丹子》。与小说类似的是地理神怪叙事，如《神异经》《括地图》《十洲记》《洞冥记》《列仙传》《蜀王本纪》《汉武故事》《汉武内传》《徐偃王志》。以上类型，显现了秦汉叙事中独有的美学特质。

第五，自然景观中的美学思想。由中央王朝直接管理的汉文化核心区，继承先秦的九州，结合按地理环境和行政区划，形成了各郡之间的自然风貌，北方、东北、西域、东南、西南等四夷，又有自己独特的自然景观。《史记》中的《货殖列传》《河渠书》，《汉书》中的《地理志》《沟洫志》，《后汉书》中的《郡国》等，《水经注》秦汉部分，《释名》中相关部分，对各地地理的描写构成了一幅丰富的自然景观。而《汉书》的《地理志》中把先秦的分野理论运用在秦汉地域上，包括了一种具有文化宇宙构架的自然景观，汉赋中对于地理的描写，如司马相如的《子虚赋》《上林赋》，班固的《两都赋》，则是秦汉宇宙观的典型体现，结合二者，理想自然与现实自然的互动呈现出来，构成了秦汉自然整体图景及其美学思想。

第六，边疆民族中的美学思想。《史记》的《匈奴列传》《南越列传》《东越列传》《朝鲜列传》《西南夷列传》《大宛列传》之中，以及《汉书》的《匈奴传》《西南两粤朝鲜传》《西域传》和《后汉书》的《东夷列传》《南蛮西南夷列传》《西羌传》《西域传》《南匈奴列传》《乌桓鲜卑列传》里，呈现了东西南北各少数民族的风貌。

除此之外，还有从考古中呈现出来的建筑、绘画、雕塑等独特的造型艺术中所蕴含的美学思想，从乐器和乐曲呈现出来的独特的音乐美学思想，从建筑装饰、室内布局、用器工艺、服饰体系等呈现出来的独特的设计美学思想等。

（二）秦汉美学的两个重要领域：乐与文

从三代的礼乐文化经先秦理性精神到秦汉的大一统，美学上一个重要的特点，就是以音乐为中心的美学体系转到以文学为中心的美学体系。与其关联的是政治、文化、美学合一的文化体系转到政治、知识、美学既相互关联又相对独立的文化体系。曾经是诗乐舞合一的乐，开始了舞乐与诗文的分立，曾经是国与家合一的政治社会转向了朝廷与士人既紧密关联又相对独立的结构。舞乐主要在朝廷仪式和宴乐之中，文学主要在士人群体之中。因此，乐（舞乐）与文（辞赋诗文）成为虽有交叠但又相互独立的领域，也成为秦汉最为重要的两个领域。

其一，乐及其美学思想。

秦汉之乐，是春秋战国以来的礼乐文化转型的继续，这一转型在秦汉产生出了新的面貌。春秋战国俗乐新声的兴起而产生出来的雅俗之分与理论对立，继续在两汉产生出理论和实践的结果，这就是《礼记·乐记》中的雅俗古今的两个理论概念的对立以及汉哀帝运用这一理论话语进行的罢乐府运动。汉代朝廷舞乐体系融合雅俗而建立。在经过春秋战国的礼崩乐坏之后，古代雅乐的原貌已经基本丧失。汉之初兴，世世代代都在大乐官制定雅乐声律的鲁国制氏家族，也仅仅能记录下金石之声和鼓舞之势，乐曲所内蕴的乐义何在，已不得而知。因此，汉代朝廷之乐只能在继续和创新中重组。这里，有叔孙通先与秦时乐人合作，继与鲁籍儒生通力合作制作出来的典仪雅乐；有刘邦自创《大风歌》，及其几位夫人所创之乐，特别是唐山夫人所创的《房中祀乐》（即《安世房中歌》），进入宗庙祭祀乐系之中；又有司马相如创制了《郊祀歌》十九章，还有武帝时的一系列歌颂时代重大事件的雅乐：《白麟》《宝鼎》《天马》《瓠子之歌》《芝房之歌》《盛唐极阳之歌》《西极天马之歌》《朱雁之歌》《交门之歌》。更为重要的是民间音乐和边疆民族音乐进入朝廷体系。乐府在汉武帝时，在秦代和汉初乐府本有的秦音楚声的基础之上，更为广泛地采集整理各地民歌，《汉书·艺文志》记载了当时的吴楚汝南歌诗 15 篇、燕代讴雁门云中陇西歌诗 9 篇、邯郸河间歌诗 4 篇、齐郑歌诗 4 篇、淮南歌诗 4 篇、左冯翊秦歌诗 3 篇、京兆尹秦歌诗 5 篇、河东蒲反歌诗 1 篇、河南周歌诗 7 篇、河南周歌声曲折 7 篇、周谣歌诗 75 篇、周谣歌诗声曲折 75 篇、周歌诗 2 篇、南郡歌诗 5 篇。上述各地民间歌诗共计 15 家，涵盖了 19 个郡及地区。而从汉初，少数民族音乐就进入宫廷之中，在刘邦的主持下，《巴渝舞》进入朝廷，戚夫人创作了《于阗乐》，这一趋势不断扩大，实际上这又是周代胸怀天下的礼乐体系中具有四夷乐传统的继续和创新。因此，在朝廷舞乐中，有西域的《于阗乐》《摩诃兜勒》《胡腾舞》《胡旋舞》，朝鲜的《箜篌引》，越人的《棹歌》，西南的《巴渝舞》《翔鹭舞》《羽舞》等。在乐舞创作中，自刘邦始，汉代皇帝一直对音乐有巨大的兴趣并参与其中，西汉的汉武帝、汉昭帝、汉元帝，东汉的汉明帝，都有著之史册的音乐事件。同时音乐人也崭露头角，如大名鼎鼎的李延年，应邵《风俗通》里写的张仲春，刘向《别录》里写的虞公……更为重要的是广大士人对音乐的参与。班固《两都赋》提到公卿大臣如倪宽、孔臧、董仲舒、刘德、萧望之等，著名文士如司马相如、吾丘寿王、东方朔、枚皋、王褒、刘向等都参与了乐府诗歌创作。从以上几个方面可以看到，秦汉音乐代表了整个时代的广度和深度。具体到乐之美学思想，可分为以下几个角度。

第一，功能分类中的雅俗合一和音乐重组。祭祀音乐，巡游仪乐，公共宴乐，室内宴乐，整个战国以来的宫廷音乐（以娱乐为主的）传统进入其中，这一传统让当代俗乐继续以其美学的方式进入宫廷。二者的结合主要体现在两个方面：一是掖庭女乐从战国时代纯娱乐到汉代开始参与祭祀、庙堂、朝会、燕飨等活动，使祭祀乐、庙堂乐、朝会乐这些严肃的仪式舞乐增加了感性娱悦的内容；二是表演性和形式美的强化，这一点与民间舞乐和边疆民族舞乐进入朝廷体系紧密相关，放到后面讲。这些因素使汉代宫廷音乐有了新组合，周代的以政治为第一的“雅”

的标准和战国以美为第一的“俗”的走向，在这里进行了新的整合。特别是从朝廷宴乐的情况来看，已经是以俗为雅，以美为雅，以娱为雅。这里出现了两个角度的微妙合一：政治标准的雅俗之分，朝廷活动的功能之分。从前一个方面看，是俗进入了雅，边缘进入了中心；从后一方面看，它们都是朝廷需要的组成部分，都是朝廷之雅正。可以说，这是汉代新的雅乐体系，但由于雅一直与雅俗之争相联，因此，应当说，这是一个汉代的宫廷之乐体系。

第二，民间进入朝廷，边缘进入中心，实际上可以说是政治型的音乐美学转向了艺术型的音乐美学。这一转型在朝廷音乐的功能应用中，政治和美学两大因素有多样的组合方式。从总体上来说，中国音乐从春秋战国以来以政治为主的音乐演变为以审美为主的音乐。而这一演变主要表现为三点：一是，三代以钟磬打击乐为主的点型节奏音响的音乐体系，转变为以丝竹管弦为主的线条旋律形态的音乐体系。二是，在这一转变中，边疆音乐，特别是西域音乐的进入，产生了重大的作用。边疆民族的乐器进入朝廷体系的，有笳、筚篥、胡笛、角、箜篌、羌笛、曲项琵琶、五弦琵琶等。三是，由于以政治为主的音乐美学转到了以艺术为主的音乐美学，舞的作用被作了审美性的拓展，舞乐的表演性得到扩展和丰富，最明显的是百戏表演成为乐的重要组成部分。

第三，乐制的组合。从乐府体制上，秦代掌管祭祀乐的太常和掌管宫廷娱乐舞乐的少府是分开的。汉初承沿秦制，同样是太乐和乐府分管祭祀礼乐与宴娱舞乐。但如上所述，乐的各方面（歌词、乐器、曲调、舞队等）开始了互动和重组。到汉武帝改组乐府，扩充机构，让宫廷之乐达到雅俗的合一。乐府之乐纳郊祀、宗庙、军乐、仪乐、宴乐为一体，在乐队组合上，德音之器、民间之器、边域之器进行“文质相杂”的合一；在表现形式上，既尽感官之娱，又合中和之旨，所谓“犹聘郑卫之声，曲终而奏雅”（《汉书·司马相如传》）。在这统一性中，汉代之乐不是以雅俗分，而是蔡邕的“汉乐四品”（《东观汉志》引蔡邕《礼乐志》）以乐的功能场域划分：一是大予乐（典郊庙，上陵殿诸举食之乐），二是周颂雅乐（典辟雍、飨食、六宗、社稷之乐），三是黄门鼓吹（即天子宴乐），第四蔡邕没有明确提出，以致何为第四甚有争议。① 总之，前两品是与神灵、祖宗、传统相关之乐，后两品是与现实、政治、仪式、娱乐相关之乐。前者尽管对于国家制度很重要，但太神圣又显死板，因而仅是一种政治性的美学。后者尽管是政治、社会、人性的美学外显，但因为有四面八方的广泛性，包含着非常复杂的内容，从而不

① 这可从功能出发，如冯建至《汉代音乐文化研究》那样，将第四作为宴私之乐。蔡邕的黄门鼓吹也甚含混，可以如许继起《秦汉乐府制度研究》那样，将之细分为黄门倡乐（包括掖庭女乐）、黄门散乐（包括散乐、百戏、杂技）、鼓吹乐（包括鼓吹曲、短箫铙歌、横吹曲、骑吹曲）。

可能体系性地上升到士人美学的高位，因此成为一种亦政治亦娱乐的美学。

第四，被定位为政治美学和娱乐美学的汉代之乐，有三个重要内容既与政治和娱乐紧密相关又大大溢出政治和娱乐的领域：一是对乐律的研究，主要体现在京房的60律理论上；二是从音乐角度的分类，鼓吹乐、相和乐，以及后来的清商乐；三是从诗的角度形成的乐府诗歌。前者体现了音乐与宇宙论的联系，中者与民间和边疆民族紧密相关，后者不但作为体现民风民俗的民歌和谣言，而且还体现了中国古代上层阶级和文人学士在文之美学上的努力。而这三个方面都没有让汉乐进入汉代美学体系的核心。这一结果不但决定了汉乐在汉代美学体系中的地位，在相当的程度上也决定了音乐在整个中国古代美学中的地位。

其二，文及其美学思想。

前文讲的叙事美学中文字叙事的两个方面——史传叙事与小说叙事，也属于文之美学。除此之外，主要体现在四个方面：首先，在独尊儒术之后，《诗经》成为经典，成为官学，从而《诗经》学成为文之美的理论主流，也成为政治美学的支柱。汉代四家诗，齐、鲁、韩、毛，呈现出了四种《诗经》的理论体系。虽然前三家诗的资料基本已亡佚，但毛诗与郑笺，显示了政治学的美学体系理论。其次，《楚辞》在艺术上发展了文学之美，屈原的诗人气质和屈赋的美丽，在汉代占有相当的地位，在大一统的意识形态中，如何看待屈赋的思想内容和艺术形式，成为一个争论的焦点。刘安、司马迁、扬雄、班固、王逸代表了汉人关于屈原赋的基本话语。再次，汉赋作为汉代的主流文学样式，体现了汉人的胸怀和美学趣味。但由传统乐论和两汉《诗经》学主导的美学理论与汉赋体现的心态，有一定的距离。如何看待汉赋的思想内容和艺术形式，成为一个争论的问题。司马相如、司马迁、扬雄、班固以及汉赋中的一些话语，构成了汉人自身的汉赋观。最后，乐府作为音乐、舞蹈、文学的统一，在汉代是具有综合性和普遍性的美学样式，其中的乐府诗既没有《诗经》政治上的高位，又没有汉赋在艺术上的高位，乐府中的祭祀乐诗、宴乐乐诗，与政治—朝廷中的仪式美相关联；汉武帝开始的各地采诗和东汉以来的民间歌谣，与社会风俗相连；而文人的创作与个人情感相联而具有独特的位置。后二者的“感于哀乐，缘事而发”成为乐府诗的基本风格。如果说《诗经》完全与音乐脱钩而以义为主，显示为从音乐为主的美学转向以文字为主的美学，那么，汉乐府诗则呈现出了中国诗歌从《诗经》《楚辞》走向魏晋南北朝文人五言诗的一种过渡。乐府诗在这一过渡中与汉代社会方方面面的关联，呈现了汉代美学的独特风貌。

三、秦汉美学的多面演进

秦汉美学400多年来的演进，首先，是在春秋战国以来的主旋律中进行的，体现为两方面，一是以乐为核心的美学变为以文为核心的美学，二是以朝廷为核心场极的美学变为以朝廷和士人两个场极的美学。其次，秦汉（特别是两汉）又有自己的演变逻辑和演变格局。这就是前面讲的两个方面的具体化。

在文的场极的兴起中，《诗经》成为美学的核心，楚辞展现了自己的风采，二者都脱离了本有的音乐性，而成为纯文学样式。汉赋成为汉代的代表性审美样式，在汉人看来，也是脱离音乐的结果："不歌而诵谓之赋。"（《汉书·艺文志》）乐府中的诗歌在配乐的同时显示了自己独特的文学魅力，史传文学和小说显示了自己的独特风貌。在文的五个方面，《诗经》学里，作为官学的齐、鲁、韩三家诗相互争胜，后来作为私学的毛诗占了主流。体现为从三家诗到毛诗的兴衰与更替。在楚辞学里，刘安和司马迁从道家美学来看待屈赋，不久被扬雄、班固的儒家思想替代。尔后，王逸又对扬、班的观念进行反对，但同时从儒家依经立论的立场进行综合。在汉赋里，司马相如对汉赋特征，关联到时代和历史，概括为三点："包括宇宙"是"赋家之心"；"合纂组以成文，列锦绣而为质。一经一纬，一宫一商"，是"作赋之迹"①；"曲终而奏雅"是作赋之旨。（《汉书·司马相如传》）司马迁对司马相如的大赋在包括宇宙时必然会产生的"虚辞滥说"进行了批判。扬雄认为"靡丽之辞"之后的"曲终奏雅"是"劝百而讽一"。对于这些攻击，汉宣帝提出了赋的"大者"与"小者"之分："辞赋，大者与古诗同义，小者辩丽可喜。"（《汉书·王褒传》）扬雄《法言·吾子》中进一步区分并提出了丽以则的诗人之赋和丽以淫的辞人之赋的区别。之后，刘歆、桓谭、王充、张衡、蔡邕等都对汉赋作了不同程度的批判。面对两汉对赋的批判，班固不仅在《汉书》中通过对赋家作传而表达了自己对汉赋的观点，还在《两都赋序》中对汉赋作了较为全面的总结。在承认司马相如、司马迁和扬雄所批评的弱点的同时，对司马相如"蔚为辞宗，赋颂之首"的赋圣地位进行肯定，认为其赋有"托风终始"的教化作用，有"多识博物"的认识作用，和"有可观采"的审美作用。② 两汉400余年，赋在汉人眼中和言中，其社会功能和美学特征，始终在《诗经》之旨与倡优之乐这两极的张力之中摆动。乐府诗，两汉总计148首：无名的91首，大约占总数的60%，有名作者57首，约占40%；有名作者中已知作者33位，其中西汉作者有21人，东汉仅12人；西汉作者多皇帝、后妃、贵族，东汉作者多为文人。③ 这里显示出的是乐府正在从重视舞乐作用向重视文学作用演化，民歌的"感于哀乐、缘事而发"和文人的"体物言志"逐渐强化，终于在汉末产生了《古诗十九首》这样的杰作，开启了魏晋南北朝的五言诗潮和多彩的南北民歌。

---

① 葛洪：《西京杂记》，中华书局1985年版，第12页。

② 踪凡：《班固对汉赋的研究》，《南京师范大学文学院学报》2006年第2期。

③ 曾晓峰：《汉乐府创作主体之分析》，《武汉理工大学学报》2004年第1期。

在乐的场极中，有乐府在规模和功能上的演变，从秦时汉初的祭祀型和娱乐型到汉武帝时扩大乐府，加上社会内容观民风的“采诗夜诵”和表演功能的百戏的多样，到汉哀帝的缩减娱乐的罢乐府，到东汉在“谣言”的观民风中加进了神学观念。乐府多样性（祭祀、娱乐、观风、情志）的组合变化，体现为三个方面的演化：一是上面提到的乐在乐府体制的变化中进行的内容变化；二是乐律方面的演化，特别体现在京房律学，显出与乐律与宇宙模式一致，同时又给音乐规律带来困难；三是从音乐的角度来看乐府演化。第三方面复杂一点，应略微加以突出，它体现为两种音乐形式的演化：

第一，鼓吹乐之变。鼓乐与吹乐作为两种独立的器乐形式早就存在于周代的国家仪式之中，先秦时代军乐的发展，将琴、瑟、钟、磬等乐器合奏向更轻便的方式发展，这就是所谓“恺乐”。鼓乐、吹乐、恺乐，为汉代鼓吹乐的形成准备了内在的基础，但其形成则有秦汉时代胡汉相争的大背景。汉初与北方民族的音乐交流并受其雄壮威风音乐的影响，形成了与之相对应的军乐，这就是汉初班氏家族在西北的鼓吹乐。随后这一形式进入宫廷，成为主流音乐，同时成为具有社会普遍性的音乐形式。发展到东汉，鼓吹乐具有四大类型：“一为黄门鼓吹，用作天子饮膳宴会的‘食举乐’，及天子出行仪仗的‘卤簿乐’；二为骑吹，王公贵族车驾出行时随行的仪仗音乐，因使用鼓、钲、箫、笳、角等乐器在马上演奏而得名；三为短箫铙歌，属军乐，主要用于祭祀社稷、庙堂及‘恺乐’、校猎等颇具规模的重大活动；四为横吹，随军演奏，统治者常在宫廷以横吹赏赐边将。”① 鼓吹乐作为一种乐种，其最主要的一个特点，是多民族音乐的融和与中国音乐的更新。

第二，相和歌之变。相和歌从汉代的“街陌讴谣”（《乐府古题要解》）的徒歌中，特别是从楚风中的一倡众和的歌唱形式中涌出，进而演进为“丝竹更相和，执节者歌”（《晋书·乐志》）的音乐形式。相和的乐器伴奏演进为七种：笙、笛、节鼓、琴、瑟、琵琶、筝（《乐府诗集》卷二十六引《古今乐录》）。相和歌最初只存平（以宫调为主）、清（以商调为主）、瑟（以变宫为主）三调的乐曲，后来才增加了楚、侧等调。相和歌发展为多样的形式：有以歌和歌，即人声相和，是最早出现的相和方式之一；有以击打乐器相和，指击鼓或筑为节，与人声相应的相和方式；有歌吹相和，即管乐器与人声配合的相和方式；有弦歌相和，即弦乐器演奏与人声相和的方式；有丝竹相和，就是管乐与弦乐这些器乐奏与乐歌间作。《乐府诗集》分相和歌为相和六引，相和曲、吟双曲、四弦曲、平淌曲、清游曲、瑟调曲、楚调曲、大曲等类。特别是在大曲里，形成歌乐舞合一的艺术形式，而且结构更为丰富，前有“艳”（序曲），后有“乱”或“趋”（尾声）。相和歌最大

---

① 刘航：《汉唐乐府中的乐器、乐队及其演变》，中国艺术研究院硕士论文，2008。

的特点就是民间进入宫廷。即《汉书·礼乐志》讲的“施郑声于朝廷”，而且带出宫廷女乐的兴盛。曹魏之时，清商曲出现，相和歌渐被归于清商。其在南朝的发展，一是被雅化，由郑声而演为正声；二是文人化（以五言为主）；三是宫廷化（这里一是民间百戏被整合进来，二是成为以女乐为主，二者融合形成了宫廷舞乐，这是后话了）；四是从舞的角度来看乐府中的变化，一是百戏的演进，显出走向民间的市场的功能，二是宫廷乐的雅化，以女乐为主的宫廷舞乐。

秦汉美学的演化还有两个重要方面：一是美术方面的演化，中原政权作为制度象征的建筑文化，主要体现在宫苑作为大一统的象征和墓葬作为家族的象征体系，在后者，汉画像又显出丰富而多样的演进。在制度—社会—文化的一体演进中，还有书法由篆而隶的演化，以及在汉末时草楷的出现，使书法由实用走向艺术。二是边疆民族在美术方面的演化，特别是北方民族从匈奴、鲜卑、乌桓在北方草原相代称雄而出现的北方审美体系的变化。

第二节 秦汉美学的主体境界：巨丽

一、秦汉大一统与巨丽美学

秦汉的大一统，形成了秦汉美学对“大”的推崇，在美学上体现为巨丽。司马相如在《子虚赋》《上林赋》中，把齐国的车骑之壮、楚国的云梦泽之大，与天子的上林苑相比较，而称上林苑之美为“巨丽”①。在司马相如的描写中，上林苑是天子拥有天下的象征，由此而产生的巨丽形成了秦汉美学的主体境界。巨丽是从秦开始的秦汉人对胸怀和宇宙之大的追求，汉武帝之后巨丽之美被引进了儒家的思想规范。

巨丽在秦汉的出现，可以两条线作为背景。一是先秦到汉的思想主潮演进，由远古到先秦的“大”演进为秦汉的“巨丽”。先秦思想主潮的演进，简要地讲，是从孔子的仁的人性，到老子的道的宇宙，到韩非的法的政治，从儒家而道家而法家，韩非的法家政治使秦国得到了天下，秦朝的建立和秦始皇的天下，就是一个前无古人的“大”的天下。秦始皇统一中国，建立了完全不同于夏、商、周宗主封国制的高度中央集权体制。它具有把中央的政令贯彻到全国各地去的力量。一声令下，“改年始，朝贺皆自十月朔。衣服旄旌节旗皆上黑。数以六为纪，符、法冠皆六寸，而舆六尺，六尺为步，乘六马”（《秦始皇本纪》）②。统一制度，统

① 《汉书·司马相如传》第八册，中华书局1962年版，第2547页。

② 司马迁：《史记》第一册，中华书局1959年版，第237—238页。

一文字，统一度量衡。能随时调集全国力量进行重大工程和军事活动，建驰道，修长城，筑宫殿，造陵墓……前所未有的巨大力量从讲究行政效率的新制度中产生了，又为一种巨大的雄心和任性所驱使。秦始皇一挥手，可以“使蒙恬将三十万众北逐戎狄，收河南。筑长城，因地形，用制险塞，起临洮，至辽东，延袤万余里。于是渡河，据阳山，逶蛇而北”（《蒙恬列传》）①，可以“徙天下豪富于咸阳十二万户”，或“徙黔首三万户琅邪台下”，可以不断地巡视四方，祭祀山川，封泰山，禅梁父，刻石琅邪，刻石之罘，登碣石，不断地向上苍和天下宣扬威德，还不断地遣人入海求仙……从秦到汉，汉承秦制，也承继了秦朝的“大”，而且通过汉赋把“大”提升为美学上的巨丽。回到思想上来，汉朝的建立，从秦朝法的政治转到了汉初的黄老政治，到汉武帝再转为儒家政治，从法家到道家到儒家。当儒家作为主流之后，就以儒家的观念对“巨丽”进行了必要的修正，于是有诗人理想的提出。

巨丽的前身“大”作为一个美学概念，在远古，最初是指天（宇宙），反映在先秦的文献里，是孔子的“惟天为大”（《论语·泰伯》），老子的“天大地大”（《老子》），庄子的“夫天地者，古之所大也”（《庄子·天道》）。然后是帝王圣人因效法天而大，尧因为法天被孔子赞为大，老子也讲王法天而成四大之一（《老子》古本为“道大、天大、地大、王亦大”），到了孟子，“大”成了执道以论政的士人，因养浩然之气，“充实而有光辉之谓大”（《孟子·尽心下》），同时《老子》古本四大中的“王亦大”改为“人亦大”，这“人”既是帝王也可是士人。帝王与士人经过春秋战国的数百年演进，共创了秦汉的世界。这时的“大”从三个方面展开：一是帝王胸怀之大，二是由帝王的胸怀之大而实现的宇宙之大，三是士人用文艺来表现这一大的宇宙而成的文人的胸怀之大和文艺所呈现的宇宙之大。这一秦汉之大，体现在三句有名的话里：

> 泰山不让土壤，故能成其大；河海不择细流，故能就其深。（李斯《谏逐客书》）
>
> 席卷天下，包举宇内，囊括四海之意，并吞八荒之心。（贾谊《过秦论》）
>
> 赋家之心，包括宇宙。（司马相如语）

李斯（？—前208）的话讲的是帝王应有像泰山一样、如河海一般的胸怀，无论什么样的土，无论什么样的水，都容纳，才能成其大。贾谊（前200—前168）讲的是秦王的胸怀，但同时更强调对整个宇宙的拥有。这个宇宙的特征就是大。

---

① 司马迁：《史记》第八册，中华书局1959年版，第2565—2566页。

司马相如（约前179—前118）讲的是作为汉代的主要艺术形式的赋应该反映这个大的宇宙，而要反映这个大的宇宙，赋家之心就要像宇宙一样大。贾谊和司马相如的胸怀之大，在汉代文艺和美学中体现出来，就成了巨丽。

作为汉代主流艺术形式的汉赋，与先秦的“大”的不同，表现为一种把天下万物和宇宙时空都纳入其中的“巨丽”。巨，由大的极致而产生；丽，由物的广博纷繁而呈现。由之反观秦汉美学的整体风貌，无不具有巨丽的特点。巨丽体现在长城中，体现在秦皇陵兵马俑中，体现在秦汉宫苑建筑中，体现在汉画像石中，但汉赋使这种巨丽得到了最高度最综合最极致的表现。其中，司马相如的《子虚赋》《上林赋》可作为大之巨丽的代表。《子虚赋》写方圆九百里的云梦泽，已经够大了；但《上林赋》写天子的上林苑，更为巨大。《上林赋》写天子上林苑的巨丽，描写的顺序是：水→山→建筑→植物→动物→狩猎→登台享乐。这是一个可以把天下的物、人、事、乐都容纳进来的结构，每一方面以及每方面中的每一项都写得多、写得全、写得美、写得奇。一句话，要显出巨丽。比如写水，这里有八条河，水有各种样态和流态；水中有鱼，林林总总的鱼；水中有草，各种各样的草；水中有宝石，各色各样的宝石，一一细细道来。又比如写山，山是形状最好最大最壮的；山中有土，土是最好的；山中有石，石是最好的，同样方方面面展现开来。写山写水，又带着宇宙的视界，其东如何，其南如何，其西如何，其北如何。写到植物，天下的物种都在其中；写到动物，也是天下的动物都在其中；写到人，是最好的雅男和最靓的美女，戴的物品是最好最美的，身上的装饰是最好的。拿什么东西，用什么装饰去狩猎，过程如何，当然，这种“什么”和“如何”都是最好的。最后游乐在高台之上，是最有宇宙之感的地点；又是音乐之中，最得高峰体验的形式。具体看看这种游乐：

> 置酒乎颢天之台，张乐乎膠葛之寓，撞千石之钟，立万石之虡，建翠华之旗，树灵鼍之鼓。奏陶唐氏之舞，听葛天氏之歌，千人唱，万人和，山陵为之震动，川谷为之荡波。巴渝宋蔡，淮南干遮，文成颠歌，族居递奏，金鼓迭起，铿锵铛鞈，洞心骇耳。荆吴郑卫之声，韶濩武象之乐，阴淫案衍之音，鄢郢缤纷，激楚结风，俳优侏儒，狄鞮之倡，所以娱耳目乐心意者，丽靡烂漫于前，靡漫美色于后。

从这里可以知道，最好，既是一种空间的最好，如巴渝宋蔡，荆吴郑卫，又是一种时间的最好，有远古的陶唐氏、葛天氏，有现今的俳优侏儒。因此，天子之巨丽，是拥有时空中的一切。这种天上地下、穷尽万物的铺陈，是通过文字来实现的。因此汉赋对万物的占有就表现为一种对文字的占有。如司马相如的《上林赋》在描写上林苑中水的时候，出现在字面上的是大量的三点水旁的字，特别是在对水进行仔细描摹形容时，几乎每个四字句中都有两个带水旁的字，甚至四字全为水旁。中国字有表事物属性的字，有表事物状态形貌声响的字。前一类字越多而种类越多，后一类字越多而形态越多。一片一片带水旁的字，还未细读，就使人感到水的千种流态，万种声响。水的声态被洋洋洒洒地写完，随后是水中的动物，我们又看到一排排带鱼旁的字出现了。鱼写完了就写水中的珍宝奇石，然后就写水鸟，带石旁、玉旁和鸟旁的字又鱼贯而出。读汉赋就像读百科字典，更像进博物馆，琳琅满目，令人目不暇接。它是汉人要占有万物、穷尽宇宙的具体体现，但是这种占有不是抽象的把握、哲学的体味，而是具体实在地占有，慢慢地品味，仔细地赏玩，正因为具体而又如此众多，显出“巨”；又正因为众多而又如此具体，感觉到“丽”。

二、事、辞、经：对巨丽美学的规范

面对这样一个巨丽的世界，汉代对美学的关注主要放在两个方面：一是对于巨丽的世界应当怎样表现，才符合文化和时代的标准；二是作为文学家做怎样的人，才符合文化和时代的理想。在这两方面，扬雄（前53—后18）的理论都具有代表性。如果说，秦汉时代，从秦皇到汉武，是从法家之雄到儒家之大，汉武以儒家为主综合各家形成了巨丽的极致，董仲舒的今文经学和司马相如的大赋代表了思想和文学的两座顶峰，那么，儒家进入主流意识形态之后，一种依经立论，回归孔学原典的潮流开始涌动，这就是后来古文经学的产生。而扬雄正处在这个转变的关节点上，他自己就是追随司马相如写赋的，因此对赋有较深的认识，同时又是宗经的，因此对经典也有较深的认识，从而成为多种汉代美学思想交会的关结。言归正传，在对于怎样表现巨丽世界才符合文化和时代的标准上，扬雄《法言·吾子》提出了自己的看法：

> 或问：“君子尚辞乎？”曰：“君子事之为尚。事胜辞则伉，辞胜事则赋，事辞称则经。足言足容，德之藻矣。”①

这里点出了事与辞的关系问题。联系到先秦孔子的文与质的论题，可以感受到先秦两汉之间的主题转变，文与质主要是做人的问题，虽然作文也是做人的一个方面，但主要是从人的整体出发来谈问题。事与辞则主要是作文的论题。在汉代，作文已经变成专门的领域，如何作文也就变成了专门的问题。而汉代作文，

---

① 扬雄撰：《法言注》，韩敬注，中华书局1992年版，第34页。

主要是描写宇宙之大、品藻之盛、游观之美的赋。因此，以客观世界为主的“事”就变得重要起来。孔子的“质”，是指人的内在的质实的东西，扬雄的“事”，是指宇宙之物的动态展现；孔子的“文”，指的是人的内质的外在彰显，表现为服饰、行为、言语，扬雄的“辞”指的是对宇宙之物的动态展现的文学描写。可以看到，扬雄的事与辞，就是把孔子文质理论里做人的基本原则运用于作文。因此这一理论，重要的不是理论方法，而是所指对象，以及就这一所指对象而提出的概念。在客观世界方面，用的概念是“事”而不是“物”，强调的是世界的动态性，是物的动态呈现。在反映形式方面，用的概念是“辞”而不是“文”，强调了两个方面：第一，辞是具体的，与汉人审美的一一细察、认真把玩相关联；第二，辞从文中分离出来，是要最大程度地减轻文学体裁对辞的作用。当人用一种体裁作文，这种体裁会影响到人怎样去作文，甚至于忘却了真实再现世界的目的。强调辞，就是强调辞直接与世界相连，所谓的“事辞称”，让文的写作在这种直接关联中完成，这样既可以避免事胜辞的问题，也可以避免辞用事的问题。扬雄说“事辞称则经”，“经”就是符合经典，符合儒家的基本原则。扬雄在赋的世界、现实世界、经典世界的关系上，认为经典世界与现实世界是同一的，而赋的世界则对这两个世界有所偏离。如果保持了赋的世界与现实世界的一致，同时也就保持了赋的世界与经典世界的相同。扬雄理论的实质是要让赋的世界改变以前的原貌。在其主张的后面，有着用儒家思想对从秦皇到汉武的巨丽世界的反思。这种坚持事与辞的对应，在东汉进一步演变为王充（27—约 97）主张现实世界为本位的“疾虚妄”思想。王充《论衡·对作篇》说：

> 是故《论衡》之造也，起众书并失实，虚妄之言胜真美也。故虚妄之语不黜，则华文不见息；华文放流，则实事不见用。故《论衡》者，所以铨轻重之言，立真伪之平，非苟调文饰辞为奇伟之观也。①

把现实世界（实事）的“真美”与“调文饰辞”的“奇伟”相对立，并用前者来否定后者。这是后话，也呈现了两汉思想的演进，透露了今文经学与古文经学之间斗争的实质。今文经学是要把整个宇宙都包括进来，形成一个整体，给一切思想（包括所有的神迹）在体系中一个地位，从而形成巨丽奇伟的境界。在这样做的时候，必须让孔子也带上各种神迹色彩。古文经学则回到孔子拒斥形而上学，对怪、力、乱、神存而不论、敬而远之的立场。可以说扬雄的思想代表了两汉思想在美学上的转折。扬雄反对的两种错误倾向，更主要的是与今文经学的宏

---

① 王充：《论衡》，上海人民出版社 1974 年版，第 442 页。

伟体系间接关联，与汉代大赋直接关联的“辞胜事”。前面所引司马相如《上林赋》写植物，只要是字典上有的，不管现实中有没有，都罗列出来。巨丽是巨丽了，却与现实不符。这是赋这种文体经常会出现的问题。这就与第二个问题即怎样做一个理想的作家关联起来了。

三、诗人、辞人、骚人：巨丽的美学标准

汉人的言谈中，有三种作家，一是诗人，二是辞人，三是骚人。扬雄《法言·吾子》有这样的对话：

> 或曰：“景差、唐勒、宋玉、枚乘之赋也，益乎？”
> 曰：“必也淫”。
> “淫则奈何？”
> 曰：“诗人之赋丽以则，辞人之赋丽以淫。如孔氏之门用赋也，则贾谊升堂、相如入室矣。如其不用何？”①

此处所指诗人是《诗经》作者，孔子已经说过：“诗三百，一言以蔽之，曰：思无邪。”（《论语·为政》）《诗经》作者就成为理想作者的典范，楚辞汉赋不同于《诗经》，但要求像《诗经》作者那样去写辞赋，成了一种美学要求。写辞赋之人，如果与《诗经》作者同质，也可以称为诗人。或者用通俗的话来说，诗人就是在儒家原则指导下写辞赋的人，以一种政治性所得出来的世界的本质来写世界。扬雄这里说的诗人之赋，指的是屈原作品。屈原作文与汉人作赋有很大的不同，从某种意义上说，屈原之作有与《诗经》同调之处。屈原称过自己的作品为诗：“介渺志之所惑兮，窃赋诗之所明。”汉代不少人都认为屈原作品具有诗的精神。司马迁说：“《国风》好色而不淫，《小雅》怨诽而不乱。若《离骚》者，可谓兼之矣。”② 王逸《〈楚辞〉章句序》说屈原：“独依诗人之义而作《离骚》，上以讽谏，下以自慰。”③ 辞人，在这里指的是按照赋的文体原则和精神来写赋的人，如扬雄提到的景差、唐勒、宋玉、枚乘之辈。赋的文体，要求写得多、写得全，写世界的极致，让人感到巨丽。这种文体冲动，往往使之脱离儒家的原则。因此，进行诗人与辞人的区分意味着两种美学原则的对立，是要从作者性质上去保证事与辞的关系按照正确的方向运行。

两汉思想，除了诗人和辞人代表了两种对立的美学立场之外，还有一种作者

---

① 扬雄撰：《法言注》，韩敬注，中华书局 1992 年版，第 27 页。
② 司马迁：《史记》第八册，中华书局 1959 年版，第 2482 页。
③ 崔富章等主编：《楚辞集校集释》上册，湖北教育出版社 2003 年版，第 7 页。

引起了理论家的普遍兴趣，这就是骚人，屈原就是骚人的典型。骚人具有三个特点：一是具有社会关怀，二是对君王的昏暗进行批判，三是为自己的不幸直言叫屈。这三个特点汇成了骚人作文的总特点：哀怨。正所谓“哀怨起骚人”（李白《古风》）。作为《离骚》作者的屈原，实际上包含了诗人（政治和社会关怀）、辞人（超越现实的想象和美丽的形象和语言）、骚人（抱怨上级，哀诉自己）三种因素。而且屈原作品本有的整体性被这三种因素分解开来，作为评论对象，是与汉人的思维模式相关的，但汉人的三分实际上又与屈原作品不完全对应。于是在这三个方面都出现了激烈的争论。在第一个方面，有的人，如扬雄、刘安（前179—前122）、王逸（生卒年不详）说屈原是一个诗人；有的人，如班固（32—92）说屈原不是一个诗人，是一个“露才扬己”“忿怼不容”的“贬洁狂狷景行之士”（班固《〈离骚〉序》）。在第二个方面，大家都称赞屈原的“弘博丽雅”的“文才”，有的人（如王逸）从诗人的角度予以肯定，认为是依托五经以立义的。这一观点特别有意思，将在后面详讲。有的人（如班固）则从辞人的角度进行否定，一是讲述经史所有人物，如羿、浇、少康、二姚、有戎佚女，仅凭自己的有限知识，“未得其正”；二是大讲“昆仑冥婚宓妃虚无之语，皆非法度之正，经义所载”（班固《〈离骚〉序》）。在第三个方面，有的人（如刘安）联系到政治关怀即作为诗人去肯定，说他是诗人性质的骚人；有的人（如司马迁）从个人心理角度去肯定，这是一种很有意思的观点，将在后面详论；有的人（如班固）则从政治角度予以否定，说屈原在叫冤之中“责数怀王，怨恶椒兰，愁神苦思，强非其人”（班固《〈离骚〉序》）。这三个方面的批评，基本上都是政治学的，对我们来说，主要是通过这些了解汉人对于作家的三种分类：诗人、辞人、骚人。诗人是理想作者；辞人是不好的作者；对骚人，汉代理论家有些拿不准。要进一步了解汉代政治美学，可以阅读《诗大序》。

第三节 秦汉的音乐宇宙

一、阴阳五行与音乐宇宙

在远古以来的礼乐文化中，音乐具有重要的和核心的地位。经夏商周三代，到先秦理论化，最后在两汉形成了一个结合家庭、社会、朝廷、宇宙为一体的音乐宇宙。这个音乐宇宙由多方面的理论交会而成。首先，是哲学观念上由风到气的转变。远古文化的“风”集中了原始宗教观念、乐器演奏、自然气候三方面的内容，在理性化的过程中，风变为气，气成了宇宙的本源，气包含了风的三个与音乐相关的功能于其中。首先，既把音乐扩大到了宇宙整体，又使宇宙整体充满了乐意。其次，是庄子把宇宙运行本身作为天乐，与人乐相对，并且高于人乐，指出了宇宙本身的音乐性，也让人去体会一个音乐性的宇宙。第三，乐理的进步与宇宙论的合一，表现为三种方式：一是数理论，即乐律的计算方式得出五音与十二律；二是旋宫论；三是调式论。其中数理论最为根本，把音乐以一种数理与宇宙联系起来，呈现了一个音乐宇宙。首先是《管子·地员篇》把音乐进行了数理的归纳，得出五音："凡将起五音，凡首，先主一而三之，四开以合九九，以是生黄钟小素之首以成宫。三分而益之以一，为百有八，为徵。不无有，三分而取其乘，适足以是生商。有三分而复于其所，以是生羽。有三分而去其乘，适足以是成角。"① 这就是有名的"三分损益法"。"如要求出五音，首先应该求得一个标准音'黄钟'，把它作为'宫'音。然后可就宫音的弦长增加三分之一（三分益一），即得低四度的徵音；再就徵音的弦长减去三分之一（三分损一），即得高五度的商音；再把商音的弦长增加三分之一，得低四度的羽音；就羽音的弦长减去三分之一，可得角音。列为算式如下：宫 $(1\times3)^4=81$，徵 $81\times3/4=108$，商 $108\times2/3=72$，羽 $72\times3/4=96$，角 $96\times2/3=64$。"② 这里，对音乐作了数理的说明，而且以数理支持了五音阶在中国文化中的主导地位。然后《吕氏春秋·音律篇》运用管子的三分损益法，算全了十二律："黄钟生林钟，林钟生太簇，太簇生南吕，南吕生姑洗，姑洗生应钟，应钟生蕤宾，蕤宾生大吕，大吕生夷则，夷则生夹钟，夹钟生无射，无射生仲吕。三分所生，益之一分以上生。三分所生，去其一分以下生。黄钟、大吕、太簇、夹钟、姑洗、仲吕、蕤宾为上，林钟、夷则、南吕、无射、应钟为下。"③ 这十二律处于奇数的为律（又称阳律），处于偶数的为吕（又称阴律），十二律中相邻的两律之间形成半音关系，形成十二半音体系。这一体系以数理的形式支持了阴阳相生的宇宙，而且它与四季、十二月、十二时辰有内在的联系。秦汉时期，《淮南子·天文训》《史记·律书》《汉书·律历志》、京房律学等，以气—阴阳—五行的系统理论，将之提升到秦汉型音乐宇宙之中。音乐的作用是将整个宇宙变成了一个音乐性的宇宙：

总性	各类										
	声	色	味	季节	方位	位置	情	内脏	道德	神	帝	……
木	角	青	酸	春	东	左	怒	肝	仁	句芒	太皞	
火	徵	赤	苦	夏	南	上	喜	心	礼	祝融	炎帝	

① 黎翔凤撰：《管子校注》下册，中华书局2004年版，第1080页。
② 夏野：《中国古代音乐史简编》，上海音乐出版社1989年版，第26页。
③ 许维遹撰：《吕氏春秋集释》上，中华书局2009年版，第134—135页。

续表

总性	各类											
	声	色	味	季节	方位	位置	情	内脏	道德	神	帝	……
土	宫	黄	甘	长夏	中	中	思	脾	信	后土	黄帝	
金	商	白	辛	秋	西	下	忧	肺	义	蓐收	少皞	
水	羽	黑	咸	冬	北	右	恐	肾	智	玄冥	颛顼	

这里音乐以五行为通道，贯渗到宇宙的一切事物之中。在具体的政治—社会里，君、臣、民、事、物是与乐的基本五声相关的："宫为君，商为臣，角为民，徵为事，羽为物。"①（《史记·乐书》）在《汉书·律历志》里，乐律不但与天、与人、与数、与声（五声）音（八音）相关，而且政治—社会大一统的度量衡都是以音乐之律来决定的："度"的"分、寸、尺、丈、引"中的基本单位"分"，由音乐之律所规定，标准黄钟管容黍一千二百粒，每一粒之广为一分，十分为寸，十寸为尺，十尺为丈，十丈为引；"量"有"龠、合、升、斗、斛"，其中基本单位"龠"，是由音乐之律所规定的，标准黄钟管容黍一千二百粒为一龠，两龠为一合，十合为一升，十升为一斗，十斗为一斛；"衡"的"铢、两、斤、钧、石"中的基本单位"铢"，由音乐之律所规定，标准黄钟管容黍一千二百粒为十二铢，二十四铢为一两，十六两为一斤，三十斤为一钧，四钧为一石。比较一下《尚书·尧典》和《汉书·律历志》的"同律度量衡"思想，可以看到，远古是强调百兽率舞和祭祀四方山川而呈现出来的一个具有神秘性的音乐宇宙，秦汉则是强调阴阳五行规律和音乐规律而与一个巨大的行政系统运作系统相连的音乐宇宙。

秦汉的音乐宇宙，综合了从远古（如《尚书·尧典》）到先秦（如《左传》《吕氏春秋》）的关于音乐在宇宙中的作用的思想，以及从《夏小正》到《礼记·月令》的以月历为主线的宇宙一体互动思想。在秦汉型的理性结构中，强调了音乐之律在宇宙统一中的作用：《左传·哀公七年》："周之王也，制礼，上物不过十二，以为天之大数也。"②《吕氏春秋·季夏纪·音律》说："大圣至理之世，天地之气，合而生风，日至则月钟其风，以生十二律……天地之风气正，则十二律定矣。"③《淮南子·天文训》说："律历之数，天地之道也。"④《史记·律书》说：

① 司马迁：《史记》第四册，中华书局1959年版，第1181页。
② 杨伯峻编著：《春秋左传注》（修订本），中华书局1990年版，第1641页。
③ 许维遹撰：《吕氏春秋集释》上册，中华书局2009年版，第136页。
④ 张双棣撰：《淮南子校释》（增订版）上，北京大学2013年版，第372页。

“王者制事立法，物度轨则，壹禀于六律，六律为万事根本焉。”① 这一音乐之律在宇宙中的根本性作用，在秦汉思想中，形成了《礼记·月令》《淮南子·时则训》《史记·律书》《汉书·律历志》《春秋繁露·三代改制质文》等文献所描述的天、地、人互动的音乐性宇宙，在这样的宇宙中，音乐之律在宇宙的时间运转中起主导作用。十二律与四季、十二月、十二时辰一道，形成了音乐宇宙的时间节奏，下表呈现出的，就是这样一个渗透着音乐性的时间：

律吕	黄钟	大吕	太簇	夹钟	姑洗	仲吕	蕤宾	林钟	夷则	南吕	无射	应钟
季节	孟冬	仲冬	季冬	孟春	仲春	季春	孟夏	仲夏	季夏	孟秋	仲秋	季秋
月份	11	12	1	2	3	4	5	6	7	8	9	10
时辰	亥	子	丑	寅	卯	辰	巳	午	未	申	酉	戌

而在这一音乐性的时间运行中，与之关联的天、地、人的各种事物随之在空间里呈现出来。《吕氏春秋》《礼记·月令》《淮南子·时则训》《史记·律书》都呈现了这样一个自然、社会、政治、人事互动的音乐宇宙。下面是《淮南子·时则训》中的互动表：

季节	孟春	仲春	季春	孟夏	仲夏	季夏	孟秋	仲秋	季秋	孟冬	仲冬	季冬
音	角			徵		宫	商			羽		
律	太簇	夹钟	姑洗	仲吕	蕤宾	林钟	夷则	南吕	无射	应钟	黄钟	大吕
时辰	寅	卯	辰	巳	午	未	申	酉	戌	亥	子	丑
天干	甲乙			丙丁		戊己	庚辛			壬癸		
旦	参	弧	七星	翼	亢	心	斗	牵牛	虚	危	壁	娄
昏	尾	建星	牵牛	婺女	危	奎	毕	觜嶲	柳	七星	轸	氐
五行	木			火		土	金			水		
数	八			七		五	九			六		
方位	东			南		中	西			北		
虫	鳞			羽		蠃	毛			介		
气	膻			焦		香	腥			腐		
味	酸			苦		甘	辛			咸		

① 司马迁：《史记》第四册，中华书局 1959 年版，第 1239 页。

续表

祀	户			灶		中溜	门			井		
祭	先脾			先肺		先心	先肝			先肾		
乐器	琴瑟			笙竽			白钟			磬石		
帝寝	青阳			明堂		中宫	总章			玄堂		
寝舍	左个	太庙	右个	左个	太庙	右个	左个	太庙	右个	左个	太庙	右个

从天地的运动开始，由自然现象而人类社会，从朝廷到全国，呈现出一种天人相感、天人互动的图画。这种天人互动本身就是一种音乐性的行为。中国宇宙由风而来的气是音乐性的，音乐的五音直接与宇宙万物相连，“宫为君，商为臣，角为民，徵为事，羽为物。五者不乱，则无沾滞之音矣”①（《礼记·乐记》），“角者，跃也。阳气动跃。徵者，止也。阳气止。商者，张也。阴气开张，阳气始降也。羽者，纡也。阴气在上，阳气在下。宫者，容也，含也。含容四时者也。”②（《白虎通·礼乐》）因宇宙的音乐本质，显出了自然现象的音乐性，进而使得社会中君臣（管理者）的行为呈现出音乐性，在音乐性的韵律的指导下，人民的生产和生活也表现为一种带有音乐性的行为。从朝廷到民间，人的行为是一种应合及参与音乐宇宙的活动。正因为天、地、人的运行皆具有音乐性，从而音乐本身就获得了一种重要性：“广乐以成其教。乐行，而民乡方，可以观德矣。德者，性之端也；乐者，德之华也。金石丝竹，乐之器也。诗，言其志也。歌，咏其声也。舞，动其容也。三者本于心，然后乐气从之。”③（《礼记·乐记》）“是故清明象天，广大象地，终始象四时，周还象风雨。五色成文而不乱，八风从律而不奸，百度得数而有常。”④（《礼记·乐记》）有了这一音乐宇宙的观念（包括“律为万事根本”“律历和谐”“同律度量衡”“随月用律”等理念），对于秦汉宫苑、汉画像、汉大赋的结构就会有一种新的理解，对汉代美学的巨丽风格也会有一种新的理解。

二、音乐理论的基本概念

《礼记·乐记》至少在战国即已成书，但在汉代才最后写定。司马迁将之作为《乐书》放进《史记》之中。其中的观念虽然包含了远古以来的内容，但被汉人重

① 李学勤主编：《十三经注疏·礼记正义》，北京大学出版社 1999 年版，第 1078 页。
② 陈立撰：《白虎通疏证》，吴则虞点校，中华书局 1994 年版，第 120 页。
③ 李学勤主编：《十三经注疏·礼记正义》，北京大学出版社 1999 年版，第 1111—1112 页。
④ 李学勤主编：《十三经注疏·礼记正义》，北京大学出版社 1999 年版，第 1110 页。

新提炼和整理。因此，其中关于音乐的基本理论体现了汉人的观念。

声、音、乐，是三个关于音乐客体的基本概念。声，是一般的音响，主要指自然地发出的音响。音，则是乐音，是对一般音响的音乐性组合。《礼记·乐记》所谓“声（自然音响）成文（按照音乐规律组织起来显出了美）谓之音（音乐）”，“声相应，故生变（组织），变成方（达到音乐要求），谓之音”；“五音（五个乐音间阶）比（按音乐组织起来）而成《韶》《夏》（具体音乐）”。乐，则是社会性地体现了社会—政治—宇宙本质的音乐，以仪式性的乐为代表，所谓“比音而乐之，及干、戚、羽、旄，谓之乐也”。乐“发以声音，而文以琴瑟，动以干戚，饰以羽旄，从以箫管。奋至德之光，动四气之和，以著万物之理”①。总而言之，声是自然音响，音是具体音乐，乐是达到了宇宙本质的音乐。因此，《礼记·乐记》说：“知声而不知音者，禽兽是也”（只有人才创造个体音乐），“知音而不知乐者，众庶是也”（一般人只知道具体音乐），“唯君子为能知乐”（士人中的优秀者才知道音乐的本质）。② 只有达到本质，才能称之为乐（本质性音乐）。因此，一方面，《礼记·乐记》说“奸声感人而逆气应之”，说“亡国之音哀以思，其民困”，不能用“奸乐”和“亡国之乐”；另一方面，《礼记·乐记》说“乐者，天地之和也”，不能说“音者，天地之和也”，音是具体的音乐，很可能只有个别性，而不能反映本质。因此，秦汉的音乐著作《乐记》《乐论》《乐书》等，其含义都是“音乐本质”之论。不过，声（音响）形成了音（音乐），音（音乐）还是以声（音响）的形式表现出来，音成为乐，乐还是以音声的形式表现出来。因此，音声可以连用，来指具体的音（音乐），由于有了这一连用，在具体的上下文中，也可以声或音来指具体的音乐。同理，可以音乐连用来指达到了本质的音乐。在后来的历史演进中，乐也用来指具体的音乐（音）。但无论当时或以后的用法怎么变，都是建立在这三个概念的基本理论区别之上的。

物、心、情，是三个关系到音乐主客体互动的基本概念。物，是使具体音乐得以产生的外在具体事物，区别于作为本质的天地。心，是产生音乐的主体，心感物而动，就产生出音乐，心是音乐得以产生的内在条件。产生具体音乐的不是一般的心，而是心感物后的具体状态。情，就是心感物而动的主体具体状态，具体的情产生了具体的音乐。总而言之，音（音乐）的产生，是客体之物与主体之心相感而形成具体的“情”，由情而产生出音（音乐）。用《礼记·乐记》的话来说，就是：

---

① 李学勤主编：《十三经注疏·礼记正义》，北京大学出版社 1999 年版，第 1109 页。
② 李学勤主编：《十三经注疏·礼记正义》，北京大学出版社 1999 年版，第 1081 页。

凡音之起，由人心生也。人心之动，物使之然也。感于物而动，故形于声。声相应，故生变，变成方，谓之音。①

凡音者，生人心者也。情动于中，故形于声。声成文，谓之音。②

前一段讲的是物感于外，后一段讲的是情动于中。在已经有音乐作为一种艺术形式的先决条件下，物感与情动，二者相合，而音生焉。

在声、音、乐这一系统中，是从自然具体之声到社会具体之音到社会本质之乐，而社会本质之乐又与天地本质之乐是合一的。因此，秦汉音乐结构在理论上是这样一个圆形结构。这一结构中，天地之乐与社会之乐这两个本质（乐）是好的，是相通的，但自然具体之声和社会具体之音就有多种可能性，这是由自然和社会具体现象的复杂性决定的。声、音、乐结构已经内蕴了这一复杂性，但还不显豁，而在心理结构中就明显起来。物、心、情这一系统中，具体之物包含着具体自然之物（春、夏、秋、冬）和具体社会之物（治世、乱世、亡世），具体之情有六种基本心理形态：哀、乐、喜、怒、敬、爱。从另一个角度来看人的心理，又有人得天之性和长于环境之欲两个方面："人生而静，天之性也。感于物而动，性之欲也。"③（《礼记·乐记》）这样，人心构成了性（天地之性）、欲（物欲之心）、心（性或欲的具体之人）、情（心的具体呈现）的四个因素和两面关系。心与情不是与天性相连，就是与物欲相连，这是一个矛盾结构。正是这一矛盾结构，形成了具体之音（乐）的复杂性。在音乐与具体情感的关系上：

乐者，音之所由生也，其本在人心之感于物也。是故其哀心感者，其声噍以杀；其乐心感者，其声啴以缓；其喜心感者，其声发以散；其怒心感者，其声粗以厉；其敬心感者，其声直以廉；其爱心感者，其声和以柔。④

这是具体音乐与具体情感的对应关系，但由于有性与欲在情上的对立，《礼记·乐记》马上接着说："六者非性也，感于物而后动。是故先王慎所以感之者。"⑤ 在音乐与具体社会状况的关系上："治世之音安以乐，其政和；乱世之音怨以怒，其政乖；亡国之音哀以思，其民困。"⑥ 不同时代，人之所感不同，音乐也

---

① 李学勤主编：《十三经注疏·礼记正义》，北京大学出版社 1999 年版，第 1074 页。
② 李学勤主编：《十三经注疏·礼记正义》，北京大学出版社 1999 年版，第 1077 页。
③ 李学勤主编：《十三经注疏·礼记正义》，北京大学出版社 1999 年版，第 1083 页。
④ 李学勤主编：《十三经注疏·礼记正义》，北京大学出版社 1999 年版，第 1075 页。
⑤ 李学勤主编：《十三经注疏·礼记正义》，北京大学出版社 1999 年版，第 1075—1076 页。
⑥ 李学勤主编：《十三经注疏·礼记正义》，北京大学出版社 1999 年版，第 1077 页。

就不同。《礼记·乐记》在叙述了这一现象之后，总结说：“声音之道，与政通矣。”但这只是问题的一面。接着要强调的，就是“郑、卫之音，乱世之音也，比于慢矣。桑间、濮上之音，亡国之音也，其政散，其民流，诬上行私而不可止也”①。因此，从心物之感的自然性上说，有什么样的物与世，就有什么样的音乐，但从社会和人性的理想要求来说，又有一个天之性与欲之心的扬前者抑后者、褒前者批后者的问题。正是从这一角度，《礼记·乐记》提出了正声与奸声的区别：

> 凡奸声感人，而逆气应之，逆气成象，而淫乐兴焉。正声感人，而顺气应之，顺气成象，而和乐兴焉。倡和有应，回邪曲直，各归其分，而万物之理，各以其类相动也。是故，君子反情以和其志，比类以成其行。奸声乱色，不留聪明；淫乐慝礼，不接心术；惰慢邪辟之气不设于身体，使耳、目、鼻、口、心知、百体，皆由顺正，以行其义。②

可以看到，这是两套理论之间的冲突。一方面是心与物的自然生发，另一方面是这种自然生发导致的社会和个人效果。前一方面有现象上的理由，后一方面有本质上的理由，二者之间的矛盾究竟应该如何解决，怎样在二者的矛盾中掌握恰当的度，而且这个度的具体指标由谁来决定，都是非常困难又非常体现智慧的课题。这个难题在以后不断地以各种方式表现出来。这一音乐难题在音乐理论层面很难解决，而从社会角度则可以避开这一难题，对其进行一种新的整合。

三、乐：天地之和

声、音、乐的递进结构中，乐达到了宇宙的本质，因此是音乐的总称。这个反映了宇宙本质的社会性存在，在社会中是以怎样一种结构出现的呢？它是与礼一道出现的。把中国的宇宙性质与社会的结构性质结合起来，进行一种文化的总体论述，是《荀子·乐论》《礼记·乐记》的重要主题。乐象征天，礼象征地。地上的事物，山河动植，分门别类，呈现出秩序，礼强调的就是“别”，把这一事物与另一事物区别开来，并且把每一事物给定一个价值上的等级。而天的运动由气而成，是统一的、无分别的，只有在地上凝结成物才有了分别。当事物死亡，复归于宇宙流行之气，又合成了统一性的。因此，乐强调的是同。天地之间，必须有别，世界才有了多样性，这就是礼的基础，多样性的事物又有了秩序，这就是乐的基础。礼是用来区别的，乐是用来和合的。“礼义立，则贵贱等矣。乐文同，

---

① 李学勤主编：《十三经注疏·礼记正义》，北京大学出版社 1999 年版，第 1080 页。
② 李学勤主编：《十三经注疏·礼记正义》，北京大学出版社 1999 年版，第 1108—1109 页。

则上下和矣。”①（《礼记·乐记》）有了礼，一个人就知道自己在社会和宇宙中处于什么样的位置；有了乐，一个人就知道处在这样一个位置中的自己怎样与社会和宇宙进行合一。正确地加入到社会和宇宙的运转中去，实现自己的生命价值。地上的事物是实实在在的，这也像礼一样，把每一具体的东西都规定得很清楚。天上流行的气是虚灵的，这也像乐一样，可以感受到却触摸不到。因此，正如天地形成生万物的秩序一样，礼乐构成社会秩序。正如《礼记·乐记》所说：

> 乐者，天地之和也。礼者，天地之序也。和故百物皆化，序故群物皆别。乐由天作，礼以地制。过制则乱，过作则暴。明于天地，然后能兴礼乐也。②
>
> 天高地下，万物散殊，而礼制行矣。流而不息，合同而化，而乐兴焉。春作夏长，仁也。秋敛冬藏，义也。仁近于乐，义近于礼。乐者敦和，率神而从天。礼者别宜，居鬼而从地。故圣人作乐以应天，制礼以配地。礼乐明备，天地官矣。③

乐，是礼乐社会的一个重要部分，只有从礼乐社会的整体出发，乐的意义才得以彰显。礼乐社会又以天地规律为基础。这样，礼乐和天地共同构成了宇宙整体。礼使人之间的差异显示出来，乐又让人在差别的基础上感受到统一，礼使有差别的人感觉到等级的严肃，乐使人在严肃的差别中感受到仁爱。因此，乐具有三方面的意义，第一，在声、音、乐中，达到了音乐的本质；第二，人在音声的乐中，得到了快乐；第三，在这种音乐的快乐中，感到了人的本质（天之性）和宇宙的本质（天地和）。音乐、社会、宇宙是一个整体。当从宇宙角度去看，前面所讲的音乐宇宙就展现出来了。

第四节 《诗大序》与政治美学

一、诗言志新解

在气—阴阳—五行的大系统中，朝廷是中心。自董仲舒以来，儒家思想占了统治地位。对《诗经》的解说，成了主流思想的一个重要方面。毛诗学派的《诗经》解释，特别是《诗大序》，即在《诗经》首章作为整个《诗经》总纲的序，不但代表了汉代儒家思想，而且其中提出的政治美学原则，对整个中国古代美学

---

① 李学勤主编：《十三经注疏·礼记正义》，北京大学出版社 1999 年版，第 1085 页。
② 李学勤主编：《十三经注疏·礼记正义》，北京大学出版社 1999 年版，第 1090 页。
③ 李学勤主编：《十三经注疏·礼记正义》，北京大学出版社 1999 年版，第 1093—1094 页。

产生了重要影响。

> 诗者，志之所之也，在心为志，发言为诗。情动于中而形于言，言之不足，故嗟叹之，嗟叹之不足，故永歌之，永歌之不足，不知手之舞之、足之蹈之也。①

先秦典籍中，诗言志，在《尚书》里是原始舞乐（仪式）中的言社会集体之志，《左传》常见的“赋诗言志”、《庄子·天下》的“诗以道志”、《荀子·儒效》“诗言其志”，是借诗言志，类似于讲故事，诗的形象与言者之心是两回事。而《诗大序》把心中的情志与发言为诗联系起来，在对《诗经》原诗与作者关系的解释中，把握住了诗的特质。更主要的是把诗个人化了，诗是个人的言志抒情。这一思想左右了整个中国美学。

对志与情，各时代各个人可以根据自己的需要，或偏重于志，或强调于情。但《诗大序》里，志与情互文见义，描述的是中国古人对主体心理的整体功能把握，而不是西方式的严格的几何式划分。心、志、情是整体功能关系。正如唐代孔颖达《左传正义·昭公二十五年》说：“在己为情，情动为志，情志一也。”这“一”不是无差别的“一样”，而是同一个整体功能。情与志，是对同一东西的不同侧面或重点的强调。《诗大序》加情于志，突出的正是诗的个人性。整篇序中，“志”只出现一次，还是与“情”互文见义；而“情”出现三次，两次都没有提到志，“情发于声，声成文，谓之音”，“变风发乎情”。有了“情”，两汉诗学的“言志”就与先秦诗学的“言志”区别开来了。

诗，从原始到先秦，皆诗乐舞合一。“言之不足，故长言之；长言之不足，故嗟叹之；嗟叹之不足，故不知手之舞之，足之蹈之也。”② 这也是《乐记·师乙篇》中的话，此情此景，诗乐共有，但《乐记》中的话进入《诗大序》的“个人表达”的语境里，不是简单的以诗为乐为舞，而成了“不得已而后言”“言不尽情”，强化的是诗人内心情感的深厚，从而突出了诗歌创作的个人性。

《诗大序》虽然突出了情志的个人性，但与汉代整体美学一样，更强调整体性。诗，首先是政治教化功能：“正得失，动天地，感鬼神，莫近于诗。先王以是经夫妇，成孝敬，厚人伦，美教化，移风俗。”③ 这句话的背景，是一个类似于汉画像的天地、古今、神人、先王、圣贤、忠孝、社会、风俗的一体结构。这句话的指归，也与汉画像一样，讲究天、地、人的整体和谐。汉画像的思想是家族的，

① 李学勤主编：《十三经注疏·毛诗正义》，北京大学出版社 1999 年版，第 6 页。
② 李学勤主编：《十三经注疏·礼记正义》，北京大学出版社 1999 年版，第 1148 页。
③ 李学勤主编：《十三经注疏·毛诗正义》，北京大学出版社 1999 年版，第 10 页。

诗的情志是个人的，但个人的情志一定要符合天地人之道。《诗经》中的风、雅、颂是三类诗歌，三类诗既是个人性的情动于中，但这动于中的情又是关系到与自己个人性紧密相连的整体之情，“是以一国之事，系一人之本，谓之风。言天下之事，形四方之风，谓之雅。雅者，正也，言王政之所由废兴也。政有小大，故有小雅焉，有大雅焉。颂者，美盛德之形容，以其成功，告于神明者也”①。这种既是个人不得已之情，又是整体之情，而且这个情系的整体是一国还是天下，都是有所规定的，正好突出了《诗大序》的汉代特色：比起先秦，它有了个人性；比起魏晋，又没有个人性。它讲究的是个人与整体的和谐。其核心是“发乎情，止乎礼”。发乎情，是对个人性的肯定，止乎礼，是对个人性的规范，同时是对整体性的突出。这种对双方都肯定，但这种肯定不是导致冲突，而是达到和谐，体现了中国的“和”的精髓，也是对《诗经》的一种重释，对中国古代社会产生了深远的影响。

二、六义正变与正变奸

（一）六义、四始与正变

《诗大序》是从变化的历史和不变的原则这两方面理解诗的。从不变的原则来说，是诗的六义，风、赋、比、兴、雅、颂。这个排列顺序来自于《周礼》，《周礼·春官》说，大师“教六诗：曰风，曰赋，曰比，曰兴，曰雅，曰颂”②。六诗反映的是原始社会氛围中《诗经》的整体性。由风（气之感人），而赋（直抒胸臆），而比（诗情由一物到另一物，扩大开来），而兴（达到诗情高潮），而雅（符合社会的本质），而颂（升华到宇宙的本质）。于《诗大序》把六诗变为六艺，把原来的横的整体性转为了横（社会静态）纵（历史发展）合一的整体性。六艺具体为四始：

风（赋、比、兴）————（诸）国
小雅———————小政
大雅———————大政
颂———————神明

个人是有等级性的，个人之情的整体性是有范围的，这是不变的原则。但社会又是在宇宙历史时间中变动的，从本质讲，诗是不变的，这就是六艺（风、赋、比、兴、雅、颂）四始（诸国、小政、大政、神明）。在这不变的结构中，最重要的是“风”，因此，《诗大序》的六艺只讲了“风”。风作为名词，是各国的民歌；

① 李学勤主编：《十三经注疏·毛诗正义》，北京大学出版社1999年版，第16—18页。
② 杨天宇撰：《周礼译注》，上海古籍出版社2004年版，第337页。

作为动词，既是民歌所以产生的初源，又说明了诗歌的作用方式。从作用方式和社会功能来讲，最主要的是两方面："上以风化下，下以风刺上。"在一个讲究尊卑的等级社会里，上以风化下是自然的，朝廷以诗歌为教化方式，运用政治的力量，推广于四方，是没有问题的。但下以风刺上就会出现困难，在中国文化中，下对上应该尊敬，以维护上级的权威。面对上级的缺点，既必须指出，又要考虑上级的威望。因此，最好的方式，就是"主文而谲谏"，即对上级领导的批评不宜直率指出，应该委婉道来，既把意见提了出来，又没有损害上级领导的面子。对上面来说，要"言之者无罪，闻之者足戒"。对下面来说，要"主文谲谏"，因此需要赋、比、兴中的比兴手法。从现象论，诗随世（历史社会）的变化而变化，对此《诗大序》照搬了《乐记》的话："治世之音安以乐，其政和；乱世之音怨以怒，其政乖；亡国之音哀以思，其民困。"从"变"的观点看，涉及的是"风"和"雅"，"至于王道衰，礼义废，政教失，国异政，家殊俗，而变风、变雅作矣"①。然而虽风和雅都有变，但《诗大序》注重和强调的仍然是下对上的问题，即"风"的问题，即"吟咏情性，以风其上""变风发乎情，止乎礼义"。要"风其上""止乎礼"，其主旨，要以"主文谲谏"的方式，显出温柔敦厚，所以需要讲究方式方法，特别是比兴的艺术手法。大概因为此，《诗大序》正文不提赋、比、兴，而又明确地把顺序定了下来。诗教的核心就是，在气—阴阳—五行的宇宙结构中和在神明照鉴下的上与下的和谐。

历史发展表现为正与变，治世之音为正，即正风、正雅；乱世或亡国之音为变，即变风、变雅。正与变，构成了中国天道和中国历史的循环论。六艺、四始、正变形成文艺价值评判的纵横结构：

下 ——→ 上（下以风刺上要主文谲谏）
治世……风 —— 小雅、大雅 ——┐……正　　历
　　　　　　　颂　　　　　　│
乱世……变风 —— 变（小、大）雅 —┘……变　　史
下 ——→ 上（变风变雅要发乎情，止乎礼）

这一纵横结构构成了《诗经》的汉代解释学。《诗大序》以孔子说的《诗三百》"思无邪"为思想原则，用治世之"刺"和乱世之"变"把怨、怒、哀、思都纳入了"无邪"的概念之中，把社会的矛盾归纳为整体利益一致上的矛盾，对天下具有积极的意义。治世呈现为风和雅，乱世呈现为变风和变雅，对于四者中出现的"刺"，用"主文谲谏""发乎情，止乎礼"解说，把个人性与整体性辩证地整合起来。诗的政治功能容易出问题的，是下级对上级的批评。在不同的时代，

① 李学勤主编：《十三经注疏·毛诗正义》，北京大学出版社 1999 年版，第 14 页。

下级对上级的批评方式是不同的，在治世的正风正雅中，要讲究“主文谲谏”，在乱世的变风变雅中，要注意“发情止礼”。

（二）正、变、奸

《诗大序》的“正变”结构正好与先秦和秦汉乐论中的“正奸”“正淫”说构成互补。《礼记·乐记》和《荀子·乐论》都讲了正奸问题。《乐记》在前文已引过，现在引《荀子·乐论》的话：“凡奸声感人而逆气应之，逆气成象而乱生焉；正声感人而顺气应之，顺气成象而治生焉。唱合有应，善恶相象。”① 正与奸（淫）是善与恶、好与坏的问题，正与变则是正之中的不同类型。三者构成一种复杂的关系：

|内质相同|内质不同
正…………变………奸
|外貌不同|外貌相同

正与变，外貌不同，正是歌颂光明，变是暴露黑暗。但内质相同，都是为了维护社会稳定。变与奸，内质不同，变是为了维护社会，奸是为了反对社会，但外貌相同，都是暴露黑暗。《诗经》是“无邪”的，因为其中的怨、怒、哀、思都属于“变”，变的出现也是天道运行规律：有正必有变，变而不失其正，变必要返回正。然而，不仅限于《诗经》，放眼全社会，正如《荀子·乐论》呈示的，就有了正与奸的问题。对于掌握文艺政策来说，区别变与奸是重要的又是不易的。况且在现实中，变而失其正，就有偏到奸的可能。《诗大序》以“发乎情，止乎礼”来规范“变”，正是因为有一个“奸”的大背景。

无论《诗经》三百篇本为什么样的内容，《诗大序》对其进行的理论阐释，为汉代士人，乃至整个古代社会中士人的“诗性”，作出了经典性的规定。也许正是这一原因，汉代说《诗》四家，齐、鲁、韩、毛，前三家相继消亡，只有毛诗至今犹存。而且作为今文经学的前三家，齐（齐人辕固生）、鲁（鲁人申培公）、韩（燕人韩婴）被朝廷并立为官学，而作为古文经学的毛（赵人毛苌）终汉一世，未成官学。

三、发情止礼与发愤著书

《诗大序》以“发乎情，止乎礼”，为士人定下了“中和”标准，这个标准是从社会的观点，为整体作想设计出来的，是古代社会常态的一面。古代社会还有另一面，即古代社会结构必然要出问题的一面，往往使士人冲越这一标准。一旦确实冲越了这一标准，而又感到冲越的必然性，就有了另一理论。这就是司马迁

① 王先谦：《荀子集释》，中华书局1988年版，第381页。

的“发愤著书”说。司马迁以自己的亲身经历和感受悟到优秀的作品都是发愤的结果：

昔西伯拘羑里，演《周易》；孔子厄陈蔡，作《春秋》；屈原放逐，著《离骚》；左丘失明，厥有《国语》；孙子膑脚，而论兵法；不韦迁蜀，世传《吕览》；韩非囚秦，《说难》《孤愤》；《诗》三百篇，大抵贤圣发愤之所为作也。此人皆意有所郁结，不得通其道也，故述往事，思来者。（《太史公自序》）①

这里，《诗经》与众多的著述一样也是“发愤”即宣泄愤懑而产生的。《诗大序》的“发乎情，止乎礼”主要考虑的是个人与社会的关系，司马迁的“发愤”着重注意的是个人自身的问题，即如何通过发愤，排解自己的郁结，从而使心理达到平静。因为从士人自身着眼，问题就不是符不符合社会整体的“止乎礼”，而是个人的心灵能不能由“发愤”而达到平静的问题。当问题变成个人问题和心理问题，各种情感类型，各种发泄强度，只要达到通其郁结之道的目的，就都是可以的了。司马迁就是从这一角度为屈原辩护的：

离骚者，犹离忧也。夫天者，人之始也；父母者，人之本也。人穷则反本，故劳苦倦极，未尝不呼天也。疾痛惨怛，未尝不呼父母也。屈平正道直行，竭忠尽智以事其君。谗人间之，可谓穷矣。信而见疑，忠而被谤，能无怨乎？屈平之作《离骚》，盖自怨生也。（《屈原贾生列传》）②

这里从天、人、心的逻辑说明屈原呼天呼父母一般的“怨”是完全自然的，合理的。“发愤著书”就与感情之“怨”联系在一起了。孔子说：“诗可以兴，可以观，可以群，可以怨。”（《论语·阳货》）如果说“发乎情，止乎礼”可以与“群”相连，那么，“发愤著书”就与“怨”相通。而且，更为重要也更有意味的是，虽然司马迁没有明说，但是通过举例已经显示出来，优秀作品正是通过发愤宣泄而产生的。因此，发情止礼与发愤宣泄的对立，不仅是社会性稳定与要个人的平静的社会学与心理学的不同，而且还是政治的稳妥与艺术的成功的对立。

把《乐记》、《诗大序》、司马迁结合起来，构成了汉代诗性的基本结构：

从政治学的角度看，文艺作品有三种类型：正、变、奸。创作者在写作暴露

① 司马迁：《史记》第十册，中华书局 1959 年版，第 3300 页。

② 司马迁：《史记》第八册，中华书局 1959 年版，第 2482 页。

<table>
<tr><td rowspan="3">正</td><td>从整体看要发情止礼</td><td rowspan="3">奸</td></tr>
<tr><td>变</td></tr>
<tr><td>从个人看要发愤著书</td></tr>
</table>

黑暗的“刺”的作品时，从社会性与整体性出发，一定要掌握“发情止礼”的正确尺度；从艺术性和个人性出发，则最要紧的是发愤宣泄。司马迁的“发愤著书”思想的几个要点，在后世得到了发挥。钟嵘《诗品序》就明确地把个人为自身达到心理平静的强烈宣泄与孔子之“怨”相连。在他举的十个史例或场景中，九个都与怨相关。因此他说：“诗可以群，可以怨。使穷贱易安，幽居靡闷，莫尚于诗矣。”韩愈把发愤的宣泄解释成宇宙间人与自然的普遍现象，即著名的“不平则鸣”，基本上是继承司马迁的理论，而且明晰地进行了两方面的外推，认为不平则有好诗，平则无好诗：“夫和平之音淡薄，而愁思之声要妙；欢娱之辞难工，而穷苦之言易好也。”(《荆谭唱和诗序》)① 这样，重心由为平静而宣泄发愤鲜明地转到了什么是产生好文艺的规律的问题上来了。正是沿此思路，欧阳修提出了“穷而后工”。他说：“予闻世谓诗人少达而多穷，夫岂然哉？盖世所传诗者，多出于古穷人之辞也……盖愈穷则愈工。然则非诗之能穷人，殆穷者而后工也。”(《梅圣俞诗集序》)②

四、定义作品

《诗大序》开篇就为《诗经》的第一篇《关雎》作了一个主题定义：“‘关雎’，后妃之德也。”今天，我们已经知道，“关关雎鸠，在河之洲。窈窕淑女，君子好逑”是一首恋爱诗。特别是首段而下接着的三段：

> 差参荇菜，左右流之，窈窕淑女，寤寐求之。
> 求之不得，寤寐思服，悠哉悠哉，辗转反侧。
> 参差荇菜，左右采之。窈窕淑女，琴瑟友之。
> 参差荇菜，左右芼之，窈窕淑女，钟鼓乐之。

写的是君子追求淑女，从“求之不得”的铭心思念到“钟鼓乐之”地娶进门来的全过程，与“后妃之德”相去甚远。《诗大序》最后说：

---

① 《韩愈文集汇校笺注》第三册，中华书局 2010 年版，第 1121—1122 页。

② 《中国古代十大文豪全集·欧阳修全集》，中国文史出版社 1999 年版，第 412 页。

> 然则《关雎》、《麟趾》之化，王者之风，故系之周公。南，言化自北而南也。《鹊巢》、《驺虞》之德，诸侯之风也，先王之所以教，故系之召公。《周南》、《召南》，正始之道，王化之基，是以《关雎》乐得淑女以配君子，忧在进贤，不淫其色。哀窈窕，思贤才，而无伤善之心焉，是《关雎》之义也。①

这段话包括两方面的内容。一是把一些作品归之于周公，另一些作品归之于召公，说这些作品是在正确的政治家领导之下的产物；二是又一次对《关雎》的主题作了进一步的理论论证，并对应当怎样阅读欣赏理解《关雎》指出了正确的导向。这里已经呈示了政治美学的主要方法。这就是，第一，作品本身究竟讲的是什么，要不要总结出一个客观上与作品一致的主题并不重要，重要的是，把作品定义为一个什么样的主题，作一个什么样的归纳才对社会有利、对政治有利。第二，文艺作品的一个主要特点，就是形象大于思想，可以进行多方面的引申和解说。而一旦作了某一种定性，又会对读者产生指导性的影响，引导读者确实按照这一方面去阅读和欣赏，使这一作品产生符合社会和政治需要的正面作用。比如，当人们为屈原作品产生激烈争论的时候，王逸要肯定屈原的作品，又为了肯定得有力量，就说屈原都是“依托五经以立义焉”：

> “帝高阳之苗裔”，则“厥初生民，时惟姜嫄”也；“纫秋兰以为佩”，则“将翱将翔，佩玉琼琚”也；“夕揽洲之宿莽”，则《易》“潜龙勿用”也；“驷玉虬而乘鹥”，则“时乘六龙以御天”也；“就重华而陈词”，则《尚书》咎繇之“谋谟”也；登昆仑而涉流沙，则《禹贡》之敷土也。（王逸《楚辞章句叙》）②

这样在经典里面去找根据，在今天看来是很可笑，但在当时来说很重要。因此，政治美学的工作，不是要从艺术上得出作品客观上是什么，而是要从政治上考虑怎样给作品下定义能对社会和政治带来最大的利益。总之，政治美学是要协调作家、作品、读者、社会方方面面的关系，并通过文艺批评，将之引导向对社会有利的方面上去。明乎此，就理解了前面所说的“系之于周公”“系之于召公”“王化之基”之类，不在于其客观上是否正确，而在于这么说了之后，对社会、对政治有没有积极的功利效果。因此，正是在这一看似错误的《诗经》解读中，《诗

① 李学勤主编：《十三经注疏·毛诗正义》，北京大学出版社1999年版，第19—21页。
② 崔富章等主编：《楚辞集校集释》上册，湖北教育出版社2003年版，第7页。

大序》呈现了政治美学的一个非常重要的特点，即如何对文艺作品作有利于政治和社会的功利性导向，而且这一特点对后来中国的政治美学有相当深远的影响。

思考题

1. 如何理解秦汉天下观美学的基本类型？
2. 如何理解秦汉美学的巨丽境界？
3. 如何理解秦汉的音乐宇宙？
4. 如何理解《诗大序》的基本要点？

▶ 本章小结与知识拓展

第四章　魏晋南北朝美学

魏晋南北朝时，对人物、自然山水、园林的品赏成为审美风尚，南朝对形式美的追求也成为一时潮流，以诗、书、画等为核心的文人艺术体系开始形成，诗、书、画等艺术的理论也获得了大发展。在儒学、玄学、佛教及道教等思想的辉映下，中国审美结构理论开始成型，产生了体系性的美学理论著作《文心雕龙》。南北朝分治，各民族不断互动、融合，产生了不同的地域美学，又为隋唐在文化和美学上的大一统创造了条件。

第一节　魏晋南北朝美学的基本面貌

一、魏晋南北朝美学的时空范围

魏晋南北朝，从曹丕称帝（220）、三国分立到西晋一统，从南北分治到隋代一统（589），历时约 370 年，是中华民族剧烈的分化重组和大融合时期。首先，三国鼎立，标志着汉代一统分裂为三个不同的政治—美学空间，其中曹魏和东吴具有重要的时代意义：曹魏的三曹（曹操、曹丕、曹植）七子（孔融、陈琳、王粲、徐干、阮瑀、应玚、刘桢）的美学思想代表整个时代主流的变化，东吴的江东经营，开创了江南美学的新路。西晋一统，三张（张协、张华、张亢）二陆（陆机、陆云）两潘（潘岳、潘尼）一左（左思），领导着新的美学风尚。自东晋始，南北分途，北方少数民族割据中原，最初是五胡（匈奴、鲜卑、羯、氐、羌）十六国（前凉、后凉、南凉、西凉、北凉、前赵、后赵、前秦、后秦、西秦、前燕、后燕、南燕、北燕、夏、成汉），接着鲜卑族的北魏统一北方，从平城到洛阳，一种新型美学开始形成，继而又分为东魏和西魏，再而北齐和北周，政治分裂但美学却为一体。北方美学展现出一种儒释道辉映下的阳刚之境。由东晋而宋、齐、梁、陈，江南美学开出了唯美之花。南北朝除了内部互动，还与周边区域互动，北朝与柔然等，南朝与西南诸夷等，也与西边更远的阿拉伯、西欧，西南更远的印度和南亚，交流互动。这些互动，使中国美学增添了新的元素和新的样式。

这一时期，各民族迁徙、杂居、互动、融合，剧烈的动荡、分化、重组表现为双向过程。一方面是周边少数民族不断涌入中心区域，尤其是西晋王朝崩溃之后，本已内迁的北方民族崛起，在外的游牧民族进入，开始了新的民族冲突与融合。另一方面是汉族文化影响力在互动中提升，并不断向周边拓展：东及大海，南及海南岛、台湾岛等；西及“西域”并由此进一步向外延伸，其中，汉族向河西陇右迁徙形成河西文化，对北朝影响很大；北及今之东北等广大区域，其中，汉族向辽东的迁徙推动了东北地区的开发。民族大融合，既表现为“胡汉交融”即胡的汉化与汉的胡化，也表现为“胡胡交融”即各少数民族之间的交融，北朝的一体化尤为明显：在经济上，胡汉经济发展水平趋近，民族分野逐渐为阶级界限所代替，血缘关系加上了地缘关系的新层。在政治上，胡汉联合，如经孝文帝改革后的北魏政权，实际上是门阀化的鲜卑贵族和汉族门阀地主的联合体，是礼制上的汉化与政权上封建化的统一体，夷夏观念逐渐淡薄。魏晋南北朝时期，大约有 400 多万人、10 多个民族融合于汉族之中，由此形成的“新汉族”与两汉时期的汉族已有所不同。在文化上，少数民族政权官方思想儒学化，语言上趋同，比如西晋时，乌桓、匈奴、羯、氐、羌等大多已用汉语，孝文帝改制，断“北语”而从“正音”。佛教、道教的盛行，则一定程度上起到了沟通民族心理的作用。胡汉生活方式和习俗等也日渐趋同，如胡服、胡床等日用品在中原的广为使用等。艺术上，胡笳、羌笛、琵琶等胡乐器及胡曲在中原普遍流行，漠北、西域音乐大量输入黄河流域，与汉乐交汇，其中龟兹乐、西凉乐对北方民族影响很大；后来隋朝七部乐、唐朝十部乐中的燕乐、西凉乐大多源于北朝的胡汉混合乐。江南地区，汉魏旧音与吴歌、西曲、清商乐交汇，同时也受胡歌胡舞影响。①

在南北朝的周边，匈奴的迁徙、柔然的兴起和突厥的扩张，呈多元一体的新变，并促进中西文化交流。西晋末以来，北方的前凉、东晋与罗马帝国都有过往来，天山南路附属于建筑物的木版画和壁画运用最多的是水粉画，多属古希腊罗马风格。中国的养蚕和丝织技术传入波斯、拜占庭，而埃及玻璃及其制造法传入中国，萨珊波斯在绘画、雕刻、金银器和织锦图案方面影响了六朝的艺术和工艺。随着佛教的传入，各地开始兴建各种石窟寺，大同云冈、洛阳龙门等地的石雕，敦煌千佛洞、天水麦积崖等地的壁画和塑像，集中代表了这一时期建筑、雕塑和绘画的发展水平。十六国、北朝的塑像和绘画，既保留了汉族雕塑的传统工艺，又大胆借鉴佛教传说和吸收西域诸族工艺，创造了佛、菩萨、金刚、梵天王、飞天之类形象，其中敦煌壁画更是一座丰富多彩的艺术宝库。佛教艺术也融入日常生活中，如各种建筑物、陶瓷器采用莲花纹，宫殿、陵墓、园林建筑采用莲花砖，等等。而佛经的汉译对汉语尤其“四声”的发现多有启发。佛教文化对包括文艺在内的中华文化的影响是广泛而深远的。

二、魏晋南北朝美学的演进逻辑

魏晋南北朝时期，曹丕“诗赋欲丽”说等开启了文的自觉和美的自觉；玄学

---

① 以上描述参考了罗贤佑：《中国民族史纲要》，中国社会科学出版社 2009 年版；白翠琴：《中国历代民族史·魏晋南北朝民族史》，社会科学文献出版社 2007 年版。

呈采，佛、道风行，又开启了士人智性（哲学）的自觉；二者又带动了士人的个性自觉。这种自觉首先表现为与汉代谶纬迷信等拉开距离，其次，表现为对政教的相对疏离：由汉而魏晋，由经学而玄学，从政治“清议”到玄学“清谈”，直至“越名教而任自然”，昭示着士人疏离政教的轨迹。玄学兴盛，佛学流入，儒学相对式微，文化格局重组，玄学虽以道家精神为主，但儒家《易》经也是其基本思想资源之一，与《老子》《庄子》一起构成所谓“三玄”。道教产生，玄、道、佛、儒互动，士人美学由之而呈新貌。

“文”的自觉，表现为士人美学逐渐从朝廷美学中独立出来。

第一，以士人为主体的各类艺术，逐步从服务朝廷礼仪及道德教化中分化出来，成为士人畅抒幽情、展示自由个性、实现生命价值的方式。首先，艺术独立。文人绘画从服务朝廷、王侯礼仪的宫室、陵墓壁画中独立出来，山水诗画兴起，获得了更强的审美独立性。文人书法成为“散怀抱”“畅神情”的审美艺术。诗与乐越来越多地成为个人的表情艺术。文人参与的器乐（以琴为代表）的发展更趋独立；诗歌也找到了在语言上的声音和谐规律（即四声等）。各门艺术如书法与绘画、诗歌与音乐等又相互影响。其次，文化空间分化。士人在宫廷、都城之外另外开辟出了新的审美文化空间。汉大赋主要围绕皇家园林、都城等展开，而此时期私家园林大发展，其发展轨迹是一种渐近自然的过程：从城市园发展到山林园，山林园中从富贵园到自然园，自然园中从大园到小园。与此相关，山水田园诗画进一步使自然也成为士人的审美文化空间。随着宗教的发展，佛寺、道观等也成为士人的审美文化空间。再如包括修禊、清谈等文人雅集、交游活动的聚集地，也成了独特的审美文化空间，突出的形象标志如聚集“竹林七贤”的竹林，石崇等宴集的金谷园，王羲之等士人集会的兰亭，慧远等聚会的石门等。审美文化空间的分化与多元化，尤其园林艺术的发展，使士人审美意识有了新的安顿之处。最后，艺术的畅神功能得到强化。各类艺术都强调畅神，这使士人文艺与民间文艺和工艺等拉开距离。畅神昭示着魏晋南北朝士人基本的文化精神，而神畅、情畅、气畅则可以说是其基本文化风貌。每个人的神、情、气不同，重畅神则重个性，畅神昭示着个性的自觉，而神气舒畅的文艺作品蕴含着浓烈的生命意识。

第二，士人美学的相对独立，又体现为对艺术形式美的自觉，对“丽”的追求。重“文”、重声色、重形式创造，使艺术与教化相疏离，萧纲“立身之道，与文章异，立身先须谨重，文章且须放荡”① 的说法，与哲学上的“越名教而任自然”同调。艺术感性形式的解放，昭示的是士人精神的解放。虽然，重“文”观

① 萧纲：《诫当阳公大心书》，见《全梁文》，严可均校辑，商务印书馆1999年版，第3010页。本章凡引此本之语，只注明卷数。

念与儒家礼乐文化精神也并非根本不可调和。曹丕强调“诗赋欲丽”，开启了魏晋南朝的朝廷美学，由诗赋之“丽”最后变成了无文不丽。陆机“诗缘情而绮靡”开启了两晋南朝重视声色双美的士人美学，而这种重“丽”诗风有两方面的表现尤为突出：一是以沈约为代表的士人发现并运用汉语四声，形成所谓“永明体”，使诗歌日趋格律化；二是骈文日趋骈俪化——这两种趋向把汉语之丽即形式美推到极致。而刘勰《文心雕龙》可谓对重“文”重“丽”文学观集大成的理论总结，这部文论巨著采用了骈文的表现方式，其本身就充分彰显着汉语的形式美。置于中国文艺美学整体发展史来看：往前，声色双美的六朝骈文宇宙，是对秦汉包括赋在内的文艺的音乐宇宙的承接和发展；往后，“齐梁”在中国诗学史上成了代表重“丽”诗风的一个符号，偏重儒家政教的理论家对此不断有所批评，当然，也不断有批评家揭示并肯定其应有的审美价值。从“形”与“神”这对美学范畴来看，中国美学总体上重“神”，但这种审美观念的形成又有一个历史发展的过程：“传神写照”“气韵生动”及人物品藻中的各种“韵”“神”之论，表明魏晋南北朝美学是重视“神”“神似”的；但与后世相比，此期相对而言更重“形”“形似”。再从形式与情感的关系来看，无论在创作中还是在理论上，此期对形式美的追求与对情感表达的重视，总体上统一在一起：此“形”是声美、色美，此“情”是艳情、丽情，对此“形”此“情”或可有所批评，唯不可以“形”与“情”将二者割裂。

第三，玄学、佛教、道教的出现和发展，对士人美学的发展有重要影响。佛教在魏晋时以自己的独特面貌兴盛起来，佛经翻译及重视音韵和谐的梵呗等对汉语诗歌格律的创制尤其“四声”的发明多有启发，佛像的雕塑和描绘影响着中国美术，谢灵运山水诗的取境多受佛学影响，而以慧远建于庐山的寺庙为代表的佛教建筑，与山水园林一起，开辟出了能体现士人宇宙意识的建筑艺术的新境。道教在汉末的思想分裂中产生，从太平道式和天师道式的以政治—社会为主的形态，向葛洪和陆修静型的以思想—宗教为主的形态演进，而建筑于山水之间的道观，同样能体现士人宇宙意识的一个方面。玄学，从王弼、何晏的以《老子》为主，到嵇康和阮籍的《老》《庄》兼重，再到向秀、郭象的更重《庄子》，昭示着以政治—哲学为主旨的玄学，向以哲学—美学主色的玄学的转变。而山林情味颇浓的《庄子》，使士人的审美空间由朝廷庙堂、都市一步步地向自然山水拓展，并在自然山水园林中有了最终的落实。在北朝，佛、道建筑对都市结构布局等多有影响，而佛教由中亚而中国所呈现出的一条更长的审美地理线，昭示着此期美学更为广阔的发展空间。

第四，士人美学独立分化出来后，朝廷美学在与士人美学的结合中，改变着自身原有风貌，并随着士人美学的发展而发展。三国分立，文化中心在魏，以曹氏父子为核心，以建安七子为基础，所谓“建安风骨”构成了当时的审美主流。魏晋之际，竹林七贤代表了士人的审美趣味。时至南朝萧梁，宫廷和王府再次成为审美中心，萧统、萧纲、萧绎等以皇族之尊主导文艺，沈约、谢朓、王融、周颙等以士人身份推波助澜，形成了一股极尽声色之美、视听之娱的审美潮流。当然，朝廷文艺与士人文艺往往是很难分开的，比如以“宫体诗”为代表的一直延续到唐朝的重艳情与声色之美的文艺，确实体现了这一历史时期的宫廷趣味，但从后世对此不断的批评来看，这种文艺与趣味，也确实不仅代表朝廷官方美学发展史中的主流，还与士人审美趣味密切相关。

士人美学、朝廷美学之外，边疆民族的审美文化在与中原审美文化的双向互动中不断发展，如北朝以来的大量乐章歌词，“其曲亦多可汗之辞”，最著名的如《敕勒歌》《木兰辞》等，而这些“可汗之辞”又是用汉语表现出来的，呈现出一种独特的审美文化风貌。

三、魏晋南北朝美学的基本要点

魏晋南北朝美学丰富多彩，其要点如下：

第一，宗教和哲学方面的美学思想。佛经翻译日盛，道教文献日增，这些宗教哲学文献，与美学有多方面的关联。宗教和哲学的基本观念，如有无、色空、形神等当然会影响美学。宗教文艺尤其是诗文、建筑、雕塑、绘画等更与美的观念和感受相连，而哲学、宗教思想与美学的互动是美学的一个重要方面，比如，在自然美的欣赏中，以玄对山水、以禅对山水，成为当时的普遍现象。

第二，朝廷与日常生活中的美学思想。朝廷礼仪制度和感官宴乐，都要以诗文、音乐、舞蹈、建筑（宫廷、陵墓等）的形式表达出来。此期礼学和典章制度的文献中有不少与美学相关的内容，民间文艺与工艺、日常生活的审美追求等也有较大发展，傅玄《傅子·校工》、颜之推《颜氏家训·杂艺》等涉及工艺与日常生活方面的美学思想，但总体来说这方面的理论表述还比较少；再如，与道教有关的中医养生等方面的文献（如《抱朴子·内篇》等）中，也含有与美学相关的内容。

第三，作为这一时期美学主体的是士人美学。它以玄、释、道、儒为思想基础，以文学、绘画、书法、音乐、园林等为艺术形式，以人在天地间的审美感知为基本方式，形成了在自然、身体、形式等方面的美学思想，而其重要的理论成果，是中国型审美把握方式的确立。首先，玄、释、道、儒的思想以各种形式影响了士人对自然的感悟和山水诗画、园林等艺术形态的形成以及自然美学的形成。其次，人物品藻，使士人自身成为审美对象，促成了中国型审美把握方式的形成和确立。这对中国美学史具有重要意义。中国型审美把握方式与人的身体及其感官功能等密切相关：原本为人的身体结构的“神—骨—肉”成为审美对象的基本结构；在人的感官功能中，味觉与身体感受的联系更为密切，时人不仅以“味”品诗，而且还以“味”品道。“品”，成为中国文艺批评的主导方式。

第四，形式美与“畅神”的统一，使六朝形成了一种独特的形式美观念。“文”的自觉很大程度上表现为形式美的自觉，“六朝”可以说是一个“媚于色”的时代，而这与宗白华所说的“浓于情”是相统一的，只是此“情”既指感情、情绪等，同时也指神情、性情等，正是“媚于色”的审美感性形式，使士人的感情得到自由的抒发，同时也使士人性情、个性得到自由的表达。艺术形式美创造的感性之乐与玄学清谈的智性之乐，成为士人生命追求的两个基本方面，二者都蕴含着浓烈而深沉的生命意识。

第二节　人物品藻与中国型审美把握方式

魏晋的人物品藻，是中国美学走向成熟的重要标志之一，其紧密联系在一起的两大标志性成就，一是审美对象“神—骨—肉”结构得以定型，二是形成了对审美对象独特的“品”的把握方式。钱锺书将中国“把文章通盘的人化或生命化”“把文章看成我们同类的活人”的独特做法称为“人化文评”①。这种受“近取诸身，远取诸物”思维方式影响的审美把握方式，体现了中国文化一“气”贯通而身道互动、身物不隔、身心不二、形神相融、灵肉不离等特点；施之于把握审美对象的方式，则还体现了体用不二、感性与理性相融、形式与功能（内容）不离等特点。在由人物品藻开启的美学理论中，中国文化的性质在美学上得到了落实，美学对象的理论达到了文化的高度。

一、神、骨、肉：审美对象结构的定型

人物品藻始于汉代，是一种与选拔人才相关的、不同于一般人体学的政治人才学，汉人往往用气、阴阳、五行结构等来划定人才的类型。据《后汉书·许劭传》记载，许劭、许靖每月初都定期发布对当时人物的品鉴、评价，被称为“月旦评”，一时影响很大。刘劭《人物志》总结了汉代以来的人物品藻经验，得出了九征系统：神、精、筋、骨、色、仪、容、气、言，其中就蕴含着神、骨、肉三层结构或形、神两层结构。到了魏晋，人物品藻的主潮，由政治上的裁量人物，

① 钱锺书：《中国固有的文学批评的一个特点》，见许觉民、张大明主编：《中国现代文论》下，安徽教育出版社2010年版，第537—538页。

转为美学上的欣赏人物，这集中体现在《世说新语》的相关记载中，而在审美的人物品藻中产生了审美对象结构理论。且看《世说新语》的相关描述①：

王戎云："太尉神姿高彻，如瑶林琼树，自然是风尘外物。"(《赏誉》)
王公目太尉："岩岩清峙，壁立千仞。"(《赏誉》)
有人叹王公形茂者云："濯濯如春月柳。"(《容止》)

以上第一例强调神，第二例强调骨，第三例强调肉，明显是用神、骨、肉的结构来进行审美欣赏的。② 据说韩康伯很胖，而《品藻》载："蔡叔子云：'韩康伯虽无骨干，然亦肤立。'"可见当时人物品藻虽然重"神""骨"，但也不排斥"肉（肥）"之美。由人物品藻形成的一而二而三而多的审美结构，被运用到一切审美对象之中，成为中国美学把握审美对象理论的基本结构。在书法方面，王僧虔《笔意赞》说："书之妙道，神采为上，形质次之。"③ 这是从两层谈。卫夫人提出意、骨、肉，萧衍《答陶隐居论书》说："肥瘦相和，骨力相称；……棱棱凛凛，常有生气。"即生气、骨力、肌肤三层。后来苏轼《论书》说："书必有神、气、骨、肉、血。"这是神、骨、肉的进一步展开。绘画上，顾恺之说："四体妍媸，本无关妙处，传神写照，正在阿堵中。"（《世说新语·巧艺》）谢赫《古画品录》评晋明帝画说："虽略于形色，颇得神气。"④ 这是形神两层。张怀瓘《画断》论画："张（僧繇）得其肉，陆（探微）得其骨，顾（恺之）得其神。"这是三层。荆浩《笔法记》说："笔有四势，谓筋、肉、骨、气。"是多层。谢赫六法，除"传移模写"外，气韵生动、骨法用笔、应物象形、随类赋彩、经营位置，既可为三——气韵、骨法、形色，又可为多——气、韵、骨、形、色、筋。文学上，刘勰《文心雕龙·风骨》篇中的情与文、风与骨（"辞之待骨，如体之树骸；情之含风，犹形之包气"），是从两层讲。王国维《人间词话》说："温飞卿之词，句秀也；韦端己之词，骨秀也；李重光之词，神秀也。"⑤ 这是从三层讲。刘勰论文

① 《世说新语笺疏》，余嘉锡笺疏，中华书局2007年版。本书所引《世说新语》语均据此本，只在正文中注明篇名。

② "肉"相对而言处在最表层，但与"神"可以相通、相融，以下引文中"肥瘦""形色""肌肤""皮肤"等皆可归类在"肉"这一层。

③ 上海书画出版社、华东师范大学古籍整理研究室选编、校点：《历代书法论文选》上册，上海书画出版社1979年版，第62页。本章引论书法之语，凡不特别注明版本者均据此本，只在正文中注明篇名。

④ 俞剑华编著：《中国古代画论类编》修订本，人民美术出版社2000年版，第365页。本章引论绘画之语，凡不特别注明版本者均据此本，只在正文中注明篇名。

⑤ 《蕙风词话·人间词话》，人民文学出版社1960年版，第197页。

章又从四层讲："以情志为神明，事义为骨髓，辞采为肌肤，宫商为声气。"（《文心雕龙·附会》）① 与此相近，颜之推《颜氏家训·文章》也从四层讲："文章当以理致为心肾，气调为筋骨，事义为皮肤，华丽为冠冕。"② 对于山水画，郭熙《林泉高致》说："山以水为血脉，以草为毛发，以云烟为神采。故山得水而活，得草木而华，得烟云而秀媚。水以山为面，以亭榭为眉目，以渔樵为精神。故水得山而媚，得亭榭而明快，得渔樵而旷落。此山水之布置也。"③

由气、阴阳、五行而来的人体结构进而形成中国型审美对象结构，并从审美的人物品藻，扩展到其他审美领域，标志着中国美学的成熟。从文化上看，中国文化中作为宇宙根本观念的"气"，从哲学（先秦）到人体学（两汉）再到政治人才学（两汉三国），最后进入美学，从审美人物品藻（魏晋）扩衍到其他审美领域。从美学自身看，从先秦孔子的"文质彬彬""有德有言"，到汉代扬雄的"事辞相称""丽以则"，重视的是文艺作品内容中实的一面，与气的理论不相干。到魏晋，曹丕《典论·论文》以气论文，强调文之气来源于人之气，人之气来源于天之气。审美对象理论的发展上升到了文化高度。《文心雕龙》强调文艺既是道之文、心之文（《原道》），又是气之文（《风骨》《养气》等）和身之文④，是道、气、身、心之贯通，是宇宙、身体、文艺同构，所以，赏文、鉴艺之道与观物、相人（人物品藻）之道相通，对身体结构的强调使审美对象结构更富于生命意味，对自然结构的强调使审美对象更富于本体意味。

二、目、味、品：审美把握方式的成型

人物品藻的一种重要方式是"目"，用如动词，指用目去观察认识，即目观之"目"；同时也指观察认识后形成的本质上的定性，即纲目之"目"。作为定性的目，有了类型和范畴的意义，体现为精炼性的词或词组。如刘劭《人物志》把人分为 12 类，并用精练性词组如强毅、柔顺等来品题。时至魏晋，人物品藻由政治

---

① 刘勰：《增订文心雕龙校注》，黄叔琳注，李详补注，人民文学出版社 1958 年版，第 388 页。本章凡引《文心雕龙》语均据此本，只在正文中注明篇名。

② 王利器撰：《颜氏家训集解》（增补本），中华书局 1993 年版，第 267 页。本章凡引《颜氏家训》语均据此本，只在正文中注明篇名。

③ 郭熙、郭思：《林泉高致》，中华书局 2010 年版，第 64 页。

④ 《文心雕龙》多处直接提及"身文"："酬酢以为宾荣，吐纳而成身文。"（《明诗》）"既其身文，且亦国华。"（《章表》）《程器》有相近的说法："岂无华身，亦有光国。""言既身文，信亦邦瑞。"（《书记》）范文澜注引《左传·僖公二十四年》语云："介之推曰：言，身之文也。身将隐，焉用文之？"也有间接涉及身之文的，如《原道》："有心之器，其无文欤！""虎豹以炳蔚凝姿"，相对于"心"的"器"就是指人之"身"；又《情采》："虎豹无文，则鞟同犬羊。"兽之身有文，人之身也应有文。总之，以语言、文章为"身之文"是刘勰的基本观念之一。

学上的品评人物转为美学上的欣赏人物，这就使人物品藻之“目”也发生了性质上的变化，先看《世说新语·赏誉》的相关记载：

> 武元夏目裴、王曰：“（王）戎尚约；（裴）楷清通。”
> 有人目杜弘治：“标鲜清令，盛德之风，可乐咏也。”

在《世说新语》所记载的魏晋人物品藻中，有时不用“目”字，实际上也是“目”：

> 殷中军道右军：“清鉴贵要。”（《赏誉》）
> 抚军问孙兴公：“刘真长何如?”曰：“清蔚简令。”“王仲祖何如?”曰：“温润恬和。”“恒温何如?”曰：“高爽迈出。”“谢仁祖何如?”曰：“清易令达。”（《品藻》）

这里的品藻，已不再是对人物的政治才能和道德情操的评价，而是对人物的个性气质和人格风度的欣赏。由审美的人物品藻中而来的用精炼的词汇、词组、句子概括审美对象特质的方式，直接为各门艺术批评所接受和运用，成为中国美学一种典型的表述方式。在绘画方面，谢赫论画，评陆探微：“穷理尽性，事绝言象。包前孕后，古今独立。”评陆绥：“体韵遒举，风采飘然，一点一拂，动笔皆奇。”（《古画品录》）在文学方面，钟嵘论诗，评曹植：“骨气奇高，词采华茂，情兼雅怨，体被文质。”评张华：“其体华艳，兴托不奇。巧用文字，务为妍治。”（《诗品·上》）① 精炼性词句在把握审美对象特点时，也把握住了它的神、情、气、韵。但审美对象的神、情、气、韵，又有非概念所能穷尽的一面，为了把这一面更进一步地表现出来，中国美学用了另一套方式：类式性感受。这仍然是从审美的人物品藻开始的：

> 世目李元礼：“谡谡如劲松下风。”
> 裴令公目夏侯太初：“肃肃如入廊庙中，不修敬而人自敬。”
> 卞令目叔向：“朗朗如百间屋。”（《世说新语·赏誉》）

这里“目”用的全是类似性感受，即某人的形象、神态、风韵给人的感受，

---

① 钟嵘著：《诗品集注》，曹旭集注，上海古籍出版社1994年版。本章凡引《诗品》语均据此本，只在正文中注明篇名。

与某种自然物、自然景色、某种事物或场景给人的感受类似，于是就以物、以景评人。难以言传的风、神、气、韵，通过类似性感受的描绘，被真切而深刻地传达了出来。这种方式也渗入各门艺术批评之中（类似性感受以视觉具象为主，由于绘画本就是视觉具象艺术，所以评画中少用类似性感受）：

> 钟嵘评诗："范诗清便宛转，如流风回雪。丘诗点缀映媚，似落花依草。"（《诗品·中》）
>
> 萧衍评书："孔琳之书，如散花空中，流徽自得。……薄绍之书，如龙游在霄，缱绻可爱。"（《古今书人优劣评》）①

精炼性词组转向审美，而在审美上又产生类似性感受，与玄学重"无"的观念相关：宇宙的虚灵、物体的虚灵，使人体的神、骨、肉结构中的神的虚灵性凸显出来。精炼性词组和类似性感受都是为了抓住审美对象的根本，两种方式都是"目"，都具有概念范畴性功能，如"孙兴公云：'潘（岳）文浅而净；陆（机）文深而芜。'""孙兴公云：'潘文烂如披锦，无处不善；陆文若排沙简金，往往见宝。'"（《世说新语·文学》）同一人用两种不同方式去言说同一对象，各有所长又互为补充。

除了"目"外，另一个审美把握方式是"味"（动词），而作为名词的"味"指审美对象的特性，二者又是充分结合在一起的："味"某物，就是"味"某物之"味"。在魏晋南北朝文献中，可以用"味"来把握的事物很多："道"可味，"味道忘忧"②，"含真履素，味道无闷"③；"玄理"可味，"耽精义，味玄理"④；此外还有"钻味""讽味"等说法。作为感知外物的一种方式，人的口舌只有实际接触外物，才能真正感受其"味"，"道"而可"味"，就表明"道"不离"身"。

在美学上，"味"也常见于艺术论中。在画论中，宗炳有著名的"澄怀味象"之说。在书论中，王羲之《书论》有云："若直笔急牵裹，此暂视似书，久味无力。"袁昂《古今书评》："殷钧书如高丽使人，抗浪甚有意气，滋韵终乏精味。"在乐论中，《颜氏家训·杂艺》有云："此乐（琴）愔愔雅致，有深味哉！"又，挚虞《思游赋》："修中和兮崇彝伦，大道繇兮味琴书。"⑤ 琴声也是可味的，这讲的是"声"或"韵"之味，后世出现的所谓"韵味"其实与声音是有密切关系

---

① 赵与时：《宾退录》，上海古籍出版社 1983 年版，第 20 页。
② 《全上古三代秦汉三国六朝文》第二册，严可均校辑，中华书局 1958 年版，第 1157 页。
③ 《全上古三代秦汉三国六朝文》第二册，严可均校辑，中华书局 1958 年版，第 1992 页。
④ 《全上古三代秦汉三国六朝文》第三册，严可均校辑，中华书局 1958 年版，第 3064 页。
⑤ 《全上古三代秦汉三国六朝文》第二册，严可均校辑，中华书局 1958 年版，第 1897 页。

的。傅玄《七谟》："和宫适甜，抚角调酸。"更是直接以"味"论乐。文论中，"味"论更多。《文心雕龙》有"至于张衡怨篇，清典可味"（《明诗》），"子云沈寂，故志隐而味深"（《体性》）。更著名的是钟嵘《诗品·序》提出的"滋味"说。傅弘《心王铭》："水中盐味，色里胶青。决定其有，不见其形。"① 钱锺书认为，"水中盐味"是对艺术意味、韵味最好的描述。俗语有云"眼见为实"，而"味"则"不见其形"，所以"虚"，在此意义上，"味"就是一种虚灵化的把握方式。另一"不见其形"者，是"声"，声音相对于可见之形象而言也具有"虚"的特性，所以，魏晋六朝人在对虚灵、微妙的声音的审美感受中，创造出了超越声音具体形式的"韵"范畴，并把"韵"广泛地运用于人物品藻及诗书画等艺术的品评中。从内与外的关系来看，在"观"之中，相对而言，人的身体与外物不发生实际的接触，倘若能"静观"，则外物之"道"得以显，而在"道"的这种显现过程中，人的身体感受性是不明显的；在"味"之中，人的身体（口舌）与外物必须发生实际的接触；而"听"则处在这二者之间（声波能使耳膜震动）——在观（目）、听、味这一行为序列中，人的身体感受性显然是趋强的。前面已指出，中国美学是在"身"与"道"及二者的张力关系中，来为审美对象结构定型的，与此相互对应，中国美学也是在"身"与"道"之间为审美把握方式定性的。以此来看，"味"更突出地体现了审美把握方式的身体性。

当然，中国哲学和美学，并不试图把"身"与"道"及各种感官割裂开来，而恰恰是在身道不离、感官互通中来全面把握自然世界和艺术世界的："数逢其极，机入其巧，则义味腾跃而生，辞气丛杂而至。视之则锦绘，听之则丝簧，味之则甘腴，佩之则芬芳，断章之功，于斯盛矣。"（《文心雕龙·总术》）视觉、听觉、味觉等能力被同时全面调动起来。

从审美结果看，"目""味"凝结为"品"。丰富的审美活动凝结为众多诗品、画品、书品，而"品"也就成为此期中国型审美把握方式的理论结晶。

三、理论凝结：《诗品》《书品》《古画品录》

"品"，从动态说，是品味（欣赏），从动态的结果说是定论（品格、品第、品级）。它包含两个方面，一是风格性定论，二是等级性定论，前者是品的事实层面，后者是品的价值层面。六朝之品更重视价值层面，反映了时代审美趣味主潮。六朝美学在三个最重要的艺术门类中出现了钟嵘（466—518）《诗品》，谢赫（生卒年不详）以品评人物画为主的《画品》（学者考证，《古画品录》之名为后人所

---

① 《全上古三代秦汉三国六朝文》第四册，严可均校辑，中华书局1958年版，第3352页。

加，原本为《画品》① ），庾肩吾（487—551）《书品》。

三《品》都有共同的结构：首先是品鉴这门艺术带有本质性的东西，然后是对艺术家的品级予以定位，同时对艺术家的个性和作品的特征进行必要的解说。三者在理论讲解中都提出了非常重要的思想。

钟嵘《诗品·序》提出了有关诗歌的四大重要问题。第一，是人生天地间与环境互感而产生诗的物感说：强调由“气之动物，物之感人”而产生诗歌，而“物”既指春夏秋冬四季的变化，也指由社会境遇触发的喜怒哀乐的变化等。第二，是好诗直寻说：“‘思君如流水’，既是即目；‘高台多悲风’，亦惟所见；‘清晨登陇首’，羌无故实。‘明月照积雪’，讵出经史？观古今胜语，多非补假，皆由直寻。”（《诗品·序》）这是对齐梁诗坛隶事抄书现象的批判，同时指出诗最重要的特质。第三，对传统诗学赋、比、兴进行重释：“故诗有六义焉：一曰兴，二曰比，三曰赋。文已尽而意有余，兴也；因物喻志，比也；直书其事，寓言写物，赋也。”（《诗品·序》）提到了六义，却只讲三义，只重艺术性；在三义中，又把更具艺术性的“兴”放在首位。第四，是诗的滋味说：“夫四言，文约易广，取效《风》《骚》，便可多得。每苦文烦而意少，故世罕习焉。五言居文辞之要，是众作之有滋味者也。”（《诗品·序》）在当时的观念中，《诗经》是以四言为主，有政治上的正确性和艺术上的经典性，五言诗是汉末魏晋才出现的，是新潮。《文心雕龙·明诗》也认为“四言正体……五言流调”，五言仅是时髦而已。钟嵘却从艺术性的角度，把五言提到了高位，而且五言的好处就在“滋味”。有了滋味说及对“味”这种审美把握方式的论述，《诗品》就达到了六朝的理论高峰，在中国美学史上占有重要地位。

谢赫《古画品录》说：“夫画品者，盖众画之优劣也。”“随其品第，裁成序引。”指出“品”的意思是定“优劣”“品第”，并提出了绘画“六法”：

> 六法者何？一，气韵生动是也；二，骨法用笔是也；三，应物象形是也；四，随类赋彩是也；五，经营位置是也；六，传移模写是也。

六法以“气韵生动”为第一，并且《古画品录》中还多用神韵、体韵、韵雅、情韵等品评画家画作，抓住了艺术的实质。“骨法用笔”，显示出了中国画线条的特性。“应物象形”之“象”，道出了中国画构成形象的特点不是素描油画似的模仿，而是抓住精神。“随类赋采”，讲出了中国画的色彩，既包括与平面色彩有相似之处的以类为色，也包括因视点变化而产生的浓淡枯湿效果。“经营位置”，关

① 陈传席：《六朝画论研究》，天津人民美术出版社2006年版，第173—174页。

乎中国式构图，如宗炳《画山水序》说：“且夫昆仑之大，瞳子之小，迫目以寸，则其形莫睹，迥以数里，则可围于寸眸。”“传移模写”，一般认为指“临摹”，也指刻画人物或自然的一种独特的笔墨方法。绘画六法论，使谢赫达到了六朝的理论高峰，在中国美学史上也占有重要地位。

庾肩吾《书品》与《文心雕龙·原道》一样，一开始也从天地日月等宇宙论的角度讲文字起源，接着对书法与六书的关系、书法的社会功能等发表了一通意见。其中重要的是，庾肩吾根据六朝的两种审美境界提出了两个基本的类型概念：工夫和天然，并以这两个概念为基础，品评他认为水平最高的三位书法家：写草书的张芝是“工夫第一，天然次之”，写楷书的钟繇是“天然第一，工夫次之”，写行书的王羲之则是“工夫不及张，而天然过之；天然不及钟，而工夫过之”。

下面再看在三个艺术门类中是怎样划定艺术等级的。《诗品》把从汉到梁的123人分为上、中、下三品，《古画品录》将27人分为六品，《书品》分上、中、下三品，三品中又各分上、中、下三品，共计九品，涉及123人。谢赫分六品有从秦就开始的以“六”为重要数目的文化背景，我们不妨把《诗品》《古画品录》《书品》作为一个系统来看：三品、六品、九品，可以从其倍数上去体悟六朝人审美品藻的统一性，而以三品及其倍数来分，已经成为一种固定格式——由人物品藻生发扩展开来的审美波澜，在“品”中得到了定型。《诗品》《古画品录》《书品》在篇幅、方法和趣味上都有很多不同，但其共同的特点却是明显的：其一，在审美趣味上，《诗品》以曹植为第一，《古画品录》以陆探微为第一，《书品》以王羲之为第一，都注意到内容和形式、神采与肌采的统一，代表了六朝趣味；其二，三《品》都以神、骨、肉的人体结构为背景和基础来品评对象；其三，都以精炼性词组和类似性感受的方式来品评对象。因此，人体结构式的审美客体论，精炼性词组和类似性感受的方式论，“品”的等级定性论，是六朝美学三种带有“原型”性的理论，对此后中国美学有持久影响。

如果不从抽象的统一层面，而从具体的趣味的不同方面来看，魏晋六朝的审美类型又被当时人总结为两类，就是《诗品》引汤惠休语所谓的“谢（灵运）诗如芙蓉出水，颜（延之）诗如错彩镂金”，前者是士人之美，后者是朝廷之美。谢诗的特点，后来的定评是“富丽精工”，既是自然的，又是繁丽的。与之相比，陶渊明诗是自然的，但不是繁丽的，是在颜、谢之外的第三种审美境界。颜、谢、陶的三种审美境界，正体现了士大夫的三面。颜诗境界是士人进入朝廷做大夫的一面，陶诗境界是士人退出朝廷在山水田园做隐士的一面，谢诗境界则是在仕与隐、进与退、朝廷和山林之间往回去来的一面。书法上的张、钟、王，绘画上的顾、陆、张，园林中的石、谢、陶，都有相通之处：可以说，工夫第一的张芝，崇肉的张僧繇，讲排场的石崇园林，类似颜延之的诗；天然第一的钟繇，重神的顾恺之，平淡的陶渊明田园，类似于陶渊明的诗；兼得天然与工夫的王羲之，重骨的陆探微，既自然又富丽的谢家园林，类似于谢灵运的诗。中国士人从先秦由儒、道奠定哲学思想基础的文化人格类型，在六朝发展为成熟的美学境界。

第三节 自然山水、玄学与六朝审美新境

对自然美的自觉欣赏，是魏晋南北朝士人审美活动的又一突出特点。与玄学等结合在一起，在中国美学史上也开辟出一种新境界，最直接的体现是：使与自然美相关的山水田园诗、画、园林等，成为后来中国艺术发展长河中的重要支脉。士人对自然美的欣赏，并不停留在自然万物的外在形式美上，而是“以玄对山水”“以佛对山水”，玄学、佛学等赋予自然美欣赏活动以艺术本体意味。“山水以形媚道”，以山水田园为表现对象的艺术活动，同样具有极强的艺术本体意味。而强调乐理与玄理相通的音乐理论，则揭示了音乐艺术活动中同样蕴含着极强的艺术本体意味。同时，玄学是一种美学化的哲学，其“言意”“形神”等理论，本身就具有极强的审美意味；而其“以无为本”“越名教而任自然”的观念及佛学的“色空”论等，与艺术生成论中的本体意识密切相关。最终，自然与玄学等，使中国美学找到了艺术和美的价值的本体论根基：艺术家在与自然的互动中所创造出的美的形式，超越了所要表达的对象和表达形式的有限性，在自然而自由的创造中，艺术家也超越了自身生命存在的有限性，融入自然、与“道”相合。

一、自然美的自觉欣赏与山水诗画中的本体意识

对自然山水之美的自觉欣赏和重视，使魏晋南北朝开辟出了一种独特的审美新境。从自然景物诗的发展史来看，《楚辞》的“香草美人”其实尚未摆脱《诗经》的“比德”传统，六朝山水田园诗则开始超越这种传统，而这与玄学重“自然”的观念密切相关。

从理论来说，儒、道两家似都强调人世与自然的统一，但两家的不同之处在于：儒家相对而言是使自然服从于人世，孔子虽然讲“智者乐水，仁者乐山”，但着眼点在人世；而道家则强调超越人世的束缚而“纵浪大化中”。《庄子·外篇·天道》强调：“夫明白于天地之德者，此之谓大本大宗，与天和者也；所以均调天下，与人和者也。与人和者，谓之人乐；与天和者，谓之天乐。”儒家在人与人的和谐关系（均调天下）中确立个人的生命价值，而道家则在人与自然（天）的和谐关系中确立个人的生命价值。

所以，对自然山水的欣赏超越“比德”传统，体现的不仅是哲学（玄学）、艺

术（山水诗画）所关注对象的转移，更是审美精神乃至文化价值观、生命价值观的转变。吴均《与朱元思书》描写道：在山水之间，“鸢飞戾天者，望峰息心；经纶世务者，窥谷忘反。”（《全梁文》卷60）王羲之《兰亭诗序》：“虽无丝竹管弦之盛，一觞一咏，亦足以畅叙幽情。”（《全晋文》卷26）宗炳更是指出：“余复何为哉，畅神而已。”——山水及在山水之间的诗文、书画创作，成为士人脱略世务而畅神的审美空间。如果说琴与啸都是以一种与人密切相关的音乐形式去承载音乐宇宙中的形而上意义的话（详论见后文），那么，山水则是以一种自然本身的形式呈现着音乐宇宙的形而上意义，此即“天乐”。

山水田园诗中的本体意识，多受佛学与玄学影响。相对而言，陶渊明的田园诗主要受道家、玄学影响，谢灵运山水诗则多受佛禅影响。谢诗开篇多显现为一种主动的寻求，仿佛是借山水之境以进入禅室，如“晨策寻绝壁”（《登石门最高顶》）①，“裹粮杖轻策，怀迟上幽室”（《登永嘉绿嶂山诗》等。参禅进入禅室后，诗人开始仰观俯察，远近游目：“俯视乔木杪，仰聆大壑淙。”（《于南山往北山经湖中瞻眺诗》）“近涧涓密石，远山映疏木。”（《过白岸亭》）在这种虚心观物中，谢灵运获得了不少描写山水的佳句，如“密林含余清，远峰隐半规”（《游南亭》），“白云抱幽石，绿筱媚清涟”（《过始宁墅》）等。纯客观的描写中，呈现出了山水中色彩、时间、生命、气韵的自然生发、流动、变幻，而清词丽句显露了心灵随自然而动的喜意和禅悦。

山水田园诗的一大重要功能，就是音乐宇宙在此得到了重新的呈现。音乐宇宙在山水田园诗之中有多种表现。其一，表现为一年四季的韵律：

> 春水满四泽，夏云多奇峰；秋月扬明辉，冬岭秀孤松。（陶渊明《四时诗》）

春、夏、秋、冬的运行本为一种天乐，而每一季节的物象构成了自然的音符。其二，表现为一天的时辰韵律：

> 昏旦变气候，山水含清晖。清晖能娱人，游子憺忘归。出谷日尚早，入舟阳已微。林壑敛暝色，云霞收夕霏。芰荷迭映蔚，蒲稗相因依。披拂趋南径，愉悦偃东扉。（谢灵运《石壁精舍还湖中作》）

---

① 《先秦汉魏晋南北朝诗》，逯钦立辑校，中华书局1983年版。本章凡引魏晋南北朝诗人诗句，均据此本，只在正文中注明篇名。

从早到晚，一日的时间运行也是一种天乐。在时间之中，实的物、虚的象、动的景、变的色，都如音乐中的元素，在时间的旋律中运动着、变幻着。

其三，表现为以山水为主体的自然脉动。山高水低，山有多样，水呈百态，在天地之气的交汇中，风云雨雪，阴阳晦明，变幻着色相，呈现为一种天乐。

其四，明处的水音和鸟声，暗中的山音物声，形成了自然的音响，不是音乐，胜似音乐：

蝉噪林愈静，鸟鸣山更幽。（王籍《入若耶溪》）

山气日夕佳，飞鸟相与还。（陶渊明《饮酒·其五》）

其五，自然之音既在山水之中，也在天地之间，当人在倾听山水之音的时候，眼前一切物象、整个景色，跟景色在天地之中给人的整体感受，浑然融合为天地之音：

余霞散成绮，澄江静如练。喧鸟覆春洲，杂英满芳甸。（谢朓《晚登三山还望京邑》）

沅水桃花色，湘流杜若香。穴去茅山近，江连巫峡长。带天澄迥碧，映日动浮光。行舟逗远树，度鸟息危樯。（阴铿《渡青草湖》）

山水诗画及其理论中的本体意识，又体现在诗画与“道”以及“言”所不尽之“意”的关系上。王微《叙画》把绘画的审美特性描述为：“本乎形者融，灵而变动者心也。灵无所见，故所托不动；目有所极，故所见不周。于是乎以一管之笔，拟太虚之体。”宗炳《画山水序》更直接把“画”与“道”联系在一起：“圣人含道暎物，贤者澄怀味象。至于山水质有而灵趣”，“夫圣人以神法道，而贤者通，山水以形媚道而仁者乐”。山水以形媚道，“澄怀味象”也就是“澄怀观道”，在“应目会心”之中，得山水形、色、象之“理”：“身所盘桓，目所绸缪，以形写形，以色貌色也……目亦同应，心亦俱会。应会感神，神超理得。”而画之“理”又在言象之外，只有在“应目会心”即内外呼应、交会中才能体悟到。遗憾的是，当时的山水画没有流传至今的，我们只能从山水田园诗赋当中，想象当时山水画的意境：

结庐在人境，而无车马喧。问君何能尔？心远地自偏。采菊东篱下，悠然见南山。山气日夕佳，飞鸟相与还。此中有真意，欲辨已忘言。（陶渊明《饮酒·其五》）

“采菊东篱下”以下四句是直接营造意境之语，而此境中之“意”究竟为何，用后世司空图的《二十四品》来描述就是“遇之匪深，即之愈希。脱有形似，握手已违”，在诵读之中以感性体悟、品味的方式可以“遇之”，而以“言”则“即之愈希”；反过来说，如果用语言可以直接概括出此境中之“意”，则此诗就不可谓有“象外之象，景外之景”了。陶渊明颇富玄味的田园诗，可谓玄学言意论的审美落实。

当然，自然美与士人玄学审美精神最终集中的落实，当属园林。

二、园林：自然美与多重文化因素的交会

在魏晋南北朝的独特氛围中，士大夫审美趣味从朝廷中分离出来，其审美空间从“竹林”到“兰亭”再到山水，越来越远离都市—朝廷；其审美对象也从人物到景点再到自然山水，越来越远离社会—政治—文化；其享受方式从饮酒纵言到赏景乐心再到寄情山水。但是，士人最终并不是消融在山水之间，而是栖居于园林之中，以园林的形式定义了山水，同时也定义了自身：园林成了连接各审美形态的综合体，又是体现士人心态的典型体。

园林在这里主要是指私家园林。中国与园林相关的建筑文化的发展主线，可以说是从上古的“囿”到秦汉的“苑”到魏晋的“园”。魏晋以前，虽有园，园结构如苑；魏晋以后，仍有苑，苑的境界似园。① 园林一出现就成为艺术，并处在审美文化中很重要的位置。魏晋以来，审美风气发生变化，讲情致，讲风神，讲个性，皇家园苑多了一种风度和韵致。魏之时，“文帝陈思，纵辔以骋节，王徐应刘，望路而争驱。并怜风月，狎池苑，述恩荣，叙酣宴”（《文心雕龙·明诗》）。“述恩荣”是政治性的，但又把政治转为一种审美和娱乐方式，“怜风月，狎池苑”就是纯娱乐的抒发性情活动了。园苑成为娱情悦性的场所，其物质结构是音乐、饮食、诗文、景物的多样统一，其精神结构是朝廷的豪华奢侈和士人的优雅情怀的结合。但随着时间的推移，士人趣味逐渐增多，山水之乐的重要性越来越凸显出来，到了刘宋时，王微《叙画》说：“望秋云，神飞扬；临春风，思浩荡。虽有金石之乐，圭璋之琛，岂能仿佛之哉！”这里表达的自然之乐与朝廷之乐的审美等级划分，已经是当时士人群体的普遍认识了。

自然山水处于审美高位，如上文所讲是多种文化因素交会的结果。包括哲学、宗教上的玄学、道教、佛教。道教、佛教、玄学都依靠山水而升华了自己，但三者的文化空间定位又不尽相同：道教的定位是道观，佛教的定位是佛寺，玄学的

① 关于由“囿”“苑”到“园”的发展史及六朝园林的具体状况，见余开亮：《六朝园林美学》，重庆出版社 2007 年版。

定位是园林；而山水之乐中共同的时代特点，在士人园林中得到了最好的体现。

从艺术上看，书法、绘画、诗歌、音乐等都在山水中交会，而园林则是这种交会的聚焦点。绘画从人物画走向山水画，有着内在的玄学、道教、佛教的背景。诗歌亦然，从建安七子的社会悲叹，到嵇康、阮籍的个人悲叹，又流向玄言诗，再流向山水诗。在山水诗中，玄学、道教、佛教思想的交融，得到了最好的体现。

从士人的文化人格类型来看，隐逸与中国文化整体设计密切相关，而山水则把先秦以来的隐逸文化以一种美学的方式呈现出来。士从产生之日起就成为“仕”与“隐”的两面人。“达则兼济天下，穷则独善其身”，仕与隐的循环，实际上是作为全社会整合力量的士人阶层，依其在具体境遇中能否正常发挥其社会功能的程度而采取的常规的应对方式：因其能仕，士人发挥治国平天下的社会整合功能；因其能隐，士人能在政治变味的时候抽身而去而“独善其身”，保持其形象的理想性和纯洁性。在玄学和佛学的支持下，园林之隐甚至比庙堂之仕更有意味，更得自然之真趣。

从宇宙论角度看，秦汉的音乐宇宙在汉末破碎之后，一直在寻求自己新的位置。后面将揭示，琴与啸都是在这一音乐宇宙破碎后以士人情性为基础的重新塑型。前面讲了，山水负载着音乐宇宙，而左思所谓的“山水有清音”，则昭示着魏晋以来的审美主潮由都市而山林的走向，最终就走到了园林。

总之，造园，融会了哲学、宗教、艺术、士人、宇宙等多方面因素，成了魏晋南北朝士大夫普遍的文化生命活动。魏晋以来园林走向的轨迹，如前面所勾勒：从城市园到山林园，山林园中从富贵园到自然园，自然园中从大园到小园（当然这一演进不是单向直线性的，而是不断地回环往复，相互影响）——这构成了六朝美学演进的关键点之一。其中，富贵园的代表是石崇的金谷园，该园是一座山水林园，位于自然之中，但又带着都市—豪门的气象，兹不多论。下面重点谈自然园中作为大园代表的谢灵运始宁墅、作为小园代表的陶渊明田园，以揭示园林审美观念的演进轨迹。

谢灵运“移籍会稽，修营别业”，“傍山带江，尽幽居之美”（《宋书·谢灵运传》）①，相对于石崇的金谷园，谢家园林进一步脱去了都市的繁华。谢灵运作《山居赋》，从内容上来说，有自序、自注，序云：“古巢居穴处曰岩栖，栋宇居山曰山居，在林野曰丘园”，“今所赋既非京都宫观游猎声色之盛，而叙山野草木水石谷稼之事，才乏昔人。”②“山居”“丘园”不同于简陋的“岩栖”，也不同于游猎声色之盛的“京都宫观”，赋之正文中对这些不同还有很多描述，从文献上来说

---

① 沈约：《宋书》第六册，中华书局1974年版，第1754页。
② 沈约：《宋书》第六册，中华书局1974年版，第1754页。

可作为园林发展之简史来读。从精神来说，将此赋与陶渊明《饮酒》“采菊东篱下”诗对读，尤可见二者之异同：该赋序曰“意实言表，而书不尽，遗迹索意，托之有赏”，意近陶诗“此中有真意，欲辨已忘言”；谢所谓“言心也，黄屋实不殊于汾阳，即事也，山居良有异乎市廛”①，分明就是陶诗所谓“心远地自偏”：陶渊明在“南山”之自然意境中辨寻“真意”，而谢灵运在山水园林之居、之赏中“遗迹索意”，二者皆有玄学风味而又有所不同。“才乏昔人”又可见山水园林开辟出了一种前所未有的审美新境，而这种审美新境的重要特征之一是“清”，《山居赋》中多次用到了“清”字：有嗅中之清，“怨清香之难留”；有眼中之清，“清溪秀竹”“旦延阴而物清”“风露披清于嵔岫”；有耳中之清，“聆清哇以下听”“山中兮清寂，群纷兮自绝”；有“气”之清，“露夕沾而凄阴，风朝振而清气”“兼有林木，可随寒暑，恒得清和，以为适也”；更为重要的是还有怀抱之清，“栖清旷于山川”；而由“清”可以得“道”：“然清虚寂寞，实是得道之所也”“启善趣于南倡，归清畅于北机”——在至“清”的自然山水中，人之心胸得以“清”，而在清虚寂寞中，人“澄怀味像”“澄怀观道”，“山水有清音”的审美理想在园林中也就有了落实。

根据“选自然之神丽，尽高栖之意得”的选址标准，谢灵运山居“左湖右江，往渚还汀。面山背阜，东阻西倾。抱含吸吐，款跨纡萦。绵联邪亘，侧直齐平”②。有的只是山水之美，而近东、近南、近西、近北，远东、远南、远北，各有其美，各种水草、竹木及鱼、鸟、兽类都在其中。士人不仅居于斯、游于斯，能体现名士风度的吃药（还有饮酒）、清谈等也皆汇聚于此。当然，还有“文章”：“谓少好文章，及山栖以来，别缘既阑，寻虑文咏，以尽暇日之适。便可得通神会性，以永终朝。”③ 远离“圣教”后，文章自然也就不再是什么“经国之大业”，而成了“通神会性”也即“畅神”的方式。谢灵运《山居赋》结合了大赋的形式和山水大园的内容，同时也把大赋所内蕴含的音乐宇宙与山水园林所内含的魏晋观念结合起来了。而当谢灵运不用大赋而用五言诗来表达自己的山水大园情怀时，一种以佛对山水的理路得到了更好的体现。

山水大园中的栖息之乐，虽已与都市游乐有质的区别，但因其大，人对自然的把握，更多的还是一种汉赋式的从思想结构上的理智型的把握。而小园因其小，自然、园林、人构成了一个生活的整体，陶渊明田园就是这方面的典型。还是在自然之中，但已是普通的一般田园了：“方宅十余亩，草屋八九间。榆柳荫后檐，桃李罗堂前。”（《归田园居》）结构虽然普通，但却保有士人的情趣。园虽小，但

---

① 沈约：《宋书》第六册，中华书局 1974 年版，第 1754 页。
② 沈约：《宋书》第六册，中华书局 1974 年版，第 1757 页。
③ 沈约：《宋书》第六册，中华书局 1974 年版，第 1770 页。

由于注意园内门窗的对景位置和园与周围环境的艺术性关系，再加上园中人内怀一颗审美之心，已经既把小园融入了整个自然，同时又把整个自然纳入了自己的小园。陶渊明在自己的小园中，可以“眄庭柯以怡颜”“园日涉以成趣”。房屋的门窗和园之空阔又与外界景物相连，可以“采菊东篱下，悠然见南山”，可见“暧暧远人村，依依墟里烟”，可观“云无心以出岫，鸟倦飞而知还”。虽小，而士大夫的人格和趣味却完全由此表现了出来：“倚南窗以寄傲，审容膝之易安。”由谢灵运的大园到陶渊明的小园可以看出：东晋以来的私家园林，已完全逸出秦汉宫廷的园苑，而新创出另一番审美天地了。

总之，在朝廷庙堂、自然山水和园林三者的关系中，园林是接近自然山水的。宗炳饱游山水，最后还是归于园林；谢灵运性嗜山水，也休息于园林。园林是自然，又是居所，又纳入了自然。园林之创造，既是一种艺术形态的创造，又是一种观念形态的创造。首先，在园林里，破碎了的秦汉音乐宇宙以一种新的形式得到了重构；其次，在园林里，先秦以来一直困扰着士大夫阶层的仕与隐的内心矛盾，得到了一定缓解；最后，在园林里，魏晋以来由士人的个性自觉和艺术自觉而来的一整套新的美学原则，得到了定型。园林在这三个方面使自魏晋以来波动不已的士人之心得到了安顿，而与园林相关的美学思想，也在这一过程中逐步形成。

三、玄学与审美意识

玄学是塑造魏晋南北朝审美新境、影响士人审美意识的又一重要因素。玄学以道家思想为主干，而儒家、释家思想的玄学化，同时也把这两家思想的影响带入玄学。玄学重自然、重宇宙本体（道）虚灵化之论，与审美意识、生命意识交融在一起——这在以下几个方面有重要体现。

第一，玄学“言意”范畴，同时也是美学范畴，“得意忘言”论也是美学理论。言意关系在当时哲学讨论中有三派，欧阳建有《言尽意论》，荀粲则强调“象外之意”不可尽。王弼《周易略例·明象》既指出“尽意莫若象，尽象莫若言”，又强调“得意在忘象”，“得象在忘言”①。从美学上看，“言不尽意”正与艺术和审美的特质相通。《庄子》中许多有关技艺的寓言故事与“言不尽意”相关，对魏晋南北朝美学影响甚大。陆机论文：“轮扁所不得言，故亦非华说之所能精。”② 王羲之《书论》：“书意，转深点画之间皆有意，自有言所不尽得其妙者。”《文心雕龙·神思》：“思表纤旨，文外曲致，言所不追，笔固知止。”沈约提倡四声、声律

① 《王弼集校释》，楼宇烈校释，中华书局1980年版，第609页。
② 陆机著：《文赋集释》，张少康集释，人民文学出版社2002年版，第212页。

形式之美，但在《答陆厥书》中也说：“韵与不韵，复有精粗，轮扁不能言，老夫亦不尽辨此。”深知“四声”等只是“粗”的方面，是可以言传的，而声韵形式技巧还有“神”的方面，是口不能传、言所不追的。艺术形式技巧之“精”“神”，只能在人的身体器官与外物发生实际接触的技艺活动（如《庄子》中的轮扁斫轮、庖丁解牛等）中被体验到，而能体验到这种“神”，也就体验到了“道”——如果说“味”论是强调在艺术接受中把握“道”不离身体的话，那么，由“言不尽意”论所引发的技之“神”论则是强调在艺术创作（形式创造）中把握“道”也离不开身体——当然，另一方面也要超越身体及艺术表达形式本身的有限性：“此中有真意，欲辨已忘言。”（陶渊明《饮酒》）“忘言”正是为了超越“言”的有限性，也只有如此，才能把握“真意”而进乎道。艺术活动中的忘象、忘书、忘笔、忘手、忘心等皆是为了超越有限性，在此超越中，艺术家也超越自身生命的有限性而获得与道相合的自由。

第二，六朝美学“以形写神”“气韵生动”论，与玄学“形神”论密切相关。佛教认为神不灭，儒家范缜著《神灭论》，道教则主张炼形养神，而三家皆以形神结构为基础。美学则在这样的氛围中研究形神在审美和艺术中有什么样的位置和作用。

《世说新语・巧艺》记载了顾恺之绘画轶闻两则：

> 顾长康画裴叔则，颊上益三毛。人问其故，顾曰：“裴楷俊朗有识具，正此是其识具。看画者寻之，定觉益三毛如有神明，殊胜未安时。”
>
> 顾长康画人，或数年不点目睛。人问其故，顾曰：“四体妍蚩，本无关妙处，传神写照，正在阿堵中。”

这里强调了传神与艺术创造性即画之物象形色巧妙安排有很大关系：一个创造性不强的画家，再怎么点睛添毫，也未必就能传神。书法理论也多有形神之论，如王僧虔《笔意赞》有云：“书之妙道，神采为上，形质次之，兼之者方可绍于古人”，“神”与“形”兼具而非重“神”轻“形”，体现了六朝艺术的基本精神。谢赫《画品》提出了著名的“气韵生动”论，并用了一系列两两相对的范畴来品评画家画作，以“形—神”来看：“骨法”“物”“精微谨细”“精谨”等大抵关乎“形”，而“精灵”“精粹”“象外”“神韵气力”“神气”“生气”“入神”则主要涉及“神”，而“六法”之第一法“气韵生动”讲的是“神”，其他五法则相对而言关乎“形”。其中，“象外”是美学关于“神”的一个经典定义，此间佛学亦多“象外”之论。关于二者之不同，叶朗在《中国美学史大纲》中指出：“谢赫说所说的‘象外’是对有限的‘象’的突破，但并不是完全摆脱‘象’。”而佛僧所讲的“象外”则是指“用‘形象’传达出的佛理”。谢赫“取之象外”说引发了唐代美学的“境生于象外”的范畴。而唐人所讲“境”或“象外”，“也不是指‘意’，而仍然是‘象’。‘象外’，就是说，不是某种有限的‘象’，而是突破有限形象的某种无限的‘象’，是虚实结合的象”①。所以，中国美学形神论之重神、象外等，皆是对超越形、象之有限性的强调，在这一点上又是与有无、言意论相通的。

第三，乐理与玄理有关联，这既反映在“韵”论和“啸”论上，也反映在嵇康的乐论上。先讲“韵”论。袁彦伯《三国名臣序赞》有云：“景山恢诞，韵与道合。”六臣注云：“（徐邈）思如音韵和理，与道相合也。”②“韵与道合”之“韵”并非直接指“音韵”，但却是借“音韵”作比。“韵”论的渊源与音乐及人对节奏的感性经验密切相关。分而论之，“韵”相对偏重于无、虚、神；合而论之，“韵”是有无、虚实相生；而声音的和谐，不仅是高（音）低（音）相成，而且也是有（声）无（声）相生：在音乐中，所谓“休止”是声音的停顿，是无声之处，一种声音一直延续下去而没有休止，是不能形成节奏的，因此，声音节奏本身在而且只能在有（声）与无（声）相生中形成——对这种有无相生的特性，人在对音乐节奏的感性体验中是能真切感受到的——这是可以广泛运用于音乐之外的审美品评中的“韵”论最初、最直接的感性经验基础。王僧虔《书赋》以“托韵笙簧”③论书法：“韵”本与时间性的声音有关，而移之以论空间性的书画及人物形象等，充分体现了时空交融、耳目通感的审美思维方式——谢赫论画的“气韵生动”论也当作如是观。味觉与听觉也可以相通，如萧纲《八关斋制序》有“目对金容，耳餐玉韵”④之语。此外，所谓“秀色可餐”则表明视觉与味觉也可以相通——所以，视觉之象可“味”，听觉之声也可“味”，乃至抽象之道与玄理也可“味”。感官功能之间的这种互通，乃是本为音乐范畴的“韵”及表示味觉的“味”可以广泛运用于其他门类艺术品评的又一重要依据。

第四，“啸”论。啸是一种口哨型的音乐。魏晋以来，士人以啸抒情乃至交流，成为普遍风尚，从曹魏到萧梁，诸多名士都在诗文中提到了啸。其中，成公绥“雅好音律，尝当暑承风而啸，泠然成曲”而作的《啸赋》⑤，对“啸”作了非常精彩的描述和分析：

---

① 叶朗：《中国美学史大纲》，上海人民出版社1985年版，第269页。

② 萧统编：《六臣注文选》卷四七，李善等注，中华书局1987年版，第903页。

③ 《全上古三代秦汉三国六朝文》第二册，严可均校辑，中华书局1958年版，第2834页。

④ 《全上古三代秦汉三国六朝文》第二册，严可均校辑，中华书局1958年版，第3018页。

⑤ 《全上古三代秦汉三国六朝文》第二册，严可均校辑，中华书局1958年版，第1795—1796页。

其一，啸“良自然之至音，非丝竹之所拟”，并且是对社会之音的超越。《啸赋》的结尾说，啸不仅与郑卫之声不同，而且“越《韶》《夏》与《咸池》”，比圣人之乐都要好，“乃知长啸之奇妙，盖亦音声之至极”，远非朝廷庙堂音乐所能比。

其二，同为和谐的人声形式，“诵”“歌”的和谐，往往要受到语言声音规律（如四声等）的限制，“歌”有时还需器乐伴奏，因而还会受到音阶（宫商角徵羽）等规律的限制，而“啸”则“声不假器，用不借物，近取诸身”，有更大的自由度，从而成为士人自由展现个性的方式：“舒蓄思之悱愤，奋久结之缠绵，心涤荡而无累，志离俗而飘然。”

其三，啸是“役心御气”而成，“气冲郁而熛起”“飘浮云于泰清，集长风于万里”，人之气与天地自然之气交汇。当士人在自然山水之间独啸之时，啸就成为人与自然交流的方式。在中国文化观念中，宇宙是气，人体也是气，乐以气为主，啸亦以气为主，从内容上来说就与中国的音乐宇宙相契合；而作为最为自然又最为自由的方式，“啸”符合玄学的理想而具有极强的审美本体意识。

第五，嵇康的乐论。玄学从重《老子》向重《庄子》演进，同时也意味着从重政治和哲学的玄学向重哲学和美学的玄学转变，其中嵇康是重要环节。除了清谈、吃药、饮酒之外，音乐也成了士人体验玄理、铸造人格的一种方式。包括嵇康在内的竹林七贤多半都是喜好音乐的。阮籍能啸，善弹琴，著有《乐论》。阮咸“妙解音律，善弹琵琶”①，著有《律议》。嵇康《四言赠兄秀才入军诗》云：“目送归鸿，手挥五弦。俯仰自得，游心太玄。”士人之乐，已不再是朝廷的宗庙和仪式音乐，也不是宫廷欢宴、民间节庆的艳丽热闹的音乐，而是表达士人性情和重建形而上境界的音乐，即所谓“游心太玄”。嵇康的《声无哀乐论》，可以说是与其在哲学上的“越名教而任自然”观念相呼应的美学理论。不妨把阮籍和嵇康的乐论看成一个具有递进关系的逻辑关联整体：阮籍把乐论从儒学转到玄学，嵇康则在玄学的基础上，对传统的乐论进行了剧烈的摧毁。嵇康“声无哀乐论”所要反对的，有两大传统。一是儒家音乐理论传统，即《乐记》《诗大序》所谓的“治世之音，安以乐，其政和；乱世之音，怨以怒，其政乖；亡国之音，哀以思，其民困”。在嵇康看来，“音”与“世”“情”之间虽然现象上有关联，但不是本质上的关联。嵇康要批判的第二大传统，也是阮籍在《乐论》中专门提出来反对的，是汉代以来的音乐以悲为美的传统。在嵇康看来，这种以悲为美也不能反映和体现音乐的本质。声无哀乐之论，一方面要让人们从现象界的哀乐中摆脱出来，使音乐回到自身的本体追求；另一方面，要人们从现存的社会政治现象中超脱出来，

---

① 房玄龄等撰：《晋书》卷四九，中华书局1975年版，第1363页。

回到对人的本性的追求。嵇康的主旨，是要求士人心灵的主动性不受外在现象的干扰，不管这种现象是社会的、政治的还是心理的。

《声无哀乐论》所代表的音乐自主性的出现具有重大意义。《礼记·郊特牲》有云："歌者在上，匏竹在下，贵人声也。"人声在上、乐器在下，是礼乐仪式的制度性规定。魏晋六朝士人所强调的音乐自主性，则一定程度上超越了这种制度性规定，其重要表现之一，就是士人对各种乐器的特性和功能的重视和研究，诸多士人写了《琴赋》《筝赋》《琵琶赋》《长笛赋》《洞箫赋》，等等，并且都是各种器乐方面的高手。但这绝不意味着对人声的轻视，如由上面所提到的"啸"论，可见对人声的重视，重要的是：各自独立后的人声与器乐，不再是为礼乐仪式服务的工具，而成了士人享乐和"畅神"的方式。在啸及各种乐器赋中，士人们描述了一种与天地自然之气相互交接的境界，这是《庄子》所谓的"与天和"的"天乐"，不同于"与人和"而旨在"均调天下"的政治音乐。

四、艺术生成论中的审美本体意识

魏晋南北朝艺术生成论有较强的审美本体意识，而这种本体意识与玄学"以无为本""越名教而任自然"的观念及佛学的"色空"论等密切相关。

第一，玄学"有无"之论，是哲学本体论、世界生成论，也是审美本体论。何晏、王弼主张"贵无论"；裴頠则著《崇有论》；向秀、郭象的《庄子注》提出"始生者自生"，要求不应从静态实体而应从动态生成的角度，来看"无"与"有"的关系。王弼注《老子》四十章有云："天下之物，皆以有为生。有之所始，以无为本。"又注四十二章云："万物万形，其归一也。何由致一？由于无也。"①这种"无→有→无"的世界生成、回归图景，同时也体现了有无相生的现象；二者合一，影响了对艺术审美生成的认识。如陆机《文赋》"课虚无以责有，扣寂寞以求音"，正是从有与无、现象与本体、事物与宇宙的关联，来看艺术生成的特质的。刘勰《文心雕龙·原道》描画出了一幅更具体的"道"生"文"的图景，为南朝重声（声文）、色（形文）双美的审美主潮，提供了自然本体论的理论基础。

第二，玄学"越名教而任自然"的观念，既是一种社会哲学观念，同时也是一种审美哲学观念。在"名教"与"自然"的关系上，王弼提出"名教出于自然"，向秀"以儒道为一"，郭象进而强调圣人可以"游外"（崇名教）而"冥内"（任自然），"名教"即"自然"；与此针锋相对，嵇康、阮籍强调名教不符合人的自然本性，提出"越名教而任自然"，对名教有所否定，而"任自然"与审美自由精神密切相关。超越了名教的束缚之后，人就可以"纵浪大化中"，置身于与自然

---

① 《王弼集校释》，楼宇烈校释，中华书局1980年版，第110、117页。

的关系之中，并在这种关系中探寻、创造自己生命的价值。落实到艺术活动中，人与自然的关系，具体表现为情景、心物关系。情景理论，是中国美学中的重要理论，它可分为“生成动力论”与“作品结构论”两方面：从诗歌理论来看，赵宋后所谓“某联写情，某联写景”主要是作品结构论，而六朝情景、心物论则主要涉及作品生成动力——而对此论述最为精彩的，当属《文心雕龙》：

> 文之思也，其神远矣。……吟咏之间，吐纳珠玉之声；眉睫之前，卷舒风云之色：其思理之致乎？故思理为妙，神与物游。神居胸臆，而志气统其关键；物沿耳目，而辞令管其枢机。枢机方通，则物无隐貌；……然后使玄解之宰，寻声律而定墨；独照之匠，窥意象而运斤；……登山则情满于山，观海则意溢于海，……神用象通，情变所孕。物以貌求，心以理应。(《神思》)
>
> 是以诗人感物，联类不穷。流连万象之际，沉吟视听之区；写气图貌，既随物以宛转；属采附声，亦与心而徘徊。……若乃山林皋壤，实文思之奥府，略语则阙，详说则繁。然屈平所以能洞监风骚之情者，抑亦江山之助乎！(《物色》)

正是在神与物游、心物互动中，“神思”及文章之“意象”“声律”形式得以生成。《物色》之“赞”语云：“山沓水匝，树杂云合。目既往还，心亦吐纳。春日迟迟，秋风飒飒，情往似赠，兴来如答。”极富诗意地描述了人与自然山水之间的往来应答的和谐互动关系。艺术如何才能像自然万物那样自然而然地生成呢？这就需要自然万物的兴发、引动。《物色》开篇有云：

> 春秋代序，阴阳惨舒，物色之动，心亦摇焉。盖阳气萌而玄驹步，阴律凝而丹鸟羞，微虫犹或入感，四时之动物深矣。若夫珪璋挺其惠心，英华秀其清气，物色相召，人谁获安？……情以物迁，辞以情发。

钟嵘《诗品·序》开篇有极相近的描述：“气之动物，物之感人，故摇荡性情，形诸舞咏。”在此“气—物—人（情）—舞咏（辞）”的动态结构中，“气”乃运行于天地万物之中的本体之道，而人也是由“气”凝结而成的，并且“气”也运行于人身之内。于是，艺术的生成过程，同时也是人的内在之气与外在之气相互激发、一气贯通的过程。玄学本体论的无与有的关系，在艺术生成过程中就表现为：山水所蕴含的天地灵气“摇荡性情，形诸舞咏”“情以物迁，辞以情发”，无形之气就转化成有形之“舞咏”与“辞”。

第三，玄学的有无论及佛学的色空论，使自然、宇宙本性或道虚灵化，这种虚灵化也与审美精神相通，并有着浓烈的生命意识。从这方面来看，“无→有→无”不仅是一种世界生成图景，同时也是人的生命的生成图景，如陶渊明《归园田居》有云：“人生似幻化，终当归空无。”人的生命从“空无”中幻化出来而又归于“空无”。此期社会动荡，政权变化频繁，事物生灭无常，人常有朝不保夕之忧，生命的短暂与有限性凸显出来了：

> 对酒当歌，人生几何。譬如朝露，去日苦多。慨当以慷，忧思难忘，何以解忧，唯有杜康。（曹操《短歌行》）
>
> 桓公北征，经金城，见前为琅邪时种柳，皆已十围，慨然曰：“木犹如此，人何以堪！”攀枝执条，泫然流泪。（《世说新语·言语》）

成功如曹操、桓温辈，亦“忧思难忘”，何况一般士人！士人在玄学之“无”、佛学之“空”中感受到了生命的幽忧，那么，如何安顿这亦空亦无的生命呢？以“酒”、以“药”、以“啸”、以“游”，当然也以“文”。曹丕《典论·论文》说：“年寿有时而尽，荣乐止乎其身，二者必至之常期，未若文章之无穷。是以古之作者，寄身于翰墨，见意于篇籍，不假良史之辞，不托飞驰之势，而声名自传于后。”① 文章成为士人超越生命有限性、追求永恒和无限的方式。生命的空幻、短暂与无常，并未使绝大多数士人彻底遁入“空门”，“纵浪大化中，不喜亦不惧”（陶渊明《形影神赠答》），在纵浪于自然造化、“放荡”于艺术创造中，士人生命之“幽情”得到畅抒，“幽忧”得到纾解，沉痛的生命得到抚慰。总体来说，此期士人所创造的艺术世界，乃是由无而有的万物化育、元气淋漓的世界，也就是谢赫所说的一个“气韵生动”的世界——这种审美境界到后来的盛唐达到了高峰。

第四节 建安风骨、遒丽、形式美与时代美学主潮

南朝晋宋之际，美学主潮由“建安风骨”转向重“丽”。六朝往往被称为“文”的自觉的时代，而“文”的自觉很大程度上是指对形式美的自觉。按刘勰的说法，与形式美相关的“文”主要分“声文”（听觉美）与“形文”（视觉美）两种，重视声（声文）、色（形文）双美成为六朝美学主潮。汉语“四声”的发明

① 《全上古三代秦汉三国六朝文》第二册，严可均校辑，中华书局1958年版，第1098页。

及其在诗歌创作中的运用，是对声文之美（声律形式美）的自觉欣赏与创造的重要标志；而书画之重视“肉”“媚”，绘画与写景诗赋之重视“形似”，文辞之重视“丽”“艳”等，则标志着形文之美的自觉。六朝对形式美的自觉与重视，有一个历史演变的过程，并与宫廷审美趣味密切相关；而“缘情”“畅神”之论，则揭示了形式美价值的性情论或生命论的根基。《文心雕龙》是六朝美论的集大成者。

一、建安风骨与遒丽

本章第二节指出，魏晋南北朝所取得的一大重要美学成果是：将审美对象结构定型为“神（气）—骨—肉”——这是共时地看的。历时地看，此期的审美主潮又有着从重气、写神到重骨再到崇肉的转变过程——这在文章上表现为由重力遒向重情采的演变，魏徵《隋书·文学传序》说：

> 江左宫商发越，贵于清绮，河朔词义贞刚，重乎气质。气质则理胜其词，清绮则文过其意，理深者便于时用，文华者宜于咏歌。此其南北词人得失之大较也。若能掇彼清音，简兹累句，各去所短，合其两长，则文质彬彬，尽善尽美矣。①

这是从共时的空间来说的，而汉族政治文化中心由“河朔”而“江左”即由北而南的转移，又是一个有先有后的历时过程。因此，由“气质”而“清绮”，又体现了魏晋南北朝美学主潮的历时演变。“贞刚”“气质”是指一种遒劲有力的风格，这种风格集中体现在所谓“建安风骨”上。

“建安风骨”，主要指汉末、曹魏的三曹、七子诗歌所代表的艺术风格：钟嵘《诗品》称之为“建安之风”，又以“风力”论诗，并有“左思风力”之说；刘勰《文心雕龙·风骨》也有“风力遒也”之语，“建安风力”与“建安风骨”含义相近。《文心雕龙》对建安诗风多有描述，如《明诗》：“暨建安之初，五言腾踊”，“慷慨以任气”，而“晋世群才，稍入轻绮，张潘左陆，比肩诗衢，采缛于正始，力柔于建安”；《时序》：“建安之末”，“魏武以相王之尊，雅爱诗章”，“观其时文，雅好慷慨，良由世积乱离，风衰俗怨，并志深而笔长，故梗概而多气也。”——大致描述了“建安风骨”的基本特征：在思想内容上与社会关怀相关；在风格上，与“轻绮”相对，而与“力”“气”相关。

应充分结合其跟声、色形式的关系，来理解“建安风骨”的含义。钟嵘《诗品序》有云：

---

① 魏徵等撰：《隋书》卷七十六，中华书局1973年版，第1730页。

> 永嘉时，贵黄、老，稍尚虚谈。于时篇什，理过其辞，淡乎寡味。爰及江表，微波尚传：孙绰、许询、桓、庾诸公诗，皆平典似《道德论》，建安之风尽矣。

对于孙绰等玄言诗之缺乏“建安之风”，沈约有相近描述：“莫不寄言上德，托意玄珠，遒丽之辞，无闻焉尔。”① “托意玄珠”而“理过其辞”，则必乏风力或风骨，同样也必乏声、色之美，“风骨”与“遒丽”密切相关。魏晋以来，以“遒”论文章者不少，如曹丕《又与吴质书》有云：“公干有逸气，但未遒耳，其五言诗之善者，妙绝时人。”② 钟嵘《诗品·中》：“彦伯《咏史》，虽文体未遒，而鲜明紧健，去凡俗远矣。”（《晋吏部郎袁宏诗》）此外还有“警遒”“遒变”等说。《文心雕龙》也以“遒”论文章：“仲宣靡密，发端必遒。”（《诠赋》）“相如赋仙，气号凌云，蔚为辞宗，乃其风力遒也。”（《风骨》）

首先，“采缛于正始，力柔于建安”，《文心雕龙》之《风骨》的主旨之一，是强调遒劲之“气（力）”与“采（色）”的统一：

> 夫翚翟备色，而翾翥百步，肌丰而力沉也；鹰隼乏采，而翰飞戾天，骨劲而气猛也：……若风骨乏采，则鸷集翰林，采乏风骨，则雉窜文囿：唯藻耀而高翔，固文笔之鸣凤也。

再如，“气伟而采奇”（《诸子》）、“气扬采飞”（《章表》）等。“风骨（气）”与“采（色）”高度统一之“鸣凤”，体现了刘勰也是当时文人的审美理想（这在后来盛唐李白、杜甫等人的长篇山水诗中有集中体现）。《诗品序》所谓“干之以风力，润之以丹采”，也强调“风力”与“丹采”的统一。以此来看，包括永明体在内的齐梁诗或有“肌丰而力沈”“雉窜文囿”之讥（卫夫人《笔阵图》论书法则有“多肉微骨谓之‘墨猪’”之嘲），但“骨劲而气猛”“鸷集翰林”之诗也不算好诗。“气”“力”与“采”合则为“遒媚”“遒丽”，分则又有“遒”与“丽”之不同，而由“遒”转“丽”，乃是晋宋之际审美思潮转移的重要动向。

其次，《文心雕龙·风骨》还强调“气”与“声（音、响等）”的统一，“捶字坚而难移，结响凝而不滞，此风骨之力也”，风骨与“响”相关；此外，《文心雕龙》还有多处将“气”与“声”“响”“音”“宫商”等并论。由“建安风骨”而“盛唐风骨”是汉语诗歌发展史的一条重要脉络，盛唐人殷璠《河岳英灵集》有云：

---

① 沈约：《宋书》第六册，中华书局 1974 年版，第 1778 页。

② 《全上古三代秦汉三国六朝文》第二册，严可均校辑，中华书局 1958 年版，第 1089 页。

夫文有神来、气来、情来。……开元十五年后声律风骨始备矣。（叙）

昔伶伦造律，盖为文章之本也，是以气因律而生。……言气骨则建安为传，论宫商则太康不逮，将来秀士，无致深憾。（集论）①

在殷璠看来，盛唐诗的特质之一就在于“声律（律、宫商、调）”与“风骨（气、气骨）”的自然和合，也即“声”与“气”的自然和合，“盛唐风骨”与夫“盛唐之音”正相表征：“盛唐之音”即一种壮浪激昂之节奏，所体现的正是盛唐诗之风骨。从历史的角度来看，齐梁可谓有声律而乏风骨，唐人对齐梁多有微词，但显然的是，唐人并未否弃齐梁人重“声”的诗学观，而恰是在继承这种重“声”诗学观的基础上将其推向更理想的状态：在乏风骨的齐梁声律中充盈进壮健的风骨、易齐梁声气之靡弱为盛唐声气之壮浪（典型作品包括李白歌行、盛唐长篇歌行体边塞诗等）。

二、从神到骨再到肉的演变与对声律形式美的追求

由“遒”转“丽”、从“气”“神”到“骨”再到“肉”的演变，在绘画发展中也有突出表现，这就是从顾恺之到陆探微再到张僧繇所表现出来的绘画风格的变化。

顾恺之作画，注重人物的神韵，被画史家称为“顾得其神”。到了刘宋时期的陆探微，其努力方向变为对“骨”的专注：在线条上，把顾恺之的“春蚕吐丝”转为锐拔刚劲；在人物造型上，确立了“秀骨清相”的士大夫理想形象。因此画史家称为“陆得其骨”。除陆探微外，江僧宝“用笔骨梗”等，皆体现出了重“骨”的共同趋向。谢赫作为宫廷画家，具有特殊天赋，“点刷研精，意在切似。目想毫发，皆无遗失。丽服靓妆，随时变改。直眉曲鬓，与世事新。别体细微，多自赫始”（姚最《续画品》）。而真正作为新潮代表的，是张僧繇。张僧繇对顾、陆模式进行了重大的改变。南朝梁代审美时尚主要来源于两个方面：一是宫廷创新，二是佛教新潮。张僧繇既是宫廷画师，又是佛教笔画能手，“（梁）武帝崇饰佛寺，多命僧繇画之”（张彦远《历代名画记》）。现实的宫中美女和佛寺的菩萨飞天，这两种新奇的刺激，使张僧繇在人物画上以丰腴型取代了顾、陆的瘦逸型：“张笔天女、宫女，面短而艳，顾乃深靓，为天人相。”（米芾《画史》）所谓“象人之美，张得其肉”（《历代名画记》引张怀瓘《画断》语）。据说张僧繇还创造了一种无骨的画法，即不显轮廓线，全用彩色。从顾恺之的“神”，到陆探微的“骨”，再到张僧繇的“肉”的发展过程，正体现了时代的审美理想，从士人重

① 中华书局上海编辑所：《唐人选唐诗（十种）》，上海古籍出版社1978年版，第40、41页。

“神”为主，向以宫廷崇“肉”为主的转变。

对于文章美学来说，在由“遒”转“丽”的过程中，声律论是个关键点。汉语四声的发现与运用从而诗歌声律的成型，是中国诗歌发展史上的一件大事，而这与多方面因素相关：一是由诗歌的丽的追求而产生的对语音形式美的注意，二是佛经翻译中对汉语特性的关注，三是秦汉音乐宇宙破碎之后对新的音乐宇宙的重构。声律问题又可以从两个方面来看：一是汉语四声的发现，二是在四声基础之上，对诗的句子进行符合汉语声调本性的音乐性的组合。前者是发现，后者是创造；后者的创造又建立在前者的发现之上。而正式发现四声的，不是学术上的语言学专家，而是“求丽”的文学家：

> 夫五色相宣，八音协畅，由乎玄黄律吕，各适物宜。欲使宫羽相变，低昂互节，若前有浮声，则后须切响。一简之内，音韵尽殊；两句之中，轻重悉异。妙达此旨，始可言文。①

这就是掌握时代潮流者的理论，也是声律论的理论意义和现实意义所在：不懂声律，你就不懂“文”，你就写不出美文（除非碰上运气，“暗与理合”），你就没有资格谈“文”！六朝美学主潮从士人情怀向宫廷趣味的演变，由重“神”向崇“丽”的转折，到高举声律论大旗的永明体的出现，就基本上完成了，由此也可见声律论在审美风尚及形式美发展史上的重要意义。声律论的主将、文坛领袖沈约，于齐梁二朝总领风骚，亦可为“绮丽”文风占据主潮的象征。

声律论的第一大事，是明确汉语的四声（平上去入）。包括丝、竹在内的器乐之声的和谐规律，即宫商角徵羽“五声”，早已被发现。而在朝廷的诗、歌、乐交融的传统之中，往往以音乐五声比附语言之声的和谐，而四声有规则组合所体现的，则是不依赖于器乐的肉声的独立的和谐规律。因此，四声的发现与运用，至少具有两方面的历史意义：

其一，突破了朝廷艺术中诗乐交融的传统，北魏甄琛就“以为沈氏《四声谱》不依古典，妄自穿凿”，或许在甄琛看来，“依古典”就得依“五声”，而沈约《答陆厥书》强调：

> 宫商之声有五，文字之别累万。以累万之繁，配五声之约，高下低昂，非思力所学，又非止若斯而已也。十字之文，颠倒相配；字不过十，巧历已不能尽；何况复过于此者乎！……自古辞人，岂不知宫羽之殊，商徵之别。

---

① 沈约：《宋书》第六册，中华书局 1974 年版，第 1779 页。

虽知五音之异，而其中参差变动，所昧实多。故鄙意所谓，此秘未睹者也。①

陆厥质疑“此秘未睹”说：难道四声发明之前诗的文字声韵结构就都不和谐了？沈约指出：前人以“五声”来组织文字声音的和谐，是可以做到的，但既难（非思力所学）且不足（非止若斯而已），也因此“所昧实多”。

其二，如果说，在士人“山水有清音”的观念体系中，是在自然中、在园林中发现了“天乐”，那么，都市—朝廷一路的声律论则在文学中、在肉声中发现了宇宙的音乐。“妙达此旨”之“妙”，不仅是一个诗文声律的问题，还有一个诗文声律作为宇宙音乐的典型体现的问题。因此，朝廷美学发现了四声、创造了声律，就像是士人美学发现了自然、创造了园林一样，对于六朝美学乃至整个中国美学来说，其意义都是划时代的。

三、情之所钟、声色双美与宫廷趣味

六朝是一个“媚”于色的时代。在画论中，宗炳有“山水以形媚道”“以色貌色”之说，谢赫《画品录》（又名《古画品录》）有“体法雅媚”之评，姚最《续画品录》则有“笔迹调媚”之论。在书论中，羊欣《采古来能书人名》评王羲之的儿子王献之“骨势不及父，而媚趣过之”，虞龢《论书表》也有相近的说法：“至于绝笔章草，殊相拟类，笔迹流怿，宛转妍媚，乃欲过之。”王僧虔《论书》亦云“郗超章书亚于二王，紧媚过其父，骨力不及也”，萧衍《答陶隐居论书》云：“纯骨无媚，纯肉无力”，肉而无骨（“墨猪”）固然不佳，但是，有骨力无肉媚也非上品，如王僧虔《论书》评谢综“书法有力，恨少媚好”。有骨有肉、有力有媚，从而所谓“遒媚”或“遒丽”，才是六朝书画的审美理想（当然也是文章的审美理想，见前文“风骨”论）。总之，一个“媚”字，可见六朝人的审美风尚，而这种审美风尚，在文学及其理论中有更突出的体现。

陆机《文赋》“文徽徽以溢目，音泠泠而盈耳”②，萧纲“‘文’同积玉，‘韵’比风飞”（《临安公主集序》），刘勰“吟咏之间，吐纳珠玉之声；眉睫之前，卷舒风云之色”（《文心雕龙·神思》）等说法，极其形象地描绘出了一个声色双美的诗文世界，而这与宫廷审美趣味密切相关。历时地看，又有一个从丽到艳再到丰赡的演进过程。曹丕《典论·论文》提出“诗赋欲丽”，陆机《文赋》进一步发挥为“诗缘情而绮靡，赋体物而浏亮”③，一个“丽”字，开启了整个六朝朝廷美学，先是诗赋欲“丽”，最后变成了无文不“丽”。《文心雕龙·辩骚》说屈原

---

① 《全上古三代秦汉三国六朝文》第三册，严可均校辑，中华书局 1958 年版，第 3116 页。

② 陆机著，《文赋集释》，张少康集释，人民文学出版社 2002 年版，第 241 页。

③ 陆机著，《文赋集释》，张少康集释，人民文学出版社 2002 年版，第 99 页。

“文辞丽雅，为词赋之宗”，“中巧者猎其艳辞”。而葛洪《抱朴子·外篇》则从历史发展观上，证明“丽”和“艳”成为审美风尚的必然性与合理性：“古者事事醇素，今则莫不雕饰，时移世改，理自然也。”（《钧世》）① 生活世界如此，文字世界也是如此，“群色会而衮藻丽，众音杂而韶濩和”（《尚博》），“五色聚而锦绣丽，八音谐而萧韶美”（《喻蔽》），“摛锐藻以立言，辞炳蔚而清允”（《行品》）。这一“文”的发展观，在六朝美学鼎盛时的萧梁，得到了方方面面的承认。

如果以为六朝人重声色双美只是沉溺于形式技巧的玩弄，那就大错特错了。他们一方面重视声色之“美”，另一方面也重视声色之“能”，即情感表现功能。

> 恒子野每闻清歌，辄唤：“奈何?”谢公闻之，曰：“子野可谓一往有深情。”（《世说新语·任诞》）
>
> 圣人忘情，最下不及情。情之所钟，正在我辈。（《世说新语·伤逝》）

《文赋》有云：“文徽徽以溢目，音泠泠而盈耳。及其六情底滞，志往神留，兀若枯木，豁若涸流。”② 沈约《答陆厥书》中有相近描述：“故知天机启则律吕自调，六情滞则音律顿舛也。”只有在天机启动的自然而然的生成过程中，“六情”才会形之于“音”，倒过来说，“音”才会成为“六情”的自然表现形式。后来，明人顾起元对“诗缘情而绮靡”论有非常贴切的解读：

> 昔士衡《文赋》有曰“诗缘情而绮靡”，玷斯语者谓为六代之滥觞，不知作者内激于志，外荡于物，志与物泊然相遇于标举兴会之时，而旖旎佚丽之形出焉。绮靡者，情之所自溢也，不绮不可以言情。彼欲饰情而为绮靡，或谓必汰绮靡而致其情，皆非工于缘情者矣。③

诗之“绮靡”声色形式的创造，可以出自装饰美化作品的外在需要（“欲饰情而为绮靡”，即《文心雕龙·情采》所谓的“为文造情”），但也可以出自诗人情感表达的内在需要（“为情造文”），“不绮不可以言情”，诗人只有产生了非“绮靡”声色形式不足以表达之“情”，诗歌声色形式才会具有情感表现力——至少从理论上讲，沈约等对此是有充分认识的，至于如何实际地做到“六情”与“音律”的自然和合，恰恰不是能一蹴而就的，需要有一个历史发展和艺术经验累积的过程，到了盛唐，这种声情茂美的审美理想才得到较好的实现。

---

① 杨明照撰：《抱朴子·外篇校笺》下，中华书局 1997 年版，第 77 页。

② 陆机著，《文赋集释》，张少康集释，人民文学出版社 2002 年版，第 241 页。

③ 顾起元：《锦研斋次草序》，见黄宗羲编：《明文海》，中华书局 1987 年版，第 2789 页。

首先看“声文”的形式表现功能。六朝人将“声”与“情”并论者很多：“行有余力，缘情继响。”① “环情草调，宛转相腾。”（《文心雕龙·章句》）而一种理论成熟的一个重要标志，是该理论凝结为某种范畴，强调“声文”形式表现力的理论，就凝结为“音情（声情）”“声气”范畴：《后汉书》卷70录云：“赞曰：北海天逸，音情顿挫。”②《南齐书》卷41列传22录云：“（张融）又戒其子曰：手泽存焉，父书不读，况父音情，婉在其韵。”③ 张融生活在诗歌声律被发明和运用的齐梁时代，他提出“音情”范畴，表明时人不仅从形式上而且也从情感表现功能上强调声律的重要性。《文心雕龙·风骨》强调风骨、气与声的统一（见前文），而《附会》又云“（以）宫商为声气”，唐人殷璠指出“‘气’因‘律’而生”，后来，“声气”成为明人许学夷《诗源辨体》论诗的重要范畴，“声情”成为王夫之《古诗评选》《唐诗评选》《明诗评选》品评诗歌的重要范畴，标志着古典诗学“声气”“声情”范畴论之成熟，而追根溯源，与魏晋南北朝文论密切相关。④

关于“形文”即色象形式的情感表现力，《文心雕龙·诠赋》有很好的分析：“赋者，铺也；铺采摛文，体物写志也。”可见“赋”之体性有二：一是“体物”而“铺采摛词”，“写物图貌，蔚似雕画”，要“极声貌以穷文”，可知重山水景象刻画，不仅受到时人自然观的影响，更受到时人重“铺采摛词”、重汉语文采的语言观的影响；二是“写志”，“赋”的生成机制是“睹物兴情”，“情以物兴，故义必明雅；物以情观，故词必巧丽”。《诠赋》还指出“赋”的重要体性是“抑滞必扬，言旷无隘”，与“无隘”而“徽徽以溢目”的汉语之“文”相因应的，正是士人当时“抑滞”之“丽情”的释放与飞扬。

与艳丽辞藻及“丽情”相关的，不仅有自然山水之色（物色，《文选》专门有“物色”类，《文心雕龙》有《物色》篇，皆与自然美学相关），而且也包括女性之色（女色，身体美学）。这种重女色的倾向，发展到齐梁，形成了一种独特的宫廷艺术趣味，尤其出现了与吟咏女色相关的所谓“宫体诗”。宫体丽情诗或艳情诗确有表现色情乃至宣泄情欲的倾向，但也可以成为士人畅神、畅气的人文创造，这种感性创造之乐与玄学清谈的智性之乐，成为士人生命追求的两个基本方面。

四、形似、畅神与形式美的价值

与“形文”之“美”相关的还有“形似”说。敏泽通过对大量原始文献进行梳理后指出：“六朝的诗文论”实际上“很少直接强调神似”，晚唐以前，“形似”

① 《全上古三代秦汉三国六朝文》第三册，严可均校辑，中华书局1958年版，第3068页。
② 范晔：《后汉书》第十一册，中华书局1965年版，第2293页。
③ 萧子显：《南齐书》，中华书局1972年版，第729页。
④ 详细论述见刘方喜：《声情说——诗学思想之中国表述》，知识产权出版社2008年版。

“被作为文学中真切地描绘自然景物来看待”而得到推崇。① 《颜氏家训·文章》有云：“何逊诗，实为清巧，多形似之言。”王利器案曰：

> 沈约《宋书·谢灵运传论》：“相如工为形似之言，二班长于情理之说。”《诗品》上：“张协巧构形似之言。”形似，犹今言形象也。

《文心雕龙·物色》也正面肯定了“形似”的审美价值：

> 自近代以来，文贵形似，窥情风景之上，钻貌草木之中。吟咏所发，志惟深远，体物为妙，功在密附。故巧言切状，如印之印泥，不加雕削，而曲写毫芥。

刘勰指出“物以情观，故词必巧丽”，描画景物的巧丽、形似之言与“情”相关，应从“形文”情感表现力的角度，来看待六朝人对“形似”的重视。而包括“形似之言”在内的艺术感性形式所要表达和抒发之“情”，又并非只指情绪等，同时也指艺术家的“性情（情文）”。

此期画论也颇重“形似”，如姚最《续画品》云：“点刷研精，意在切似，目想毫发，皆无遗失。”宗炳《画山水序》也强调“不以制小而累其似”，而所谓“以形写形，以色貌色”也与“形似”相关，而绘画的最终目的则是：“余复何为哉，畅神而已。神之所畅，孰有先焉。”至少可以说“形似”也可以“畅神”。释慧皎《诵经论》有云：“若乃凝寒靖夜，朗月长宵，独处闲房，吟讽经典，音吐遒亮，文字分明，足使幽显忻踊，精神畅悦，所谓歌诵法言，以此为音乐者也。”《经师论》云：“夫篇章之作，盖欲伸畅怀抱，褒述情志。”“谅足以超畅微言，怡养神性，故听声可以娱耳，聆语可以开襟。”② 《颜氏家训·杂艺》论琴艺有云：“今世曲解，虽变于古，犹足以畅神情也。”名士嗜琴也是为了“畅神情”：如果说偏以“形文”取胜的士人绘画以“畅神”而区别于工匠绘图的话，那么，以“声文”取胜的士人音乐则以“畅神情”而区别于“见役勋贵”的艺人音乐；而同时以形文（色）、声文取胜的文章则也可以畅神——魏晋南北朝士人追求艺术形式美的价值最终落实于此。

魏晋南北朝以“畅”论文章者很多，如《文心雕龙》有云：“张华短章，奕奕清畅。”“庾元规之表奏，靡密以闲畅。”（《才略》）而文之畅与情、气之畅密切相

① 见敏泽《中国文学理论批评史》（吉林教育出版社 1993 年版）、敏泽《中国美学思想史》（齐鲁书社 1989 年版）两书的相关论述。

② 《全上古三代秦汉三国六朝文》第四册，严可均校辑，中华书局 1958 年版，第 3392 页。

关，“言以散郁陶，托风采，故宜条畅以任气，优柔以怿怀”（《书记》），“是以献岁发春，悦豫之情畅”（《物色》）。情、气之畅对于写文章非常重要，所以要“养气”：“率志委和，则理融而情畅。”（《养气》）反过来说，写文章和“贵在虚静，疏瀹五藏，澡雪精神”之“陶钧文思”（《神思》）的过程，也就具有“养气”“养生”的作用，“是以吐纳文艺，务在节宣，清和其心，调畅其气”，“虽非胎息之迈术，斯亦卫气之一方也”（《养气》）。写文章所养之气，又与身体之气相关，所以，“畅”也被用于人物品藻，如《世说新语·赏誉》：“世目谢尚为‘令达’。阮遥集云：‘清畅似达。’”

而更具畅神功能的是自然山水：

> 永和九年，岁在癸丑，暮春之初，会于会稽山阴之兰亭，修禊事也。群贤毕至，少长咸集。此地有崇山峻岭，茂林修竹。又有清流激湍，映带左右，引以为流觞曲水。列坐其次。虽无丝竹管弦之盛，一觞一咏，亦足以畅叙幽情。是日也，天朗气清，惠风和畅。仰观宇宙之大，俯察品类之盛，所以游目骋怀，足以极视听之娱，信可乐也！（王羲之《兰亭诗序》）①

“畅叙幽情”是与“极视听之娱”交融在一起的。诗、书、画、乐及人物品藻、玄学清谈等皆可交会于自然山水之间，“余复何为哉，畅神而已”——“畅神”把魏晋南北朝士人独特的审美精神境界推到了极致。魏晋南北朝士人审美理论最终强调：艺术形式美的价值，当在人与自然统一、身与道互动、心与物交融、身心交泰、形神俱畅以及时空交融、感官互通之中确立——而这体现的是人以包括各种感官在内的全面而完整的方式把握世界和人自身的哲学和艺术文化精神，也就是马克思所说的“人不仅通过思维，而且以全部感觉在对象世界中肯定自己”，这些感觉包括“有音乐感的耳朵、能感受形式美的眼睛，总之，那些能成为人的享受的感觉”，是“丰富的、全面而深刻的感觉”。②

五、《文心雕龙》与六朝美论

从美学自身来说，刘勰（约465—约520）《文心雕龙》的宏大体系在中国美学史上是空前绝后的，这部著作是六朝美学尤其围绕骈体的形式美学的理论结晶，代表了六朝美学的最高成就。

《文心雕龙》计50篇，最后一篇《序志》描述了全书的整体结构：

---

① 《全上古三代秦汉三国六朝文》第二册，严可均校辑，中华书局1958年版，第1609页。

② 《马克思恩格斯文集》第1卷，人民出版社2009年版，第191—192页。

盖文心之作也，本乎道，师乎圣，体乎经，酌乎纬，变乎骚：文之枢纽，亦云极矣。若乃论文叙笔，则囿别区分，原始以表末，释名以章义，选文以定篇，敷理以举统，上篇以上，纲领明矣。至于剖情析采，笼圈条贯，摛神性，图风势，苞会通，阅声字，崇替于时序，褒贬于才略，怊怅于知音，耿介于程器，长怀序志，以驭群篇，下篇以下，毛目显矣。

按刘勰自己的说法，开头《原道》《征圣》《宗经》《正纬》《辨骚》5 篇是“文之枢纽”，也就是全书的绪论、总论或导论；而由《明诗》至《书记》20 篇“论文叙笔”的文之“纲领”，一般称为“文体论”（《辨骚》也可归入文体论）；“剖情析采”的文之“毛目”，包含创作论与批评论两部分，其中《神思》至《总术》的 19 篇是创作论，《时序》《物色》两篇兼有创作论和批评论的性质，《才略》《知音》《程器》3 篇则为批评论；最后一篇《序志》相当于全书序言——由此可见《文心雕龙》较强的体系性，章学诚评之为“体大而虑周”，其体系性主要体现在四个方面。

第一，“体大”首先体现在文体论上，由道之文而来的人之文，展开为骚、诗、乐府、赋、颂、赞等 30 多种体裁，显示出一种空间的宏伟。

第二，“体大”又体现在对各类文体历史的条分缕析上。人之文又有一个历史的展开过程，诗、骚、赋等各类文体各有历史的演进过程，而《时序》则可谓总其所论。在这些文体的历史演进中，刘勰对每一时代的美学风貌、文体沿革、作家起伏，都作了有特色的概括，有强烈的历史感，使《文心雕龙》从时间顺序上显现出体系性。

第三，“虑周”首先体现在文的本体论上。开篇《原道》讨论由道之文、天地之文到人之文的生成过程，勾勒出了与宇宙模式相近的艺术生成模式；而《情采》篇“形文（色、象等）—声文（音、响等）—情文（性、气等）”之“三文”说，可谓文学语言哲学论；这些思想贯穿全书（如往往从气、情与声、色的关系等品评各类文体和作家作品），是对当时重“文”美学思想的哲学总结和概括。

第四，“虑周”又体现在创作论、批评论的总体理论结构上。要把体裁和历史的多样性联结为一个整体的东西，就得依靠贯穿于体裁和历史中的美学基本原理，也就是由道之文（宇宙结构）而来的人之文（审美结构），从内在的机制来说是怎样的，从《神思》到《程器》的 24 篇专论，就是一面面、一层层地谈人之文的基本原则的（部分理论见本章前面的相关分析）。

刘勰之所以能够构筑起这样一个庞大体系，有多方面原因，如受当时的佛学、玄学的影响，等等，而其中一个重要原因，是用骈文形式写成的《文心雕龙》关乎骈文理论。刘勰处于齐梁这样一个骈文成为时尚的年代（当时日趋格律化的诗歌在句式齐整、重对仗与声韵等方面与骈文存在相通之处），在这个年代的人看来，在中国文化中，文的发展，就是从各种文体一步一步地向骈文发展的过程，骈文是一切文体的顶峰，又是一切文体的核心。抓住了骈文，就抓住了文的本质和特点。因此，刘勰敢于把一切文体都放到一起来总结共同的文的规律，就在于一切文体都可用骈文来写。理解了这一点，才能理解《文心雕龙》体系中的具体特点，如对形式美法则的一一探讨，《熔裁》《声律》《章句》《丽辞》《夸饰》《事类》《练字》，都是写好骈文所必备的东西。

当然，另一方面，总其成的骈文的形式美的法则，也可谓所有文章即语言艺术的一般法则；进一步说，非语言类的艺术形式也不外主要诉诸人的视觉（色、形文）与听觉（声、声文）等。因而，骈文形式美法则，也可用之于其他艺术门类；再有诸如《神思》所论及的艺术想象力等理论，也是可以运用于对其他艺术形式的分析的，更不用说《原道》等在审美本体论的意义上还与宇宙论相通——在此意义上，《文心雕龙》又可谓作为“文”的自觉的时代的六朝美论的集大成者。

思考题

1. 怎样理解中国的审美对象结构和把握方式？
2. 怎样理解士人美学在山水和园林中的演进？
3. 怎样理解南朝的唯美追求？
4. 怎样理解《文心雕龙》的体系性？

▶ 本章小结与知识拓展

第五章　隋唐五代美学

隋唐五代美学是中国美学史上的重要发展阶段。这一时期，儒、释、道三教的繁荣促进了美学思想的发展，文化的多元融合使中华各民族美学多姿多彩；浪漫精神与法度之美交相辉映，坚持文化理想与关注现实并行不悖，不同艺术门类相互融通，形成了包容开放、恢宏盛大的美学风貌。此时各领域都出现了重要的美学论著，美学理论达到了古代社会前期的高峰，新的美学思想也开始产生，并对古代社会后期产生了重要影响。

第一节　隋唐五代美学的基本面貌

一、隋唐五代美学的时空范围

隋代是中国历史上由大分裂到全国统一的转变时期。隋朝从隋文帝开皇元年（581）建立，到炀帝大业十四年（618）灭亡，共 37 年的历史。隋代盛时，地域东、南皆至于海，西至且末，北至五原。隋朝是在南北朝时期民族大融合基础上建立起来的，隋文帝杨坚顺应历史潮流，在民族问题上实行以安抚为主、征伐为辅的方针，进一步促进了民族融合，为唐朝更大范围的统一奠定了基础。隋代文学艺术的审美风貌，呈现出南北合流的趋势。隋代文学的作者，主要由北齐、北周旧臣如卢思道、杨素、薛道衡等和由梁、陈入隋的文人如江总、虞世基等组成，北、南两种文风各显其长。魏徵《隋书·文学传序》说："江左宫商发越，贵于清绮，河朔词义贞刚，重乎气质。"① 基本概括了两种风格的不同。隋炀帝杨广即位后，身边多南朝文士，文学就明显偏重南朝诗风。隋初文坛有改革文风的要求，提出了改革的主张，隋文帝也有从朝廷公文着手改革文风的意愿，但因国祚不延，未能实行。在艺术门类方面，北方重佛刻，南方重绘画；在书法上，北方重碑刻，南方重临帖；在石雕形像上，北方多是庞大的塑像，南方多是硕大的神兽。时人也承认南北艺术风格差异的合理性。总的来看，隋代美学试图对六朝美学进行矫正而又未能融合各种因素来形成自己独特的风格。

唐朝从唐高祖武德元年（618）建立，到哀帝天祐四年（907）灭亡，历时 289 年，版图以开元天宝之际最为广大，其时东至安东，西至安西，南至日南，北至单于府。唐朝实现了空前的大统一，且维持时间长久，与周边其他民族一直保

---

① 魏徵等撰：《隋书》第六册，中华书局 1973 年版，第 1730 页。

持了密切的联系，呈现出中国历史上少有的统一、强盛和繁荣态势。贞观四年（630），唐朝乘突厥内乱之机，发兵攻灭东突厥并奄有其地，各部首领向唐太宗献上“天可汗”尊称。唐朝在西部击败吐谷浑，灭亡西突厥，并使东部的新罗、百济、高句丽和南部的南诏归服。至此，西至中亚地区，北至西伯利亚南端，东至朝鲜半岛，南到印度支那半岛都纳入了唐王朝的统治范围，这种状况一直维持到唐代中期。唐代实行“羁縻”的民族政策，即对少数民族不使用直接统治的方式，而是置羁縻府、州，十分有效地保持了与各少数民族的良好关系。唐朝开国君主李渊说：“画野分疆，山川限其内外；遐荒绝域，刑政殊于函夏。是以昔王御世，怀柔远人，义在羁縻，无取臣属……朕祗膺宝图，抚临四极，悦近来远，追革前弊，要荒藩服，宜与和亲。”① 唐朝历代统治者基本上都沿用了这种怀柔政策。唐代还十分重视和亲，先后与突厥、吐谷浑、吐蕃、库莫奚、回纥、南诏等族联姻，这都极大地促进了民族的融合与发展。

唐代的文学艺术呈现出多元融合、相互促进、高度繁荣发展的审美风貌。在纵向上，有儒、释、道等多种美学思想的融合；在横向上，有多地域、多民族审美风尚的融合；在文学艺术创作上，出现了灿若星辰的诗文作家、艺术家，其中有许多在历史上占有十分重要的地位；在理论著述方面，也出现一大批具有重要理论价值并对后世产生重大影响的著作。同时，唐代还是一个将突破审美规范和创立新的规范合为一体的时代，显示出独特的破、立合一的特点。

8 世纪末，唐朝藩镇割据局面形成，至 10 世纪前半期开始了五代十国时期，五代（后梁、后唐、后晋、后汉、后周）辖地主要在长江以北，有时也包括长江以南的少部分地区。十国（前蜀、后蜀、南唐、吴、吴越、闽、楚、南汉、南平、北汉）辖地主要在长江以南，有时也包括海南岛和长江以北的小部分地区。这一时期，北方战乱频仍，南方相对稳定，南唐、后蜀经济、文化都有所发展。后蜀出现了众多的花间派词人，作品风格香软丽蜜，但也有少数词人风格趋向清健。南唐词人有冯延巳和李璟、李煜。冯词内容仍很狭窄，但已开始减少了脂粉气，向感物抒怀的方向发展。李煜词则在亡国后写国破家亡之感，扩大了词的题材范围，对词的发展作出了重要贡献。五代绘画继承了唐代的传统，西蜀、南唐君主喜爱绘画，招揽画家，创立画院，促进了绘画的发展。在人物画方面，西蜀有常重胤、宋艺等，南唐有高太冲、顾闳中等。在花鸟画方面，南唐徐熙和西蜀黄筌的绘画为两大流派，史称“徐黄异体”。在山水画方面，出现了大批画家，分为以荆浩、关仝为代表的北派和以董源、巨然为代表的南派。除上述画家外，蜀中较

① 王钦若等编纂：《册府元龟（校订本）》第二册，周勋初等校订，凤凰出版社 2006 年版，第 1890—1891 页。

为著名的画家还有黄居寀、黄克亮、高文进、高怀节、赵长元、厉昭庆、赵光辅等，南唐较为著名的画家还有曹仲玄、周文矩、卫贤等。另外，吴越和后梁也出现了一些画家和书法家。

二、隋唐五代美学的演进逻辑

隋唐五代美学在隋代和初唐、盛唐、中唐、晚唐、五代不同的历史阶段中，呈现出不同的特点，展示出清晰的演进理路。

（一）隋代与初唐美学风貌

隋至唐初，文艺上并没有显示出与国力相应的繁荣景象，反而延续着南朝的余绪，但经济发展和思想文化的开放气魄已充分预示了文学艺术繁荣时期的到来。这一时期最突出的特点是各种文化、思想的多维度的融合，文艺风貌反映在美学话语上，也体现为逐渐摆脱六朝时风的影响，导向一种清新刚健、质朴厚重的美学话语。

隋代文学的基本特点是南北朝文风并存，以南朝文风为主，呈现出向初唐文学过渡的状态，主要作家作品有卢思道《从军行》、薛道衡《昔昔盐》、杨素《出塞》等，反映边塞军旅生活，风格刚劲，语言清丽自然，对后代的边塞诗有一定的影响。其间李谔曾上书反对浮华文风，隋文帝也曾发布相关政令，但效果不显著。至初唐，唐太宗忆战述怀的诗文比较质朴劲直，对初唐的文风起到了很大的导向作用；魏徵的散文“气骨高古”，王绩的散文、诗歌更取得了较高的成就。这种文艺现象反映在美学上，可以陈子昂《修竹篇序》的话为代表：“文章道弊五百年矣。汉、魏风骨，晋、宋莫传。然而文献有可征者。仆尝暇时观齐、梁间诗。彩丽竞繁。而兴寄都绝。每以永叹。思古人常恐逶迤颓靡。风雅不作。以耿耿也。”① 陈子昂指出了南朝诗歌缺乏对现实内容的关怀，并从诗歌的审美特征方面提出了“兴寄”“风骨”的要求，主张诗歌应该关注重大的社会问题和人生课题，表现出新的精神风貌和人格理想。

初唐精神在诗文上的代表是王勃、杨炯、卢照邻和骆宾王，他们的作品体现了初唐的审美要求；在绘画上的代表人物有阎立德、阎立本、尉迟跋质那、尉迟乙僧等；书法上的代表人物是欧阳询、虞世南、褚遂良、薛稷等；在音乐方面，有由隋入唐的祖孝孙、白明达和唐初的吕才、李嗣真等人，李世民亲创的宫廷舞乐《破阵乐》也展现了时代风貌。这些文艺的精华也被提升为美学话语。如李世民的乐论，欧阳询、虞世南的书论，王勃的文论，代表了转折过程中的美学特点。

（二）“盛唐气象”

人们常用“盛唐气象”来形容盛唐美学风貌。所谓“盛唐气象”，严羽在《答

① 《陈子昂集》，徐鹏校点，中华书局1960年版，第15页。

出继叔临安吴景仙书》中说："盛唐诸公之诗，如颜鲁公书，既笔力雄壮，又气象浑厚。"在《沧浪诗话·诗辨》中说："盛唐诸人惟在兴趣，羚羊挂角，无迹可求。故其妙处透彻玲珑，不可凑泊，如空中之音，相中之色，水中之月，镜中之象，言有尽而意无穷。"① "笔力雄壮"，是指诗歌风骨内在的力度，情感的昂扬壮大；"气象浑厚"，是指诗歌意境的廓大浑融，不可句摘；至于兴象玲珑，除了指情与辞的自然浑成外，还有"言有尽而意无穷"之意。具体说来，"盛唐气象"应该蕴涵着这样一些审美特质：历史文化底蕴、社会人生内容、自然本真的情感相交融而迸发出的强大的情感力量与气势，意境浑厚博大，词理意兴浑然一体，语言刚健、明朗、自然、晓畅。从一定意义上说，"盛唐气象"是中国古典美学范式的极致。

各民族音乐的融合使盛唐的音乐高度发达，"唐之盛时，凡乐人、音声人、太常杂户子弟隶太常及鼓吹署，皆番上，总号音声人，至数万人"②。各个艺术门类的融通是盛唐美学风貌的典型体现。"开元中驾幸东洛，吴生与裴旻将军、张旭长史相遇，各陈其能。时将军裴旻厚以金帛，召致道子，于东都天宫寺，为其所亲，将施绘事。道子封还金帛，一无所受。谓旻曰：'闻将军旧矣，为舞剑一曲，足以当惠。观其壮气，可助挥毫。'旻因墨缞为道子舞剑。舞毕，奋笔俄顷而成，有若神助，尤为冠绝，道子亦亲为设色，其画在寺之西庑。又张旭长史亦书一壁。都邑士庶皆云：'一日之中，获睹三绝。'"③ 时代的包容精神和气魄造就了这种将一切融为一体的"盛唐气象"。这一盛唐气象体现在美学上，表现为李白、杜甫的诗论，有关吴道子、李思训的画论，有关张旭、怀素的书论，以及各艺术领域的理论话语。

（三）中唐美学转向

中唐不仅是唐代美学变化的关键时期，也是整个中国美学乃至中国文化由前期向后期转变的关键时期。由中唐发端至北宋而大成的宋明文化，相对于汉唐文化有着很大不同，所以说"唐中叶后新开之文化，固与宋当画为一期者也"④。以中唐为界，审美趣味和文学艺术精神都发生了明显的"由外向内"的转向。从"神与物游"到"思与境偕"，是从对理想人格的祈盼转向对人生态度的追求；从"文以气为主"到"文以韵为主"，是从对外在世界的征服转向对心情意绪的体验；从"以形写神"到"离形得似"，是从外在世界转向内在心性；从"立象以尽意"到"境生于象外"，则是从对客观事物的追索转向宁静悠远的玄思。司空图也将传

---

① 严羽：《沧浪诗话校释》，郭绍虞校释，人民文学出版社 1983 年版，第 253、26 页。
② 欧阳修、宋祁撰：《新唐书》第二册，中华书局 1975 年版，第 477 页。本章以下凡引《新唐书》语均据此本。
③ 朱景玄撰：《唐朝名画录》，温肇桐注，四川美术出版社 1985 年版，第 2 页。
④ 吕思勉：《隋唐五代史》下册，上海古籍出版社 1984 年版，第 1336 页。

统的“滋味”说发展成了“韵味”说，推崇具有“味外之味”“韵外之致”的诗境，要求诗歌“超以象外，得其环中”。这其实正是中国美学从“以气为主”到“以韵为主”的理论总结。同时，作为转型之初的中唐，白居易、元稹的新乐府运动和韩柳的古文运动，举起了关注现实的大旗；“大历十才子”则歌颂生平，吟咏山水，追求隐逸，显出了美学趣味的多样性。这些多样性的审美趣味，都在相关的理论话语中反映出来。

(四）晚唐五代美学的多样化

晚唐五代时期的文学艺术在美学意义上呈现出多样化的局面，如杜牧、李商隐等人忧生念乱，感慨身世，追求诗歌的形式美。杜牧的七言绝句体现出清丽明朗、深情细腻甚至多愁善感的艺术风貌；至于李商隐，则以心象熔铸物象，营造了深情绵邈、绮丽精工的诗境。皮日休、杜荀鹤等人继承了关怀现实苦难的美学传统，皮日休的《橡媪叹》《三羞诗》，聂夷中的《伤田家》以及杜荀鹤的《山中寡妇》等诗作，都反映了混乱苦难的末世景象。温庭筠、韦庄等词人，则追求绮丽、细腻、缠绵的词风。

五代的绘画取得了长足的进步。南唐顾闳中的《韩熙载夜宴图》是人物画的杰出代表，画作由听琴、观舞、休闲、赏乐和调笑等五个既可独立成章又相互关联的部分组成，在构图、造型、用笔、设色等方面都显示了画家高超的绘画技艺，显示出浓郁的世俗生活气息。在花鸟画方面，黄筌花鸟画的风格倾向富贵，徐熙花鸟画的风格倾向野逸，这种不同一直影响到北宋。山水画成就更为突出，荆浩、关仝的北派承继水墨山水的传统。荆浩善作大山巨树，笔势雄健，且提出了系统的山水画法；关仝则善写幽人野渡，笔简气壮，景少意长。董源的山水画以南方山水为题材，深得南方山水神韵，表现了田园牧歌式的理想，并创造了与其绘画风格相应的“披麻皴”画法。三个人的绘画标志着中国山水画的成熟，并使中国山水画完全士大夫化了。

三、隋唐五代美学的基本要点

隋唐五代美学的基本要点可以从不同艺术的门类、现象和艺术范畴、理论两方面来划分。

(一）从艺术的门类和现象方面来划分

在隋代和初唐，文风的改革是时代的要求。隋代李谔有《上隋高帝革文华书》，呼吁改革齐梁文风；初唐陈子昂在《修竹篇序》中明确提出诗歌要有“兴寄”“风骨”的审美特征，并有丰富的诗歌创作实践。至盛唐，李白在《古风》(其一）中提出了“圣代复元古，垂衣贵清真”的审美理想，殷璠在《河岳英灵集》中标举“声律风骨”“兴象”，终于完成了文风改革。

唐代文学十分发达，出现了很多诗文流派和诗文创作运动，如盛唐时期以岑参、高适为代表的边塞诗派，以孟浩然、王维为代表的山水田园诗派，都表现出极为鲜明的审美特色。中晚唐时期，“载道”与审美开始分流。中唐时期韩愈、柳宗元领导的古文运动，提倡“文以明道”，白居易领导的新乐府运动，提倡“文章合为时而著，歌诗合为事而作”，都对后世影响深远；同时，这些诗文创作运动与盛唐时期杜甫的诗歌和晚唐时期的皮日休、杜荀鹤等人的创作一起构成了唐代的现实主义潮流，成为中国古代文学史上的重要现象。杜牧、李商隐、刘长卿、韦应物等人的诗则重审美，刘长卿、韦应物还以其清新隽永的诗风开辟了中唐新诗境。此时小说也开始自觉，将魏晋的志怪风尚转向对现实生活的深切关注。

隋唐五代书法艺术得到充分发展，“门类多”与“各臻妙境”的情形并存，“有唐一代之书……欧、虞、褚、薛，各自成家，颜、柳、李、徐，不相沿袭……唐人门类多，短长肥瘦，各臻妙境”。①近代丁文隽也在《书法精论·纲要》中说：“初唐虞、欧、褚三家鼎立；中唐颜真卿陶镕分篆，雄伟绝伦，一洗南朝浮艳及初唐凋疏之气；李阳冰中兴篆书，张旭大振草体，与颜真卿真书并驾齐驱；晚唐柳公权融会欧、褚、颜，自成一体。”②精要地概括了唐代的书法美学风貌。

在绘画方面，张彦远说“近代之画，焕烂而求备”③。盛唐时期，宗教题材的绘画得到重视，人物、牛马、花鸟、山水画在中唐时期取得自己的独特地位而迅速发展，中晚唐的人物画以“周家样”为主，山水画以水墨山水为主。五代时期主要成就表现在花鸟画和山水画领域，南唐人物画也有很大成就。隋唐五代时期出现了包括“画圣”吴道子在内的一大批著名画家，对后世影响很大。

隋唐五代还是一个乐舞十分发达的时代。这首先归功于开明的文艺政策。《旧唐书·音乐志一》记载，唐太宗在与御史大夫杜淹的对话中，强调开放的赏乐心胸的重要。在这种思想的指导下，乐舞艺术自然会得到充分的发展。在隋代，中原乐舞和南方乐舞融合在一起，形成了九部乐，至唐太宗时，增加高昌乐舞一部，成为十部乐，胡乐、胡舞得以盛行。这些传入中原的龟兹乐、西凉乐、高昌乐等融合传统的“雅乐”“古乐”，出现了许多创新。

唐代乐舞可分为两大形态，即健舞和软舞，分别代表了阳刚和阴柔两种审美风格。这些乐舞的形式很多，有胡腾舞、胡旋舞、柘枝舞、浑脱舞、剑器舞，等等，这些乐舞既有极高的审美价值，又因其符合唐人的审美需求，得到了广泛的传播。《霓裳羽衣舞》则是包括唐玄宗在内的宫廷艺术家对外来乐舞改造的结果，充分体现了四海融一、万方乐奏的盛世繁华景象。

---

① 钱泳撰：《履园丛话》上册，张伟校点，中华书局1979年版，第290页。

② 丁文隽：《书法精论》，中国书店1983年版，第5页。

③ 张彦远：《历代名画记》，俞剑华注释，上海人民美术出版社1964年版，第23页。

唐代的音乐美学思想，白居易《策林·复乐古器古曲》中的一段话可为代表："乐者本于声，声者发于情，情者系于政。盖政和则情和，情和则声和；而安乐之音，由是作焉。政失则情失，情失则声失；而哀淫之音，由是作焉，斯所谓音声之道，与政通矣。"① 白居易继承了《乐记》的音乐美学思想，既指出了音乐发自情感的本质特征和情在其中的关联作用，又强调了音乐与社会的关系，并突出了其政教性的社会功用。

另外，唐代的园林美学和服饰美学等也取得了长足的进步。

（二）从艺术的范畴和理论方面来划分

意境论是唐人对中国美学的重要贡献。刘勰在《文心雕龙·隐秀》中首先用"境"来评论嵇康、阮籍的诗，谓其诗"境玄思淡"，并提出"文外之重旨""深文隐蔚，馀味曲包"等重要问题。盛唐后，传为王昌龄所作的《诗格》则对意境进行了深入的描述："诗有三境。一曰物境。二曰情境。三曰意境。物境一。欲为山水诗，则张泉石云峰之境，极丽绝秀者，神之于心，处身于境，视境于心，莹然掌中，然后用思，了然境象，故得形似。情境二。娱乐愁怨，皆张于意而处于身，然后驰思，深得其情。意境三。亦张之于意，而思之于心，则得其真矣。"② 这段话分析了诗歌创作中意境创造的三个层次，提出"意境"一词，是意境理论的重要发展。其后皎然、刘禹锡分别提出"取境"（皎然《诗式·取境》）③、"境生于象外"（刘禹锡《董氏武陵集纪》）④ 等重要命题，又把意境论推进一步。晚唐司空图著《二十四诗品》，使意境理论得以完成。

文艺的多元与全面的发展，有了区别风格与等级的要求。由于科举制度的需要，唐代谈法谈诀的著作很多，主要以诗歌为对象，对书法、绘画也多有论及。唐人尚法，最初的诗格实际上主要是谈法，即专门性技巧，如声律、对偶、体式等问题。到王昌龄、皎然，虽然有"格"字的使用，但谈论的仍然是"法"。只是王昌龄的"诗有三境"和皎然的"辨体有一十九字"超越了技巧的层面。唐代"格"的理论在对六朝"目""品"范畴综合与发展的基础上，逐步将其提升到了新的高度，使其从部门的美学技术，上升到一般的美学理论，至窦蒙的《语例字格》，就形成了可以直接运用于任何审美领域的美学原理。"格"是一种偏重形式化的美学理论，重在探讨文艺作品风格的确定性，其在唐代的代表性著作有日本僧人遍照金刚编纂的《文镜秘府论》和窦蒙的《语例字格》。这些理论和著作对后

---

① 《白居易集》第四册，顾学颉校点，中华书局 1979 年版，第 1364 页。本章凡引白居易诗文均据此本。

② 张伯伟：《全唐五代诗格汇考》，凤凰出版社 2002 年版，第 172—173 页。

③ 皎然：《诗式校注》，李壮鹰校注，人民文学出版社 2003 年版，第 39 页。

④ 《刘禹锡集》：《刘禹锡集》整理组点校，卞孝萱校订，中华书局 1990 年版，第 238 页。

世的文学批评产生了很大的影响。

唐人“尚法”，但唐人的“法”不是指具体的创作技巧，而应该是创作中的法度、规范和态度，是与表现“风神骨气”的时代精神相统一的。在散文创作上，韩愈的“气盛，则言之长短与声之高下皆宜”（《答李翊书》）影响广泛。在书论上也是如此，孙过庭倡言“众妙攸归，务存骨气”①，张怀瓘认为“风神骨气者居上，妍美功用者居下”②，五代杨凝式书法因“逆入平出，步步崛强”③而受到赞美。在对绘画的品评上也不例外，如杜甫《画鹘行》云：“高堂见生鹘，飒爽动秋骨。初惊无拘挛，何得立突兀。”④ 彦悰《后画录》评江志“风神顿爽”、评李雅“神气抑扬”⑤ 等。这些论述充分表现了唐人“有法”与“无法”相统一的审美取向和精神风貌，展示出了唐人的宏大气魄。同时，唐代还产生了李白、张旭等因善于突破前代规范而名垂千古的伟大的艺术家，更充分说明了唐代审美精神的巨大的包容性和开放性。

多元并存、多元并重、多元融通也是唐代审美精神的重要特征。司空图《二十四诗品》将诗歌的审美类型大致分为雄浑豪放、纤秾绮丽、冲淡自然三大类，提倡并行不悖的多样化风格；孙过庭《书谱》重“正”，但不排斥“奇”；在“雅”与“俗”的问题上，唐人也是两不偏废，尤其是白居易的新乐府运动，在审美趣味上甚至向大众靠拢。

特别需要提出的是柳宗元对“美”作出的重要论述。他说：“夫美不自美，因人而彰。兰亭也，不遭右军，则清湍修竹，芜没于空山矣。”⑥ 这是说不存在先天的纯粹客观的美，美的事物和美感的产生总是与人的审美实践相联系。在一定意义上，这一论述既突出了审美主体的主体性，又不忽视作为审美创造材料的客观事物的规律性，含有丰富的辩证法思想，对后来王阳明、王夫之的美学思想都有一定的影响。

第二节　多元文化视野中的美学思想

一、多元文化中的儒、释、道以及其他宗教的美学思想

隋唐时期，三教并重。儒学上，孔颖达主编的《五经正义》，颜师古审核的

---

① 孙过庭撰：《书谱译注》，马国权注，上海书画出版社 1980 年版，第 83 页。
② 张彦远辑录：《法书要录》，范祥雍点校，人民美术出版社 1984 年版，第 152 页。
③ 祝嘉编：《艺舟双楫疏证》，中华书局 1978 年版，第 46 页。
④ 《杜诗详注》第二册，仇兆鳌注，中华书局 1979 年版，第 477 页。
⑤ 于安澜编：《画品丛书》，上海人民美术出版社 1982 年版，第 50 页。
⑥ 《柳宗元集》第三册，中华书局 1979 年版，第 730 页。

《五经定本》，都是官方思想工程的实绩；佛教进入总结期，隋文帝组织撰集《众经目录》两部，抄经46藏，132 086部，唐太宗为玄奘组织3 000人参加的大型译场，译出经书75部、1 335卷，在唐玄宗时编成《开远道藏》。同时袄教、景教、摩尼教、伊斯兰教皆在长安以及一些地方设立了寺庙，整个唐代思想呈现出多元化的景观。

儒学思想对美学的影响，从隋代王通到初唐陈子昂再到盛唐李白，大力提倡儒家思想和风雅主调，要让诗文与儒学精神相一致。王通在《中说》说："子曰：学者博诵云乎哉！必也贯乎道；文者苟作云乎哉！必也济乎义。"① 陈子昂《与东方左史虬修竹篇序》中要求重振风雅，让诗文有汉魏风骨，"有金石声"，李白在《古风》中也明确地呼唤大雅。儒家思想在文艺上的体现，在诗歌中以杜甫为最，在古文里以韩愈为最。杜甫的"致君尧舜上，再使风俗淳"是贯穿在他整个诗歌中的儒家精神的显现；韩愈提倡的古文运动，本身就是为了复兴儒家思想；白居易在《与元九书》和《新乐府序》中更是提出了歌诗文章为时为事而作、不为文而作的主张，都明确要求诗文要裨益现实。儒家精神像一条红线一样贯穿在隋唐五代时期，成为美学的一个重要主色。

隋文帝下令复兴佛道："沙门坏佛像，道士坏天尊者，以恶逆论。"② 道教在唐代得到了很大的发展。隋末唐初，道士王远知等或假老子之言，或传符命，做了大量的舆论工作，对后来的茅山宗、楼观道、天台派、洞渊派、北帝派等道教流派都有重要影响。长安城中道观就有40多座，著名的有东明观、兴唐观、太清宫、金仙观、玉真观等，规模宏大，建筑精美。唐韦述《两京新记》（卷二）载普宁坊的东明观："规度仿西明之制，长廊广殿，图画雕刻，道家馆舍，无以为比。"③ 大山之中的道观更是把道教关于三岛十洲、十大洞天、三十六小洞天、七十二福地的描绘具体化了。

道教的长寿和成仙理想也渗透在唐代文艺中。王勃、卢照邻都有学仙羡仙的诗文，陈子昂也是"常愿事仙灵，驰驱翠虬驾……永随众仙逝，三山游玉京"④；至于李白，更是"五岳寻仙不辞远，一生好入名山游"（《庐山谣寄卢侍御虚舟》）；白居易、顾况、李颀都曾隐居学道，受篆炼丹。道教思想的渗透使唐代的山水诗增加了游仙的意味。

初唐时，成玄英、李荣等著名的道教学者援佛入道，形成了独特的重玄美学思想，魏徵等人则体现出儒教、道教合一的美学思想。盛唐至中唐，道教美学思

---

① 郭绍虞主编：《中国历代文论选》第二册，上海古籍出版社1979年版，第1—2页。
② 魏徵等撰：《隋书》第一册，中华书局1973年版，第46页。
③ 韦述：《两京新记》，中华书局1985年版，第26页。
④ 《陈子昂集》，徐鹏校点，中华书局1960年版，第16页。

想在美的本质、道教伦理美学等许多方面都有丰富的论述，出现了许多道教学者。唐末五代时期，有谭峭、沈汾、杜光庭的道教美学和相关的文学作品。成玄英的道教美学思想具有突出的代表性。他的《南华真经注疏》等著述是重玄学的代表作，其中的思想极大地提升了道教逍遥、无待的美学理想，并上升到超越有无对立的高度；在审美方式上以老庄的损、忘为本，融合佛教思想，发展出“真观”审美方式；在审美趣味上追求圆融无碍的境界，在审美中体会道的存在。在《南华真经注疏》① 中，成玄英提出“以道为美”的思想，认为：“大道无不在，而所在皆无，故处处有之，不简秽贱。”（《知北游》疏）“至道凝然，妙绝言象。”（《大宗师》疏）“大道虚廓，妙绝形名，既非色声，故不可称谓。”（《齐物论》疏）在这里，“道”是美的，“道”“道美”也是超越感官的。他以“玄”“一”释“道”，认为其在道教美学中具有统率众“美”的意义，即所谓“重玄之域，众妙之门”（《大宗师》疏）。成玄英还继承了道家的“道生一，一生二，二生三，三生万物”的思想，认为“道通生万物，故名道为物之初也”（《田子方》疏），体现了他的以“生”为“美”，以变为美的道教美学思想。另外，成玄英受儒家中和之美的影响，认为道具有中和之美的特点，所谓“保恬淡一心，处中和妙道”（《在宥》疏），是说审美主体只有无欲无求、不偏不倚才能获得真正的审美享受。道教的美学思想在当时影响极大，在诗歌、绘画、书法、雕塑等艺术作品及其理论著作中都有鲜明的反映，如诗歌中的“游仙诗”，理论著作中司空图的《二十四诗品》等。也出现了一大批明显带有道教审美趣味的作家，如司马承祯、李白、贺知章、吴筠、吴道子等人。总之，道教美学思想为隋唐五代的美学和艺术注入了一定的活力。

隋唐是中国佛教大发展的时期，出现了天台宗、三论宗、唯识宗、律宗、华严宗等众多流派，各流派的经典都对美学产生各种各样的影响。如天台宗智顗通过“修行止观”达到“心如金刚”，通过“一心三观”达到“毕竟空”的无上智慧，与美学的境界相关；华严宗杜顺从“色空相即”到“色空无碍”到“空有圆融”，也与美学的境界相通；唯识宗玄奘通过破除“我执”和“法执”而达到“我空”和“法空”，与审美之境界有相通之处。禅宗慧能关于“身似菩提树，心如明镜台，本来无一物，何处染尘埃”的境界，同样强调了心灵的作用；其“教外别传，不立文字，直指人心，见性成佛”的教旨不但对佛教思想产生了重要影响，也对美学思想产生了重要影响。皎然《诗式》中的“但见性情，不睹文字”，司空图《二十四诗品》中的“不著一字，尽得风流”，不能说与禅宗思想和道家思

---

① 《南华真经注疏》，郭象注，成玄英疏，曹础基、黄兰发点校，中华书局 1998 年版。该段落引文依次出自该书的第 429、148、45、150、408、221 页。

想的多种影响没有关系。佛教思想对文艺的影响，让唐诗的山水境界充满了禅意，如“山河天眼里，世界法身中”（王维《夏日过青龙寺谒操禅师》）等；让唐诗的山水境界充满了空灵之美，如“行到水穷处，坐看云起时”（王维《终南别业》），“落花与禅意，相对亦忘言”（刘长卿《寻南溪常山道人隐居》），“曲终人不见，江上数峰青”（韦应物《省试湘灵鼓瑟》）等。佛教思想也对士人的生活艺术产生了影响。《维摩诘经·不思议品》讲：“若菩萨住是解脱者，以须弥之高广，内芥子中，无所增减，须弥山王本相如故。”① 中唐以后的士人，按照芥子纳须弥的方式在都市的有限空间中建筑起小小的园林，而小小的园林又映射出一个无限宇宙。白居易《酬吴七见寄》诗云：“君住安邑里，左右车徒喧。竹药闭深院，琴樽开小轩。谁知市南里，转作壶中天。”所呈现的正是壶中天地的生活旨趣。

除了儒、释、道三教思想之外，唐代还有经西域进入到中原的袄教、景教、摩尼教、伊斯兰教，由西域到长安和内地的西方各国以及印度、日本、朝鲜等国的使节、商人、留学生带来的多种多样的美学思想也在中国传播和融汇。而且，在西域，各种美学思想在互动；在吐蕃，以藏传佛教为主，各种艺术深受其美学观念的影响；在大漠和东北，以萨满教为主的各种思想在流动；在西南各地，不同的民族也都具有不同的审美偏好。

二、多元文化中的艺术美学思想

唐代朝廷舞乐是一个十分丰富的体系，而最能代表多元文化结合中的舞乐思想，是其中的十部伎和两部伎。十部伎即多部伎，是一种政治性、仪式性、艺术性、娱乐性相结合的音乐形式，按《通典·乐典四》的话，是“以备华夷”②，集中了多元文化的精粹。

《贞观政要·礼乐》篇中有一段话代表了唐代音乐美学的基本思想：“御史大夫杜淹对曰：‘前代兴亡，实由于乐……’太宗曰：‘不然，夫音声岂能感人？欢者闻之则悦，哀者听之则悲……今《玉树》、《伴侣》之曲，其声具存，朕能为公奏之，知公必不悲耳。’尚书右丞魏徵进曰：‘古人称：礼云，礼云，玉帛云乎哉！乐云，乐云，钟鼓云乎哉！乐在人和，不由音调。’太宗然之。”③ 这既是对儒家经典《乐记》思想的继承，同时也是创新。继承之处在于将音乐与社会政治密切联系起来，创新之处在于强调了音乐欣赏者的主体性。至于魏徵引用《论语》而进言，则是强调了仁德之美是音乐的本质，但否定了音乐本身的独立性。中唐白居易十分强调音乐的政教性作用，强调音乐与政治的关系。在《沿革礼乐》一文中，

---

① 僧肇：《注维摩诘所说经》，上海古籍出版社 1990 年影印版，第 118 页。
② 杜佑：《通典》第 144 卷，王文锦、王文兴等点校，中华书局 1988 年版，第3688 页。
③ 吴兢：《贞观政要注译》，王吉祥、王英志注译，河北人民出版社 1987 年版，第 347 页。

白居易认为音乐的邪正、哀乐等不在于乐器和曲目的今古，而在于政治及社会情况，即“和人心，厚风俗，是得作乐之本情”①。“君政善而美，人心平而和”②，则其乐自和。白居易还对大众趣味的提出予以赞扬，他说：“天下无正声，悦耳即为娱；人间无正色，悦目即为姝。”（《议婚》）③ 对于“美”“善”“雅”（政教、和）与“俗”的分裂的音乐现象，白居易也有所揭示。

唐代文学理论，名著甚多，而《文镜秘府论》为日本来华的僧人遍照金刚所编纂，体现了多元文化融合的文论特点。这是一本体系性的著作，主要对声调、体例、对偶、文意等诗歌法则以及各种文病、得失等做了详尽明确的讨论。其总体结构也较有意思，“天论”讲声调，“地论”讲体势，“东卷”讲对偶，“南卷”讲文意，“西卷”讲忌病，“北卷”讲对属与录帝德。整部书对各种形式上的问题作了详细的分类，让人可以看清楚怎样具体地写诗和具体地感受诗。

中国的书法，往往显示出中国宇宙论的特点，如孙过庭在《书谱》中说：“情动形言，取会风骚之意；阳舒阴惨，本乎天地之心。”④ 为书法寻找本体论依据。窦蒙的《语例字格》也是书法美学的重要著作，可以看成是一个中国美学的概念库，即使有些概念这里没有，也可以通过对这些概念的熟悉，根据需要触类旁通地创造出来。排在前面的是十条由两字构成的格：忘情、天然、质朴、斫磨、体裁、意态、不伦、枯槁、专成、有意。因这十条比其余的格多一字，且处于显著地位，可以看作是一个总论。因《语例字格》版本众多，格的排列顺序并不一样，但总的看来它们是可以相互注释的一个系统，内容和重心各不相同又互有联系。如“天然”强调其本然的运行方式，而“质朴”强调的是不假人为的外在装饰，与此相关的是，“忘情”体现从创作到完成的状态，最后忘记创作主体而回到本体。“斫磨”着眼点在错彩镂金的境界，与“忘情”一样，是从创造过程上讲的；“体裁”和“意态”均从作品审美形态着眼，但前者侧重法，与错采镂金相连，后者侧重趣，与天然忘情相关。这些概念各有侧重又相互照应。前面的十条，涵盖了从学艺到成家的全过程，有创作原则、创作方法、创作状态、创作态度和创作得失，对书法的创作论进行了全面的总结。《语例字格》还显示出把统一和多样结合在一起的以少总多的特征，展现出多元一体的审美取向。

唐代有着丰富多彩的绘画，应当进行总结，对其进行风格和等级的分类，成为时代的要求。朱景玄《唐朝名画录》在参照传统和同代人论述的基础上，把画家（包括来自吐火罗国的尉迟乙僧）分为神、妙、能三品，三品之中再分为上、

---

① 《白居易集》，顾学颉点校，中华书局 1979 年版，第 1363 页。

② 《白居易集》，顾学颉点校，中华书局 1979 年版，第 1365 页。

③ 《白居易集》，顾学颉点校，中华书局 1979 年版，第 30 页。

④ 孙过庭撰：《书谱译注》，马国权注，上海书画出版社 1980 年版，第 73 页。

中、下三等，这样就把各种各样的风格纳入到一个富有秩序感的体系中来。《唐朝名画录》在三品之外还设逸品，逸品的确立，对以后画论的发展具有重要的意义。

在多元文化的融合中，佛道艺术美学往往是交融在一起的。佛家即心即佛的观念与道家目击道存的思想相互生发，对中国的艺术美学产生了巨大而深远的影响。如唐太宗有“吾之所为，皆先作意，是以果能成也”（《论书》），虞世南有“心为君，妙用无穷，故为君也”①，张璪有“外师造化，中得心源”②，朱景玄有“挥纤毫之笔，则万类由心”③，等等。禅宗的不立文字与道家、儒家的“言不尽意”、言意之辨结合在一起，也产生了重要的影响，许多书画理论家都有相关论述。至于晚唐司空图《二十四诗品》中的“不著一字，尽得风流”，则将这种影响推向了极致。

三、多元文化中的设计和工艺美学思想

隋唐的广大疆域和开放胸怀，也体现在设计和工艺美学上面。

首先是长安城。唐长安城的前身是隋大兴城，由隋文帝授命，宇文恺总设计，总体思想承继了中华都城的基本格局，以南北纵轴作基本对称，主要宫室和官署集中在北部中央的皇城内，呈方整棋盘型。唐代在此基础上有所扩大，因地势南高北低，为了取得平衡，于城外东北龙首原上建大明宫。当时的长安可称世界之都，四方来朝的少数民族以及外国人甚多，长安的景观设计也增加了各色各样的世界性元素。

长安的多元文化特色，决定了长安充满了多元文化的建筑设计。贞观九年(635)，景教教士阿罗本抵长安，唐太宗乐其来华，于贞观十二年在长安建景教波斯寺，玄宗时改为大秦寺。德宗建中二年（781）立“大秦景教流行中国碑”，目前仍在。摩尼教流行时，长安建摩尼教大云光明寺。玄奘为供奉从印度带回的佛像、舍利和梵文经典，在慈恩寺建造大雁塔，融入了天竺风格；武后时建的小雁塔，密檐结构另有一番风貌。祆教、景教、摩尼教的寺院与王府宅第和佛寺道观一起形成了长安的多元文化景观。

唐朝的服饰设计也受到了多元文化的影响。唐代服饰就制度性一面来讲，继承着历代的冕服体制，区分尊卑上下，但在风格样式上却受以“西域胡风”为代表的多元文化的影响，特别体现在女性服饰上。《旧唐书》讲了从初唐到开元之间女性服饰的三次变化：最初是全身遮蔽的幕离，就形式来说，这是借鉴了为抵御

---

① 上海书画出版社、华东师范大学古籍整理研究室选编、校点：《历代书法论文选》上册，上海书画出版社1979年版，第120、110页。

② 张彦远：《历代名画记》，俞剑华注释，上海人民美术出版社1964年版，第201页。

③ 叶朗主编：《中国历代美学文库》隋唐五代卷下，高等教育出版社2003年版，第250页。

风沙而遮蔽全身的胡服风格，从内容上说则体现了儒家的礼制；后来弃幕离而戴胡帽，帽上有帷，拖裙到颈，这仍体现了儒家礼制与胡服的结合；最后，去掉面帷，露颈至胸，走向时尚和开放。这些变化主要是受胡姬酒楼和宫廷胡舞的巨大影响。段成式在《酉阳杂俎·髻鬟品》中列出了妇女的花样繁多的发髻样式，计有三十多种，是多种民族风情的汇合。唐代的眉式很多，有长眉、叶形眉、阔眉等。阔眉在初唐已开始流行，一般较长。到盛唐末年，妇女的阔眉开始变短，成为唐诗人中描写的桂叶眉。眉心还有各种装饰，称之为钿。唐代贵族女性的佩饰种类繁多。发饰有管、钗、金细、步摇、梳、蓖、珠花、管花等，耳饰有耳环、耳坠等，颈饰有项链、项圈、念珠、缨络等，腰饰有佩鱼、香囊等，带饰有带钩、带扣等，手饰有指环、手镯、臂钏等。衣裙也是花样多姿，如长裙一般由六幅布帛竖向缝合而成，着此长裙，坐下时，“衣带紫纤草”，走动时，“裙裾扫落梅”，乃至有“裙拖六幅湘江水”（李群玉《杜丞相筵中赠美人》）的景致。

在唐代以前，内地宴享为席地而坐，一般采用分食制，因此家具多低矮，大的食器如壶、樽之类直接放置于地上，小的食具如耳杯、盘、筷之类则放在食案上。北方游牧民族一般是大家一起进餐，且可以男女同享，因适应这种需要而有墩、椅、凳、胡床等坐具。唐代胡汉文化进一步深入交流，各种坐具开始流传到中原，先被宫廷接纳，后逐渐为广大群众所喜爱，进入到百姓的家庭之中，并与床、榻、屏风等中原坐具一起使用。未署名的《唐宫乐图》中十二宫女围绕一个大长方形案桌，展示了坐在几型椅上饮食的欢乐场景；五代时著名的《韩熙载夜宴图》中更是清晰地展示了床榻与坐椅同时使用的典型场面。正是在多元文化的影响下，隋唐五代与坐相关的家具设计处在一个转型的过程之中。

与多元文化相关的设计还体现在众多的建筑、雕塑、陶瓷、漆器、丝织、金银品之中，唐代的工艺美术主要以陶瓷工艺、金属工艺、丝织工艺等为主。在陶瓷工艺中，唐三彩是从汉代的釉陶发展而来，是唐朝最负盛名的陶器。它继承了国画、雕塑等工艺美术的特点，以黄、褐、绿为基本色，用刻画等技术装饰器身。唐初，唐三彩的品种不算多，多数是在挂釉之后进行彩绘，在造型、工艺等制作方面还比较简单，至盛唐才进入鼎盛阶段。此时的武士像勇猛刚烈，妇人像高贵大方、丰满端庄，还有深目高鼻的胡人像，动物造型也生动而有气势；设色上艳丽、热烈，显示出典型的盛唐气象，唐三彩也因此而获得了世界声誉。唐人吸收了许多外来文化，在色彩方面一改此前崇尚素色的习惯，将多种色彩鲜艳的釉彩共同绘制在器物上，给人以五光十色的强烈印象；再加上栩栩如生的造型，带有很强的生活化和世俗化的特点，使得唐三彩成为中国陶瓷史上的奇葩。

金银器和铜镜的制造工艺在隋唐时期也得到了长足的发展。金银器的制作在中国有着悠久的传统，唐人在继承前人工艺的基础上，又吸收了外来文化，在造型上有端庄大方和精巧生动相结合的特点，工艺技巧十分娴熟，纹饰多用联珠纹和动物纹，器身上有胡人像，器形明显有西域风格，出现了与波斯萨珊王朝以及西域的艺术风格相融合的特点，形成了璀璨夺目的艺术风格，具有很强的装饰性。至中唐时期，器形向中土传统回归，线条优美流畅，纹饰以单独的花枝、禽鸟以及动物为主，具有写实性，精致而生动。此时铜镜的生产和装饰工艺很发达，做工复杂精细，装饰花纹和图案变得自由活泼，形式多样，具有很高的审美价值。

隋唐时期的丝织业得到了高度的发展，最具有代表性的是双面锦，该锦缎的突出特点是正反两面的花纹相同，但颜色不同，由彩纬显示的纹饰富有立体感，不仅华丽精致，绚烂美观，还可以两面使用，更加坚韧耐磨。另外，唐朝漆工艺也很发达，较著名的有将漆工艺和金银工艺结合在一起的“金银平脱”，即用金箔和银箔制成花鸟人物图案，贴在漆器上涂漆，待漆干透后再将涂在金银上的漆磨去，这样就使金银图案和漆器融为一体，显示出绚丽的审美效果。此时雕漆工艺、螺钿镶嵌工艺等也开始出现，制作出许多工艺瑰宝。

第三节 唐代美学的主要类型

唐代是一个审美文化百花盛开的时代，在各样各样的美学中，有三种类型具有主流意义。一是李白诗张旭书吴道子画所共汇的天才—浪漫类型，二是杜甫诗韩愈文颜真卿书所共汇成的法度—现实类型，三是由山水诗水墨画共汇成的冲淡—远逸类型。

一、李诗张书吴画的美学风格

盛唐时期，经济繁荣，政治开放，思想文化包罗万象，由此缔造了人们自信自豪、开拓进取和富有创造性的精神气质。在文学艺术上，李白的诗歌、张旭的草书和吴道子的绘画典型地表现了这种时代精神，展现出自由创造的审美精神，也体现了独特的美学思想，并将中国的文学艺术推向了新的高峰。

（一）李白诗的美学风格：“清水出芙蓉，天然去雕饰”

李白（701—762）的诗歌追求“清真”之美。这种审美创造不仅是一种艺术风格，更是生命的外化形式：“右军本清真，潇洒出风尘。山阴遇羽客，要此好鹅宾。扫素写道经，笔精妙入神。书罢笼鹅去，何曾别主人。”（《王右军》）① 这里既是写王羲之，也是自况；既是写艺术风格，更是写清真自然的人格。因此，李

① 《李太白全集》，王琦注，中华书局1977年版，第1028页。

白的“清真”诗风往往表现为对本真生命状态无比自由的表达：“弃我去者，昨日之日不可留；乱我心者，今日之日多烦忧。长风万里送秋雁，对此可以酣高楼。蓬莱文章建安骨，中间小谢又清发。俱怀逸兴壮思飞，欲上青天揽明月。抽刀断水水更流，举杯消愁愁更愁。人生在世不称意，明朝散发弄扁舟。”（《宣州谢朓楼饯别校书叔云》）① 对生命有限的焦虑，对不合理现状的愤懑，对因“立言”而不朽的深情执著，对超越现实的浪漫向往，对悲剧意识不得消解的无奈，对前路决然而又洒脱的选择，诸味并陈，一时俱在。这种不知其可的情绪状态恰恰是李白生命自然的最真实的显现，充分表现了他什么都要尝试，什么都不满足的性格特点，也是盛唐开放精神和包容气魄的典型例证。以“清真”诗风写“清真”之人，二者略无间隔地融为一体。

这种“清真”的诗风还表现在突破一切心灵栅栏的浪漫。在《庐山谣寄卢侍御虚舟》中，以“楚狂人”求仙的方式俯视自然万物，睥睨一切，让心灵与自然和自由同在，已不是单纯的“游仙”，也不是简单地对儒家的否定，而是无丝毫尘俗气的诗性的解放，将心灵的浪漫发挥到了极致。

李白对“逸兴”尤为重视：“清水出芙蓉，天然去雕饰。逸兴横素襟，无时不招寻。”（《赠江夏韦太守良宰》）“三山动逸兴，五马同遨游。”（《与从侄杭州刺史良游天竺寺》）“作诗调我惊逸兴，白云绕笔窗前飞。”（《醉后答丁十八以诗讥予捶碎黄鹤楼》）“茫然起逸兴，但恐行来迟。”（《见范置酒摘苍耳作》）“狂客归舟逸兴多。”（《送贺宾客归越》）“逸兴”就是自然逸出的与世俗杂念无关的情绪、灵感和创作冲动，这构成了李白“清真”诗风的内在底蕴。

李白有明确的创作主张，他在《古风》组诗中说：“大雅久不作，吾衰竟谁陈。”“自从建安来，绮丽不足珍。圣代复元古，垂衣贵清真。”“一曲斐然子，雕虫丧天真。”“安得郢中质，一挥成斧斤。”组诗较为集中地阐述了他的诗歌美学思想，主要是要恢复“古道”，反对绮丽、雕琢的诗风，倡导“清真”“天真”和“一挥成斧斤”的自然之美。在李白那里，“清真”诗风与质朴率真的生命状态合一，去除了一切“雕饰”，留下了未经损伤的“天然”，了无滞碍地“立象尽意”，这使李白登上了诗歌的巅峰。

（二）张旭书法的美学风格：“超以象外”的意境

张旭（675—750?）是书法史上开狂草先河并将其推向艺术顶峰的大师，他的草书具有豪放奇逸、气势恢宏的意境，对当时及后世均产生了巨大的影响。

张旭好酒，性格狂傲不羁，与李白、贺知章等人合称为“酒中八仙”，“张旭三杯草圣传，脱帽露顶王公前，挥毫落纸如云烟”（杜甫《饮中八仙歌》）。他的艺

① 《李太白全集》，王琦注，中华书局1977年版，第861页。

术创作也与酒有着密切的联系，据《新唐书·文艺传》记载：（张旭）“嗜酒，每大醉，呼叫狂走，乃下笔，或以头濡墨而书，既醒自视，以为神，不可复得也，世呼张颠。”① 张旭的书法把情感与历史兴替、宇宙万物融为一体，创造出独特的书法意境。韩愈说：“往时张旭善草书，不治他伎，喜怒窘穷，忧悲愉佚，怨恨思慕，酣醉无聊不平，有动于心，必于草书焉发之。观于物，见山水崖谷，鸟兽虫鱼，草木之花实，日月列星，风雨水火，雷霆霹雳，歌舞战斗，天地事物之变，可喜可愕，一寓于书：故旭之书，变动犹鬼神，不可端倪，以此终其身，而名后世。”（《送高闲上人序》）② 这正是“超以象外，得其环中”的境界。

张旭的草书有着突出特点。其一，书为万象，万象归书。《新唐书》载：“旭自言，始见公主担夫争道，又闻鼓吹，而得笔法意，观倡公孙舞剑器，得其神。”③ 公主与担夫的挤让之姿及其韵味，剑器舞的刚柔弛骤及其神理，都被张旭化入笔端，展现出一切即一、一即一切的审美风貌。其二，重视意境的营造。与前人相比，张旭书法更重视整体构图，在整体构图中营造出“独与天地精神往来”的浪漫意境。其三，气势磅礴，感情充沛。以《古诗四首》为例，其书如山呼、如海啸、如烈焰、如飓风，冲决一切的气势中蕴藏着无比浪漫的感情。宗白华说：“张旭的书法不但抒写自己的情感，也表示自然界各种变动的形象。……这些形象在他的书法里不是事物的刻画，而是情景交融的‘意境’。”④ 张旭狂草集盛唐的乐舞、诗、画浪漫精神于一体，使书法艺术成为抒发感情的艺术手段，营造出狂放昂扬、气魄宏大的书法意境，充分展现出盛唐的时代精神。

（三）吴道子画的美学风格：“出新意于法度之中，寄妙理于豪放之外”

吴道子（约680—759），又名道玄。在中唐至北宋时期就被尊为“画圣”。苏轼在《书吴道子画后》中说：“道子画人物，如以灯取影，逆来顺往，旁见侧出，横斜平直，各相乘除，得自然之数，不差毫末，出新意于法度之中，寄妙理于豪放之外，所谓游刃余地，运斤成风，盖古今一人而已。”⑤ 概括了吴道子画中体现的美学思想，指出吴道子画将神似寓于以豪放的线条、构图和设色构成的形似之中，追求神似与形似完美结合的审美境界，以豪放的风格表现时代精神，富有创新意识。吴道子几乎擅画各种题材，如人物、佛像、鬼神、台殿、草木、禽兽、山水，等等，皆冠绝于世，但绘画多取材佛教、道教经典及相关故事，据《历代名画记》和《宣和画谱》载，吴道子曾创作过大量的地狱变相、天尊像、佛会图、

---

① 欧阳修、宋祁撰：《新唐书》，中华书局1975年版，第5764页。
② 《韩昌黎文集校注》，马通伯校注，古典文学出版社1957年版，第158页。
③ 欧阳修、宋祁撰：《新唐书》，中华书局1975年版，第5764页。
④ 宗白华：《美学散步》，上海人民出版社1981年版，第160—161页。
⑤ 《苏轼文集》卷七十，孔凡礼点校，中华书局1986年版，第2210—2211页。

观音菩萨像、地藏像、炽盛光佛像、阿弥陀佛像、道教神像作品。吴道子画流传下来的真迹很少，公认吴画代表作《天王送子图》疑为宋代的真迹摹制品。吴道子曾师从张旭学习书法，受其影响，在绘画方式上用笔极快。朱景玄的《唐朝名画录并序·神品上一人》记载："立笔挥扫，势若风旋"；又说他"奋笔俄顷而成，有若神助"，"施笔绝踪，皆磊落逸势"。该书还载吴道子画嘉陵江水的事："明皇天宝中忽思蜀道嘉陵江水，遂假吴生驿驷，令往写貌。及回日，帝问其状，奏曰：'臣无粉本，并记在心。'后宣令于大同殿图之，嘉陵江三百余里山水，一日而毕。时有李思训将军，山水擅名，帝亦宣于大同殿图，累月方毕。明皇云：'李思训数月之功，吴道子一日之迹，皆极其妙也。'"① 这种运笔方式使得绘画线条如惊风急电，显得极为奔放而又有气势；同时，吴道子画的线条还有极其丰富的变化，这种变化在每一笔和笔锋的转折处都有鲜明的表现。这些特点使其所画人物衣褶飘举，线条遒劲，人称"莼菜条"，营造出天衣飞扬、满壁风动的效果，被誉为"吴带当风"。

吴道子的人物画造型上的一个鲜明特点是传神，即具有和雕塑艺术相类似的视觉效果。宋代董逌说："吴生画人物如塑，旁见周视，盖四面可意会。其笔迹圆细如铜丝萦盘，朱粉厚薄，皆见骨高下。而肉起陷处，此其目有得者，恐观者不能于此求之，故并以设彩者见焉。此画人物尤小，气韵落落，有宏大放纵之态，又其难者也。"(《广川画跋》卷六《跋李祥收吴生人物》)②"旁见周视，盖四面可意会"，是高超的造型技巧与设彩技巧高度统一的结果。吴道子的画以"壮美"的风骨表现了盛唐那种热烈、健康、刚健向上的精神气质，确立了新的民族风格，即后人所称的"吴家样"，对后世绘画影响深远。

二、杜诗韩文颜书的美学风格

杜诗韩文颜书集各自艺术门类的大成。苏轼说："诗至于杜子美，文至于韩退之，书至于颜鲁公，画至于吴道子，而古今之变，天下之能事毕矣。"(《书吴道子画后》)③ 此语历来被视为至论。但其中吴道子的画有突破规范和"尚法"的两面性，我们将其归入突破规范的一类。唐代文学艺术既有突破规范，追求自由的一面，又有树立典范、追求"法度"的一面，杜诗韩文颜书主要体现后一方面。

（一）杜甫诗的美学风格："沉郁顿挫"

杜甫（712—770）被称为"诗圣"，根本原因在于他以忧国忧民的儒家情怀真实地反映了那个时代的历史状况，使之与儒家的文化价值产生了深刻的关联。至

---

① 叶朗主编：《中国历代美学文库》隋唐五代卷下，高等教育出版社2003年版，第255页。

② 叶朗主编：《中国历代美学文库》宋辽金卷下，高等教育出版社2003年版，第71页。

③《苏轼文集》卷七十，孔凡礼点校，中华书局1986年版，第2210页。

于杜诗的审美特点，自宋代以后，人们多用“沉郁顿挫”来概括，此四字既指杜诗具有深沉博大的思想情感，也指杜诗具有丰富完备的形式。施补华《岘佣说诗》（一五三）说：“少陵七律，无才不有，无法不备。义山学之，得其浓厚；东坡学之，得其流转；山谷学之，得其奥峭；遗山学之，得其苍郁；明七子学之，佳者得其高亮雄奇，劣者得其空廓。”① 这段话不仅概括了杜诗在后代的巨大影响，更指出了杜诗的艺术特征。“沉郁顿挫”和“无才不有，无法不备”互为表里，形成了杜诗中的美学思想。

杜甫诗歌不仅五、七言诗成就极高，被称为七律圣手，且诗众体皆备，多有创新。杜诗法度则在七律中得到充分的体现。杜甫《登高》诗云：“风急天高猿啸哀，渚清沙白鸟飞回。无边落木萧萧下，不尽长江滚滚来。万里悲秋常作客，百年多病独登台。艰难苦恨繁霜鬓，潦倒新停浊酒杯。”② 胡应麟说：“杜风急天高一章五十六字，如海底珊瑚，瘦劲难名。沉深莫测。而精光万丈。力量万钧。通章章法句法字法。前无昔人。后无来学。”③ 杜诗不仅格律谨严，也富于创新精神，如善于以议论入诗，善于打破五言律诗的上二下三、七言律诗的上四下三的句式常规等，从多个层面体现了律诗的表现形式。

在“才”与“法”的关系上，杜甫有明确的认识。他说：“读书破万卷，下笔如有神。”（《奉赠韦左丞丈二十二韵》）“醉里从为客，诗成觉有神。”（《独酌成诗》）“野寺江天豁，山扉花竹幽。诗应有神助，吾得及春游。”（《游修觉寺》）再宽容的“法”也是束缚创作自由的，只有“一片神行”（神、才）才是创作的自由境界。在诗歌创作上，杜甫正是由不自由而达到自由的典范。

杜诗的范本意义决不仅仅表现在其形式上。“要是没有杜诗，很可能中国诗就会顺着文苑传统的优势，愈渐滑向一种形式意义的美感价值，或顺着科举考试的路子，愈渐沦为一种世俗功利价值，或顺着感性生命的张扬，愈渐成为一种轻灵浮滑的美文学。”④ 因此，可以这样说，杜诗在中国诗歌史上具有“根”的意义和作用。

（二）韩愈散文的美学风格：“文起八代之衰，道济天下之溺”

韩愈（768—824）被苏轼赞为“文起八代之衰，而道济天下之溺”（《潮州韩文公庙碑》），这句话抓住了韩愈古文的审美特质，即韩愈的古文既反对历来流行的骈文，也与先秦两汉的散文有所不同，形成了托古喻今、起弊振衰、以文风改革促进思想变革的散文审美特质，并且与柳宗元一道，为古文立法，在中唐以及

---

① 丁福保编：《清诗话》下册，上海古籍出版社 1978 年版，第 991 页。

② 《杜诗详注》，仇兆鳌注，中华书局 1979 年版，第 1766 页。

③ 胡应麟：《诗薮》内编卷五，中华书局 1958 年版，第 92 页。

④ 胡晓明：《略谈杜甫诗学与中国文化精神》，《文艺理论研究》1994 年第 5 期。

后世产生了重要的影响。

韩愈的古文形式多样，都来源于他本于自然、立于现实、高扬儒道、突出个性的胸怀。这一方面体现为一种强大的气势：“气盛则言之短长与声之高下者皆宜。”（《答李翱书》）① 另一方面体现为“不平则鸣”的情怀：“大凡物不得其平则鸣。草木之无声，风挠之鸣；水之无声，风荡之鸣。其跃也或激之；其趋也或梗之；其沸也或炙之。金石之无声，或击之鸣。人之于言也亦然：有不得已者而后言，其歌也有思，其哭也有怀，凡出乎口而为声者，其皆有弗平者乎！”（《送孟东野序》）② 这样的内在精神，遇事而发，因道而生，不但体现为一种巨大气势，而且体现为一种古文的文章法度。当其呈现为议论之文时，往往据理驳难，层层进逼，气势滔滔，不可抵御，形成了雄奇奔放、气势磅礴、语言流畅明快、行文跌宕有致而又奇崛不平的突出特点。苏洵评论说：“韩子之文，如长江大河，浑浩流转，鱼鼋蛟龙，万怪惶惑，而抑遏蔽掩，不使自露；而人自见其渊然之光，苍然之色，亦自畏避，不敢迫视。”（《上欧阳内翰第一书》）③ 茅坤也说：“吞吐骋顿，若千里之驹而走赤电、鞭疾风，常者山立，怪者霆击，韩愈之文也。”（《唐宋八大家文钞·论例》）④ 韩文之所以如此，与韩愈以“道”自任，“善养吾浩然之气”有着内在的联系。因此，韩愈散文的意义也不仅仅在散文的形式上，而是在于创造了一种承前启后，将散文的“载道”、审美以及实用性完美地融合在一起的散文模式，并使散文的应用范围扩大到前所未有的程度，对后世散文产生了深远的影响。清人曾说“八家莫不步趋韩子”，其实，“八家”以后的散文也没有脱出韩愈开创的散文传统。

（三）颜真卿书法的美学风格：“笔画巨细皆有法，愈看愈佳”

颜真卿（709—784）书法是变古创新的典范，在书法史上地位极高。黄庭坚评论说：“观鲁公此帖，奇伟秀拔，奄有魏、晋、隋、唐以来风流气骨。回视欧、虞、褚、薛、徐、沈辈，皆为法度所窘，岂如鲁公萧然出于绳墨之外，而卒与之合哉！盖自二王后，能臻书法之极者，惟张长史与鲁公二人。”（《题颜鲁公帖》）⑤ 这不仅指出了颜真卿书法与前人的不同，也指出了其内在的联系，更抓住了颜真卿书法突破规范而又创立规范的美学思想。

颜真卿的书法笔笔有来历，字字有规矩，显示出严整的法度；风格上骨力雄强、筋肉丰实、方正饱满、气势宽博，意境上雄浑廓大、自然瑰丽、刚健洒脱。

---

① 《韩昌黎文集校注》，马通伯校注，古典文学出版社 1957 年版，第 99 页。

② 《韩昌黎文集校注》，马通伯校注，古典文学出版社 1957 年版，第 136 页。

③ 苏洵：《嘉祐集笺注》卷十二，曾枣庄、金成礼笺注，上海古籍出版社 1993 年版，第 328 页。

④ 《茅坤集》卷三十一，张梦新、张大芝点校，浙江古籍出版社 2012 年版，第 823 页。

⑤ 《黄庭坚全集》，刘琳、李勇先、王蓉贵点校，四川大学出版社 2001 年版，第758 页。

颜真卿书法在融汇中创新，开启了新一代书风。在具体的书法技巧上，颜真卿对初唐王派书家注重运指的特点作了大胆的改进，显著加大了腕力的运用，突出笔画的筋力之美，气派雍容堂正，被范仲淹誉为“颜筋”；颜真卿又将篆、隶的中锋用笔、藏锋逆入等特点化入楷书之中，使颜体呈现出正大温润的意境之美；还创造了“锥画沙”“屋漏痕”“折叉股”“印印泥”等笔法，使“蚕头燕尾”的颜楷丰腴劲健，端庄雄伟，既合篆籀之神理，又得隶书之法则，体现出放而不流，拘而不拙的中和的审美效果。

欧阳修评颜真卿书法说：“笔画巨细皆有法，愈看愈佳。”（《集古录》卷七《唐颜真卿小字麻姑坛记》）① 此语深得颜书神韵。颜真卿为官清廉，安禄山叛乱，他联络从兄颜杲卿起兵抵抗，附近十七郡响应，颜真卿被推为盟主，合兵二十万，迟滞安禄山的进攻，使其不敢急攻潼关。晚年逢淮西节度使李希烈叛乱，遭奸相卢杞陷害，被派前往劝谕李希烈，因坚贞不屈被杀。所谓书如其人，颜真卿是人格与书风相统一的典范。

三、山水诗和水墨画的美学风格

唐代美学中，孟浩然、王维的山水诗和水墨画的兴起，共同构成了唐代美学建构宇宙情怀的一面。

孟浩然（689—740）的山水诗十分善于营造清幽的艺术境界，如《秋登兰山寄张五》：“北山白云里，隐者自怡悦。相望试登高，心随雁飞灭。愁因薄暮起，兴是清秋发。时见归村人，平沙渡头歇。天边树若荠，江畔舟如月。何当载酒来，共醉重阳节。”② 该诗将隐逸与放情、执著与旷达融合起来，表现出盛唐时期人与社会和谐共处的情景及其在审美中体味本体性存在的宇宙情怀。

王维（701—761）的山水诗以“静”“闲”“淡”的心境来发现山水之美，善于抓住不同季节中富有特征的景物，从中摄取最富有诗意的一面或最引人入胜的一刹那，将山水与田园、物候与季节以及人情与世事渲染得极富诗情画意。如《山居秋暝》：“空山新雨后，天气晚来秋。明月松间照，清泉石上流。竹喧归浣女，莲动下渔舟。随意春芳歇，王孙自可留。”③ 在清新宁静而又生机盎然的自然山水中，诗人的精神也升华到了空明无碍的境界，自然美与心境美水乳交融，创造出如水月镜花般的纯美诗境。王维诗最著名的，还是他那些与禅意相通的山水诗。如《辋川集》中的几首绝句：“飒飒秋雨中，浅浅石溜泻。跳波自相溅，白鹭

① 《欧阳修全集》，李逸安点校，中华书局 2001 年版，第 2242 页。

② 《孟浩然诗集校注》，李景白注，巴蜀书社 1988 年版，第 52 页。

③ 《王维集校注》，陈铁民校注，中华书局 1997 年版，第 451 页。

惊复下。”(《栾家濑》)① “独坐幽篁里，弹琴复长啸。深林人不知，明月来相照。”(《竹里馆》)② “空山不见人，但闻人语响。返景入深林，复照青苔上。” (《鹿柴》)③ “木末芙蓉花，山中发红萼。涧户寂无人，纷纷开且落。” (《辛夷坞》)④ 如果把这四首诗按照精神流程编排起来，可以看到一条由喧嚣的尘世潜入自然、在自然中抒解而获得心灵的宁静、在宁静中返观默照而得到解脱、最终因解脱而与自然浑然融入的心灵轨迹。王维由纷扰的朝堂躲入秋风中的栾家濑，心灵一层层地展开，最终与山中的红花同开同落，无复有人花之别。王维的这些“入禅之作”不仅是文学自身的发展使然，在格调上也正是禅宗流布士林的世风和盛唐有容乃大气魄的体现。

水墨画在唐代的兴起，代表了一种新的审美趣味。盛唐以来，有很多画家从事水墨山水画，如王维、卢鸿一、郑虔、张藻、刘方平、齐映、朱审、毕宏、张洭、陈昙、刘商、张志和、吴恬、王墨等，水墨山水画开始兴起。王维受佛、道思想的影响，与其“禅诗”相辉映，开创了水墨画风。对于这种画风，王维自己说：“夫画道之中，水墨为上。肇自然之性，成造化之功。或咫尺之图，写千里之景。东西南北，宛尔目前；春夏秋冬，生于笔下。”（王维《画学秘诀》）⑤ 这是以道家的哲学为基础，为水墨画找到了根本的理论依据，并将水墨画置于众画之上。对水墨画，张彦远也分析说：“夫阴阳陶蒸，万物错布，玄化亡言，神工独运。草木敷荣，不待丹碌之采，云雪飘扬，不待铅粉而白；山不待空青而翠；凤不待五色而綷。是故运墨而五色具，谓之得意。意在五色，则物象乖矣。”(《历代名画记》卷二《论画体工用搨写》)⑥ 这清楚地表明了水墨画的方式是舍弃现象而直抵本体。

王维的水墨画在当时的影响很大。《宣和画谱》说他的诗句如“落花寂寂啼山鸟，杨柳青青渡水人。”“行到水穷处，坐看云起时。”“白云回望合，青霭入看无”等“皆所画也”⑦，可见其画作题材之广。《唐朝名画录并序・妙品上八人》说他的《辋川图》有一种“意出尘外”的诗境⑧，而苏轼更评论说：“味摩诘之诗，诗中有画。观摩诘之画，画中有诗。” (《书摩诘辋川烟雨图》)⑨ 可见其诗画一体的艺术风格。从传为王维的《雪溪图》中可见，雪景朦胧简约，草屋精致细腻，笼

---

① 《王维集校注》，陈铁民校注，中华书局 1997 年版，第 422 页。
② 《王维集校注》，陈铁民校注，中华书局 1997 年版，第 424 页。
③ 《王维集校注》，陈铁民校注，中华书局 1997 年版，第 417 页。
④ 《王维集校注》，陈铁民校注，中华书局 1997 年版，第 425 页。
⑤ 《王维集校注》，陈铁民校注，中华书局 1997 年版，第 1232 页。
⑥ 张彦远：《历代名画记》，俞剑华注释，上海人民美术出版社 1963 年版，第 37 页。
⑦ 《宣和画谱》，岳仁译注，湖南美术出版社 1999 年版，第 211 页。
⑧ 叶朗主编：《中国历代美学文库》隋唐五代卷下，高等教育出版社 2003 年版，第 258 页。
⑨ 《苏轼文集》卷七十，孔凡礼点校，中华书局 1986 年版，第 2209 页。

罩在“有无”“色空”意境之中，可谓达到了水墨画的审美极致。

水墨画的产生契合了释、道的美学思想。佛教认为，色即是空，空即是色。道家不仅将“自然”当作最高的审美境界来追求，认为“天地有大美而不言”（《庄子·知北游》），“大音希声，大象无形”（《老子》四十一章），还反对绚丽之美，所谓“五色令人目盲，五音令人耳聋，五味令人口爽，驰骋畋猎令人心发狂，难得之货令人行妨”（《老子》十二章）。道家美学对这些外在辞色予以坚决的否弃，把这些看成是悟道的障碍。道家的这种对“自然”“素朴”之美的追求，不仅成为当时人们的一种生活态度，也成为一种美学准则。水墨画因和“道”一样朴素而倍受青睐。需要指出的是，当时也盛行青绿山水，李思训、李昭道父子继承了展子虔等人“青绿重色，工细巧整”的风格，开创“金碧山水”之先河，宣扬着盛世强国的骄傲。但这与水墨画的审美特质相违背，正如徐复观说：“金碧青绿之美，是富贵性格之美……李思训完成了山水画的形相，但他所用的颜色，不符合于中国山水画得以成立的庄学思想的背景；于是在颜色上以水墨代青绿之变，乃是于不知不觉中，山水画在颜色上向其与自身性格相符的、意义重大之变。”①

第四节 隋唐五代美学论著

一、隋唐五代美学的理论面貌

隋唐五代历时近三百年，政治经济、文学艺术、典章文物都发展到一个新的高峰，为这一时期美学理论的出现奠定了基础。下面主要从诗文、书法和绘画三个方面介绍这一时期的理论面貌。

（一）诗文美学理论

从隋时李谔的《上隋高帝革文华书》、唐初魏徵的《隋书·文学传序》、陈子昂的《与东方左史虬修竹篇序》到盛唐时期殷璠所编的《河岳英灵集》，再到李白、杜甫，在批判六朝绮丽文风，尊崇风骨，提倡清新、富有兴寄的文风上前后相继，终于完成了诗文风格的变革。

中唐以降，面对社会矛盾激化，白居易、元稹等人掀起新乐府运动。呼吁“文章合为时而著，歌诗合为事而作”（白居易《与元九书》），提出了有寄托、主讽谏的诗歌美学主张。面对思想的冲突激荡，韩愈和柳宗元兴起了古文运动，反对骈文，推崇先秦两汉时期的散文，主张“文以明道”。尤其是韩愈，不但要求用古文振兴儒家之道，而且要求反映现实，不平则鸣。韩柳提出了一系列关于古文

---

① 徐复观：《中国艺术精神》，华东师范大学出版社 2011 年版，第 153—154 页。

美感的理论。此外，皎然的《诗式》也是重要的诗歌美学理论著作。书中对诗歌风格作了分类，推重高远玄妙的意境，其以禅理论诗的方法对后世有一定影响。皎然重“势”（诗的整体审美效果），也重“格”（诗的形式），崇尚自然流丽之美。晚唐最重要的诗文美学著作是司空图的《二十四诗品》，它将诗歌的意境论推向了新的高峰。五代时期较为重要的文学现象是词的兴起，欧阳炯的《花间集序》对词进行了丰富的美学阐释。对《花间集序》的主旨，论者多有不同见解，但总的看来是从纯艺术的角度对《花间集》加以肯定的。

（二）书法美学理论

隋朝的书法大家有智永、智果、丁道护等。智永著《永字八法》，要求从技艺上练习书写“永”字以达到熟悉书法笔画的目的。智永的徒弟智果也是重要的书法家，撰有《心成颂》，着眼于字体结构的艺术特点，较早地提出了书法字形的审美理论，总结了一般性规律，对后世有一定影响。

唐代书法继晋代之后达到一个新的高峰。唐初有由隋入唐的虞世南、欧阳询、褚遂良及后起的薛稷等，被誉为“初唐四家”。其书风继承隋朝的风格，兼具六朝尺牍的柔美轻盈和北朝碑体的工整严密。其中，欧阳询著有《三十六法》，该书重点论述字体结构，对字形、写法作出指导，继承隋代智果的书法思想，进一步总结出字体书写的一般规律。欧阳询的书写技法、书学理论细密有致，加之他的书法风神畅润，有章可循，便于学习，所以在当时影响很大。

李嗣真是这一时期另一位重要的书法美学理论家。他撰有《诗品》《续画品录》和《书品》等，现仅存《书后品》。该书共取古今八十二位书家，分为三品，每品中又分三等，并于“上上品”之上独辟“逸品”，称逸品是“敻绝终古，无复继作”的无上之品。得入此品的有“张芝章草。钟繇正书。王羲之三体及飞白。王献之草、行书，半草行书”①。“逸品”成为后世许多作家品评书法作品的重要标准。唐太宗推崇王羲之，曾下诏征求王羲之的墨迹，大臣虞世南积极响应，著《笔髓论》，称“心为君，妙用无穷，故为君也。手为辅，承命竭股肱之用故也”（《辩应》），强调书法创作要得心应手，意在笔先；认为“欲书之时，当收视反听，绝虑凝神，心正气和，则契于妙。心神不正，书则欹斜；志气不和，字则颠仆”（《契妙》）②，提出只有心神契合、志气平和，才能创作出真正的书法艺术。

稍后于此的有孙过庭的《书谱》，它是唐代最为重要的书法理论著作。此时的另一著名书法理论家是张怀瓘，他的书法评论著作有《书断》《书议》《书估》

---

① 上海书画出版社、华东师范大学古籍整理研究室选编、校点：《历代书法论文选》上册，上海书画出版社 1979 年版，第 135 页。

② 上海书画出版社、华东师范大学古籍整理研究室选编、校点：《历代书法论文选》上册，上海书画出版社 1979 年版，第 110、113 页。

《论用笔十法》《六体书论》《文字论》等，理论庞杂，多有深刻之见。《书断》中分神品、妙品、能品，在评论时突出了“神”的特点，重视书法作品的内在风神，如“亦有规矩之法”的卢藏用仅列于能品，“心手随变，窈冥而不知其所如”的张芝则入于神品，认为张芝的书法是“百世不易之法式”①。

中唐以后，书法艺术逐渐追求法度的严整，颜真卿的《述张长史笔法十二意》可谓重“法”的代表，极为重视书写条件、书写传统和书写规范。徐浩的《论书》也对“用笔之势”等做出严格详细的规定，将书法艺术归于苦学，失去了初唐、盛唐时期对“神”的向往。晚唐五代对中唐书法理论颇有反思，如僧人亚栖在其《论书》中认为“若执法不变，纵能入石三分，亦被号为书奴，终非自立之体。是书家之大要”②。

（三）绘画美学理论

隋朝出现了大量壁画，但并未留下关于美术的理论著作。唐代出现过不少美术理论专著，如彦悰《后画录》、李嗣真《画后品》、张怀瓘《画断》等，但多已失传，仅少量部分留存。王维的《山水诀》是唐代绘画美学的第一部重要著作，主要论述水墨画，突出了写意的重要，提出“夫画道之中，水墨最为上”，把水墨画放到首要位置。《山水诀》主张意到景到，他说：“塔顶参天，不须见殿，似有似无，或上或下。茆堆土埠，半露檐廒。草舍芦亭，略呈樯柠。山分八面，石有三方。闲云切忌芝草样，人物不过一寸许，松柏上现二尺长。”③ 这些论述为写意画的理论奠定了基础。张彦远的《历代名画记》是这一时期最为重要、最成系统的绘画美学理论著作。

五代时在绘画理论领域产生了一批大家。如荆浩的《笔法记》主张求真、求神，提出气、韵、思、景、笔、墨的“六要”观点，认为得“真”的方法便是得“气”，“似者得其形遗其气，真者气质俱盛”④，“真”“似”的不同在于“真”要气贯其中。他又认为画的审美境界可以有多个层次：神、妙、奇、巧，区分了绘画的各种审美境界，以自然而然的“神”品为最高。该书是山水画论中的经典之作，对后世产生了深远的影响。

二、孙过庭《书谱》

孙过庭（646—691）的《书谱》不仅是一部理论著作，其墨迹本身亦是一幅

① 上海书画出版社、华东师范大学古籍整理研究室选编、校点：《历代书法论文选》上册，上海书画出版社 1979 年版，第 203、177 页。

② 上海书画出版社、华东师范大学古籍整理研究室选编、校点：《历代书法论文选》上册，上海书画出版社 1979 年版，第 297—298 页。

③ 叶朗主编：《中国历代美学文库》隋唐五代卷上，高等教育出版社 2003 年版，第 386 页。

④ 叶朗主编：《中国历代美学文库》隋唐五代卷下，高等教育出版社 2003 年版，第 552 页。

意气峻爽的书法精品，被张怀瓘评为“俊拔刚断，尚异好奇”（《书断下》）①。

《书谱》蕴含着丰富的书法美学思想。首先，孙过庭品评了钟繇、张芝、王羲之、王献之四人，提出了书法应该随时代发展的观点。钟、张、二王是书法品评中难以绕过的四大家，对他们的评论往往各取所好，或如唐太宗所作的《晋书·王羲之传论》独推王羲之，或如李嗣真的《书后品》将四人同归于“逸品”，不分轩轾。至孙过庭则提出了“质以代兴，妍因俗易”“古质而今妍”“质文三变”等观点，明确地将书法的特点与时代发展联系起来，为书法评论提供了坚实的理论基础。所谓“古不乖时，今不同弊”②，更是鲜明地提出了书法评论的历史主义原则，一直为后世所遵奉。

关于书法艺术的本质，孙过庭首次提出了“达其情性，形其哀乐”的观点。中国书法是抽象化、节奏化、韵律化了的自然，是生命的外化形式，表达的是对自然和生命的文化底蕴的体认。因此，中国书法不仅是实用性的符号，更是超越实用的纯粹情感形式。孙过庭以“情性”作为统摄书法的根本因素，可谓抓住了书法的审美本质。他对王羲之的作品评论说：“写《乐毅》则情多怫郁；书《画赞》则意涉瑰奇；《黄庭经》则怡怿虚无；《太师箴》又纵横争折；暨乎兰亭兴集，思逸神超；私门诫誓，情拘志惨。所谓涉乐方笑，言哀已叹。”③ 认为书法作品的审美风貌与书者当时的“情性”密切相关。“情性”不同也必然导致书法作品的风格各异，孙过庭举例说：“虽学宗一家，而变成多体，莫不随其性欲，便以为姿：质直者则径侹不遒；刚佷者又掘强无润；矜敛者弊于拘束；脱易者失于规矩；温柔者伤于软缓；躁勇者过于剽迫；狐疑者溺于滞涩；迟重者终于蹇钝；轻琐者染于俗吏。”④ 集中表现了中国书法因“情性”而生文，因文而见“情性”的美学思想。

孙过庭以辩证的态度对待不同的字体，强调了真、草、隶、篆等字体有不同功用、特征和规律：“虽篆、隶、草、章，工用多变；济成厥美，各有攸宜：篆尚婉而通，隶欲精而密，草贵流而畅，章务检而便。然后凛之以风神，温之以妍润，鼓之以枯劲，和之以闲雅。”⑤ 书法与人的“情性”并无机械的对应关系，字体和书体的不同也会造成审美要求的不同，孙过庭在此对各种书体不同的审美特征给予了精妙的概括。孙过庭还重视探讨不同字体间的相同点：“草不兼真，殆于专

① 上海书画出版社、华东师范大学古籍整理研究室选编、校点：《历代书法论文选》上册，上海书画出版社 1979 年版，第 203 页。

② 孙过庭撰：《书谱译注》，马国权注，上海书画出版社 1980 年版，第 29 页。

③ 孙过庭撰：《书谱译注》，马国权注，上海书画出版社 1980 年版，第 72—73 页。

④ 孙过庭撰：《书谱译注》，马国权注，上海书画出版社 1980 年版，第 84—85 页。

⑤ 孙过庭撰：《书谱译注》，马国权注，上海书画出版社 1980 年版，第 55、56 页。

谨；真不通草，殊非翰札，真以点画为形质，使转为情性；草以点画为情性，使转为形质。草乖使转，不能成字；真亏点画，犹可记文。回互虽殊，大体相涉。”① 真、草书的区别在于前者以“点画”为外在表现形式，“使转”为内在情性；草书则相反，“点画”为情性，“使传”为形质，巧妙而深刻地揭示了不同字体间的内在联系。孙过庭还进一步强调各体间的融汇，他以钟繇、张芝为例，从真、草二体的比较中引出其笔法、字形上的同异，提出“镕铸虫篆，陶钧草隶”，既是对“融合各体”的要求，也是对传统书法美学传统的继承。

在书法创作上，孙过庭认为应该处理好乖与合、心与手、学与能、有法与无法的关系。如在乖与合的关系上，他主张求“五合”而避“五乖”。所谓“五合”“五乖”指：“神怡务闲，一合也；感惠徇知，二合也；时和气润，三合也；纸墨相发，四合也；偶然欲书，五合也。心遽体留，一乖也；意违势屈，二乖也；风燥日炎，三乖也；纸墨不称，四乖也；情怠手阑，五乖也。”② 这些都是对书法创作经验的精到总结，其中的“五合”也是创作过程的审美体验。关于具体的创作方法，孙过庭提出了“四法”：“今撰执、使、转、用之由，以袪未悟：执，谓深浅长短之类是也；使，谓纵横牵掣之类是也；转，谓钩镮盘纡之类是也；用，谓点画向背之类是也。”③ 这些对执笔、运笔、结体等问题的论述至今仍有意义。

在书法鉴赏方面，孙过庭倡导中和之美，重视书法鉴赏的社会功用，同时也强调鉴赏者要有相应的艺术修养和独立思考的精神。孙过庭还提出了“通会之际，人书俱老”的著名论断。人、书之“老”是指苍茫古拙、朴实无华、天真平淡而通会万有的审美境界，蕴含着天人合一的深厚的哲思。

孙过庭的《书谱》对书法的各种现象及其本质进行了全面系统的阐述，突破了前人多从技术层面论述书法的局限，由“技”入“道”，将书法理论提升到审美的高度，对书法理论的发展具有重要的历史意义。

三、张彦远《历代名画记》

张彦远（815—907）的《历代名画记》是中国第一部包含画史、画论、画品的绘画通史著作，被誉为“中国画论史上的第一部百科全书”。《历代名画记》全书共十卷，内容大致可分为三个部分：卷一卷二基本都是画论，卷三为绘画发展史料，卷四至卷十记载了从上古到唐代会昌元年（841）年间各朝共计 372 名画家，皆有一定的传记介绍。

《历代名画记》提出了许多有价值的、影响深远的观点。如“书画同源”、书

---

① 孙过庭撰：《书谱译注》，马国权注，上海书画出版社 1980 年版，第 49 页。
② 孙过庭撰：《书谱译注》，马国权注，上海书画出版社 1980 年版，第 57 页。
③ 孙过庭撰：《书谱译注》，马国权注，上海书画出版社 1980 年版，第 66—67 页。

画“立意而归乎用笔”、“一笔画”和“一笔书”等。在张彦远看来，书、画都是以线条塑造形象为其根本特征，而其共同的起源则是天地造化。张彦远将道家哲学看作书画美学的基础，因此在品画时“自然”成为绘画的最高境界。

张彦远建立了“画分五等”的评价体系：自然、神、妙、精、谨细。“立此五等，以包六法，以贯众妙。”① 这种观点影响到后代“逸品”地位的提升。同时，张彦远的“自然”还是一种反对模仿、强调“艺术天才”高度自由的创作状态。“画性所贵天然，何必师范？”（卷七《梁二十人》）“运思挥毫，意不在于画，故得于画矣”（卷二《论顾陆张吴用笔》），这种师法自然的思想为后世文人画的美学思想奠定了基础，对明清文人画的创作影响尤大。

“立象尽意”是中国古代哲学和艺术的一贯传统，在绘画方面，最早将“意”提到显要位置的正是张彦远。他说：“夫象物必在于形似，形似须全其骨气，骨气形似皆本于立意而归乎用笔。”（卷一《论画六法》）“意存笔先，画尽意在。”“张、吴之妙，笔才一二，象已应焉，离披点画，时见缺落，此虽笔不周而意周也。”（卷二《论顾陆张吴用笔》）认为“意”在“笔”上，“笔”可“不周”而“意”必须“周”，书、画的一切皆“本于立意”，使“意”成为绘画创作的基础和根本。这种思想是对顾恺之重“神”、谢赫重“气韵”的继承和发展，为后代的写意理论开创了先河。

张彦远还继承了谢赫在《古画品录》中提出的绘画“六法”的美学观点，极为推崇“气韵生动”。他说：“今之画纵得形似而气韵不生，以气韵求其画，则形似在其间矣。”不仅如此，他还提出了“以形似之外求其画”的观点，要求超越形似而重神似，展现出活泼泼的生命感。他赞扬吴道子的画说：“唯观吴道玄之迹，可谓六法俱全，万象必尽，神人假手，穷极造化也。所以气韵雄状，几不容于缣素；笔迹磊落，遂恣意于墙壁。”（卷一《论画六法》）对吴道子画的这种描述，充分展示了“气韵生动”的全部要旨。可以说，“本于立意”是从绘画的创作着眼，“气韵生动”则是从绘画的鉴赏着眼，表里互生，构成了张彦远重意、重神的绘画美学思想。

张彦远的画论并不拒斥儒家思想，他认为：“夫画者，成教化，助人伦，穷神变，测幽微，与六籍同功，四时并运，发于天然，非由述作。”（卷一《叙画之源流》）同时，张彦远也表现了对道家人生状态的认同，他说：“图画者所以鉴戒贤愚，怡悦情性，若非穷玄妙于意表，安能合神变乎天机？宗炳、王微皆拟迹巢由，放情林壑，与琴酒而俱适，纵烟霞而独往。各有画序，意远迹高，不知画者难可与论。”（卷六《宋》）只有“合神变乎天机”才能“怡悦情性”，要求通过艺术创

① 张彦远：《历代名画记》，俞剑华注释，上海人民美术出版社1964年版，第38页。

作达到“天人合一”的境界，不仅切近艺术的审美本质，也将人生审美化了。

《历代名画记》内容广泛，资料丰富，论说精辟，全书结构系统完整，在绘画思想上自觉地以道家哲学、美学作为其绘画理论的基础，将道家艺术精神贯注于画论之中，也能汇通儒、释，呈现出“三教合一”的特征，体现了唐代多元融合的文化观念，对后代绘画思想产生了十分深远的影响。

四、司空图《诗品》

司空图（837—908）的《诗品》是一部论述诗歌美学的专著。《诗品》（《二十四诗品》）总共分二十四品，即雄浑、冲淡、纤秾、沉著、高古、典雅、洗炼、劲健、绮丽、自然、含蓄、豪放、精神、缜密、疏野、清奇、委曲、实境、悲慨、形容、超诣、飘逸、旷达、流动。《四库全书总目提要》说它“所列诸体毕备，不主一格”①（集部·诗文评类一）。每品十二句，以四言诗的形式，分别代表一种诗歌风格，形象地概括了不同的诗歌审美类型。

《诗品》首推“雄浑”：“大用外腓，真体内充。反虚入浑，积健为雄。具备万物，横绝太空。荒荒油云，寥寥长风。超以象外，得其环中。持之匪强，来之无穷。”雄浑之美是一种刚健廓大的艺术风格和艺术境界，蕴含了中国文化传统中刚健正大、自强不息、乐观向上的精神，也在一定意义上包含着中国文化的宇宙观。“雄浑”一品吸取了古代雄浑思想的主要精神，总结概括了历代文艺作品的类型特征，进一步丰富、完善了“雄浑”概念，使其成为中国美学史上理论构建最为完善的重要美学范畴之一。

总体看来，《诗品》中虽然也有“沉著”“高古”“劲健”“豪放”“悲慨”等偏重崇高、壮美的审美类型，讲阴柔之美也不排斥阳刚之美，但总体而言司空图的诗论还是偏重于冲和、淡远的格调的，他所倡导的美学思想主要受道家影响，所追求的主要是自然、冲淡的美学风格。

“大用外腓，真体内充”中的“真体”即合乎自然之道的“真体”。《庄子·渔父》曰：“礼者，世俗之所为也；真者，所以受于天也，自然不可易也。故圣人法天贵真，不拘于俗。”“大用”也是取之于《庄子》的“无用之用”。这是将道家的哲学引入了美学。在这一基础上，《诗品》中的“自然”就不再是孤立的范畴和单一的风格，而是与“冲淡”“含蓄”“清奇”“飘逸”等有着不可分割的内在联系。除“自然”“冲淡”独立成品外，《诗品》中的很多论述也都体现了自然、冲淡的美学追求。如“含蓄”之“不著一字，尽得风流”，“精神”之“妙造自然，伊谁与裁”，“典雅”之“落花无言，人淡如菊”，“形容”之“俱似大道，妙

---

① 纪昀等：《四库全书总目提要》，河北人民出版社2000年版，第5367页。

契同尘”，“疏野”之“惟性所宅，真取弗羁”，“劲健”之“天地与立，神化攸同”，“缜密”之“犹春于绿，明月雪时”，“清奇”之“神出古异，淡不可收”，“实境”之“情性所至，妙不自寻。遇之自天，泠然希音”，“流动”之“荒荒坤轴，悠悠天枢”等。①

司空图继承了殷璠和皎然的诗歌理论，强调诗歌应该具有含蓄蕴藉和清远醇美的韵味，并在道家哲学的影响下，大力标举自然、冲淡的美学风格，伸张自己的审美理想，深入阐释了意境的内涵。司空图的意境论主要由他所提出的“四外”说构成，即“韵外之致”“味外之旨”（《与李生论诗书》），“象外之象，景外之景”（《与极浦谈诗书》）。在这四个词组中，每个词组的前一个概念都是指诗歌形象中具体有形的描写，后一个概念则是指由前一个概念的象征、涵润或激发而产生的超于语言描述之外的审美感受；这种审美感受超越了感官的限制，使人在丰富的联想、想象和遐思中回味无穷，由此创造出一种主客统一的审美精神境界。实际上，“超以象外，得其环中”借道家的理论话语指出了意境的本质特征。

在《与王驾评诗书》中，司空图还提出了“思与境偕”的理论，他赞美王驾的诗歌具有“思与境偕”之美，“乃诗家之所尚者”。此处的“境”当解作“景”解，“思与境偕”大致上就是情景交融之意，是诗歌意象的本质特征。在中国传统美学中，审美活动就是要在物理世界之外建构一个审美的生活世界，意象就是这种美的形式。意象既是审美活动的结果，又是审美的对象，是中国诗歌之美的基本要素。

意境论是司空图诗歌美学思想的核心，也是他对中国古代美学最重大的贡献。他在继承前人有关意境论述的基础上，使意境范畴得以彻底确立。司空图以形象与理论相结合的方式，用象外之象、景外之景的思想来阐述意境，用一个个具体的意境来描述各种风格的主要特点，最终以意境来定义诗歌的风格，使可以意会而难以表达的诗歌评论有了鲜明的形式。在中国美学史上，司空图的意境论还有特殊的意义。《诗品》从“超以象外，得其环中”的哲理出发，以道家的思想为立论基础，自然地深入到了美学内部。可以说，在司空图的《诗品》中，道家哲学完全进入了中国美学，而中国美学也达到了哲学的高度。《诗品》作为一部系统的美学理论专著，对唐以后的美学和诗学都产生了深远的影响。宋代严羽的“妙悟”说，清代王士祯的“神韵”说，袁枚的“性灵”说等，都从中得到了深刻的启发。

思考题

1. 怎样理解唐代多元文化中的美学思想？

---

① 郭绍虞集解、辑注：《诗品集解/续诗品注》，人民文学出版社 1963 年版。《与李生论诗书》《与极浦谈诗书》《与王驾评诗书》见此书附录。

2. 怎样理解李诗、张书、吴画中体现的美学思想与盛唐精神的关系？

3. 怎样理解杜诗、韩文、颜书中体现的美学思想与唐人尚法的关系？

4. 怎样理解司空图《诗品》的美学体系？

► 本章小结与知识拓展

第六章　宋辽金元美学

宋辽金，是指多政权并立的时代，元代则是这一并立之后的一统。并立之时，两宋在文化上达到了空前的高度。并立之后，元朝在中国的大一统上达到了空前的高度。宋代经济繁荣，科技发达，文化发展，产生了多种多样的美学。宋、辽、西夏、金，以及西域的喀喇汗王朝、西面的吐蕃政权和西南的大理国的并立，产生了不同地域美学的传播与融合，众美纷呈。元代走向了新的统一，形成了新时代审美形态的转变、总结与创新，并成就了新的多元一体的美学风貌。

第一节　宋辽金元美学的基本面貌

一、宋辽金元美学的时空范围

由宋初到元末，历时 400 多年。宋分北宋（960—1127）和南宋（1127—1279），历时 300 余年。与两宋并立的少数民族政权，先后有契丹族崛起而建立的辽朝（907—1125）、党项族建立的西夏（1038—1227）、女真族建立的金朝（1115—1234），以及在今新疆和中亚一带曾出现的以回鹘族为主体的喀喇汗王朝（亦称“黑汗王朝”或“葱岭西回鹘”，840—1212）。还有吐蕃在 9 世纪中叶以后分裂成几支势力，居住在湟水流域的吐蕃人创立了唃厮啰政权，西南地区白族于 10 世纪建立大理国（因尊崇佛教，又称妙香国）等。两宋时期，多个民族政权并立，最后，归到大元一统（1206—1368，或 1271—1368）。

（一）宋辽金元美学的自然时空

宋辽金元是中华各民族迭起争相建立政权，走向大一统的重要时期。宋辽金时，华夏民族，除汉族外，主要有契丹、女真、渤海、奚、室韦、乌古（于厥）、敌烈、阻卜（鞑靼）、萌古（朦骨、蒙古）、沙陀、党项、回鹘、葛逻禄、吐蕃、白、乌、僮、苗、瑶、黎等少数民族。在五代十国的乱局中，党项族建立了西夏；契丹族在东北地区建立契丹国，后改称大辽；与汉族在中原建立的北宋对峙。后来，女真族崛起，创建大金国。灭辽并亡北宋，与南宋划淮河而治。这一时期，西迁后的回鹘在西北地区先后分别建立了高昌、喀喇汗与甘州政权。喀喇汗王朝是指 10—13 世纪初，回鹘人在中亚及今新疆喀什、和田地区建立的伊斯兰王朝。唐朝末年回鹘西迁时，其中一支在汗族庞特勤的率领下西奔楚河地区葛逻禄部，后庞特勤臣服了葛逻禄及其他回鹘部族，建立起回鹘新王朝，史称喀喇汗王朝。喀喇汗王朝的统治者都自认为是中国的国王，常自称为“桃花石 · 布格拉汗”、

“秦之王”及“秦与东方之王”。“桃花石”和“秦”都是中亚地区对“中国”的称呼。喀什噶尔人马合木的《突厥语辞典》① 以及中世纪阿拉伯、波斯文献有多处记载，明确地把黑汗王朝东部疏勒所在的喀什噶尔地区与宋、契丹并列，认为中国是由此三部组成的。

蒙古族兴起并成一统，疆域空前辽阔。北到北冰洋沿岸（包括西伯利亚大部），南到南海诸岛，西南包括今西藏、云南，西北至今中亚，东北至外兴安岭（包括库页岛）、鄂霍次克海。全国划分为由中书省所直接管辖的首都附近的腹里地区（即今河北、山东、山西及内蒙古部分地区）、由宣政院（初名总制院）所管辖的吐蕃地区（今西藏），以及10个行中书省（分别为陕西、辽阳、甘肃、河南、四川、云南、湖广、江浙、江西、岭北行中书省）。与之相邻的还有蒙古王族建立的四大汗国。阿尔泰山以西、阿姆河以东，是窝阔台汗国和察合台汗国，阿姆河以西则为伊利（伊儿）汗国，花剌子模以北是钦察汗国。

这400多年征战与大一统的时空流变，始终都是以“中华”天下观为核心，而且力量强大的政权，都把自己看作中国的正统，坚持着中国天下观和中心观。因此，宋辽金元时代多样性的时空美学同时又是中国型的天下观中的美学。宋辽金元时期的空间分割、流动、统一，同时也呈现出中华民族美学的分类、流动、统一。

（二）宋辽金元美学的人文时空

宋辽金元美学有极为丰厚而广博的人文时空。人文时空主要在于两个基本方面：中华传统礼乐文化的伟大复兴运动和经济重心南移的全面完成。人文时空的基本运作方式就是教育的繁荣，包括各种书院的兴起，人文知识的传播，加上宋代统治者对人文艺术的特别关切与助力，极大地拓展了人文时空。宋辽金元时期，华夏大地在多元文化的交流与融合中形成三大文化圈——中原的儒释道文化圈，西藏、蒙古地区的藏传佛教文化圈和西域的中国伊斯兰教文化圈。三大文化圈实际上与上述的自然时空大体相当。这三大文化圈生成与互动，共同构建着以华夏礼乐文化为核心的人文时空。

中唐以降，中国传统社会经济结构发生重大转变——经济重心南移。随之，

---

① 《突厥语词典》是中国古代一部用阿拉伯语解释突厥语的综合性知识辞书。该书由新疆喀喇汗王朝维吾尔伊斯兰学者马哈穆德·喀什噶里于1072年至1077年在巴格达用阿拉伯文写成。全书共三卷，收录突厥语汇约7 500条。该书通过丰富的语言材料，广泛地介绍了喀喇汗王朝时代维吾尔和突厥语系各民族政治、经济、历史、地理、文化、宗教、哲学、伦理方面的知识和风土人情。全书条理清晰，结构完整，所记载的史料可从中国汉文史书及有关东方学家的著作中得到印证，堪称是一部当时最完备的简明百科全书式的巨著。该书不仅对突厥语的研究极为重要，而且是研究喀喇汗王朝的历史、地理、民族、宗教、民俗和社会情况的珍贵文献，是反映喀喇汗王朝伊斯兰文化兴盛时期的代表作，具有很高的学术价值。

文化结构系统也发生了相应的深刻转变，即由唐型文化转向宋型文化①。宋型文化不只是宋代文化，而是具有更大包容性的文化类型。宋型文化在整个宋辽金元时代具有主导性的作用。理学的创构和华夏礼乐文化的复兴是宋型文化的典型代表。宋型文化是奠基于新型的宗法制度之上的新的文化形态，突出了心性（理）与身体（礼）的互构生成，强调了“家”在社会建构中的意蕴。由此，朱熹的理学和《家礼》成为了宋型文化的焦点。以朱熹为代表的宋型文化，将传统礼乐文化哲学化的同时，也极大地推进了礼乐文化的生活化或普适化。

（三）宋辽金元美学的人文景观

宋辽金元是人才辈出、大家云集的时代。宋代，真可谓是文人的天地，创造了人类文明的历史辉煌。仅就清代乾隆年间编撰的《四库全书·集部·别集》所记载，两宋期间的文人论著就有 14 卷 397 种之多，超出《别集》总数的一半（不含“存目”部分的《别集》总计 26 卷）。而且产生了诸如范仲淹、欧阳修、邵雍、周敦颐、司马光、张载、王安石、二程（程颢、程颐）、苏轼、李清照、岳飞、郑樵、陆游、朱熹、陆九渊、辛弃疾、王应麟等一大批彪炳史册的志士仁人。

宋辽金元的文化成就主要有：第一，经学方面。开创宋学（与汉学相对应，并共同构建中国传统经典诠释学理论体系），创立“四书学”以完善中华传统文化经典系统，疑经、改经、补经、删经之学风大盛，重建文化新秩序（尤其体现在朱熹《仪礼经传通解》等典籍中）等。第二，史学方面。有司马光《资治通鉴》、郑樵《通志》、李焘《续资治通鉴长编》、王应麟《玉海》、马端临《文献通考》，以及《太平御览》《册府元龟》《新唐书》《旧五代史》《新五代史》《宋史》《辽史》《金史》《元典章》（全名《大元圣政国朝典章》）《三礼图》《考古图》《博古图》等。第三，文学艺术方面。宋词、宋文、宋诗、宋元文人画、宋元书法、金石学与说唱文学等。第四，科技设计文化方面。“四大发明”中的三项，印刷术、火药和指南针都是在宋元时期产生的；沈括《梦溪笔谈》被英国著名科学史家李约瑟誉为“中国科学史上的坐标”②；李诫《营造法式》是世界上出版的第一部建筑设计论著；还有苏颂《新仪象法要》、陈旉《农书》、王祯《农书》等；瓷器设计，以宋代五大名窑（汝、官、哥、钧、定）和元代青花瓷为代表，发展到了极高的水准，并被誉为宋元审美精神的重要体现者。

少数民族文化与汉文化的双向提升。宋辽金元时期在人文时空方面继承了南

---

① 关于“唐型文化”“宋型文化”的阐释，见冯天瑜等：《中华文化史》，上海人民出版社 1990 年版，第 634 页。

② 胡道静：《梦溪笔谈校证·序》，上海古籍出版社 1987 年版，第 17 页。李约瑟（Joseph Terence Montgomery Needham，1900—1995），英国著名的汉学家、科技史学家，主持出版了第一部大型《中国科技史》。

北朝以来的基本规律，即少数民族进入中原，在与汉文化的交往、交流、文融中，学习中华文化中的汉文化，同时把自身的文化汇入汉文化之中。这里有两种发展方向，一是契丹族从辽开始汉化进程，到元末明初以后，契丹族从史籍中突然“消失”，融入汉族和其他各族之中；二是女真、蒙古等族，在与汉和其他民族的互动融合中，多方面都得到了质的提升。而这种民族间的互动融合在宋元之间达到了一种新水平，形成了一种重要的人文景观。

二、宋辽金元美学的演进逻辑

宋辽金元美学是一个多民族美学争奇斗艳的时代，也是中华美学体系建构发展的重要阶段。这一时期美学的逻辑演进大致可以从以下三个维度进行理解。

第一，从历史的承传看，唐五代的美学主要为宋所承传。同时，在宋与辽、西夏、金之间冲突与交融的多向互动中，一方面，汉语所负载的中华文化由宋向辽、西夏、金传播；另一方面，辽、西夏、金又学习汉文化并创造了自己的区域文化。从由唐而宋的演进看，宋代美学呈现了雅俗分流的多方面发展，具体呈现为士人、宫廷、市民、民间等多种取向的美学形态。如在雅的一面，主要指属于雅俗融合、追求精致的士人美学形态，其中文人画、诗词、古文等审美样式都达到了很高的水平。在俗的一面，主要指属于展示大众日常生活的通俗性质的市民美学或民间美学形态，其中话本小说、宋院本，以及同调的金院本，开创了新的美学类型，同时也不断吸取雅文化内容。元代美学则在雅俗合流中的多方承继和创新中产生了以元曲为代表的美学新形态。就美学的主体风格而言，唐代的“意境”理论在宋代进一步发展为“气象”理论和“韵味”理论。气象，体现了宋代理学“与天地同流”为主导的美学境界。韵味，则体现为一种释道合一的形上性的空灵境界。而这两个方面的整合，可以说是儒家之“乐”、道家之“无”和禅宗之“空”得到了整合之后的互含的两个方面。这一“互含”形态，典型地体现在苏轼的美学境界之中。①

宋辽金元美学自身的逻辑演进轨迹，大致可分为“三段”“六型”。“三段”是就美学的时间流动特性而言，即北宋一段，南宋一段，元一段。而“六型”是就美学的空间展开特性而言的，即北宋与辽是一段中的两型，南宋与金是一段中的两型，与宋辽金并列的其他地域为一型，元自为一段一型。北宋美学承唐五代而来，在古文、诗词、绘画、书法、园林，以及新创话本小说和杂剧方面，又有自己的发展，同时也影响着辽和西夏的演进；南宋则承北宋而来，又有自己的发展，同时还影响到金；元则对其前面的两段五型加以整合，做出了适应时代的变

① 见邹其昌：《朱熹诗经诠释学美学研究》，商务印书馆2004年版，第195页。

化和创新。

第二，在美学类型上，宋辽金美学有多方面的演进。在向外的技术方面，有自身的进展，既体现在《营造法式》等技术美学著述方面，也体现在宫廷画院对技术讲究的一系列发展领域中，诸如风俗画、界画、人物画等技法。在都市趣味上也有所创新，主要体现在从宋杂剧到金院本的演进以及相关理论话语方面。在体物写志上，则集中体现在诗文革新运动的发展和成功，以及相关的理论总结上。

美学思想的主体从“外游”到“内游”的演进，体现在中隐园林的发展和定型上，体现在文人画的出现和对逸品的追求上，以及诗学中对“涵泳”（朱熹）的讲究和对“妙悟”（严羽）的言说上。

第三，就整个美学的内外互动而言，宋辽金元美学既有一个由边缘（游牧审美文化）与中心（农耕审美文化）的互动生成演进，也有一个以三大文化圈所构建的传统中华民族美学①四大主干体系结构的互动生成，即儒家美学、道家美学、佛教美学（包括汉传佛教和藏传佛教）以及中国伊斯兰教美学的互动生成系统。以汉族为主体的儒释道美学系统一直处于中心地带，而其他文化系统的美学则处于边缘地带。随着各文化圈的互动展开，边缘地带的美学也促进或扩充了中心地带美学的演化或新质。

三、宋辽金元美学的基本要点

宋辽金元美学的基本成就在于：传统汉文化美学体系结构的深化与完善，非汉族文化美学思想的长足发展以及与汉族文化的互动融合，充分显示了“大一统”时代背景下的美学大融合之宏阔景观，主要包括民族美学、地域美学、门类美学、形态美学等，并形成或深化了传统美学基本概念、范畴、命题以及美学体系的结构。

就地域和民族美学而言，主要呈现为中原美学（以北宋美学为主体）、江南美学（以南宋美学为主体）、漠北美学（以蒙古族美学为主体）、东北美学（以辽、

① 关于“民族美学”，应有广义与狭义之分。广义的“民族美学”是指不同于西方文化传统的整个中华文化精神所形成的华夏美学，包括中原和西部“两个文化圈”“四个美学主干”。就中原而言，主要是指儒家美学、道家美学、禅宗美学等；就西部而言，主要是指中国伊斯兰美学。狭义的“民族美学”专指中国除汉民族外的独具特色的各少数民族美学。由此而言，中国民族美学是一个由“两大文化圈”“四大美学主干”“多元一体”所构成的立体结构。需要说明的是，这里“民族美学”概念及含义，受到嵇文甫“民族哲学”的启示。在嵇文甫看来，“民族哲学”具有两个基本方面的含义，第一，“这种哲学为吾民族安身立命之所在，大家都熟闻乐道”；第二，“所谓民族哲学，不一定原来都是由吾民族所自造”。（见嵇文甫：《晚明思想史论》，东方出版社 1996 年版，第 184 页。）见邹其昌：《试论喀喇汗朝维吾尔族美学思想》注释一，《东方丛刊》2003 年第 2 期。

金美学为主体)、西域美学（以中国伊斯兰教美学为主体)、吐蕃美学（以藏传佛教美学为主体）以及大理美学（以白族美学为主体）等多元美学精神气质的互动生成景观。

就门类和形态美学而言，则有哲学美学（儒学、道学、禅学、藏传佛学、中国伊斯兰教等)、文学美学（诗论、文论、词论、散曲等)、艺术美学（书论、画论、乐论、律论、金石学等)、设计美学（器物、服饰、家具、舟车、机械、建筑、规划、风水、陶瓷、髹漆、装饰等)、生活美学（风俗、文玩、园林、女红等）等各领域美学样态的全方位展开。

在此，仅从美学论著和重要命题、范畴等方面展示宋辽金元美学的基本要点。

（一）重要美学论著

宋辽金元时期，研究艺术主体的著述大量出现，在科技进步背景下的设计美学方面也成就卓著。

第一，诗文美学的丰富思想体现在如下论著中：欧阳修《六一诗话》，柳开《昌黎集后序》，赵湘《本文》，孙何《文箴》，穆修《唐柳先生集后序》，范仲淹《唐异诗序》，邵雍《缘饰吟》《安乐窝中诗一编》《逸书吟》和《谈诗吟》，沈括《梦溪笔谈》，惠洪《冷斋夜话》，张戒《岁寒堂诗话》，葛立方《韵语阳秋》，洪迈《容斋随笔》，杨万里《江西宗派诗序》，陈骙《文则》，朱熹《朱子语类·论文》，陆九渊《象山语录》，张镃《诗学规范》，姜夔《白石道人诗说》，赵秉文《竹溪先生文集引》，严羽《沧浪诗话》，王若虚《文辨》，魏了翁《唐文为一王法论》，刘克庄《江西诗派序》，元好问《论诗三十首》，杨载《诗法家数》等。

第二，书法美学的丰富思想体现在如下著述中：苏轼《东坡论书》，朱长文《续书断》，黄庭坚《论书》，米芾《岳海名言》，姜夔《续书谱》，陈思《书苑菁华》《书小史》，欧阳修《试笔》；元代郑杓、刘定《极衍并注》，陈铎曾《翰林要诀》，董史《书录》等。

第三，绘画美学的丰富思想体现在如下著述中：郭熙与郭思父子《林泉高致》，郭若虚《图画见闻志》，刘道醇《宋朝名画评》和《五代名画补遗》，米芾《画史》，罗大经《画说》，华光《华光梅谱》，邓椿《画继》，韩纯全《山水纯全集》，汤垕《画鉴》，以及苏轼、欧阳修、董卣、沈括、饶自然等人的大量言说。

第四，词论美学的丰富思想主要体现在如下论著中：李清照《词论》，胡寅《题酒边词》，张炎《词源》，沈义父《乐府指迷》等。

第五，音乐美学思想主要体现在如下论著中：蔡元定《律吕新书》、朱子《琴律说》、《仪礼经传通解》中与乐律相关的内容，体现了乐律理论的发展，如朱长文《琴史》和《乐圃余稿》，陈旸《乐书序》，成玉磵《琴论》，刘籍《琴议篇》，沈义父《乐府指迷》，王柏《雅歌序》，以及熊朋来《瑟谱》等；另一方面，很多文人笔记，以及序跋等也都涉及乐律的讨论与研究，如赵湘《观王岩弹筝序》，范仲淹《今乐犹古乐赋》和《赋林衡鉴序》，苏轼《舟中听大人弹琴》《听贤师琴》《听僧昭素琴》《杂书琴事》《破琴诗并序》和《题沈君琴》，欧阳修、宋祁《新唐书·礼乐志》也有部分内容涉及乐律。

第六，设计美学的丰富思想主要体现在如下论著中：范仲淹《制器尚象赋》，吕大临《考古图》，王黼《重修宣和博古图》，司马光《独乐园记》，李格非《洛阳名园记》，沈括《梦溪笔谈》，李诫《营造法式》，郑樵《图谱略》，杜绾《云林石谱》，苏易简《文房四谱》，孔传《云林石谱序》，蒋祈《陶记》，陆游《南园记》，冯多福《研山园记》，陈元靓《事林广记》，薛景石《梓人遗制》等。

（二）重要美学范畴和命题

宋元时期不但对传统美学的命题、范畴进行了新的诠释和深化，而且提出了一系列新的美学命题和范畴。其中，重要的美学命题有：天人合一、以天合天、以物观物、体用一源、以大观小，文以载道、文道合一、心统性情、寓意于物、制器尚象、人情物理、山林之美、饱游饫看、身即山川而取之、画有三远、诗画一律、书画一律、夺胎换骨、点铁成金、谨细拟物、变造用材、进技于道、外枯中膏等；重要美学范畴有：气象、韵味、平淡、妙悟、兴趣、涵咏、内游、清空、逸品、理趣、常理、圆融、中和、自然、生意，等等。

第二节 宋辽金元美学的生活世界

由宋代开始和引领的中国古代社会后期，比起由秦到唐的前期，发生了巨大的变化。这一变化从生活世界中体现出来。整个宋辽金元美学的生活世界，时空跨度大，美学样式多。在此重点介绍如下五个方面，以呈现宋辽金元美学的生活世界特色。

一、烂赏叠游的都市美学

宋以来的美学，首先体现在都市的新貌上。这一时期的都市以北宋东京（开封）为标志，还有临安（杭州）、平江（苏州）、扬州、成都、中都（北京）、广州、明州（宁波）、泉州等都很繁华。

北宋东京继承了后周汴梁的城市规制，打破了汉唐长安城传统封闭的里坊制度，呈现出了城市的新结构。第一，主要街道成为繁华商业街，皇城正南的御路两旁有御廊，允许商人交易，州桥以东、以西和御街店铺林立，潘楼街也为繁华街区。第二，住宅与商店分段布置，如州桥以北为住宅，州桥以南为店铺。第三，有的街道住宅与商店混杂，实际上变住为商，商住合一。第四，集中的市场与商业街并存，如大相国寺被称为“瓦市”，其“中庭、两庑可容万人”，“每一交易，动计千万”。在一些街区还存在夜市，如马行街“夜市直至三更尽，才五更又复开张”，有许多酒楼、餐馆通宵营业。《东京梦华录》① 和《清明上河图》② 等都真实地反映了东京商业街的面貌。到北宋末年，东京人口超过100万，是当时世界集政治、经济、军事、文化为一体的大都市。

就东京的都市美学而言，东京的中心，有皇城及围绕皇城的政治活动，体现一整套的朝廷美学思想，其风格为典雅。京城中，徽宗时修建的艮岳，是按照私家园林的风格修建的，是皇家与士人美学风格的完美结合。京城内，还有众多的王侯府第，特别是士大夫宅院，按照中隐园林的方式营造，其境界呈现出优雅的情趣。同时，与经济、市场、商品的兴起相一致，出现了专门的都市娱乐场所：勾栏瓦舍。瓦舍，也叫瓦子、瓦市，是城市商业性游艺区域。瓦舍里设置的演出场所称为勾栏，也作钩栏、勾阑、勾栏，原意为曲折的栏杆，在宋元时期专指集市瓦舍里设置的演出棚，成为盛极一时的民俗。瓦舍的规模各有差异，大的瓦舍有十几座勾栏。勾栏的建造形制借鉴了当时神庙戏台的一些特点，设立戏台和神楼，又考虑了对观众的安置，建造成全封闭的形制，四周围起，上面封顶，演出可以不考虑气候和时令的影响。在其内部，一面建有表演用的高出地面的戏台，戏台上设有乐床。其后是戏房，戏房通往戏台的通道称为“古门道”或“鬼门道”，也就是上下场门，其他面则是从里往外逐层加高的观众席，叫腰棚。其中正对戏台而位置较高的看台又叫神楼。观众席里又有最上等的座位叫青龙头，位于靠近戏台左侧的下场门附近。勾栏实行商业化的演出方式，对外售票。它的出现标志着中国剧场的正式形成，成为一道新的审美风景线。

柳永（约987—约1053）《望海潮》描绘临安（杭州）之美：“东南形胜，三吴都会，钱塘自古繁华。烟柳画桥，风帘翠幕，参差十万人家。云树绕堤沙，怒涛卷霜雪，天堑无涯。市列珠玑，户盈罗绮，竞豪奢。//重湖叠巘清嘉，有三秋桂子，十里荷花。羌管弄晴，菱歌泛夜，嬉嬉钓叟莲娃。千骑拥高牙，乘醉听箫

---

① 《东京梦华录》凡十卷，约三万言。是宋代孟元老的笔记体散记文，追述北宋都城东京开封府的城市风貌。所记大多是宋徽宗崇宁到宣和（1102—1125）年间北宋都城东京开封的情况，为我们描绘了这一历史时期居住在东京的上至王公贵族、下及庶民百姓的日常生活情景，是研究北宋都市社会生活、经济文化的一部极其重要的历史文献内容。

② 《清明上河图》是北宋画家张择端的唯一传世之精品。此画以长卷形式，采用散点透视的构图法，生动地记录了中国12世纪城市生活的面貌，这在中国乃至世界绘画史上都是独一无二的。总计在五米多长的画卷里，共绘了五百五十多个各色人物，牛、马、骡、驴等牲畜五六十匹，车、轿二十多辆，大小船只二十多艘。房屋、桥梁、城楼等也各有特色，体现了宋代建筑的特征。具有很高的历史价值和艺术水平。

鼓，吟赏烟霞。异日图将好景，归去凤池夸。”① 显出的正是临安作为都市之美的重要方面。这里有高雅，有商业，有风景，有娱乐。既适于高层欣赏，也适于士人吟哦，还适于大众趣味，以至“凡有井水处，即能歌柳词”②。

宋代都市，造就了皇宫之雅正，士人之雅韵和大众之俗趣，但各类的雅与各类的俗又有着非常丰富的互动。宋代的都市美学，正是在雅俗的互动中产生出来，兴盛起来。宋代的都市美学由宋而元，其美学思想体现在孟元老《东京梦华录》、西湖老人《繁胜录》、陶宗仪《元氏掖庭记》等著述之中。对于北宋都市，孟元老在《东京梦华录·序》中，从美学观赏的角度做了描述：

> 太平日久，人物繁阜。垂髫之童，但习鼓舞，班白之老，不识干戈，时节相次，各有观赏。灯宵月夕，雪际花时；乞巧登高，教池游苑。举目则青楼画阁，绣户珠帘，雕车竞驻于天街，宝马争驰于御路，金翠耀目，罗绮飘香。新声巧笑于柳陌花衢，按管调弦于茶坊酒肆。八荒争凑，万国咸通。集四海之珍奇，皆归市易；会寰区之异味，悉在庖厨。花光满路，何限春游，箫鼓喧空，几家夜宴。伎巧则惊人耳目，侈奢则长人精神。瞻天表则元夕教池，拜郊孟享。频观公主下降，皇子纳妃。修造则创建明堂，冶铸则立成鼎鼐。观妓籍则府曹衙罢，内省宴回；看变化则举子唱名，武人换授。仆数十年烂赏叠游，莫知厌足。③

这里，有朝廷之美，士人之美、市井之美，也有静体之美、动态之美，还有艺术之美、技术之美、生活之美等，融入其间，可谓美不胜收。而文末“烂赏叠游”一句，可视为对整个宋元都市美学的理论概括。烂，是审美活动的极度丰富；叠，是审美品类的交会繁盛；赏，是审美的静观涵咏；游，是审美的动态惬意。在“烂”与“叠”中，有着多种多样的审美对象和审美形式的互动；在“赏”与“游”中，有着多种多样的审美方式的生成与蕴涵，从而形成了宋辽金元都市美学丰富而宏阔的景观。

二、涵泳玩味的士人美学

宋元的士人趣味，体现在诗、词、文、书、画、园林、品茶、文玩等方方面

① 唐圭璋编：《全宋词》，中华书局 1996 年版，第 39 页。

② 叶梦得《避暑录话》：柳永“为举子时多游狭邪，善为歌辞。教坊乐工每得新腔，必求永为辞，始行于世。于是声传一时。……余仕丹徒，尝见一西夏归朝官云：‘凡有井水处，即能歌柳词。’”（中华书局 1985 年版，第 45 页。）

③ 孟元老：《东京梦华录笺注》序，伊永文笺注，中华书局 2006 年版。本章凡引此书皆据此本，只在正文中注明卷数或篇名。

面，而在这些方面的创作、制作和欣赏中，大力提倡、最具审美性质的就是“玩味”。关于玩味，宋代士人谈论甚多，欧阳修、苏轼、米芾、杨万里、范成大、陆游等，都用各自的术语加以表述。在此，可通过朱熹的表述，领略宋人涵泳玩味美学的基本内涵。

> 大凡事物须要说得有滋味，方见有功。而今随文解义，谁人不解？须要见古人好处。如昔人赋梅云：“疏影横斜水清浅，暗香浮动月黄昏。”这十四个字，谁人不晓得？然而前辈直恁地称叹，说他形容得好，是如何？这个便是难说，须要自得言外之意始得。须是看得那物事有精神，方好。若看得有精神，自是活动有意思，跳踯叫唤，自然不知手之舞，足之蹈。这个有两重：晓得文义是一重，识得有意思好处是一重。若只是晓得外面一重，不识得他好底意思，此是一件大病。如公看文字，都是如此。且如公看《诗》，自宣王中兴诸诗至此。至节南山。公于其他诗都说来，中间有一诗最好，如《白驹》是也，公却不曾说。这个便见公不曾看得那物事出，谓之无眼目。若是具眼底人，此等诗如何肯放过！只是看得无意思，不见他好处，所以如此。又曰：须是踏翻了船，通身都在那水中，方看得出！①

朱熹认为审美接受活动并不只是被动地“随文解义”“晓得文义”，而应该是一种以主体情感以及全身心投入积极主动地去“填补”的再创造性工作。诗歌艺术的性质并不在于“它说出了什么”，其真义则在“它隐喻着什么”。本来，“疏影横斜水清浅，暗香浮动月黄昏”字面意思不难理解，真正的问题在于说出或体验出了“他形容得好，是如何”，即字面意思之后的“言外之意”“象外之象”如何。因此，朱熹认为任何一首诗歌（包括整个艺术）都具有两重含义：“文义”和“有意思好处”。“有意思好处”恰好就是朱熹“讽诵涵泳”所要“玩味”的。朱熹的“识得有意思好处”“玩味”相当于苏轼的“深观其意”和严羽的“妙悟”等概念。

那么，到底怎样才能获得“滋味”，具体操作方式是什么呢？朱熹提出了“熟读”说。所谓“熟读”就是指“反复咏诵”“从容讽诵”。熟读是要通过“从容讽味之”去感受“诗”所具有的“兴起”之本然状态。“大凡读书，多在讽诵中见义理。况《诗》又全在讽诵之功，所谓‘清庙之瑟，一唱而三叹’，一人唱之，三人和之，方有意思。又如今诗曲，若只读过，也无意思；须是歌起来，方见好

① 黎靖德等编：《朱子语类》卷114，中华书局1986年版，第2755—2756页。本章凡引此书皆据此本，只在正文中注明卷数。

处。”（《朱子语类》卷 104）这里，朱熹将《诗》的审美接受特征规定为“讽诵”，突出了“音乐”与“诗歌”之亲缘关系。这种诗乐交融的活动，无疑是一种审美活动。正是在这“一人唱之，三人和之”的审美氛围中，才能感受到审美对象的意蕴，体会到“意思”。当然，朱熹也认识到“讽诵”之中也可获得“义理”，提升人的道德生命境界。

朱熹还用日常事物来比喻“熟读”。如：“读书如炼丹，初时烈火锻煞，然后渐渐漫火养。又如煮物，初时烈火煮了，却须慢火养。读书，初勤敏著力，仔细穷究，后来却须缓缓温寻，反复玩味，道理自出。”（《朱子语类》卷 114）在朱熹看来，审美接受的基本特征就在于“熟”：“学者只是要熟，功夫纯一而已。读时熟，看时熟，玩味时熟。”（《朱子语类》卷 11）

玩味的最后阶段是“悟道融通”。审美接受的“涵泳”过程不只是单向度的“接受”，审美主体有着极大的创造性。朱熹不只是强调“虚心涵泳”，更重视“切己省察”。朱熹认为读书审美接受（涵泳）实际上是一种切己功夫。他说：“读书，须要切己体验。”（《朱子语类》卷 11）“须是沉潜讽诵，玩味义理，咀嚼滋味，方有所益。”（《朱子语类》卷 80）这里的“切己体验”“沉潜讽诵”“咀嚼滋味”实际上是强调审美主体要将自身的生命情感全部投入到审美对象中，以感悟审美对象的“韵外之致”“象外之象”。这也就是上面引文中朱熹所作的一个生动比喻：“须是踏翻了船，通身都在那水中，方看得出！”那么，什么是“体验”呢？朱熹指出“体验是自心里暗自讲量一次”（《朱子语类》卷 119）。“体验”是一种个体性的心理活动，具有高度的自由自觉性和强烈的情感选择性，也有很大的主观随意性和直觉性，有别于逻辑思考。“体验”表征着“涵泳”是一种为“求本”“复性命之本然，求造圣贤之极”的个体性生命意识的自觉活动。这就是朱熹所说的“读书须是以自家之心体验圣人之心。少间体验得熟，自家之心便是圣人之心”（《朱子语类》卷 120）。在“体验”的状态下，“吾心”便是“圣心”，而“圣人之所谓道者，天而已矣”①。由此，也就有了“吾心”便是“天心”之必然逻辑。这种“体验”也是一种直觉性质的“悟”。朱熹与严羽一样重“悟”，所不同的是朱熹更强调“悟”由长久的“格物”和专一的“涵养”来获得。悟，在朱熹那里，更体现为一种“豁然贯通”② 之至：“至于用力之久，而一旦豁然贯通焉，则众物之表里精粗无不到，而吾心之全体大用无不明矣”。③ 关于“豁然贯通”之内

① 朱熹：《读苏氏纪年》，《朱熹集》卷七十，郭齐、尹波整理，四川教育出版社 1996 年版，第 3669 页。本章凡引此书皆据此版，只在正文中注明卷数。

② 关于“豁然贯通”，陈荣捷在《朱子新探索》（台湾学生书局 1988 年版）有专章探讨。见该书第 341—344 页的“豁然贯通”章。

③ 朱熹：《四书章句集注》，中华书局 1983 年版，第 7 页。

涵，朱熹以具体事例进行了解说。他说：“如读书，今日看一段，明日看一段。又如今日理会一事，明日理会一事，积习多后，自然贯通。”他又说：“如左脚进得一步，右脚又进一步；右脚进一步，左脚又进，接续不已，自然贯通。”（《朱子语类》卷18）“从容潜玩，积久贯通之功耳。……待此一事融释脱落，然后循序少进，而别穷一事，如此既久，积累之多，胸中自当有洒然处，非文字言语之所及也”。① 总之，这种“豁然贯通”之“体验”（悟）只有经过长期的审美训练才能获得。这也是朱熹的理性精神在审美理论中的体现。

“通贯浃洽于胸中”之后，就会出现“涵泳”所获得的“其妙处不可言”之境界状态。这种状态也就是“天人合一”境界。在此种境界中，审美主体和审美客体交融一体，审美主体获得“吾与上下同流”的“至乐”“天乐”，它是一种高度自由的精神境界，具有不可言说的美妙享受。朱熹生动形象地描述了这一境界。他说：“须是看得那物事有精神，方好。若看得有精神，自是活动有意思，跳踯叫唤，自然不知手之舞，足之蹈。”如果用朱熹的诗文来说就是：“得意溪山供徙倚，忘情鱼鸟共徜徉。应观物我同根处，剖破藩篱即大方。”（《朱熹集》卷7）“人之所以神明其德，应物而不穷者，心而已。……既久且熟矣，则心平而气和，冲融畅适，与物无际。”（《朱熹集》卷7）这是朱熹在“讽诵涵泳”中获得的“自得”境界。“读书须是有自得处。到自得处，说与人也不得。”（《朱子语类》卷104）这种“自得”境界是“天人合一”，是一种高度自由的精神状态。

士人玩味的场所与领域涉及十分广泛，主要有士人与人文精神、士人美学与画院、士人美学与书院、士人美学与文房、士人美学与茗茶、士人美学与园林、士人美学与古玩（文人雅士、文玩、金石学、考古学），等等。

还有斗茶，又称“茗战”，是宋代时期上至宫廷、下至民间普遍盛行的一种评比茶质优劣的技艺和习俗，实际上也是一种具有美学意味的生活方式。

三、天工美物的生活美学

宋代以来，以都市繁荣带动的科技进步，带来生活世界方方面面的审美新变，这就是宋元时期天工美物的生活美学气象。这里主要讲三个方面：一是由绘画固化的乡村田园生活的审美图景，二是由新型趣味带动的饮食上的美味的新变，三是技术进步和新质趣味在生活器用上的体现。

男耕女织一直是传统中国田园审美生活的理想模式。南宋画院兴起并热衷于对生活世界的描绘，集中体现在对乡村社会生活方式（男耕女织）理想进行的描

---

① 赵顺孙：《大学纂疏中庸纂疏》，黄坤整理，华东师范大学出版社1992年版，第72页。

绘之中。《耕织图》[①] 成为很多南宋画家的固定主题，刘松年、梁楷都曾以这一主题作画。南宋绍兴年间画家楼璹所作《耕织图诗》45 幅最为有名，得到了历代帝王的推崇和嘉许。这一组图，包括耕图 21 幅、织图 24 幅。以绘画形式和纪实风格，呈现耕作与蚕织在天下四时中的流动图景，且诗画相配。所配之诗，既是图画的文学性辅助，又是用语言进行的理论性总结。从而把耕织生活理想化、审美化，同时也时尚化了。如其《攀花》一幅，其诗曰："时态尚新巧，女工慕精勤。心手暗相应，照眼花纷纭。殷勤挑锦字，曲折读回文。更将无限思，织作雁背云。"[②]《耕织图》形象生动、细腻传神地描绘了劳动者耕作与蚕织的场景和详细的生产过程，包含了农业生产知识、耕作技术，同时还包含着丰富的美学思想。与宋代其他耕织主题的诗文书画（如范成大《四时田园杂兴》等）和宋元时期以技术性为特性的四大农书（宋代陈敷的《农书》，元代的《农桑辑要》，王祯《农书》《农桑衣食撮要》）一道，形成了乡村生活的美学景观。

南宋《耕织图》是中国传统农业和传统手工业的经典性的审美展示文本。"耕"是指农田耕作，以解决"食物"问题。"织"是指纺织，以解决"衣物"问题。"耕织"统称为农桑生产。"衣食"既是美学发展的物质前提，又是美学精神寄托的重要载体。在中国传统审美活动中，"衣食"是"美"产生的根源，"衣食"的审美是十分重要的原初性的人类审美活动。这就有了"美服""美食""美味"等。其中"美食"，在宋代获得了全新的面貌。苏东坡创造了后来所谓"东坡肉"，郑文宝创造了"云英面"，梅圣俞曾在宴席上赋诗云："春洲生荻芽，春岸飞杨花。河豚当是时，贵不数鱼虾。"[③] 还有假河豚、假荤菜、洗手蟹、雕花蜜煎、豆芽菜、爆米花等多种多样的菜品推出。中国的烹调技术，在宋代得到了空前的提高和全面展现：煎、炒、烹、炸、烧、烤、炖、熘、爆、煸、蒸、煮、拌、泡、涮……宋代话本《赵伯升茶肆遇仁宗》写宋仁宗微服来到城中，看见樊楼中的饮食方式，深为感叹，赋《鹧鸪天》一词："城中酒楼高入天，烹龙煮凤味肥鲜。公孙下马闻香醉，一饮不惜费万钱。招贵客，引高贤，楼上笙歌列管弦。百般美物珍羞味，四面栏杆彩画檐。"[④] 这是以美食为主体，包括建筑、装饰、图画、音乐、

---

① 《耕织图》以江南农村生产为题材，系统地描绘了粮食生产从浸种到入仓，蚕桑生产从浴蚕到剪帛的具体操作过程，每图配有康熙皇帝御题七言诗一首，以表述其对农夫织女寒苦生活的感念。《耕织图》作为中国农桑生产最早的成套图像资料，成为后人研究宋代农业生产技术最珍贵的形象资料。

② 楼璹：《织图二十首》，《全宋诗》卷 1760（第 31 册），北京大学出版社 1997 年版，第 19600 页。

③ 梅尧臣：《范饶州坐中客语食河豚鱼》，《梅尧臣集编年校注》，上海古籍出版社 1980 年版，第 117 页。本章凡引此书皆据此版，只在正文中注明卷数。

④ 冯梦龙：《喻世明言》，人民文学出版社 1958 年版，第 180 页。

歌舞于其中，形成一个审美综合体的生活样式。宋代的饮食专著（如郑望之《膳夫录》、司膳内人《玉食批》、林洪《山家清供》、陈达叟《本心斋蔬食谱》等）与士大夫关于饮食的诗文书画等，共同包含了宋代饮食文化丰富的美学思想。

宋代经济大发展，也体现在家居用器之中，宋瓷达到了历史的高度，并成为当时人们生活中极为喜好的物品。如定窑的大青釉有“雨过天晴”之名；汝窑的开片釉有“如冰似玉”之誉；哥窑之器，呈金丝铁线之巧构；钧瓷之器，有“灿如晚霞”之彩；官窑之器，有“紫口铁足”“莹润温雅”之态；等等。宋代瓷器既有皇家和士人欣赏的雅典之致和平淡之韵，又有广大城乡民众喜爱之趣和日常之美。但士大夫的趣味成为宋瓷的主调，且宋瓷也以素瓷为主体，并与诗词书画一道形成了宋元的美学基调——平淡雅致。在元代产生了元青花瓷，成为由两宋到明清，即由素瓷到彩瓷的过渡；同时又有前无古人、后无来者的独特之美。宋元瓷器的美学思想包含在宋元史书、奏折、诗词、话本、笔记等各种文献之中，是融生活、技术、艺术为一体的美学综合体。

宋代是科技和艺术都高度发展的时代，而科技和艺术全面地进入生活，构成了宋代生活美学的多姿多彩。被誉为宋代生活百科全书的《事林广记》[①] 大量记载了日常生活的技法。而《营造法式》是一部最能体现技术如何进入建筑美学和日常生活中的体系性建筑美学专著。其中，有模数制的规范，也有随宜加减的灵活，是数理之美和艺术之美的交融，从而呈现出了特有的宋代建筑美学的光辉。

四、都市繁华的节庆美学

从《夏小正》《月令》等文献开始，中国文化中就显示了四季循环运动及其循环关节点对于人的生命活动及其精神归宿所具有的重大意义与价值。在自然节律与文化精神的交融中，产生了中国传统的节庆。节庆是一个综合文化体，具有突出的美学意义。宋代的经济发展、科技进步、都市繁荣，给节庆美学带来了新因素。这一新因素表现在孟元老《东京梦华录·序》“时节次第，各有观赏”之中。宋元时期的节庆活动甚多，有季节性节日、节令性节日、宗教性节日、政治性节日、少数民族节日等。如此繁多的节日构筑了宋元时代审美活动的绚烂的生活景观。人们也正是在闲

---

① 《事林广记》是一部日用百科全书型的古代民间类书，南宋末年建州崇安（今属福建）人陈元靓撰（陈元靓生卒年不详，可能是建阳麻沙书坊雇用的编书人），经元代和明初人翻刻时增补。《事林广记》门类广泛，天文、地理、政刑、社会、文学、游艺等无所不包。其特点有二：其一，包含较多的市井状态和生活顾问材料，例如收录当时城市社会中流行的“切口语”和各种告状纸的写法以及运算用的“累算数法”“九九算法”等。其二，插图很多，其中的“北双陆盘马制度”“圆社摸场图”等，是对于宋代都市社会生活情景的生动描绘。它开辟了后来类书图文兼重的新途径，明代的《三才图会》、清代的《古今图书集成》都深受其影响。

暇、嬉笑、欢乐等生命活动中获得审美体验。在此，结合宋元生活百科全书《事林广记》等书的记载，选择几个关键性节日以呈现其美学性质。

第一，元旦节（即现行的“春节”），又称“三元”，即岁之元、月之元、时之元。“元旦”一词，最早出现在南朝梁人萧子云《介雅》“四气新元旦，万寿初今朝”① 等诗文中。宋代吴自牧《梦粱录》：“正月朔日，谓之元旦，俗呼为新年。一岁节序，此为之首。”②《东京梦华录》对元旦的描述为：“正月一日年节，开封府放关扑三日。士庶自早互相庆贺。坊巷以食物动使果实柴炭之类，歌叫关扑。如马行、潘楼街、州东宋门外、州西梁门外踊路，州北封丘门外，及州南一带，皆结彩棚，铺陈冠梳、珠翠、头面、衣着、花朵、领抹、靴鞋、玩好之类，间列舞场歌馆，车马交驰。向晚，贵家妇女纵赏关赌，入场观看，入市店饮宴，惯习成风，不相笑讶。至寒食冬至三日亦如此。小民虽贫者，亦须新洁衣服，把酒相酬尔。”这是都市特有的节庆景色，有着宋以后“纵赏”“观看”的美学特点。北宋王安石《元日》诗：“爆竹声中一岁除，春风送暖入屠苏。千门万户曈曈日，总把新桃换旧符。”这里的爆竹是与宋代的火药发明相关联产生的鞭炮。技术进步使春节显出新的审美光彩。

第二，元宵节。农历正月十五元宵节，是春节之后的第一个重要节日。吃元宵、赏花灯、舞龙、舞狮子等是元宵节几项重要民间习俗。其中放灯、观灯是最主要的内容，因此又称为“灯节”。按中国民间的传统，在这皓月当空的元宵之夜，家家都要点起彩灯万盏，以示庆贺。人们要出门赏月，燃灯放焰，喜猜灯谜，共享元宵，合家团聚，同庆佳节，其乐融融。宋代，灯节丰富多彩，元宵赏灯持续五天，灯的样式繁复多样，逛灯市更是一件赏心悦目的事情。范成大《灯市行》诗写道：“吴台今古繁华地，偏爱元宵影灯戏。”诗中的“影灯”即是“走马灯”。辛弃疾更有千古传诵的颂元宵盛况之词《青玉案·元夕》：“东风夜放花千树，更吹落，星如雨。宝马雕车香满路。风箫声动，玉壶光转，一夜鱼龙舞。”元宵灯节时，君臣百姓都去看灯、猜谜语，文人们则饮酒、赋诗、答对、作灯联等。其中有很多有趣的故事。北宋时，镇守淮阴（今扬州）的贾似道，有一年上元灯节张灯，其门客中有人摘唐诗诗句“天下三分明月夜，扬州十里小红楼”作为门灯联。此联被认为是我国最早的灯联。此后，历代都有人争相效仿，在大门或显眼的柱子镶挂壁灯联、门灯联，不仅为元宵佳节增添了节日情趣，也为赏灯的人们增加了欣赏的内容。《东京梦华录》中记载：“每逢灯节，开封御街上，万盏彩灯垒成灯山，花灯焰火，金碧相射，锦绣交辉。京都少女载歌载舞，万众围观。游人集

① 郭茂倩编撰：《乐府诗集》第一册，卷十四，人民文学出版社 2010 年版，第313 页。
② 吴自牧：《梦粱录》卷一，浙江人民出版社 1984 年版，第 1 页。

御街两廊下，奇术异能，歌舞百戏，鳞鳞相切，乐声嘈杂十余里。大街小巷，茶坊酒肆灯烛齐燃，锣鼓声声，鞭炮齐鸣，百里灯火不绝。”凡此都显出都市繁荣给节庆带来的新气象。

第三，清明节。北宋时期清明节很是普遍，流传至今的张择端的《清明上河图》描绘的就是北宋徽宗年间清明时节东京汴梁（开封）汴河两岸的人物景象。宋代词人柳永笔下的《抛球乐》① 和《木兰花慢·拆桐花烂漫》②，也呈现了宋以来都市型的清明景象。清明期间，倾城寻胜。让城里名园，郊外五陵，佳丽之地，池塘巷陌，都成了“尽堪图画”的美景；人们出游，乘的是画轮雕鞍宝马，男人似少年驰骋，女人皆翠蛾妆脸；玩乐是荡秋千、戏彩球，斗草踏青，既传统又时尚；而且脆管繁弦、轻歌曼舞，“万家竞奏新声”；还有金罍玉山，美酒佳肴，浓欢尽醉之场面。这样的清明节，本身就成了一幅“尽堪图画”的活动美景。

第四，中秋节。唐朝初年，中秋节才成为固定的节日。中秋节的盛行，始于宋朝，至明清时，已与元旦齐名，成为我国的主要节日之一。都市繁华给中秋节带来新景观和新气象。《东京梦华录·中秋》对中秋节的描绘是：“中秋节前，诸店皆卖新酒，重新结络门面彩楼。花头画杆，醉仙绵旆，市人争饮。至午未间，家家无酒，拽下望子。是时螯蟹新出，石榴、榅桲、梨、枣、栗、孛萄、弄色枨橘，皆新上市。中秋夜，贵家结饰台榭，民间争占酒楼玩月。丝篁鼎沸，近内庭居民，夜深遥闻笙竽之声，宛若云外。闾里儿童，连宵嬉戏。夜市骈阗，至于通晓。”这里，街道店铺作了美的装饰，各种酒食呈现了商业作用，贵家自身的台榭，民间的酒楼，宫里宫外，都是“通晓”。文中，传统节庆本有的“玩月”与整个城市的“嬉戏”结合在一起，构成了新型的都市节庆美学景观。

第五，重阳节。重阳节即农历九月九日，又称“老人节”。因为《易经》中把“六”定为阴数，把“九”定为阳数，九月九日，日月并阳，两九相重，故而叫重阳，也叫重九、双九。重阳又称“踏秋”，与三月三日“踏春”皆是家族倾室而

---

① 柳永《抛球乐》：晓来天气浓淡，微雨轻洒。近清明，风絮巷陌，烟草池塘，尽堪图画。艳杏暖、妆脸匀开，弱柳困、宫腰低亚。是处丽质盈盈，巧笑嬉嬉，手簇秋千架。戏彩球罗绶，金鸡芥羽，少年驰骋，芳郊绿野。占断五陵游，奏脆管、繁弦声和雅。向名园深处，争泥画轮，竞羁宝马。取次罗列杯盘，就芳树、绿阴红影下。舞婆娑，歌宛转，仿佛莺娇燕姹。寸珠片玉，争似此、浓欢无价。任他美酒，十千一斗，饮竭仍解金貂贳。恣幕天席地，陶陶尽醉太平，且乐唐虞景化。须信艳阳天，看未足、已觉莺花谢。对绿蚁翠蛾，怎忍轻舍。（唐圭璋编：《全宋词》，中华书局 1996 年版，第 31 页。）

② 柳永《木兰花慢》其二：拆桐花烂漫，乍疏雨、洗清明。正艳杏烧林，缃桃绣野，芳景如屏。倾城。尽寻胜去，骤雕鞍绀幰出郊坰。风暖繁弦脆管，万家竞奏新声。盈盈。斗草踏青。人艳冶、递逢迎。向路傍往往，遗簪坠珥，珠翠纵横。欢情。对佳丽地，信金罍罄竭玉山倾。拚却明朝永日，画堂一枕春酲。（唐圭璋编：《全宋词》，中华书局 1996 年版，第 48 页。）

出。重阳节早在战国时期就已经形成，自魏晋起，重阳气氛日渐浓郁，为历代文人墨客吟咏最多的几个传统节日之一。到了唐代，重阳被正式定为民间节日，此后历朝历代沿袭下来。重阳这天所有亲人都要一起登高“避灾”，插茱萸、赏菊花。但宋代以来的都市繁荣，却给重阳节带来了新的景观——赏菊。赏菊习俗始盛于宋代。关于宋代“赏菊”盛行，《东京梦华录·重阳节》有如下描述：“九月重阳，都下赏菊有数种：其黄白色蕊若莲房曰万龄菊，粉红色曰桃花菊，白而檀心曰木香菊，黄色而圆者曰金铃菊，纯白而大者曰喜容菊，无处无之。酒家皆以菊花缚成洞户。都人多出郊外登高，如仓王庙、四里桥、愁台、梁王城、砚台、毛驼冈、独乐冈等处宴聚。前一二日，各以粉面蒸糕遗送，上插剪彩小旗，掺饤果实，如石榴子、栗黄、银杏、松子肉之类。又以粉作狮子、蛮王之状，置于糕上，谓之‘狮蛮’。诸禅寺各有斋会，惟开宝寺、仁王寺有狮子会。诸僧皆坐狮子上，作法事讲说，游人最盛。下旬即卖冥衣、靴鞋、席帽、衣段，以十月朔日烧献故也。”① 这里，重阳赏菊与各酒家的以“菊花缚成洞户”的营销和各处景点组织商品的宴聚，寺庙的讲说表演，多方面地构成了宋代以来的新型生活美学景观。

总之，对于节庆美学，孟元老《东京梦华录》中的“各有观赏”的命题是一个总结。这“各有”显示的不只是不同节庆的特色，还有由宋以来的新型景观意涵；这“观赏”（有“赏月”“赏菊”“观灯”等多种审美性活动）道出了节庆中的美学意蕴——盎然生机。

五、礼乐人生的家礼美学

礼乐与家园，是宋元美学乃至中华美学最为根源性的审美领域。中国宗法社会历经周代的政治宗法、西汉以来的豪门宗法，到宋代，继豪门宗法于唐末完全消失之后，在封建自给自足小农经济高速发展的背景下自发地形成了以血缘关系为纽带的宗族共同体。人的生活主要在家中，家是人的身体的庇护所，更是人的精神的归属地。如何在新的文化中重建宗族共同体，宋代从范仲淹开始就进行了理论和实践上的努力，程颐、苏轼等人进行理论上的建构，朱子的《家礼》在这方面具有典型性。

中国是礼仪之邦，秉承中华礼仪文化精神，朱熹构建了一个结构完备、操作简便而内容丰富，极具实践智慧的礼学体系，成为中国礼学发展的高峰和标志。朱子《家礼》立足于中国传统生活方式（和），构建了一个生活世界（家），突出了人的情感体验性质（敬），实现了人生的最高审美追求（乐）。

---

① 吴自牧《梦粱录·九月》：“年例：禁中与贵家皆此日赏菊，士庶之家，亦市一二株玩赏。其菊有七八十种，且香而耐久。”（浙江人民出版社 1984 年版，第 30 页。）周密《武林旧事·重九》：“禁中例于八日作重九排当，于庆瑞殿分列万菊，灿然眩眼，且点菊灯，略如元夕。”（浙江人民出版社 1984 年版，第 45 页。）

家庭（家）是每个人熟知并生活于其间的、私人性与公共性相交融的最为基本的生活空间。这个空间也是每个人真正存在于或精神皈依的生活世界。“家”自古以来就有着极其丰富的内涵，它的基本含义有两个：第一是作为社会组织最基本的构成单位，依据血缘、亲缘或婚姻等关系组合而成，这是物质形态、法律意义上的“家”；第二是指具有某种观念共同性的“家园感”的“家”，这个“家”是精神性的，是一种信念、寄托、相思、梦想，一种超越性的美的世界。朱子《家礼》依据当时的生活方式，建构了一个普世性的“家”——理论形态的生活世界、一个审美性的世界。

第一，朱子《家礼》是对中国传统礼学思想和礼学精神的继承和发展。《家礼》的理念在孔子编撰的《仪礼》之中就有所呈现，如《士冠礼》《士昏礼》《丧礼》等。又如《礼记》中有大量关于婚丧嫁娶、宗族制度、社会风俗等社会生活方面的内容。南北朝时期徐爰的《家仪》、颜之推的《颜氏家训》，以及隋唐时期的书仪类作品等，都成为朱子《家礼》的重要思想来源。

第二，宋型家庭的转型[1]，“礼下庶人”，使礼的普适化进程加剧。宋代生活儒学显达，家礼编撰兴盛。学术界认为，唐宋之际是中国传统家庭制度发生重大转变的时期，也就是所谓的由“汉唐型家庭”向“宋型家庭”转变时期。而“宋代家族与以前的最大不同，在于其功能由原来的选官、婚配转变为敬宗收族了；或者可以概括地讲，由政治型转变为血缘型了”[2]。朱子《家礼》设计了一套新的血缘型的家族制度，可谓集传统“家礼”之大成。

第三，朱子《家礼》的基本框架，由《通论》和“四礼”（冠、昏、丧、祭）组成。朱熹在《家礼》中主要建构了一个以人生为本体的生活世界。其中“冠礼”“昏礼”是对生者的礼仪，而“丧礼”“祭礼”是对死者的礼仪。人生的两个节点是“生”和“死”。如何生、如何死自然地成为人类永无休止的追问主题。朱子《家礼》[3] 在充分改造中国传统礼仪的同时，把握这一永恒的主题，建构了一个以

---

① 关于“宋型家庭”，见邢铁：《中国家庭史》第3卷，广东人民出版社2007年版，第24页。

② 邢铁：《中国家庭史》第3卷，广东人民出版社2007年版，第5页。

③ 关于朱子《家礼》的内容，据有关学者考察，大致有三个方面的特色。一为“自创”，二为“承袭”，三为“修订”。（见［韩］卢仁淑：《朱子家礼与韩国之礼学》，人民文学出版社2000年版，第85—87页。）

关于朱子《家礼》的编修历程，据研究表明，朱子编修《家礼》有一个动态过程，即从《祭仪》《古今家祭礼》到《家礼》。这一过程，实际上是朱子《家礼》思想从萌芽、发展、批判、整合到完善的变化过程，充分展示了朱子《家礼》思想的兼容并蓄特色。首先，朱子对传统《家礼》思想资源进行挖掘与整理，先后编辑了《祭仪》《古今家祭礼》等；其次，朱子对相关家礼、家训等进行改造，如对司马光《书仪》大量吸收和改造等；最后，也是最重要的一点，就是大量吸收当时生活中的礼俗并进行相应的改造，如昏礼中相关礼仪就进行了与时俱进的简化或损益。

人生为本体的生活审美世界。

第四，朱子《家礼》对人生及其生活世界的高度重视，实际上也是中国传统审美精神——乐感文化的具体呈现。朱子《家礼》中的“四礼”，实际上展示了人生不同阶段的美的夙愿，包括美的标准、美的原则、美的对象、美的生成、美的境界，等等。也就是说，礼乐人生是朱子《家礼》美学的核心精神。

第三节 宋辽金元美学的圆融气象

宋辽金元的美学，在地域、时间、样式、类型、风格上，都显得极为多样，但多样中又有共同的特点：圆融气象。圆是在突出自己特点的同时，考虑“他方”的特点，融是指在突出自己特点的同时，又把自己融入一个包容“他方”的共同体中。圆融气象，可以用来指称宋元时期美学的总体特征。具体来说，包含对历史审美经验的传承与整合的历史性圆融，如审美风格的圆融（老熟风格），审美精神的圆融（儒学、佛教、道教、伊斯兰教的圆融，尤其体现在“理学”方面），审美形态的圆融（诗、书、画、金石汇通，朝廷美学、士人美学、民间美学、市民美学的圆融等），审美范畴的圆融（韵、逸、远、平淡、玩味、悟等），审美设计的圆融（变造用材等），审美主体和审美心态的圆融（涵泳自得、林泉之心、以物观物等），等等。

本节主要从宋元美学的思想层面展开。应该说，这一时期随着疆域向“大一统”的进展，各种学术思想也逐步走向“大一统”，这种“大一统”本身就是一种“圆融气象”。

一、理学思潮与美学

宋代理学以儒学为主，吸收释道的理念进行综合性创新，呈现出时代的圆融气象。张载说：“为天地立心，为生民立命，为往圣继绝学，为万世开太平。”① 这体现了立足于天、地、人，过去、现在、未来的高度的圆融气象；朱熹的“心包万理，万理具于一心”，体现了对主客体进行哲学高度的抽象的圆融气象。两宋理学不仅是对传统哲学的本体建构，而且面对广阔的生活世界，以人生为中心，在诸多领域对美学问题进行了全方位的开拓。

第一，“生生之德”。理学家面对万物万象，抱定为天地立心的志向，在差异

① 《张子语录》，见《张载集》，章锡琛校点，中华书局 1978 年版，第 320 页。本章凡引此书皆据此版，只在正文中注明篇名。

中看到和谐。张载《正蒙·乾称篇》曰："天地生万物，所受虽不同，皆无须臾之不感，所谓性即天道也。"道有不同的表现形式："语其推行，故曰道；语其不测，故曰神；语其生生，故曰易。其实一物，指事异名尔。"（《张载集·正蒙·乾称》）在这些不同的表现形式里，又有最根本的东西，即一种圆融气象。用张载的话来说，就是"太和之谓道"（《张载集·正蒙·太和》）。在理学家看来，在太和的宇宙中万物都充满了生气。程颢说："'天地之大德曰生'，'天地絪缊，万物化醇'，'生之谓性'，万物之生意最可观。"① 这"万物生意"正是理学家美学理想中的圆融境界。

第二，"天地气象"。在中国文化中，气是宇宙的根本。气化流行，衍生万物，物就其实体的外貌而言是形，就其内在之气在外形上的体现而言是象。在气、象、形三词中，只言形象（或物象），气虽包括内在，但强调物的外形；只讲气象，是虽讲了外在，但更强调外在之象由内在之气所决定，突出一种精神气质。程颐说："但以孔子之言比之，便见。如冰与水精非不光，比之玉，自是有温润含蓄气象，无许多光耀也。"（《二程遗书》卷18）程颢说："孔子'与点'，盖与圣人之志同，便是尧、舜气象也。"（《二程遗书》卷12）朱熹说："荆襄山川平旷，得天地之中，有中原气象。"（《朱子语类》卷2）他把宋代理学对道德理想境界的追求称为"圣人气象"，同时，多处使用"气象"一词：在道德理想中有"圣贤气象"（《朱熹集》卷67）、"孟子气象"（《朱子语类》卷93）、"颜曾气象"（《朱熹集》卷36）、"儒者气象"（《朱子语类》卷136）；在具体的人、物、景、事中，有"气象宏阔"（《朱熹集》卷70）、"风范气象"（《朱子语类》卷93）、（濂溪清和）"泰和气象"（《朱熹集》卷61）、"清明和乐之气象"（《答吕子约》《朱熹集》卷47）、"光风霁月气象"（《朱熹集》卷42）；在鉴赏玩味方面，有"气象可想"（《朱子语类》卷93）、"玩其气象"（《朱熹集》卷30），"只是将圣人言语只管浸灌，少间自是生光精，气象自别"（《朱子语类》卷137）。天地间的万物按照自然节律运行，这是孔子"吾与点也"的境界，也是天地万物生动圆融的气象。朱熹对此有很深的体会，其诗曰：

> 春服初成丽景迟，步随流水玩晴漪。微吟缓节归来晚，一任清风拂面吹。（《朱熹集·曾点》）
>
> 胜日寻芳泗水滨，无边光景一时新。等闲识得东风面，万紫千红总是春。（《朱熹集·春日》）

---

① 《二程集》卷十一，中华书局1981年版，第120页。本章凡引此书皆据此版，只在正文中注明卷数。

第三，“气象浑成”。朱熹常讲“气象浑成”，它就是周敦颐讲的“是万为一，一实万分”① 和张载讲的“太和”的道境，还是程颐讲的“万物皆是一理”（《二程遗书》卷15）。朱熹谈圣人气象时说：“惟圣人全体浑然，阴阳合德，故其中和之气见于容貌之间者如此。”② 他又说：“人之所以为人，其理则天地之理，其气则天地之气。理无迹，不可见，故于气观之。要识仁之意思，是一个浑然温和之气，其气则天地阳春之气，其理则天地生物之心。”（《朱子语类》卷6）对自然之景，朱熹说：“春本温和，故能生物，所以说仁为春。”（《朱子语类》卷6）“元气之会，浑然天成。”（《朱熹集》卷85）对于人与万物的主客关系，程颢《秋日偶成》有：“闲来无事不从容，睡觉东窗日已红。万物静观皆自得，四时佳兴与人同。道通天地有形外，思入风云变态中。富贵不淫贫贱乐，男儿到此是豪雄。”（《二程集·文集》卷3）这里，万物、人心、道德，都达到了一种理学美学的圆融气象。

二、佛、道教思想与美学

宋元之际的佛道思想有重要的转变。就道家而言，在当时的金国形成并在元代有相当发展的“全真教”，随着金国的军事扩张得到广泛传播。就佛教而言，有特色的是在吐蕃及蒙、藏流传的藏传佛教。藏传佛教在发展与传播过程中形成了独具特色的审美方式。这一时期的汉传佛教思想已经儒佛互用，亦即“援儒入禅”（智圆）或“援禅入儒”（张九成）。

（一）道教和佛教从三教合一的角度理解自身

首先讲道教。北宋前期，著名道士张守真（？—983）借天神之口，宣扬三教合流的思想。他讲他曾问翊圣保德真君：“道、释、儒典并垂于世，未审崇奉何者即得获其福?”真君回答说：“《太上道德经》大无不包，小无不纳，修身炼行，治家治国，世人若悟其指归，达其妙用……谅无所不至矣。释氏之《四十二章经》……证以善恶，亦一贯于道矣，奉之求福，固亦无涯。至于周公孔子，皆列仙品，而五经六籍，治世之法，治民之术，尽在此矣。”③ 这里虽是从个人求福的角度议论，却涉及了三教不同的社会功能，讲道教既修身又治国，佛教只能制心治性，在“合一”的同时显示了对道教的偏爱。

其次讲佛教。略晚于张天师，北宋僧人智圆（976—1022）说：“儒者，饰身

---

① 《通书·理性命第二十二章》，见《周敦颐集》，陈克明点校，中华书局1990年版，第31页。本章凡引此书皆据此版，只在正文中注明卷数。

② 朱熹：《四书章句集注》，中华书局1983年版，第102页。

③ 李攸撰：《宋朝事实》卷七，中华书局1985年版，第118—119页。

之教，故谓之外典也；释者，修心之教，故谓之内典也。”“故吾修身以儒，治心以释。”① “域内则治乎身矣，谓之外教也；域外则治于心矣，谓之内教也。”（《闲居编》卷1）他主张以儒治行、以释治心。他又说：“原夫仲尼之为训也，扬唐虞三王之道，尊仁而尚义，俾复其王而企于帝者也。伯阳之为训也，扬三皇朴略之道而绝圣弃智，俾复其皇而企于结绳者也……若夫释氏之为训也，指虚空世界也，悉自我心焉，非止言其太极生两仪、玄牝为天地根而已矣……有以见儒、道虽乎广大悉备，至于济神明，研至理者，略指其趣耳；大畅其妙者，则存乎释氏之训与！其为域外之教也，又明矣。”（《闲居编》卷1）这里，他把儒学和道教都归入域中之教，而把佛教归入域外之教，认为治理国家离不开儒学、道教，治心、治域外则要靠佛教。他还进一步指出：“释、道、儒宗，其旨本融，守株则塞，忘筌乃通。”（《闲居编》卷16）突出了儒、释、道“三教同源”“三教一家”的圆融气象。僧人契嵩（1007—1072）提出：“故治世者，非儒不可也；治出世，非佛亦不可也。”② “诸教也，亦犹同水以涉而厉揭有深浅，儒者，圣人之治世者也；佛者，圣人之治出世者也。”（《镡津文集·辅教编》上）契嵩主张以儒治世、以佛治出世。

南宋时期，宋孝宗赵昚（1127—1194）《三教论》以基本国策的方式阐述了儒、释、道三教的内在关系，那就是“以佛修心，以道养生，以儒治世”。元朝宰相耶律楚材（1190—1244）基本延续了宋孝宗的观点，说：“若夫吾夫子之道治天下，老氏之道养性，释氏之道修心，此古今之通义也，舍此经往，皆异端耳。”③ 他对宋孝宗的说法作了一点修正，把以道养生变成了以道养性，这样就避免了仅仅把养生理解为保养身体的误解，也凸显了道教养性的作用。元末陶宗仪（1329—约1412）记：“上问曰：‘三教何者为贵？’（孛木鲁罛——编者注）对曰：‘释如黄金，道如白璧，儒如五谷。’上曰：‘若然，则儒贱邪？’对曰：‘黄金、白璧无亦何妨，五谷于世，岂可一日阙哉。’上大悦。”④ 当时正是元朝崇奉“帝师”的时期，孛木鲁罛这样回答可谓恰到好处。

（二）宋辽金元道教美学思潮

全真教起于当时动荡不安的社会，加之北宋末，女真族与蒙古族相继入主中

① 释智圆：《闲居编》卷19《中庸子传上》，《四库全书》本，上海人民出版社、迪志文化出版有限公司1999年电子版。后引此书皆据此版，只注卷数。

② 契嵩：《镡津文集·辅教篇下·寂子解》，《四库全书》本，上海人民出版社、迪志文化出版有限公司1999年电子版。后引此书皆据此版，只注卷数。

③ 耶律楚材：《湛然居士文集》卷8《寄赵元帅书》，《四库全书》本，上海人民出版社、迪志文化出版有限公司1999年电子版。

④ 陶宗仪：《南村辍耕录》卷五《三教》，见《宋元笔记小说大观》，上海古籍出版社2001年版，第6190页。

原，使得当时的社会现象、文化现象呈现出一种独特的面貌，时代烙印非常明显。全真教经王重阳、邱处机的努力，在金元有了相当的地位。时人评其特点，说其“逊让似儒，其勤苦似墨，其慈爱似佛”①，具有融和的胸怀。在尹志平、李志常的努力下，全真教在北京、河南、河北、山东、山西、陕西、甘肃等地区广修宫观，普收道众，成了一个“南际淮，北至朔漠，西向秦，东向海，山林城市，庐舍相望，什百为偶，甲乙授受，牢不可破”② 的道派。据后世搜集和刊行的《道藏》所载，尹志平、李志常、王志坦、姬志真等都有著述。特别是后来入全真教的李道纯，不但包容儒释思想于其中，而且融会南北文化于一身，从道教角度论述了“中和”之美，呈现了道教的审美特征和超越精神。

宋元道教，其美学思想大致呈现出以下两个特点：其一，由于民间道教和上层道教的有机结合，使得道教美学思想在诗歌中呈现出书面语和口语化并重的局面。其诗词美学达到了相当高的水平。其二，道教美学在道教建筑上得到了鲜明的体现。③

（三）藏传佛教美学

宋辽金元时期的藏传佛教美学集中体现在当时兴起并发展壮大的“唐卡”艺术形式上。唐卡（Thang-ga，也叫唐嘎、唐喀，系藏文音译），指用彩缎装裱后悬挂供奉的宗教卷轴画。唐卡是藏族文化中一种独具特色的绘画艺术形式，题材以佛教为主，延至藏族的历史、政治、文化和社会生活等诸多领域。传说唐卡创制于吐蕃赞普松赞干布，在 10 世纪时唐卡艺术开始了有序发展。11—12 世纪是唐卡艺术形成系统的时期，同时也是藏传佛教宁玛派、噶举派、萨迦派三大教派以及噶当、希解、觉宇、觉囊、郭扎、夏鲁等小派形成时期。13—14 世纪，唐卡艺术风格凸显，稳步发展，形成唐卡三大画派：勉唐、噶孜、热贡画派。明清时期是唐卡绘画艺术发展的繁荣时期，三大画派旗下还形成了很多画派。如果说汉地儒、释、道的相互吸收体现了内在美学的圆融气象，那么藏传佛教则在唐卡美学上体现了藏佛地区各派共通的圆融气象。

三、伊斯兰教思想与美学

伊斯兰教在唐高宗永徽二年（651）传入中国，宋元时期的伊斯兰教主要以喀喇汗王朝维吾尔族为代表。这一时期出现了许多重要的哲学家、语言学家、文学

---

① 《甘水仙源录》卷 9，《道藏》第 19 册，文物出版社、上海书店、天津古籍出版社三家联合 1988 年影印版。

② 《紫微观记》，见陈垣编纂：《道家金石略》，文物出版社 1988 年版，第 475 页。

③ 见申喜萍：《南宋金元时期的道教美学思想》，四川大学博士学位论文 2003 年，第 34—35 页。

家及其大批具有美学意义的理论著作和艺术作品，如《突厥语辞典》《十二木卡姆》《福乐智慧》《真理的入门》《乌古斯可汗的传说》等。其中《福乐智慧》集中体现了这一时期伊斯兰美学思想。这是巴拉萨衮人尤素甫·哈斯·哈吉甫（约1019—1080）用古维吾尔语创作的一部古典名著，全诗共八十二章（篇），一万多行，体现了维吾尔族民族精神以及对人类社会理想的美好憧憬。其中的美学思想主要表现在四点："四意象说"；美在智慧说；美在幸福说；自然美论。

（一）"四意象说"

所谓"四意象"是指《福乐智慧》中出现的具有代表性的四类审美意象。"日出"代表"国王"，是"公正"的意象；"月圆"代表着"大臣"，是"幸福"的意象；"贤明"是大臣之子，是"智慧"的意象；"觉醒"是大臣之兄弟，是"知足"的意象。这四个意象分别体现着人们在社会生活中最具代表性的人生态度和审美价值追求。如"日出"的国王因其至高无上的权威，体现着他对社会人生的自信与满足，由此所呈现出的审美心态就必然是光明的、平和的和确定的。"月圆"因其辅佐国王、兢兢业业、共同治理天下、富足人民而感到"幸福"，因此，尽管"幸福不常在，人有旦夕祸福"①，但"月圆"始终抱持"伴随我的是欢乐，忧愁与我无缘"（《福乐智慧》第16篇）的美好憧憬。"贤明"则以勤劳的工作与创造性的"智慧"为天下奔忙，有幸福与欢乐，有痛苦与悲哀，也有一种向往逍遥生活的审美理想。而"觉醒"则有似于中原文化中的"老庄"形象，是自然无为、回归大自然、追求本然人生的审美理念。由此，四意象说明显地体现其受到华夏文明的巨大影响。

（二）美在智慧说

从创生论而言，"真主创造了人类，赋予他品德、知识和智慧"（《福乐智慧》第6篇）。人类的尊贵与伟大来源于知识和智慧。因此，"人类因有知识今天变得高大，因有智慧解开了大自然的秘密"（《福乐智慧》第6篇），"智慧和知识可以洞悉一切，有知识智慧者可以达到目的"（《福乐智慧》第6篇）。然而，不是每个人都有同样的知识和智慧，这就需要去追求。因为"谁具有知识，谁就将获得世界"（《福乐智慧》第9篇），所以，是否"求知"就成了"幸福"与"愚昧"、"健康"与"疾病"、"美"与"丑"的重要原因。智慧与语言有着密切的关系。"人类之美在于面容，智慧之美则在于语言。"（《福乐智慧》第9篇）这一"求知"理念明显接受了西方哲学传统，并将其改造成为具有自己民族特色的思想理

① 尤素甫·哈斯·哈吉甫：《月圆向国王论述幸福》，《福乐智慧》，耿世民、魏萃一译，新疆人民出版社1979年版，第64页。本章凡引此书皆据此版，只在正文中注明卷数。

念，这与中原文化的基本精神和审美意趣是有区别的。

（三）美在幸福说

追求知识和智慧的目的在于获得人生的“幸福”。无论是国王对臣民的“仁爱”，还是大臣对其国王的“忠诚”，以及“觉醒”对大自然、自由人生的迷恋，都体现了哈吉甫对“幸福”人生的重视，同时也体现了维吾尔族文化中的人文关怀。《福乐智慧》对“幸福”有一种深刻的辩证理解和阐释。“贪图安逸会招来灾难，追求欢乐到头来一定痛苦。”（《福乐智慧》第12篇）“幸福”并非是舒适与获得，而在于劳动与付出，从而获得人性的永恒。

（四）自然美论

《福乐智慧》常常以美妙的笔触赞美大自然的勃勃生机和美丽。春天里，春风给善良的人们打开了天堂之路。积雪消融、大地充满馨香，明媚的春光里，“草原、山丘和谷地蜿蜒伸展，到处鲜花盛开。万花含苞欲放，馨香和樟脑香气布满人间”（《福乐智慧》第4篇）；还伴随着“大雁、野鸭、天鹅和克勒鸟布满天空，它们上下飞翔鸣叫”（《福乐智慧》第4篇），也应和着“野羊在花间游戏，鹿儿在草地上欢跳。天公蹙眉洒泪，花儿展颜微笑。此时宇宙瞧着自己，看着别人感到自豪又欢喜”（《福乐智慧》第4篇），这一切都应感谢真主的恩赐，“啊，你是世界之美和伟大的体现者”（《福乐智慧》第4篇）。这里体现了维吾尔族对美好生活的向往。

第四节　宋辽金元的美学境界

宋辽金元美学是中国传统美学高度繁荣发展时期，审美领域之广、审美风格之盛、审美流派之多、审美境界之高都属罕见。艺术美学领域的境界追求无比丰富。词学美学有豪放派、婉约派之别；诗学美学有“诗有别材，诗有别趣”之议；文论美学有“文以载道”“文道两本”之趣；绘画美学有院体画、文人画、工匠画等流派，还有“北宋三家”“南宋四家”“元四家”等不同风格；音乐美学有“道家唱情、僧家唱性、儒家唱理”多样发展的格局；建筑装饰美学有“五彩遍装”“碾玉装”“青绿叠晕棱间装”“解绿装”“丹粉刷饰”和“杂间装”等多种样式与风格。当然，宋辽金元美学的主体是由两宋美学来代表的，以两宋美学为核心，又呈现了多样的类型和境界，如诗文的平淡，书画的淡泊，诗的清空，曲的本色，乐的多样，设计的适宜。

一、诗文美学的平淡境界

平淡是两宋诗文最突出的美学境界。在宋初诗文革新运动中，梅尧臣就提出了平淡理论，“作诗无古今，唯造平淡难”（《梅尧臣集编年校注》卷26）。这“平淡”主要源于《诗经》中的《周南》气象。他在《依韵和晏相公》诗中说：“微生守贱贫，文字出肝胆。一为清颖行，物象颇所览。泊舟寒潭阴，野兴入秋菼。因吟适情性，稍欲到平淡。苦辞未圆熟，……兹继《周南》篇，段桡宁及舰，试知不自量，感涕屡挥掺。”（《梅尧臣集编年校注》卷16）平淡不是平常，而要“深邃”“正静”“博远”。他在《林和靖先生诗集序》中说：“其顺物玩情为之诗，则平淡邃美，读之令人忘百事也。其辞主乎静正，不主乎刺讥，然后知趣尚博远，寄适于诗尔。”（《梅尧臣集编年校注·拾遗》）这里的“平淡”并不只是钟嵘“淡乎寡味”之“平淡”，而是指追求“中和平正”，平中见出情趣、淡而味长，“读之令人忘百事”的淡远深邃的审美境界。梅尧臣继承了儒家美学传统，并将这一传统内化为自己创作的基本理念，展示了儒学复兴思潮在文艺审美领域中的渗透维度，同时也预示着一个不同于汉唐的崭新的审美面貌的出现。欧阳修在《六一诗话》中对梅尧臣的平淡作了总结：“状难写之景，如在目前；含不尽之意，见于言外。”① 欧阳修作为古文革新运动的领袖，要求古文写得易知易明，却要含有不尽的深意。苏轼进一步推进了平淡的内容，他说钟、王的书法“萧散简远，妙在笔画之外”，韦应物、柳宗元的诗“发纤秾于简古，寄至味于澹泊”②。说陶渊明和柳宗元的诗“外枯而中膏，似澹而实美”③。在他看来，平淡是看起来淡，而实际上是浓，浓包含在淡的外表之下；看起来是近，实际上是远，远内含在近的外表之中。这种内蕴着浓和远的平淡是要经过努力才能达到的，“大凡为文，当使气象峥嵘，五色绚烂，渐老渐熟，乃造平淡”④。用苏轼的话说，唐人之美是“气象峥嵘”，而宋人之美是“乃造平淡”。

朱熹曾探讨过平淡境界从梅尧臣到欧阳修到苏轼的演进过程。他说梅诗一方面“闲暇萧散，犹有魏晋以前高风余韵”（《朱熹集》卷64），另一方面“他不是平淡，乃是枯槁”（《朱子语类》卷139）。说欧阳修诗“枯淡中有意思”（《朱子语类》卷140），说欧阳修文“虽平淡，其中却自美丽，有好处，有不可及处”。谈欧文与苏文时，说：“欧文如宾主相见，平心定气，说好话相似。坡公文如说不办后，对人闹相似，都物恁地安详。”（《朱子语类》卷139）

朱熹也主张“平淡”，却以儒家的“中和”为根底。首先要“文字奇而稳方好”（《朱子语类》卷139）。所谓“奇”是讲究“诗字字要响”（《朱子语类》卷

---

① 欧阳修：《六一诗话》，见《历代诗话》，何文焕辑，中华书局1981年版，第267页。

② 《书黄子思诗集后》，见《苏轼文集》第五册，孔凡礼点校，中华书局1986年版，第2124页。

③ 《评韩柳诗》，见《苏轼文集》第五册，孔凡礼点校，中华书局1986年版，第2110页。

④ 周紫芝：《竹坡诗话》，见《历代诗话》，何文焕辑，中华书局1981年版，第348页。

140）。所谓“稳”是要“诗须是平易不费力，句法混成”（《朱子语类》卷140）。这两个方面的效果，则是“如月影散落万川，定相不分，处处皆圆”（《朱子语类》卷139）。朱熹的平淡讲究来源之正和本性之真，他说：“夫古人之诗，本岂有意于平淡哉？但对今之狂怪雕锼，神头鬼面，则见其平；对今之肥腻腥臊、酸咸苦涩，则见其淡耳。自有诗之初以及魏晋，作者非一，而其高处无不出此。”（《朱熹集》卷64）只有诚中形外，方有平淡，即“漱六艺之芳润以求真澹”（《朱熹集》卷64）①。作为理学家，在理之中寻出一个“趣”来，自然达到平淡。

二、书画美学的淡泊境界

淡泊是两宋诗画最突出的美学境界。欧阳修《鉴画》云：“萧条淡泊，此难画之意。画者得之，览者未必识也。故飞走迟速，意近之物易见，而闲和严静，趣远之心难形。若乃高下向背，远近重复，此画工之艺尔，非精鉴者之事也。”② 这里提出了淡泊之意和趣远之心对画的重要性。

淡泊是一种胸怀。这一胸怀体现在书画里，就是苏舜钦提出的“人生一乐”的思想。欧阳修对此非常欣赏，并在《试笔》一文多处发挥：

> 苏子美尝言：明窗净几，笔砚纸墨，皆极精良，亦自是人生一乐……余晚知此趣，恨字体不工，不能到古人佳处，若以为乐，则自是有余。（《试笔·学书为乐》）③
>
> 作字要熟，熟则神气完实而有余，于静坐中，自是一乐事。（《试笔·作字要熟》）④

这种写字之乐在石苍舒那里体现为作书时展墨的“醉”。所谓“醉墨”，就是把写字的目的定位于书写者心中的快乐，而不是强求写得好不好。苏轼对此非常欣赏，同样多处发挥：

> 自言其中有至乐，适意无异逍遥游。近者作堂名醉墨，如饮美酒消百忧。

---

① 朱熹此语出自晋陆机《文赋》：“倾群言之沥液，漱六艺之芳润。”

② 《六一跋画·试笔》，见俞剑华编著：《中国古代画论类编》修订本，人民美术出版社2000年版，第42页。

③ 上海书画出版社、华东师范大学古籍整理研究室选编、校点：《历代书法论文选》上册，上海书画出版社1979年版，第307—308页。

④ 上海书画出版社、华东师范大学古籍整理研究室选编、校点：《历代书法论文选》上册，上海书画出版社1979年版，第309页。

(《石苍舒醉墨堂》)①

笔墨之迹，托于有形，有形则有弊，苟不至于无，而自乐于一时，聊寓其心，忘忧晚岁，则犹贤于博弈也。(《题笔阵图》)②

米芾把这种作书作画的思想，称为“戏墨”。戏，也就是“乐”和“玩”的意思，是一种非功利的审美态度。其《书史》说：“何必识难字，辛苦笑扬雄。自古写字人，用字或不通。要之皆一戏，不当问拙工。意足我自足，放笔一戏空。”③这一作书作画的超功利态度，反过来也影响到文学，陈俊卿《拱溪诗话》自序：“平居无事，得以文章为娱，时阅古今诗集，以自遣适。”④ 陈俊卿为该诗话作序时说：“时取古人诗卷，聊以自娱。因笔论其当否，且疏用事之隐晦者以备遗忘。”⑤用同一种审美态度打通书画诗文，成为宋人的普遍现象。苏轼说：“诗不能尽，溢而为书，变而为画，皆诗之余也。”（《苏轼文集·文与可画竹墨屏风赞》）书、画是诗之余；词也是诗余，这是一种公论。把握“玩”，是理解宋人艺术的关键之一。

这种乐、玩、戏，从一种不经意的淡泊中出来，实际上是拒绝日常功利的“俗”，而追求文人趣味的“雅”。这种淡泊之雅，构成了宋人之韵。黄庭坚和范温就大谈平淡境界中的“韵”。

凡书画当观韵。(黄庭坚《题摹燕部尚父图》)

山谷之言曰：书画以韵为主……凡事既尽其美，必有其韵，苟韵不胜，亦亡其美。(范温《潜溪诗眼》)

有余意之谓韵。(范温《潜溪诗眼》)

淡泊之韵，还体现在蔡襄的书法上。蔡书的淡泊是崇尚平淡厚蕴的士人趣味在宫廷的体现，得到普遍的认可。明代盛时泰《苍润轩碑跋》说：“宋世称能书者，四家独盛。然四家之中，苏（轼）蕴藉，黄（庭坚）流丽，米（芾）峭拔，皆令人敛衽，而蔡（襄）公又独以深厚居其上。”⑥ 所谓蔡襄的深厚，就是士人所

---

① 《苏轼诗集合注》，冯应榴辑注，黄任轲、朱怀春校点，上海古籍出版社 2001 年版，第 219 页。

② 《苏轼文集》，孔凡礼点校，中华书局 1986 年版，第 2170 页。

③ 《米芾集·书画论集·书史》，湖北教育出版社 2002 年版，第 137 页。

④ 陈俊卿：《拱溪诗话自序》，见《历代诗话续编》，丁福保辑，中华书局 1983 年版，第 345 页。

⑤ 陈俊卿：《拱溪诗话序》，见《历代诗话续编》，丁福保辑，中华书局 1983 年版，第 344 页。

⑥ 《宋蔡君谟真书〈有美堂记〉》，见水赉佑：《蔡襄书法史料集》，上海书画出版社 1983 年版，第 88 页。

推崇的温和、太平、淡泊之美。宋代邓肃《跋蔡君惠书》说："观蔡襄之书，如读欧阳修之文，端严而不刻，温厚而不犯。太平之气，郁然见于豪楮间。当时朝廷之盛，盖可想而知也。"①

淡泊的境界还体现为宋人山水画中的"远"。郭熙《林泉高致》谈到山水画的"三远"之美："山有三远：自山下而仰山颠，谓之高远；自山前而窥山后，谓之深远；自近山而望远山，谓之平远。高远之色清明，深远之色重晦，平远之色有明有晦。高远之势突兀，深远之意重叠，平远之意冲融而缥缈。其人物之在三远也，高远者明了，深远者细碎，平远者冲淡。"② 三远形成一种节奏化音乐化的空间。三远同样是一个充分考虑到主体观赏的审美视线："正面溪山，林木盘折，委曲铺设其景而来，不厌其详，所以足人目之近寻也；傍边平远，峤岭重叠，钩连缥缈而去，不厌其远，所以极人目之旷望也。"③ 全景山水的组织方法和中国山水的基本原则已经包含在里面了。如果把韩拙对平远进一步深入论述的阔远、迷远、幽远加进来，把一隅山水的"虚实相生，无画处皆成妙境"再加进来，整个中国山水画的理论就完成了。

三、词曲领域的雅致、清空、本色境界

词是宋代美学的代表，曲是元代美学的代表。

关于词的美学，宋代最初是将之作为"诗余"，相当于从"书画一乐"的角度去看。晏几道《小山词自序》："期以自娱，不独叙其所怀，兼写一时杯酒间闻见，所同游者意中事……始时沈十二廉叔、陈十君龙家有莲鸿、苹云、品清讴娱客，每得一解，即以草授诸儿，吾三人持酒听之，为一笑乐。"④ 苏轼《题张子野诗集后》："子野诗笔老妙，歌词乃其余技耳。"⑤ 因此，其要求的仍是从诗书画美学的延伸。黄庭坚《小山集序》说："独嬉弄于乐府之余，而寓以诗人之句法，清壮顿挫，能动摇人心。"⑥ 张耒《贺方回乐府序》说："满心而发，肆口而成，不待思虑而工，有待雕琢而丽。"⑦ 在运用"诗余"之论时，也注意到了词的特点。

于是"词别是一家"的理论被提出，李清照《论词》是典型代表，她通过批评不好的词来暗示什么是好的词。首先批评两种不似词的词：一是晏殊、欧阳修、

---

① 水赉佑：《蔡襄书法史料集》，上海书画出版社 1983 年版，第 65—66 页。
② 郭熙、郭思：《林泉高致》，中华书局 2010 年版，第 69 页。
③ 郭熙、郭思：《林泉高致》，中华书局 2010 年版，第 77 页。
④ 曾枣庄、刘琳主编：《全宋文》第 76 册，上海辞书出版社、安徽教育出版社 2006 年版，第 180—181 页。
⑤ 《苏轼文集》，孔凡礼点校，中华书局 1986 年版，第 2146 页。
⑥ 《黄庭坚全集》，刘林、李勇先、王蓉贵点校，四川大学出版社 2001 年版，第413 页。
⑦ 陶秋英编：《宋金元文论选》，人民文学出版社 1984 年版，第 231 页。

苏轼等以诗为词，“皆句读不葺之诗尔。又往往不协音律”；二是王安石、曾巩等以文为词，“人必绝倒，不可读也”。然后批评另外两种词：一是柳永的俚俗词，“虽协音律，然词语尘下”，俗气；二是晏几道、秦观、贺铸、黄庭坚的词，各有缺点，“晏苦无铺叙，贺苦少典重；秦即专主情致，而少故实，譬如贫家美女，虽极妍丽丰逸，而终乏富贵态；黄即尚故实，而多疵病，譬如良玉有瑕，价自减半矣”①。由此可知，李清照所追求的理想境界，是白璧无瑕的富贵佳人，是具有音乐性的“雅致”境界。

依据词的特点来讲词而又较为成体系的，是沈义父《乐府指迷》和张炎《词源》。二者都从词的艺术特性入手进行系统的总结。沈义父以周邦彦为理想境界，张炎以姜夔为理想境界，完全和李清照一样，以音律之协谐与内容之雅贵为第一义，坚决反对以诗为词。《乐府指迷》说：“音律欲其协，不协则成长短之诗。”②《词源》说：“辛稼轩、刘改之作豪气词，非雅词也，于文章余暇，戏弄笔墨为长短句之诗耳。”③ 两部论著的体系性，首先在于结构方面。

《乐府指迷》的基本结构为：第一，论词四标准（举周邦彦为正面榜样，以康与之、柳永、姜夔、吴文英、施岳、孙惟信为教训）；第二，词的大结构（起句、过处、结句）；第三，词的具体技巧（咏物、用事、字面、代字、造句、押韵、去声字、虚字、用人名、腔、句中韵、忌犯）。

《词源》的基本结构为：第一，词的大结构（制曲、句法、字面、虚字）；第二，词的总风格（清空、意趣）；第三，词的具体技巧（用事、咏物、节序、赋情、离情、令曲、杂论）。

两本著作的主要特点有二：第一，主要论述词的技术层面，只是从词和其他艺术门类在本性上的不同来论述，对词的技术层面没有进行更深的美学和文化分析；第二，在论述词的风格时，仅把握了词的一般特性，并与时代的审美风尚相汇通，并无独特的深度。《乐府指迷》的四标准为：音律欲其协，不协则成长短之诗（区别于诗统词派）；下字欲其雅，不雅则近乎缠令之体（区别于世俗派）；用字不可太露，露则直突无深长之味（区别于直率）；发意不可太高，高则狂怪而失婉柔之意（区别于豪放）。④《词源》的“清空”“意趣”之论：“词要清空，不要质实，清空则古雅峭拔，质实则凝涩晦昧；姜白石词如野云孤飞，去留无迹，吴梦窗词如七宝楼台，眩人眼目，碎折下来，不成片断。”“词以意为主……如苏东

---

① 《李清照集校注》，王学初校注，人民文学出版社 1979 年版，第 195 页。

② 沈义父：《乐府指迷笺释 · 引言》，蔡嵩云笺释，人民文学出版社 1981 年版，第 39 页。

③ 张炎：《词源注》，夏承焘校注，人民文学出版社 1981 年版，第 32 页。

④ 沈义父：《乐府指迷笺释 · 引言》，蔡嵩云笺释，人民文学出版社 1981 年版，第 39 页。

坡《中秋水调歌》……此数词皆清空中有意趣。”[①] 这是从美学的境界来讲词境。“清空”使人感到与词与宋代整体风格的相通，与诗的平淡、画的远逸的相通。“意趣”使人感到与文以意为主、画以意为主、书以意为主相类的宋人腔。由此可见，词成为宋代美学理想境界的重要组成部分。

元代陆行直在《词旨》[②] 中进一步探讨了词的境界问题。他要求将吴文英的字面、史达祖的句法、姜夔的骚雅、周邦彦的典丽等四个方面结合起来。前两者属于词的形式，后两者属于词的内容。从形式与内容的结合上，要求“融情景于一家，会句意于两得”，同时还将姜夔词中“孤云野鹤，去留无迹”的“清空”境界赋予其“命意贵远”的内容，这就又暗通于诗中“含不尽之意，见于言外”的平淡境界了。

元曲，包括作为诗歌形式的散曲，和作为戏曲的杂剧。前者区别于诗和词，有自己的特点，主要体现在散曲上；后者作为戏曲的一部分，与整个戏曲的叙事和人物塑造相关。无论在散曲还是在戏曲上，曲的一个重要美学境界就在于“本色”。

四、音乐领域的平和境界

宋元是中国古代音乐发展史的重大转折时期。宋以前的中国音乐史主要是宫廷音乐史。自宋代开始，民间俗乐形态成为社会音乐生活的主流。同时，宋代也是雅乐复古的重要时期，可谓是一个雅俗共赏的音乐美学时代。其音乐类型主要有文人音乐、祭祀音乐、说唱音乐和戏曲音乐等。

北宋时，中央乐官机构有：太常所辖太乐局、鼓吹局、教坊；独立于太常的大晟府（北宋末取消）；属于黄门乐系统的云韶部；属于军乐系统的西班乐、钧容直。这一音乐体系里面，教坊与大晟府都与词曲创作有关，教坊要撰写“歌乐词”，大晟府由音乐精英组成，虽然主观愿望是造就时代雅乐，但实际上作出的是“近乎民间俗乐的音乐体系”[③]。按音乐要求做词，是其主要任务之一。

《宋史・乐志》记载：“每春秋圣节三大宴，其第一、皇帝升坐，宰相进酒，庭中吹觱栗，以众乐和之，……第二、皇帝再举酒，群臣立于席后，乐以歌起。第三、皇帝举酒，如第二之制，以次进食。第四、百戏皆作。第五、皇帝举酒，如第二之制。第六、乐工致辞，继以诗一章，……第七、合奏大曲。第八、皇帝举酒，殿上独弹琵琶。第九、小儿队舞，亦致辞以述德美。第十、杂剧罢，皇帝起更衣。第十一、皇帝再坐，举酒，殿上独吹笙。第十二、蹴鞠。第十三、皇帝

---

① 张炎：《词源注》，夏承焘校注，人民文学出版社 1981 年版，第 18—19 页。

② 见叶朗主编：《中国历代美学文库》元代卷，高等教育出版社 2003 年版，第 299—300 页。

③ 龙建国：《大晟府与大晟府词派》，《文学遗产》1998 年第 6 期。

举酒，殿上独弹筝。第十四、女弟子队舞，亦致辞如小儿队。第十五、杂剧。第十六、皇帝举酒，如第二之制。第十七、奏鼓吹曲，或用法曲，或用龟兹。第十八、皇帝举酒，如第二之制，食罢。第十九、用角抵，宴毕。”① 由此可见，宫廷宴乐已经大大地按照时尚趣味进行。宋代都市里，瓦舍勾栏群立，诸宫调、杂剧话本、百戏等民间艺术一片繁盛。都市音乐的主体，一是词曲，二是宫调。而与士人精神相关的琴，也呈现出多种风格。宋代政和年间的成玉磵《琴论》说：“京师、两浙、江西能琴者极多，然指法各有不同，京师过于刚劲，江南（西）失于轻浮，惟两浙质而不野，文而不史。”② 在这多元并立的乐论之中，从传统乐论和士人趣味的结合看，仍然有与淡泊的美学格调相契和的理论。

从乐的本体来讲，应有“淡泊平和”的境界。

周敦颐从传统乐论谈到了平与和的境界：“古者圣王制礼法，修教化，三纲正，九畴叙，百姓大和，万物咸若，作乐以宣八风之气，以平天下之情。故乐声淡而不伤，和而不淫，入其耳，感其心，莫不淡且和焉。淡，则欲心平；和，则躁心释。优柔平中，德之盛也；天下化中，治之至也：是谓道配天地，古之极也。”（《通书·乐上》）欧阳修同样把“尧、舜、三代之言语，孔子之文章，《易》之忧患，《诗》之怨刺”，看成是由古而来的“纯古淡泊”之境，认为与琴之乐相关联，可以“平其心”③（《送杨置序》）。

进入到时尚词曲，则讲究“字声谐和”。沈括在《梦溪笔谈·乐律一》中说：“古之善歌者有语，谓‘当使声中无字，字中有声’。凡曲止是一声清浊高下如萦缕耳，字则有喉唇齿舌等音不同。当使字字举本皆轻圆，悉融入声中，令转换处无磊块，此谓‘声中无字’，古人谓之‘如贯珠’，今谓之‘善过度’是也。如宫声字，而曲合用商声，则能转宫为商歌之，此‘字中有声’也，善歌者谓之‘内里声’。不善歌者，声无抑扬，谓之‘念曲’；声无含韫，谓之‘叫曲’。”④

从律的角度讲，要求“中声为定”。朱熹在讨论乐律与古尺的关系问题时指出：“律管只吹得中声为定。季通尝截小竹吹之，可验。若谓用周尺，或羊头山黍，虽应准则，不得中声，终不是。大抵声太高则焦杀，低则盎缓。” “牛鸣盎中”，谓此。又云：“此不可容易杜撰。刘歆为王莽造乐，乐成而莽死；后荀勖造于晋武帝时，即有五胡之乱；和岘造于周世宗时，世宗亦死。惟本朝太祖神圣特异，初不曾理会乐，但听乐声，嫌其太高，令降一分，其声遂和。唐太宗所定乐及本朝乐，皆平和，所以世祚久长。”笑云：“如此议论，又却似在乐不在德也。”

① 脱脱等：《宋史·志第九十五》，中华书局 1977 年版，第 3348 页。
② 蔡仲德：《中国音乐美学史资料注译》（增订版）下，人民音乐出版社 2007 年版，第 775 页。
③ 欧阳修：《欧阳修诗文集校笺》中册，洪本健校笺，上海古籍出版社 2009 年版，第 1073 页。
④ 沈括：《梦溪笔谈》，团结出版社 1996 年版，第 42 页。

(《朱子语类》卷92）在此，“中声”“平和”成为朱熹音乐美学的理想境界。

从琴的角度看，则应有“主客尽和”之境界。

朱长文（1039—1098）《琴史·尽美》说：“琴有四美：一曰良质，二曰善斫，三曰妙指，四曰正心。”① 四方面都是重要的：“是故良质而遇善斫，善斫既成而得妙指，妙指既调而资于正，后为天下之善琴也。”所谓“善琴”，即“感格幽冥，充被万物”，天地万物之声皆在其中矣。朱长文说，所谓天地万物之声，正如圣人之作琴，在“参弹复徽，攫、援、摽、拂”的妙指之下，“尽其和以穷其变，汲之而愈清，味之而无厌……尽雅琴之所蕴”。这里，和、清、味、蕴，也通于平淡之境。

同时，琴境更是一种心灵境界。

欧阳修如此看待琴的审美特征。在《赠无为军李道士（二首之一）》中讲：“弹虽在指声在意，听不以耳而以心，心意既得形骸忘，不觉天地白日愁云阴。”② 苏轼《听僧昭素琴》说：“至和无攫醳，至平无按抑。不知微妙声，究竟从何出。散我不平气，洗我不和心。此心知有在，尚复此微吟。”③ 琴的境界不在于琴，也不在于声，而在于心，淡泊的关键在心灵。真德秀《送萧道士序》说：“琴以养吾之心，而吾本无心，虽终日弹，而曰未尝弹可也。诗以畅吾之情，而吾本无情，虽终日吟，而曰未尝吟可也。”④ 所谓无情无心，正是超出了日常之情和日常之心，达到与天地同一的道心。

五、设计领域的适宜境界

宋辽金元时代，设计美学思想甚丰，然而其主要理念在于“适宜”。

范仲淹（989—1052）是开启宋代设计新思想的人。他所崇尚的“制器尚象”设计理想成为有宋一代设计的基本精神。他在《制器尚象赋》中，对《周易》以来的“制器尚象”思想作了实用精神的解释：主张“器乃适时之用，象惟见意之筌”的原则。《水车赋》中，对水车这种提水工具提出“器以象制，水以轮济”的原则，同时把水车放入自然和人文环境的合一之中：“智者乐水而起予，梓人治材而和汝。”《铸剑戟为农器赋》表明，以前战争时期的“锋镝”，变成了现在和平时期的“镃錤”，强调了事物的“备物致用”原则。

欧阳修继承了“制器尚象”的设计思想，同时提出了“反朴归醇”“革故取新”的设计主张，以反对当时的不实浮夸、过于粉饰的设计风尚。在《斫雕为朴

① 朱长文：《琴史》，中华书局2010年版，第151页。
② 欧阳修：《欧阳修全集·居士集卷第四》，中国书店1986年版，第25页。
③ 苏轼：《苏轼诗集》卷十二，中华书局1982年版，第576页。
④ 真德秀：《西山先生真文忠公文集》卷二十八，商务印书馆1937年版，第486页。

赋》中，欧阳修提倡“除去文饰，归彼淳朴”的设计思想，追求“防世伪者在塞其源，全物性者必反其所”“归璞玉以全真”的审美理想，主张“淳自浇散，器随朴分”。在《大匠诲人以规矩赋》中，欧阳修提倡“运斤取法，必先正于圆方”，还认为“匠之心也，本乎天巧；工之事也，作于圣人”，由此突出了设计造物活动的本体与宇宙本体的一致性（本乎天巧），赋予了设计活动的神圣地位（作于圣人）。

王安石在设计思想方面，强调器物设计“以适用为本”，是对范仲淹注重实用、崇尚理性的设计思想的弘扬与推进。特别是他所推行的改革直接影响了《营造法式》设计思想的形成和展开。

朱熹在《家礼》中设计了有强烈时代感的祥和的社会秩序。他改变了古代礼制中不适应社会发展需要的部分，设计出一套服务于大众的《家礼》。这样，礼就不再是只为上层社会专用的“贵族之礼”，而是通用于整个社会、更多地考虑到普通家庭的“庶民之礼”。这一重大变革是整个宋代注重务实设计精神的体现。这一设计思想主要表现在“祠堂制度”“深衣制度”等方面。“祠堂制度”是朱熹为大众设计的最为成功的生活方式之一。此外，在朱熹众多著述中表现出了设计“以适用为本”“以人为本”的思想理念。“祠堂”通过祖先、家谱，由家而族而社会，形成一种人伦秩序。“祠堂”在宋以后的中国乃至东亚诸国产生了巨大影响。“服饰”的变化是最能体现一个时代精神面貌的，朱熹十分关注这一事实。他对“深衣制度”的改革，使得远古神圣的具有浓厚象征意味、远离普通人生活的“深衣”第一次“大众化”“现实化”，成为普通人生活中的一部分。在《朱子语类》中，朱熹认为，随着时代的变化和发展，服饰也会相应变化。服饰变化的本质就是服饰设计理念的变化，设计理念直接表现在设计形式的创新上。如“背子”这一服饰设计，是宋以前所没有的款式，而是随着宋代社会经济的发展而产生的新的设计形式。关于服饰的变化还体现在外来文化的冲击中。如“胡服”，就是一种不同于“汉服”的异族服饰设计款式，自晋以来，“胡服”广为华夏民族所喜爱，乃至于宋代的服饰主流“大抵皆胡服”（《朱子语卷》卷91）。

薛景石的《梓人遗制》是介绍以木材为主要材料的机械设计及其方法的专著，以介绍古代机械的形式、结构、设计方法和制造方法为主。薛景石不仅懂得机械制作的理论，而且能在进行机械设计的过程中有所创新。机械制造的过程中非常重视图样的绘制与应用。在制作中“求器图之所自起，参以时制而为之图”，从而把图样作为表达设计思想的工具。《梓人遗制》的设计图样不仅有总装图，而且还包括部件图和零件图，即所谓“每一器，必离析其体而缕数之。分则各有其名，合则共成一器。规矩必度，各疏其下，使攻木者揽焉。所得可十九矣"①。书中共有图样十二幅。这些图绘制详明，是一部难得的古代机械设计制造图册。

黄道婆在织布机械方面的设计。据《南村辍耕录》记载，黄道婆因为发明并教授"捍弹纺织之具"而造福百姓并享名一方。她设计了一整套织布工艺流程："至于错纱配色，综线挈花，各有其法。以故织成被褥带帨，其上折枝团凤棋局字样，粲然若写。"② 充分展示了"女红"审美设计的魅力。

宋代设计美学方面最重要的著作是李诫（1035—1110）的《营造法式》。《营造法式》是中国也是世界上第一部正式出版的营造设计理论专著，堪称中国古代设计美学理论的集大成者之一。《营造法式》继承了《易》《礼》体系设计美学思想，对《考工记》为核心的设计美学进行了历史性总结，同时从理论的角度反映了唐宋建筑设计的实践经验，并构建了一个具有中国民族特色的"考工学"设计理论体系。③《营造法式》的设计美学主要体现在三个方面：第一，是设计制度美学。制度美学在《营造法式》中体现为两个层次，首先是建筑与礼制结合，是以儒家为代表的礼乐精神和价值取向的审美物化，强调"菲食卑宫"，追求"淳风"之审美平淡境界；其次是对建筑设计制度的美学要求，这是对设计与建筑的实施过程予以标准化控制，如"材分制""等第"等。第二，是结构设计美学。主要体现在"大木作""壕寨"等篇章中，强调建筑空间构建的功能，因此，结构功能的美是建筑设计美学的第一要素。第三，是装饰设计美学。主要体现在"小木作""彩画作"等篇目中，突出了人居环境的精神层面——装饰性设计。具体涉及形式美问题的，有"生起""卷杀""举折""侧脚"等造型艺术手法，以及"彩画"中各种色彩搭配原则、纹样设计规律等。

思考题

1. 宋辽金元美学有着怎样大的美学类型？
2. 怎样理解宋人的都市生活美学？
3. 怎样理解宋辽金元美学的圆融思想？

---

① 薛景石：《梓人遗制·序》，见杭间主编：《〈梓人遗制〉图说》，郑巨欣注释，山东画报出版社 2006 年版，第 5 页。

② 陶宗仪：《南村辍耕录》卷二十四，见《宋元笔记小说大观》，上海古籍出版社 2001 年版，第 6446 页。

③ 关于《营造法式》设计理论体系等问题，可参见邹其昌：《〈营造法式〉艺术设计思想研究论纲》（清华大学博士后出站报告 2005 年）、《营造法式·出版说明》（人民出版社 2006 年版、2010 年版）、邹其昌《〈营造法式〉建筑设计理论体系的当代建构》（《创意与设计》2012 年第 4 期）。

4. 怎样理解宋人美学中的淡泊境界？

▶ 本章小结与知识拓展

第七章　明代美学

明代疆域辽阔，经济发达，文化昌盛。儒、释、道，特别是心学（以及晚明思想）对明代美学产生了巨大影响，包括诗文、小说、戏曲等文学批评，以及各门艺术如绘画、书法、音乐、园林和工艺诸方面在美学思想上颇多创见，各审美领域都产生了重要的专著，地域美学也在明代的天下观下有所发展。

第一节　明代美学的基本面貌

一、明代美学的时空范围

朱元璋1356年攻破南京，1368年称帝，将国号定为“明”。明代的建立，对汉族和其他少数民族都具有重要的文化象征意义，并由此形成明代地域时空、政治时空、文化心理时空的新格局。

明代疆域，从《中国历史地图集》所绘制的明时期全图可见，涵括北至西拉木伦河、阴山、外兴安岭，西达西藏、云南，南含海南诸岛等；1662年，郑成功打败荷兰殖民者收复了台湾；在东南亚等地也时常能见到明王朝设立的管理机构。值得注意的是，考虑到各少数民族的现实状况，包括蒙古族在元明换代之初对朝廷的威胁，明王朝的统治者制定恰当的民族政策，以增强对少数民族地区的管理，并取得成效，一个几乎包括现今所有民族的多民族国家在明代得到了巩固和发展。

在经济上，到宪宗成化年间（1465—1487），苏州、杭州一带的繁华程度达到了历史上的鼎盛时期。据时人记载，这一时期的苏州等地，三四年一变样，日趋繁华。亭馆林立，轩榭栉比；高贵富丽的舆马交会于通衢，精致的画舫来往于水巷；“凡上供锦绮、文具、花果、珍羞奇异之物，岁有所增，若刻丝累漆之属，自浙宋以来，其艺久废，今皆精妙，人性益巧而物产益多。”① 天下各阶层人民生活安康，特别是社会上层尤为富足优裕。② “除此之外，明政府也允许那些生计稍微充裕而有余资的中国人自行其是地利用其资财，因为不论比起当时或以后世界上的其他国家来说，它向人民征收的税项是很少的，它把它的勤劳人民在财富所出之地里所创造的大部分财富留了下来。”③ 这样，百姓不仅能够过上舒适的生活，

---

① 王锜：《寓圃杂记》，中华书局1984年版，第42页。

② 据记载，明代著名的改革家张居正回家奔父丧的坐轿要32人抬。见黄仁宇：《万历十五年》，中华书局1982年版，第27页。

③ 牟复礼等：《剑桥中国明代史》导言，中国社会科学出版社1992年版，第6—7页。

而且也有了进行文艺欣赏和消费的物质基础。

明代文化体现出绚丽多彩而且多样共存的发展态势。朝廷制定了合适的文化政策，明代文化初而复苏、继而兴盛。集大成的文化巨著《永乐大典》编撰成功，自由开放的思想观念在正德皇帝的影响下逐渐兴起，并最终形成系统的哲学思想和审美理念；学术流派众多，理学、心学等相继出现，学术多元，思想活跃；佛教、道教以及各种民间宗教与外来的天主教一起发展，构成了明代宗教信仰的多样景观；小戏、说唱等民间艺术在与诗歌、绘画等高雅艺术的互动中走向了娱乐化和商品化道路，两者一同迎来了前所未有的发展。这些文化中，在明代最为突出的是民间文化的繁荣。

明代的教育制度和考试制度极为系统、完整，受教育的人数也远超以往任何朝代。这一点深刻地影响了明代文化时空的形成，进而影响到文学艺术领域。在明代，除了政府所办的各级教育机构外，民间教育和私人教育兴盛，书院大量出现，私人讲学论辩风气浓厚；即使是偏远的山区也能看到国家设立的教育机构，所以《明史》中说“明代学校之盛，唐、宋以来所不及也”（《选举一》）①。在此基础上，明代受教育的人空前增多，这为明代文化的繁盛奠定了基础。大规模的教育不仅为国家培养了大量的管理人员，还培养了大批的艺术家和作家，社会整体的文化生产能力和欣赏能力也随之大幅度提高。这或多或少可以说明，为什么在明代会有那么多人从事各种艺术活动，热衷于学理的论辩并醉心于山水自然的乐趣。值得一提的是，作为科举考试指定文体的八股文虽然后来因其程式化、教条化而受到抨击，但其形式严整的特点和美文意识，是具有审美价值的。因此，有明一代，国力强盛、疆域辽阔、思想文化繁盛，中国美学在明代开始走向总结，并非偶然。

明代社会经济政治达到了历史上的高峰（以至于这一时期的中国被利玛窦等西方学者描绘成天堂），各种文化之间交流频繁，互动程度加深。在思想领域，明代思想家在宋元理学基础上，开创了以阳明心学为代表的新思潮。心学批评和修正宋代理学中压抑性的一面，增加了尊重自我性灵的内涵，成为明代美学的主流。雅俗文化、南北文化和中西文化的交流出现了前所未有的新变，形成了文艺审美活动的新景，深刻地影响了明代美学的基本走向和演进逻辑。

二、明代美学的演进逻辑

明代美学的发展大致可分为三个阶段：准备期、转折期和全盛期。从洪武到景泰年间是准备期，明代美学在元末美学的基础上缓慢发展。朱元璋称帝后，一

① 张廷玉等：《明史》第六册，中华书局 1974 年版，第 1686 页。

方面虚心向士大夫请教治国之道，另一方面，出身又使他对士大夫始终抱有轻蔑的态度，他经常使用粗暴的方式进行打击，并在晚年表现得更为明显。此后的几代皇帝也延续了朱元璋的这种态度和行为。这样，知识分子一方面成为治理国家的中坚力量，另一方面又处于惶恐不安之中。这一时期，文人的诗文创作内容单调、思想空洞，以“三杨”为代表的台阁体盛行；绘画以宫廷院体画为主，音乐舞蹈也以宫廷表演为主，文人自主创作的艺术作品和民间歌舞尚未兴起，影响整个社会的审美思潮和美学思想尚未形成，诗文和艺术的创作实践也未得到系统的整理和提炼，但依然产生了王履的造化创作论等思想。这时，由于薛瑄、吴与弼、胡居仁等理学家的倡导，程朱理学出现了复兴局面，同时，社会各方面包括思想也新潮涌动。明代美学由此进入转折期。

从成化到正德、嘉靖的数十年间是转折期。宽松的政治环境和优裕的物质基础使士大夫和普通民众的生存状态都发生了显著变化。士大夫的政治地位升高，生活变得优裕而自在，他们有了更为坚实的物质基础和闲暇时间去享乐或进行文艺娱乐活动，此前被压抑的心灵得到了释放。而正德皇帝的放荡性情和凸显自我既有其个人偶然的性格因素，又有着历史必然的内在推动，其在社会民众中所引起的震撼和影响本身成为明代转折的重要组成部分。在思想上，经过陈献章、湛若水等人对传统理学的改造，王阳明的心学应运而生。他的“心外无物”思想观念直指主体的内心和情感，既有哲学上的创新，又有实践上的开拓，还含有美学上的新变。阳明后学，以钱德洪、王畿为代表的浙中学派，以邹守益、魏良弼为代表的江右王学，以王艮为代表的泰州学派等继承和发展了阳明心学，并使之一跃而成为社会的主流思想。“政文一体”的政治文化模式被打破，张扬自我的文艺审美倾向与以雅致为核心的玉山文人传统结合起来，加上元末以来所形成的文人积极参与戏曲、小说等通俗文艺活动的传统，都加速了明代美学的转折进程。在诗文美学方面，以李东阳为代表的茶陵派反映出明代美学在这一时期的转折特点。李东阳历成化、弘治和正德三朝，在文坛地位极高。他领导的茶陵派主张诗文创作以性情为主，提倡不拘一格的诗风，反对粉饰太平、模拟效法之作，对明初的台阁体进行了卓有成效的改进。以李梦阳为代表的前七子和以王世贞为代表的后七子，在复古的大旗下，寻求着适应时代的新思想。明代诗文美学在他们的努力下取得了显著成绩，诗歌意象论得到发展，王廷相对审美意象特征的概括具有代表性。民间乐舞在成化、弘治后活跃起来，传奇创作大量涌现。绘画创作也摆脱了明代初期以宫廷绘画为主的局面。经过以戴进为代表的浙派过渡后，以沈周为代表的吴门四家创作了大量雅俗共赏的画作。而在理论上，则有祝允明的绘画境界论等思想。

嘉靖以后，特别是万历年间，是明朝美学的兴盛期。李贽的“童心说”、袁宏道的“性灵说”、徐渭的“真我说”和汤显祖的“至情说”等显出了思想上的崭新动向，这些思想的共同特点是将自我人性、人情的审美价值发挥到极致，实现了主体情感的自由和飞跃；人们将自我和自然作为审美对象来看待，是传统“天人合一观”在明代的新发展。在诗文美学领域，以抒写自我情感为主的小品文的审美价值得到高度发扬；以袁氏兄弟为代表的公安派提出“独抒性灵，不拘格套”的文艺创作主张，将俚俗戏谑等民间因素融入创作中，追求清新自然的文风；以谭元春等为代表的竟陵派与他们的思想有一致之处。诗歌意象理论经过提倡复古的学者和前后七子的研究，这时也发展到了新的高度，胡应麟的“兴象”观便是其中的典型代表。通俗小说和戏曲创作兴盛，演出活动增多，人们对小说和戏曲欣赏、评点等随之发展起来，形成了比较系统的小说美学和戏剧美学思想。叶昼和冯梦龙的小说美学，徐渭、汤显祖、王骥德的戏曲美学等是其中的典型代表。在宫廷乐舞之外，这一时期的民间乐舞也极为发达，朱载堉的《乐律全书》、徐上瀛的《溪山琴况》、董其昌的《画禅室随笔》、项穆的《书法雅言》、计成的《园冶》、文震亨的《长物志》等著作提出的观点，在明代美学思想中具有代表性。

总之，明代美学的发展和演进与明代社会政治经济的发展密切相关。儒、释、道思想之间的交流和融合成为主流趋势，影响了明代美学的形成和发展。经过二百七十余年的发展，中国美学在明代出现了繁荣兴盛的局面。在这个过程中，关注自我性情和自然本体的阳明心学成为社会的主导思想，影响着明代美学的发展走向。明代的诗文美学、艺术美学等相继进入多元发展、互补共存的时期，在创作实践和理论总结等方面都取得了丰硕的成果，体现出继承和创新相统一的发展态势。

三、明代美学的基本内容

明代美学的内容，从其文化的大背景来看，首先体现为阳明心学的巨大影响，其次是儒、释、道三家思想交流和融合有了进一步提高，再次是少数民族的思想文化与汉民族思想文化的交流和融合达到新的高度，最后是西方的宗教思想开始渗透到人们的思想和生活中。以上这些因素相互作用，一方面使传统的艺术领域，诗文美学、绘画美学、书法美学、音乐美学、园林美学和工艺美学有所继承、发展、深化，并进行着创新，另一方面在新兴领域，如小说美学、戏曲美学、版画美学等，达到了前所未有的高度发展。

第一是明代的心学美学。其中最突出的是明代中期兴起的阳明心学，对明代美学的发展具有重要影响。王守仁（1472—1529），幼名云，字伯安，因筑室阳明洞，号阳明，世人称之为“阳明先生”。王阳明提出了“致良知”和“知行合一说”等，并将它们与人生的审美境界结合起来，强调自然人性在这些活动中的重要作用，他所提倡的“心外无物”“心外无理”等观点，将孟子的“万物皆备于我”的思想本体归结为自我心灵，从自我与万物相感应的角度将万物和“我”统为一体，提出“人心与物同体”的观点，从而将此前中国思想家所提出的“天人合一”思想从偏重于“格物致知”转变为“知行合一”，阳明心学在晚明得到了继承和发展。《传习录》下记载：“先生游南镇，一友指岩中花树问曰：‘天下无心外之物，如此花树在深山中自开自落，于我心亦有何相关?’先生曰：‘你未看此花时，此花与汝心同归于寂，你来看此花时，则此花颜色一时明白起来，便知此花不在你的心外。’”说明心物和物我关系，以及外物与心同寂的生命体验。

泰州学派的王艮、浙中学派的王畿等人都继承和发展了王守仁的思想。王畿提出的“顿悟心体”“四无”等思想对晚明美学影响很大。王艮一方面在继承王阳明重视日常生活美观点的基础上提出了“百姓日用即道”的观点，另一方面又强调自然之乐，认为顺其自然是主体获得快乐的根本。李贽以“童心说”为基点，指出人的率真之心和自然本性的重要性，追求率性而行，认为琴、舞等艺术都是自我真心的流露，如果不能表现真心，就不是真正的艺术。

第二是明代的文学美学。首先，明代的诗文美学在继承前代的基础上有了新发展。一方面，人们将自我的闲情逸致渗透到作品创作中，小品文得到了重视；袁宏道提出散文创作要“独抒性灵，不拘格套”，强调为文的“淡”“趣”和“真”，张扬了主体的情感和个性。另一方面，人们在讨论唐宋诗的价值时，对诗歌意象理论提出新见解。在这方面，以李东阳、李攀龙、王世贞等前后七子为代表的复古运动具有重要意义。他们在提倡“文必秦汉，诗必盛唐”时重点讨论了诗歌意象问题，在“诗以情为根本”的观点指导下对唐宋诗的审美特征进行论述，深化了此前学者对诗歌意象问题的讨论。王廷相提出的“诗贵意象透莹，不喜事实黏著”① 的观点，对诗歌意象理论的发展作出了贡献。此外，何景明对诗歌意象结构的讨论、陆时雍对诗歌意象审美特征的讨论、胡应麟对唐诗“兴象风神”的讨论等都具有重要的理论价值，是对此前诗歌意象理论的总结和发展。其次，明代的小说美学和戏曲美学取得了重大成就，反映出通俗艺术的发展和繁荣。在小说领域，明代的长、短篇小说创作均极为兴盛，品种多样，以欣赏和阐释为主要内容的小说评点尤为发达。以“剪灯系列”“四大奇书”和“三言二拍”为代表的明代小说的创作和评点，不仅对此前中国小说的创作和审美特征等问题进行了系统总结，同时还提出了小说创作以真为美、以通俗为美、以奇幻为美等观点。叶昼、胡应麟、冯梦龙等人的小说理论是中国小说美学在明代所取得的重要理论成果。

---

① 《与郭价夫学士论诗书》，见《王廷相集》，王孝鱼点校，中华书局1989年版，第502页。

明代戏曲美学的兴盛与明代的戏曲创作和欣赏活动是紧密地联系在一起的。在继承元杂剧的基础上，元末玉山文人所创作的戏曲传统在明代中后期得到了发扬，由此也引起明代文人对戏曲进行各种评论，形成了比较系统的戏曲美学思想。比较突出、有影响的是王骥德、徐渭等提出的关于戏曲“本色”的观点，以及汤显祖提出的“至情说”。徐渭、王骥德等人是将戏曲的本色与戏曲的通俗之美结合在一起论述的，他们认为当时的戏曲“句句是本色语，无今人时文气”①，“曲之始，止本色一家”②，指出戏曲所具有的独特的审美特征和通俗浅近的感人效果，将自然真实作为戏曲是否成功的重要标志。何良俊、张岱等人也对戏曲的本色进行过论述。汤显祖则强调表现个性、抒发率真的自然本性是戏曲创作的根本目的和法则，因而一切艺术也都应表现真情、至情，以情为标准，将情作为文艺的本体，并在这一思想的指导下创作了以《牡丹亭》为代表的“临川四梦”。在汤显祖这里，情成了艺术的本体，同时也是美的根源。

第三是艺术美学。在明代艺术创作繁盛的基础上，明代的艺术美学极为发达，以董其昌为代表的绘画美学、以项穆为代表的书法美学、以徐上瀛为代表的音乐美学、以计成为代表的园林美学和以文震亨为代表的工艺美学等各放异彩，蔚为大观。在绘画美学方面，王履的《华山图序》、董其昌的《画禅室随笔》等都是绘画美学的经典之作。董其昌在《画禅室随笔》《画旨》《画眼》和《容台集》等著作中提出了“气韵不可学”的观点，认为绘画的气韵是自然生成的，是画家“读万卷书，行万里路”的结果。同时，他还将师古与创新统一，提出了绘画如何创新的问题。在书法美学方面，董其昌、徐渭、李贽、项穆等人都有相关论著。这一时期，人们推崇书法的阴柔之美，强调古淡与强健兼容、柔媚与潇洒共存的审美效果。项穆在《书法雅言》中以人心论书法，强调人的个体性存在与书法创作之间的同一性关系，认为书法家只有处在舒心的审美情境下才能创作出最好的书法作品，将“人气”与“书气”统一起来。这与当时突出个体、张扬个性的时代风潮是一致的。在园林美学方面，张岱的《陶庵梦忆》《琅嬛文集》，计成的《园冶》等都是代表性著作。随着明代经济的发展、政权的稳固和人们物质生活水平的提高，无论是皇家还是私人都兴起了一股追求享乐、欣赏自然的生活趣味和审美风潮，明代的园林建设随之兴起，园林美学获得了很大的发展，成为明代美学的重要组成部分。从总体上看，园林的建造思想主要是“景为人设”，主体的审美需求成为园林建造的总要求。在《园冶》中，计成提出造园要在“相地合宜”的基础上达到“自然”与“人工”完美结合的境界，实现“纳千顷之汪洋，收四时

① 徐渭：《南词叙录》，见中国戏曲研究院编：《中国古典戏曲论著集成》第三册，中国戏剧出版社 1959 年版，第 243 页。

② 《王骥德曲律》，陈多、叶长海注释，湖南人民出版社 1983 年版，第 118 页。

之烂漫”的效果，进而达到“以小观大”“触景皆是”的良好效果。随着明代戏曲、小说、舞蹈等通俗艺术的发达，明代的音乐创作也出现了繁盛局面，文人士大夫对音乐的追求达到了新高度。徐上瀛的《溪山琴况》是对此前中国音乐美学的总结。在创作上，徐上瀛不仅详细讨论了乐曲演奏的技巧问题，而且还重点强调了主体心胸的“静”和“清”，只有二者结合才能创作出自然纯朴、清净古雅的乐曲。在效果上，徐上瀛强调音乐“和”的境界，乐曲只有达到“和”才能实现“理一人之性情”和“理天下人之性情”的双重作用，而且演奏者也只有掌握了“弦之取音”的中和，才能创作出优美的旋律，从而实现“弦与指合，指与音合，音与意合”的审美效果。工艺美学在明代兴起并得到总结，与当时士大夫日益精致、讲究的生活习惯有关，文震亨的《长物志》就是对这一情况的总结。所谓“长物”即剩余之物，所谓“剩余”也就是说这些物品是人们在满足了基本的物质生活的基础上所追求的物品，它们体现出人们的审美情趣和理想。为此，文震亨在书中首先强调了榻、几、舟车等日常生活用具的实用价值，在“尚用”的基础上实现雅致的审美效果。在《长物志》中，文震亨特别推崇工艺制作的简约之美、纯朴之美，认同《老子》的“朴素而天下莫能与之争美”，对工艺品的雕琢制作也要“既雕既琢，复归于朴”，从而达到“厚质无文”的效果。这种观点同时又有孔子的“绘事后素”的内容，并将工艺制作与主体人格结合在一起了。

第四，边疆民族美学。蒙古地区，俺答汗将藏传佛教中的黄教引入蒙古，佛教教义进入原先萨满教的祭词、赞词、祷词、歌谣中。其中英雄史诗《江格尔》、散文诗小说《乌巴什·洪台吉》都体现了独特的审美特点。蒙古美学在民族文化交会中产生了新貌。维吾尔族地区，《阿凡提故事》此时已逐步成型，《十二木卡姆》得到整理和定型，阿曼尼莎写出了诗歌、书法、音乐的理论著作《心灵的协商》。同时，伊斯兰教开始中国化。王代舆的“学通四教”（伊斯兰、儒、释、道）在其中具有代表性，回族学者的“以儒诠经”取得很高的成就，伊斯兰教思想有了中国形态，并在文艺领域里与丁鹤年、海瑞、李贽、金大车、金大舆、孙继鲁、马继龙的论著相辉映，形成了中国类型的伊斯兰美学。在藏族地区，宗喀巴成为藏传佛教领袖并创立格鲁派，影响了整个藏区审美文化的风貌，他的《菩提道次第广论》《密宗道次第广论》与索南坚赞的《西藏王统记》等历史著作、桑吉坚赞《米拉日巴传》等僧传著作一道主导了藏区的佛教及其美学思想。

第二节　明代的思想与美学

在明代初年，出于社会稳定和思想统一的需要，朱元璋及朝臣刘基、宋濂、方孝孺、薛瑄、陈献章等儒家学者着力倡导理学思想，使之在明初思想界占据统治地位。理学与美学既有不同，又有联系。理学关注主体的生命和生存状态，将传统儒家的伦理人生上升到了新的高度，朱熹、陆九渊等对“心性”的讨论具有将理学心胸转化为审美心胸的可能，邵雍的“观物”思想在虚静的基础上将道德心态转向审美心态。王阳明的心学也不是纯粹的美学思想，但他的“心外无物”“心外无理”等思想将理学对这些问题的讨论转向主体内心世界，具有鲜明的追求自我的精神，因而具有浓厚的美学意味。明代晚期思想在批判王学和理学末流空谈心性、蹈虚浮华的基础上，提倡崇实朴拙、明体达用的学风和精神。以李贽、袁宏道等为代表的启蒙思想是晚明美学的重要组成部分。禅宗思想在明代虽逐渐式微，但也有新的发展。一方面，以四大高僧为代表的禅师将净土世界与审美的人生境界联系了起来；另一方面，文人学者对禅宗的参与扩大了禅宗的影响范围，禅悦之风成为晚明美学中独特的审美潮流。

一、明代的心学与美学

至成化年间，明代的社会、思想、生活、政治环境发生了变化，虽然程朱理学还具有形式上的主导地位，但从吴与弼、陈献章到胡居仁，心学思想一直流动不止，终于在湛若水和王阳明的努力下，发展壮大起来，成为明代中期影响巨大的思想流派。如果说，湛若水继承了陈献章的心学思想，提出“万事万物莫非心也”① 的观点以及动静互补、心事合一的治学和修心方法，成为心学的转折点，那么，王阳明则让心学美学成为明代中期美学思想的主潮。王阳明提出了“格物致知，当自求诸心”② 的思想，以自己极高的社会地位使其学说产生了巨大影响。

王阳明的心学美学主要有以下两方面内容：

一是由“心外无物，心外无理”生发出的心学艺术本体观。王阳明说：“人者，天地万物之心也；心者，天地万物之主也。心即天，言心则天地万物皆举之矣。”③《答季明德》王阳明将万物归于人的自心，认为人乃天地万物之心，将主体推到万物之上，既将二者统一起来，建立了主客体相与为一的和谐有机整体关系，又在此基础上将主体心灵体验赋予了本体论价值。那么，何为万物与我“同体”呢？王阳明说：“岂但禽兽草木，虽天地万物也与我同体的，鬼神也与我同体的。”他又说：“我的灵明，便是天地鬼神的主宰。天没有我的灵明，谁去仰他高？

---

① 《甘泉先生文集》卷20《泗州西学讲章》，《四库全书存目丛书》第57册，齐鲁书社1997年版，第57页。

② 张廷玉等：《明史·王守仁传》，《明史》第十七册，中华书局1974年版，第5168页。

③ 《王阳明全集》上，吴光等编校，上海古籍出版社1992年版，第214页。

地没有我的灵明，谁去俯他深？鬼神没有我的灵明，谁去辩他吉凶灾祥？天地鬼神万物离却我的灵明，便没有天地鬼神万物了。我的灵明离却天地鬼神万物，亦没有我的灵明。如此，便是一气流通的，如何与他间隔得？”（《传习录》下）① 王阳明认为天地、鬼神、万物需主体心灵的参与才能存在，反之亦然，两者之间是互为一体的关系。而要实现两者的交流和融合，需要“一气流通”“感应之几”，这就是强调审美的感悟和直觉；只有在情感的体验和直觉中，天地、鬼神、万物与主体之间才能建立合体共生的关系，这是一种物我合一、主客浑融的审美境界。

二是将致良知与审美体验结合在一起，将现实中的伦理道德生活审美化。这以王阳明的“致良知”和“知行合一”思想为基础。王阳明一生都将“圣人”境界作为他的最高人生理想境界。他认为“心之良知是谓圣”（《书魏师孟卷》）②，把“圣人”境界理解为“良知”。“致良知”是达到圣人境界的途径或方法。这是人生境界，同时也是审美境界。王阳明认为，在这种境界中主体能“闲观物态皆生意，静悟天机入窅冥。道在险夷随地乐，心忘鱼鸟自流形”，得到“真乐”。这种境界是超越一切世俗束缚的自由状态，是一种自在无拘的精神境界。王阳明以此出发论述礼仪、道德和美之间的关系。他认为美是礼的完美形象，与善相统一，礼也是“良知”的物态化，通过个体的行为和生活方式获得生命化的存在。王阳明认为，主体可以通过“格物”达到“致良知”的目的或境界，可以在研究物理和人事的基础上实现心与理的统一，实现主体的无私意障碍的至高道德境界，这境界再进一步就可以使主体精神从现实生活中的认识层面走向精神生活中的审美层面。王阳明用“彻”字来表达这种境界。他在《与黄勉之书》中说：“以良知之教涵泳之，觉其彻动彻静，彻昼彻夜，彻古彻今，彻生彻死，无非此物。不假纤毫思索，不得纤毫助长，亭亭当当，灵灵明明，触而应，感而通，无所不照，无所不觉，无所不达，千圣同途，万贤合辙。”③ 这就是在致良知的基础上，将道德教化体验转化为日常生活中的审美体验，从“实诚之境”和“至善之境”转向“自得之境”，日常生活随之也就被审美化和艺术化了。

王阳明去世后，心学得到了继承和发扬，出现了以王畿为代表的浙中王学、以邹守益为代表的江右王学和以王艮为代表的泰州王学。其中，王畿和王艮的观点具有代表性。王畿使心灵在圆融深邃的“无”中得到发展，让心灵在“百姓日用”中得到发展，他的“百姓日用即是道”的思想，将日常生活和自然万物与主

① 《王阳明全集》上，吴光等编校，上海古籍出版社 1992 年版，第 124 页。
② 《王阳明全集》上，吴光等编校，上海古籍出版社 1992 年版，第 280 页。
③ 《王阳明全集》上，吴光等编校，上海古籍出版社 1992 年版，第 193 页。

体的生存联系起来，主张在顺应自然物理的基础上实现精神超越的审美境界，影响了晚明美学思想。

二、晚明思想与美学

程朱理学中曾有一支以谈论心性为主的思想，到晚明时期，这支思想逐渐陷入空谈蹈虚的泥淖中，成为“空寂寡实之学”。而王学末流将阳明心学对主体心灵的关注发展到极致，也走上了这条道路，二者出现了合流。在这种背景下，以批判蹈虚之学的晚明思想在继承宋元思想的基础上成为晚明思想界的主流。晚明思想有两股思潮，一股以元气实体论反对理本论和心本论，一股以心性实体论批判心性二元论。元气实体论思潮在社会的发展中渗透到社会的各个方面，形成了不同类型的晚明思想：以“谋兵卫”“明治乱”“重经济”为主要内容的救世思想，以当时西学东渐为背景（尤其是科技引进）而兴起的经世思想，以商品经济发展、市民阶层兴起为背景的启蒙思想等。而对晚明美学影响最大的是启蒙思想。在明代，经济形态逐渐从以农为本的小农经济转向“工商皆本”的商品经济，至晚明，商品经济已发展到了一定的规模，新型的市民阶层兴起。在思想领域出现了与其相关的平等思想、自由思想、自然人性思想等，影响了晚明美学的发展和走向。

晚明美学主要表现为以下三个方面的特征：

首先是以个体情感体验为基础的感性美学，这是主流。晚明美学家无不强调情在人生和艺术中的重要地位。在他们看来，没有情，人生和艺术也就失去了存在价值。徐渭说：“人生堕地，便为情使……发为诗文骚赋，璀璨伟丽，令人读之喜而颐解，愤而眦裂，哀而鼻酸，恍若与其人即席挥尘，嬉笑悼唁于数千百载之上者，无他，摹情弥真则动人弥易，传世亦弥远，而南北剧为甚。”（《选古今南北剧序》）① 可见，情不仅是艺术家的立身之本，支配着艺术创作的全过程，而且还可以增加作品的艺术价值，使之流传得更为久远。汤显祖的“至情说”更将情作为戏剧的本体，认为“世总为情，情生诗歌而行于神”（《耳伯麻姑游诗序》），认为情具有超越一切世俗、时空的力量，不仅是艺术创造的本体，而且还起到“生可以死，死可以生”的神奇效果。

其次，个体真情是美与艺术的核心。而诗的形式、体裁，以及诗人的名声是次要的。徐渭说：“古人之诗本乎情，非设以为之者也，是以有诗而无诗人。迨于后世，则有诗人矣。”（《肖甫诗序》）② 李贽也从“童心说”的角度提出了理的外

---

① 《徐渭集》第二册，中华书局 1983 年版，第 1296 页。
② 《徐渭集》第二册，中华书局 1983 年版，第 534 页。

在形式对真情和真心的压制，并强调情不在乎地位、行业、知识，而在性情本身的自由抒发。

再次，个体真情强调本色之美。本色之美，于社会强调个人的真性真情，于自然强调山水的本来面貌。本色之美是在破除雅俗对立的基础上对新兴市民趣味的肯定。随着市民阶层的发展壮大，广大民众的审美取向获得了广大士人的认同，那种以雅贬俗的思想受到了批判，首先对这一问题进行批判的是徐渭。徐渭一反传统中将诗文等雅文学作为文艺创作代表的观点，认为民间小戏（尤其是南戏）和说唱艺术才是本色的艺术。他在《南词叙录》中认为那些村坊小曲正是音乐之本色，并不是一些人所说的粗鄙浅俗之作。袁宏道在给董其昌的信中甚至将《金瓶梅》和枚乘的《七发》相媲美，并认为《金瓶梅》“胜于枚生《七发》多矣”（《董思白》）①。在这种背景下，反映市井生活的文艺作品大量涌现，本色美作为新的美学风格而被广大民众接受和追求。正是在这种重构雅俗关系的基础上，晚明美学创造了传统美学所没有的美学风貌。对自然山水之美的追求在晚明也成为一种潮流，以反映这一内容为主的小品文随之盛行。

在晚明思想家中，李贽（1527—1602）及其思想具有代表性。学界一般将李贽作为晚明时期启蒙思想的代表来看，认为他的思想对孔孟礼教和程朱理学进行了前所未有的批判。李贽美学突出地体现在“童心说”上。李贽说：“夫童心者，真心也……绝假纯真，最初一念之本心也。若失却童心，便失却真心；失却真心，便失却真人。人而非真，全不复有初矣。”（《童心说》）② 所谓“童心”就是指未受任何世俗名利污染的真心，它是人之为人的本质规定性；如果人不按自己童心，而按社会规定的条条框框对待自己和他人，也就失去了存在的价值。李贽的《童心说》本来是他在读龙洞山人论《西厢记》的文章之后所写的。他认为童心是一切文学艺术的源泉和本质所在。他说：“天下之至文，未有不出于童心焉者也。”（《童心说》）③ 如果拥有了童心，则闻见日用皆是至文，每个人都是能够创作至文的艺术家。由此出发，李贽非常强调艺术家创作的个性和自由，推崇自然、本色之美，并将之实践在自己的生活之中。

除李贽的“童心说”外，徐渭的“真我说”、汤显祖的“至情说”和袁宏道的“性灵说”等在晚明美学中都是典型代表思想。徐渭狂傲不拘、生性潇洒，是晚明文坛和艺术界的巨擘，他的艺术创作和理论主张都有很大影响。他崇尚自我个性的“真我思想”在晚明美学中极富特色。汤显祖是晚明时期重要的戏曲家、文学家，曾经师从罗汝芳，同时深受李贽思想的影响，在前人影响的基础上，他

---

① 《袁宏道集笺校》，钱伯城笺校，上海古籍出版社1981年版，第289页。

② 李贽：《焚书·续焚书》，中华书局1974年版，第273—274页。

③ 李贽：《焚书·续焚书》，中华书局1974年版，第276页。

提出了“至情说”，并在创作中身体力行。袁宏道是晚明诗文美学的代表人物，他提出的“独抒性灵，不拘格套”的创作主张，突出了“率性而行”“任情而往”在美学上的重要性。

三、佛、道、伊斯兰教思想与美学

在明代的主要思想中，儒家思想与美学之关系突出表现在阳明心学和晚明思想上，而道教思想在明初有正一派张正常（1335—1378）以朝廷为主，全真派张三丰（1247—?）以江湖为主，前者的符箓体系和后者的炼丹体系，对审美文化各有影响。正统十年（1445），张宇初等编成的《正统道藏》付印；万历三十五年（1607），张国祥刊《万历续道藏》，二书合称《道藏》，完整地保存了道教的文献资料。道教参与到朝廷美学之国家祀典之中，如祭祀赞礼由太常寺道士主持，奏乐由神乐观道士承担，乐舞使用小道童。道教的《劝善书》《功过格》在宫廷和民间都产生过巨大影响，道教神系，关羽被封为“关圣帝君”，文昌帝君被奉为掌管功禄之神，天妃（妈祖）作为海上保护神，城隍作为监察善恶之神，影响了当时的民间美学面貌。受道教思想的影响，明代产生了一大批以道教为题材的小说（如《东游记》《绿野仙踪》《韩湘子传》等）和神魔小说（《封神演义》《铁树记》《飞剑记》等），以及一大批以八仙和其他道教人物为题材的戏曲，其中内蕴着丰富的道教美学思想。

佛教思想对美学也产生了一定的影响。明代佛教禅宗的发展趋势是禅净合一，将净土境界与人生境界联系在一起。明代早中期，临济宗德宝禅师（1512—1581）以禅宗为主，对看话禅进行了充实，对念佛时的心理状态进行了论述，认为用出声念佛可以达到心灵的宁静，使参禅者沉浸于话头所营造的氛围中，获得“如耳亲闻，如目亲睹”的效果，形成佛性与审美合一的境界。从明万历到晚明的“四大高僧”——云栖袾宏、紫柏真可、憨山德清和蕅益智旭，则提倡禅净合一和净土归向，将庄严极福的净土世界与潇洒顺情的审美人生联系在一起（虽然他们对净土内涵的理解并不一致，但他们把净土极乐世界视为最美好的社会与人生境界则是相同的）。袾宏（1535—1615）在禅宗史上被推崇为“法门之周孔”，在净土宗的历史上被推尊为莲宗八祖，他以净土思想为主，但提倡禅教一致和三教合一，提出“学悟兼济，定慧交通”等命题，提倡净土念佛。真可（1543—1603）弘扬禅学，但不排斥其他宗派，提倡禅净互补，对净土法门有很高的评价和精彩的论述。德清（1546—1623）竭力提倡禅净双修、禅教合一，一方面把净土作为最后归宿，另一方面又以儒说佛。智旭（1599—1655）属于天台宗，但“融汇诸宗，归极净土”，被后人尊为净土宗第九祖。晚明“四大高僧”门下的居士群体，诸如袾宏门下的冯梦祯、陶望龄等，真可门下的袁宏道、汤显祖、董其昌等，德清门下的钱谦益、屠隆等，不少人是成就斐然的文学家、艺术家及文艺理论批评家，其中绝大多数人都以禅净融合为主流。他们的美学思想也深受禅宗心性学说与净土归向的影响。总之，明代佛教禅宗把净土极乐世界与禅宗自然适意的人生境界联系在一起，使禅学与美学思想之间建立了密切关系。净土宗所追寻的净土世界同时也是澄明无垢、清净自由的审美境界，禅宗自始至终在关注主体的生命存在，是一种生命哲学，其根本宗旨是在肯定现世的基础上建构理想的人生境界，实现自我心灵从现实走向审美，实现主体心灵对现实物欲、名利追求的超越，进而达到无拘无束、任性逍遥、洒然自在的心灵状态，这实际上也是审美的人生境界。

有明一代，特别是明代中后期，文人士大夫学佛参禅成为风尚，李贽和袁宏道是其中的代表人物。李贽公开打出佛学旗号，他采用佛禅的思想语言，展开对伪道学的批判，因而被讥为“狂禅”。他著有《华严经合论简要》和《净土诀》，而他所用的概念则多出自《心经》与《楞严经》。他主张清净本原是万物之母，等同于妙明真心，也等同于真空。这既是他的本体论，又是他的境界论。李贽的“童心”说，明显受到了禅宗心性学说的熏陶和影响。袁宏道中年参禅，借禅学之率真、自信，尖锐斥责名教与礼法，鼓吹人生的适意，个性的发展。袁宏道的居士禅学的核心，可归结为“心性”二字，主张直抒胸臆，明心见性。他后来转向对净土法门的重视，为全面阐述他的净土思想，编著了《西方合论》一书。他的诗歌、散文及文论成就，与他的佛学修养，特别是禅学素养密切相关。王阳明自幼习禅，他所受禅宗思想的熏陶，比之先前的任何哲学家都要深刻。不仅吸取禅宗的心性说和本体论，还全面引入禅宗的思维方式，突出主体的地位与作用，将“心”升华为“良知”，从而建立起以“良知”为根本范畴的主体性思辨哲学。其心学核心的四教句（“无善无恶心之体，有善有恶意之动。知善知恶是良知，为善去恶是格物”），虽然高扬儒学心性，但又确实流淌着浓郁的禅意。他的心学在后来被人们称为“孔门大乘”，他的禅学被称为“阳明禅”①，他的美学思想深刻地打上了禅宗思想的烙印。

应该看到，士大夫的禅悦之风在明代兴起，与当时严酷的政治环境有关。为了让自己远离是非地，士大夫们都在对禅的追求中流连镜花水月、沉醉林下风流，追求清和超然的境界。袁宏道说：“今之慕禅者，其方寸洁净，戒行精严，义学通解，自不乏人，我皆不取。我只要个英灵汉，担当此事耳。”（《德山尘谭》）② 他又说参禅不是为了精严佛学思想，达到诸学通解的学术境界和洁净精严的心灵境

---

① 见潘桂明：《中国居士佛教史》第十章《中国居士佛教的反省时期》，中国社会科学出版社2000年版。

② 《袁宏道集笺校》，钱伯城笺校，上海古籍出版社1981年版，第1295页。

界，而只是喜欢禅宗的理趣圆融、心灵自在而已，因此，禅宗思想对晚明美学倡导性灵、自由、本色等思想具有推动的作用，成为士大夫肯定自我、拥抱人生的心灵动力。当然，佛教禅宗对美学的影响是在具体的社会经济和政治环境下，在儒、释、道互动中产生的。

藏传佛教在朝廷的扶持下得到发展，藏区各主要教派首领都得到过朝廷的荣封。明朝200多年，来京朝贡和传法的藏僧不绝于途。明武宗在西华门内专建延寿福殿，阜成门外有密宗的双林寺。在藏区，宗喀巴的改革和格鲁派的创建，并在拉萨建立色拉、甘丹、哲蚌三座格鲁教寺庙。宗喀巴的《菩提道次第广论》《密宗道次第广论》思想全面系统，阐明显密两宗的修行次第，规定学经程序，制定僧人生活准则，强调恪守戒律，对藏区宗教文化和美学产生了巨大影响。此外，萨迦派僧人索南坚赞的《西藏王统记》用佛教观点重述吐蕃王统历史，索南札巴的《新红史》记叙藏传佛教各派历史，巴卧·祖拉陈哇的《智者喜宴》描述王室承传与佛教传播历史，五世达赖《西藏王臣记》记述元明两代卫藏历史，特别是萨迦派与噶举派的兴衰。桑吉坚赞的《米拉日巴传》以问答体叙述了噶举派第二代祖师坎坷、坚贞、智慧的一生。这些著作以各种方式汇聚了西藏型的叙述美学。明代建成的西藏五大寺（即前文提到的拉萨三寺加上江孜城西的白居寺和日喀则的扎什伦布寺），显示了佛教审美文化的辉煌。

伊斯兰思想，在中华民族中，主要在维吾尔族和回族中体现出来。维吾尔在明代被汉译为“畏兀儿”（或“畏吾儿”），在东察哈台汗国时期，赛卡克在诗歌、修辞、哲学上较有成就（惜后来失传）；鲁特菲有著名长诗《花朵与春分》；纳瓦依有《五部诗集》《四部诗集》《美丽之会》，还有《韵律之标准》《词语之分析》的著作；泰福塔札尼的《绿洲之颂》、民间故事《阿凡提故事》在此时形成；叶尔羌时期的米尔咱·马黑麻·海答尔有历史著作《拉失德史》；沙·马哈木·楚剌思有《编年史》，这位作者还用波斯文写了叶尔羌汗国的伊斯兰宗教领袖的生活斗争故事，后被阿布·满速儿译成察哈台文，叫《寻求真理者之友》。阿尼曼莎不但写了诗集《精美的诗篇》《美丽的情操》，还写了书法理论著作《心灵的协商》，并为《十二木卡姆》的定型作出了贡献。以上这些著作，形成了维吾尔族的美学思想。

伊斯兰思想的中国化在明代取得重要成就，特别体现在一些回族思想家和文艺家的努力中。明代清真寺大量出现，经堂教育兴盛，伊斯兰经典被译为汉文。王岱舆是著名的经师和著译家，他学通四教（伊斯兰、儒、道、释），特别提倡“以儒诠经”。詹应鹏也是伊儒双修，专研伊斯兰教典籍和汉文译本，编成《群书汇辑释疑》，用孔孟朱程与伊斯兰教教义互证。在文学艺术领域，丁鹤年的大量诗文（后人辑为《丁鹤年集》《丁鹤年诗集》），金大车的《子有集》，金大舆的《子坤集》，孙继鲁的《破碗集》《松山文集》，构成了融汇伊儒的回族美学思想。

第三节　明代的文学美学

明代的文学美学思想主要体现在诗文、小说和戏曲等方面。

一、诗文美学

明代诗文论说甚多，主要有六个方面的内容：以道为文说、主情说、法式说、意象说、性灵说和趣论。

第一是以道为文说。这是唐宋古文美学和宋代的理学美学在明代的体现，为明初宋濂所提倡，主张文章首先要穷理尽道，反对“专溺辞章”①，在《文原》中，他反对沉溺于文辞的所谓“四瑕”“八冥”“九蠹”诸病，主张文当体现道与文辞的统一。他提出：“文者道之所寓也。”② 因此，他主张文“发乎心”③，“道存诸心”④。在此基础上还要“养气”：“人能养气，则情深而文明，气盛而化神。”⑤ 当然，这心与气，都与道相关。

第二是主情说。明代的诗文理论中，主情者甚多。而各家之论从不同方面构成了明代诗文主情说的基本结构。李梦阳（1472—1530）把情放在自然本体论的基础上。他引述并论证友人王叔武的话，认为诗是自然之道的体现，是民众真情实感的自然流露：“夫诗者，天地自然之音也。今途咢而巷讴，劳呻而康吟，一唱而群和者，其真也，斯之谓风也。孔子曰：‘礼失而求之野。’真诗乃在民间。”（《诗集自序》）这里的自然之声，实际上讲的是人的情感的自然抒发。所谓“其为音则发之情而生之心者也”⑥（《结肠操谱序》）。而由情的感动所形成的诗，在于“遇”：“情者，动乎遇者也。”⑦ 遇即主体在现实中因人因物因事而产生的感触，“天下无不根之萌，君子无不根之情。忧乐潜之中，而后感触应之外。故遇者因乎情，诗者形乎遇”⑧（《梅月先生诗序》）。人的自然之情因遇而产生了诗。徐祯卿《谈艺录》则从主体各要素即心、气、情的统一中突出情的作用。他说：“情能动

---

① 《师古斋箴并序》，见《宋濂集》第二册，浙江古籍出版社 1999 年版，第 922 页。
② 《徐教授文集序》，见《宋濂集》第二册，浙江古籍出版社 1999 年版，第 1351 页。
③ 《文说》，见《宋濂集》第二册，浙江古籍出版社 1999 年版，第 1569 页。
④ 《师古斋箴并序》，见《宋濂集》第二册，浙江古籍出版社 1999 年版，第 922 页。
⑤ 《文原》，见《宋濂集》第二册，浙江古籍出版社 1999 年版，第 1405 页。
⑥ 李梦阳：《空同集》，上海古籍出版社 1991 年版，第 1262—468 页。
⑦ 李梦阳：《空同集》，上海古籍出版社 1991 年版，第 1262—470 页。
⑧ 李梦阳：《空同集》，上海古籍出版社 1991 年版，第 1262—471 页。

物，故诗足以感人。”① “情者，心之精也。情无定位，触感而兴，既动于中，必形于声。故喜则为笑哑，忧则为吁戏，怒则为叱咤。然引而成音，气实为佐；引音成词，文实与功。盖因情以发气，因气以成声，因声而绘词，因词而定韵，此诗之源也。然情实眑眇，必因思以穷其奥。”② 他并没有改变中国心理的基本结构，但把情看成心之精，而且是气的基础，最后表现为声，再由声到具体的文字。诗歌创作中，情成为心理诸因素中最重要的东西。汤显祖更进一步强调了情的根本性和主导性作用，他说：“人生而有情。思欢怒愁，感于幽微，流乎啸歌，形诸动摇。或一往而尽，或积日而不能自休。”（《宜黄县戏神清源师庙记》）③ 当情体现在作品中，就成了谢榛《四溟诗话》中的“情景交融”。情为本性而产生出来，为作诗而产生出来，是感、触、遇。就感、触、遇作进一步展开，就成了诗文理论的主情说。

第三是法式论。李梦阳提倡文章要讲究法式，这种法式是自然规律的体现。他在《答周子书》里说：“文必有法式，然后中谐音度，如方圆之于规矩，古人用之，非自作之，实天生之也。”④ 在《驳何氏论文书》中，他以书法作比喻，认为虽然风格有差异，但其基本精神是相通的。“是以古之文者，一挥而众善具也。然其翕辟顿挫，尺尺而寸寸之，未始无法也，所谓圆规而方矩者也。”⑤ 他主张没有规矩不成方圆，意在强调形式美的规律和法则。他虽然强调法式，但又反对蹈袭古法，主张应该自出机杼。“假令仆窃古之意，盗古形，剪截古辞以为文，谓之‘影子’诚可；若以我之情，述今之事，尺寸古法，罔袭其辞，犹班圆倕之圆，倕方班之方。而倕之木，非班之木也。”⑥ 要求文章写一己之情，述当下之事，而不拘泥于古法。

第四是意象说。主情、性灵是从主体出发，意象则从作品立论。王廷相（1474—1544）、何景明（1483—1521）、陆时雍等人都有关于意象的言论。王廷相在《与郭价夫学士论诗书》中说：“夫诗贵意象透莹，不喜事实黏著，古谓水中之月，镜中之影，可以目睹，难以实求是也。《三百篇》比兴杂出，意在辞表；《离骚》引喻借论，不露本情。……嗟乎！言征实则寡余味也，情直致而难动物也，故示以意象，使人思而咀之，感而契之，邈哉深矣！”⑦ 他将意象视为诗歌本体，

① 徐祯卿：《谈艺录》，见《历代诗话》，何文焕辑，中华书局1981年版，第766页。
② 徐祯卿：《谈艺录》，见《历代诗话》，何文焕辑，中华书局1981年版，第765页。
③ 《汤显祖集》，徐朔方笺校，中华书局1962年版，第1127页。
④ 李梦阳：《空同集》，上海古籍出版社1991年版，第1262—569页。
⑤ 李梦阳：《空同集》，上海古籍出版社1991年版，第1262—567页。
⑥ 李梦阳：《空同集》，上海古籍出版社1991年版，第1262—566页。
⑦ 《王廷相集》，王孝鱼校点，中华书局1989年版，第502—503页。

要求表情达意，以意统象，以象现意，以造就意象，反对过于直露和滞实。何景明在《与李空同论诗书》中说："意象应曰合，意象乖曰离。"① 强调诗歌意象中的情景交融、物我为一。而意象合一的根据，在于"情景交融"。谢榛在《四溟诗话》中说："作诗本乎情景，孤不自成，两不相背。""景乃诗之媒，情乃诗之胚，合而为诗。以数言而统万形，元气浑成，其浩无涯矣。"②"诗乃模写情景之具，情融乎内而深且长，景耀乎外而远且大。"③ 而作诗时的情景交融到作品中的情景交融，也就是意与象的合一。陆时雍《诗境总论》中说："得意象先，神行语外，非区区模仿推敲之可得者。"④ 这与何景明之论相同，但陆时雍进而提出了意象的类型之别："齐梁老而实秀，唐人嫩而不华，其所别在意象之际。"⑤ 不同类型的意象又有共同的特征，这就是陆时雍说的"意象玲珑，神色毕著"，且"神行语外"。

第五是性灵说。主要为公安三袁（袁宗道、袁宏道、袁中道）所主张，性灵说是主情说的一种，但更强调情的自由性和灵感特点，反对体裁和格式的束缚，强调"独抒性灵，不拘格套，非从自己胸臆流出，不肯下笔"。性灵更强调情的强烈性和爆发性，所谓"情与境会，顷刻千言，如水东注，令人夺魄"。这种由灵感而来的诗文，当然是既有佳处，也有疵处。但对于袁宏道来说，所谓的佳处，往往有粉饰蹈袭前人之嫌，不免呈文人气习，其实并不算佳。而相反所谓疵处，恰恰正充满个人性的"本色独造语"（袁宏道《序小修诗》）⑥，而这才是性灵应当表现的东西。因此，性灵说在主情的基础上，强调情的灵感、个性和独创。

第六是趣论。趣既在作者的胸中，又凝结在作品的风貌上，由袁氏兄弟大力倡导。袁宏道说："世人所难得者唯趣。趣如山上之色，水中之味，花中之光，女中之态，虽善说者不能下一语，唯会心者知之。"⑦ 这是从作品谈趣。虽然他认为趣可以意会，不可言说，但他对趣的形容本身就是一种说明，即仪态盎然、韵味横生。从创作方面谈，袁宏道说："夫趣得之自然者深，得之学问者浅。当其为童子也，不知有趣，然无往而非趣也。"⑧ 他列举老子的婴儿、孟子的不失赤子之心等，说明趣源自天性和童心，这又与性灵论相关联。袁中道则讲了趣与"慧"的关系。他在《刘玄度集句诗序》中说："凡慧则流，流极而趣生焉。天下之趣，未有不自慧生也。山之玲珑而多态，水之涟漪而多姿，花之生动而多致，此皆天地

---

① 《历代诗话续编》，丁福保辑，中华书局 1983 年版，第 956 页。
② 《历代诗话续编》，丁福保辑，中华书局 1983 年版，第 1180 页。
③ 《历代诗话续编》，丁福保辑，中华书局 1983 年版，第 1221 页。
④ 《历代诗话续编》，丁福保辑，中华书局 1983 年版，第 1409 页。
⑤ 《历代诗话续编》，丁福保辑，中华书局 1983 年版，第 1408 页。
⑥ 《袁宏道集笺校》，钱伯城笺校，上海古籍出版社 1981 年版，第 187 页。
⑦ 《袁宏道集笺校》，钱伯城笺校，上海古籍出版社 1981 年版，第 463 页。
⑧ 《袁宏道集笺校》，钱伯城笺校，上海古籍出版社 1981 年版，第 463 页。

间一种慧黠之气所成，故倍为人所珍玩。”① 这里的慧，不仅是人心之慧，还包含与人心相通的自然之慧。

二、小说美学

明代的小说家和批评家对小说特征作了多方面的论述，重要的有三个方面。一是小说真实性中的实与虚、正与奇的问题，二是在小说中如何写活人物形象，三是重趣的审美风尚。

第一方面，关于小说的真实性问题，实际涉及两个层面，真实与虚构的统一和正与奇的统一。标称李贽评点的袁无涯评本重视小说的真实性，强调虚实结合。他说：“《水浒传》文字不好处只在说梦、说怪、说阵处；其妙处都在人情物理上。”② 这里的人情物理特指真情真意。文字要如作画般丝丝入扣，这样才是“与天地相终始”的好文字。他以《水浒传》中李小二夫妻情事一节为例，说绘真情写实景的小说，即使是虚构的也可以不朽。相反，脱离了真实性的小说即使作者费尽苦心也不好看。叶昼说：“世上先有《水浒传》一部，然后施耐庵、罗贯中借笔墨拈出。若夫姓某名某，不过劈空捏造，以实其事耳……非世上先有是事，即令文人面壁九年，呕血十石，亦何能至此哉！此《水浒传》之所以与天地相终始也与。”③ 说明小说的故事有现实基础，加以虚构的情节和人物，虚实相生，方可反映出生活的本质。

正与奇的统一同真实与虚构有所关联，从某种程度讲，虚实观就是奇正观，张誉（无咎）在《批评北宋三新平妖传叙》（墨憨斋本）中曾说：“小说家以真为正，以幻为奇。”④ 但角度不同。凌濛初等人在批评小说“失真”之风时认为，失真病不在虚构，而在于盲目追逐“好奇”，且不懂得奇之所以为奇。睡乡居士《〈二刻拍案惊奇〉序》：“舍目前可纪之事，而驰骛于不论不议之乡，如画家之不图犬马而图鬼魅者，曰：‘吾以骇听而止耳。’”⑤ 换言之，只有正与奇结合得恰到好处的作品才是优秀作品，而求真旨在深入地发掘真情，不能单纯地求奇画鬼以骇人听闻。凌濛初（1580—1644）说：“今之人但知耳目之外牛鬼蛇神之为奇，而不知耳目之内日用起居，其为谲诡幻怪非可以常理测者固多也。……则所谓必向耳目之外索谲诡幻怪以为奇，赘矣。”⑥ 要之，小说只应在日常生活之中发现传

---

① 《珂雪斋集》上册，钱伯城笺校，上海古籍出版社 1989 年版，第 456 页。
② 《水浒传会评本》下册，陈曦钟等辑校，北京大学出版社 1981 年版，第 1331 页。
③ 《水浒传会评本》上册，陈曦钟等辑校，北京大学出版社 1981 年版，第 26—27 页。
④ 《中国历代小说序跋选注》，曾祖荫等选注，长江文艺出版社 1982 年版，第 86 页。
⑤ 凌濛初：《二刻拍案惊奇》，王根林标校，上海古籍出版社 1983 年版，第 1 页。
⑥ 凌濛初：《拍案惊奇》，章培恒整理，上海古籍出版社 1982 年版，第 1 页。

奇，而不应于耳目感觉之外凭空臆造，制造病态的奇观。

谢肇淛（1567—1624）等人提出，作者只有充分把握“虚者实之，实者虚之”的治心之法，才能不脱不系，赋予小说生机和灵趣。谢肇淛认为《三国志演义》与《钱唐记》《宣和遗事》《杨六郎》等书味如嚼蜡、乏而无味，是因为写得过于呆板，接近迂腐，没能掌握虚实相生的笔法。这种作品只可以取悦里巷小儿，而不足为士君子道也。“凡为小说及杂剧戏文，须是虚实相半，方为游戏三昧之笔。”① 因此，凡作小说杂剧，不必如写正史，遇到年月不合或者姓字不同，就不敢下笔。李日华（1565—1635）在《〈广谐史〉序》中，借《广谐史》编者陈俊邦的口吻同样阐释了小说创作中史与情、真与幻、虚与实的关系。他说：“失史职记载而其神骏在，描绘物情，宛然若睹，然而可悲可愉，可诧可愕，未必尽可按也。”② 言下之意认为历史实录也非一定符合历史事实，并不一定具有真实性。而小说虽然是虚构的，却因写出的“物情”和“神骏”真实可信，反而揭示了事物的本质和发展的必然性。

与谢肇淛、睡乡居士人一直试图在“史传”与“造谎”间分出高下不同，冯梦龙（1574—1646）则直接跳出虚实之争，认为无论虚与实都要听从“理”的召唤。他更看重小说对于事物本质和必然规律的阐发，即“理”的阐发和弘扬。他认为虚和实并不是批判小说好坏的关键因素，关键在于能否通达至理。“小说野俚诸书，稗官所不载者，虽极幻妄无当，然亦有至理存焉。”③ 因此即使“事赝”亦可“理亦真”。在署名“无碍居士”的《〈警世通言〉叙》中，冯梦龙说：“野史尽真乎？曰：不必也。尽赝乎？曰：不必也。然则去其赝，而存其真乎？曰：不必也。……人不必有其事，事不必丽其人。其真者，可以补金匮石室之遗，而赝者，亦必有一番激扬劝诱悲歌感慨之意。事真而理不赝，即事赝而理亦真。不害于风化，不谬于圣贤，不戾于诗书经史，若此者其可废乎？”④ 既然真人真事可以为历史补上缺漏，虚情假意也可以情动人。只要能让人晓之以理，那么大可不必因纠结于虚实之辨而忽略了对理的探求。

第二方面，小说如何写活人物形象。叶昼在《水浒传》第二十一回回末总评中说：“此回文字逼真，化工肖物，摩写宋江、阎婆惜并阎婆处，不惟能画眼前，且画心上；不惟能画心上，且并画意外。顾虎头、吴道子安能到此？”⑤ 这里的“眼前”“心上”“意外”，是三个层次，画外意是其中的最高层次。叶昼在《水浒

---

① 谢肇淛：《五杂组》，上海古籍出版社 2012 年版，第 282 页。
② 朱一玄编：《明清小说资料选编》下册，南开大学出版社 2006 年版，第 979 页。
③ 谢肇淛：《五杂组》，上海古籍出版社 2012 年版，第 282 页。
④ 《新评警世通言》，钱伯城评，上海古籍出版社 1992 年版，第 2 页。
⑤ 《水浒传会评本》，陈曦钟等辑校，北京大学出版社 1981 年版，第 398 页。

传》第三回回末总评中说：“描画鲁智深，千古若活，真是传神写照妙手!”① 这是用中国诗画美学的“形神结构”或“神、骨、肉”结构来讲小说的人物性格塑造。在这一结构中，神是最高的，小说的人物塑造达到了传神的最高境界。李贽《初谭集又叙》评论《笑林》和《世说新语》的人物使用了绘画的“传神写照”理论：“今观二书，虽千载不同时，而碎金宛然，丰神若一，学者取而读之，于焉悦目，于焉赏心，真前后自相映发，令人应接不暇也。譬则传神写照于阿堵之中，目睛既点，则其人凛凛自有生气；益三毛，更觉有神，且与其不可传者而传之矣。虽曰以无为有，亦奚不可！若夫四体妍媸，本无关于妙处，千载而后，倘有神师，我知其不屑也，而况于虎头哉！然则世非无画师也，亦曰徒能其四体妍媸云尔。神者不传，为日已久。二书之不传，其道固在于是。”② 写出人物的神与写出人物的画外意，关键在于写出人物的性格。叶昼在《水浒传》第二十五回回末总评中说：“施耐庵、罗贯中真神手也！摹写鲁智深处，便是个烈丈夫模样；摹写洪教头处，便是忌嫉小人底身分；至差拨处，一怒一喜，倏忽转移，咄咄逼真，令人绝倒，异哉!”③ 这里不但讲了要写出人物性格，还讲了要写出各个人物之间的不同性格。袁无涯评本说：“画王婆易，画武大难；画武大易，画郓哥难。今试着眼看郓哥处，有一语不传神写照乎?”④ 说到了写突出人物易，写平常人物难。正是小说精彩的人物塑造，使其在社会上有广泛的读者。胡应麟《少室山房笔丛·庄岳委谈》说：“今世人耽嗜《水浒传》，至缙绅文士亦间有好之者。第此书中间用意非仓卒可窥，世但知其形容曲尽而已。至其排比一百八人，分量重轻纤毫不爽，而中间抑扬映带、回护叹咏之工，真有超出语言之外者。余每惜斯人以如是心用于至下之技，然自是其偏长，政使读书执笔未必成章也。”⑤ 这里就可以看到，如何塑造鲜活人物是小说不同于诗文的重大特点。

第三方面是“以趣为美”。与诗文重趣相呼应，明代小说评点不拘泥于儒家的“文以载道”思想，着重强调趣，推崇趣味性。叶昼在评价《水浒传》时常常用“趣”“甚趣”等字眼，他说：“《水浒传》文字，当以此回为第一。试看种种摹写处，那一事不趣？那一言不趣？天下文章当以趣为第一。既是趣了，何必实有是事，并实有是人？若一一推究如何如何，岂不令人笑杀!”⑥ 在《水浒传》七十四回的回末总评中，袁无涯评本也说：“燕青相扑，已属趣事，然犹有所为而为也。

---

① 《容与堂本水浒传》上册，上海古籍出版社 1988 年版，第 48 页。
② 李温陵：《李贽文集·初潭集》，北京燕山出版社 1998 年版，第 6 页。
③ 《水浒传会评本》，陈曦钟等辑校，北京大学出版社 1981 年版，第 203 页。
④ 《水浒传会评本》，陈曦钟等辑校，北京大学出版社 1981 年版，第 483 页。
⑤ 胡应麟：《少室山房笔丛》，上海书店出版社 2009 年版，第 437 页。
⑥ 《容与堂本水浒传》，上海古籍出版社 1988 年版，第 797 页。

何如李大哥做知县，闹学堂，都是逢场作戏，真个神通自在。未至不迎，既去不恋，活佛！活佛！"① 正因如此，小说评点被人们称为"批趣处"。这种"以趣为美"不但是对小说家作品的肯定与褒扬，而且推动了后继的创作。

三、戏曲美学②

明代的戏曲创作和演出活动兴盛，戏曲理论也取得了多方面的成就，有王骥德《曲律》、吕天成《曲品》、祁彪佳《远山堂曲品》、朱权《太和正音谱》等，在诸种理论中，"本色说""至情说"居有重要的地位。同时，明代曲家也有一些论争，有名家之争、名剧之争、意法之争，行戾之辩等。其中影响最大的是与意法之争相关的"汤（显祖）沈（璟）之争"。"汤沈之争"的核心在于戏曲格律与用字（其实指的是所表现内容）孰轻孰重的问题，也就是戏曲的"意"与"法"之间的关系问题。汤显祖的曲论讲究"真情""真趣"，反对"按字摸声"③。沈璟论曲讲究"本色语"。他的"本色"包含两层意思，一是指浅易通俗之语，一是指才情秀爽、精致工丽之语，在创作过程中，"须叫合律依腔"。所以，针对沈璟对《牡丹亭》用字格律的修改，汤显祖是不满的。他说："《牡丹亭记》，要依我原本，其吕家改的，切不可从。虽是增减一二字以便俗唱，却与我原做的意趣大不同了。"④

"本色"与"至情"是明代戏曲理论关注的两个要点。本色关系到戏曲人物的角色塑造，李开先、何良俊、徐渭等都强调本色对于戏曲创作的重要性。至情关系到戏曲中主要人物的角色塑造，汤显祖提倡"至情"，是与杜丽娘这样的理想人物塑造相关联的，杜丽娘一往情深，"生者可以死，死者可以生"，突出了理想人物的情感深度。吕天成的《曲品》和王骥德的《曲律》对两派观点进行了调和折中。"双美说"也成为明代后期曲论界的共识。

"本色"是明代戏曲美学的突出特征之一。何良俊《曲论》说："盖《西厢》全带脂粉，《琵琶》专弄学问，其本色语少。盖填词须用本色语，方是作家。"⑤他高度评价了高明《琵琶记》中"唯《食糠》《尝药》《筑坟》诸作，从人心流出，严沧浪言'水中之月，空中之影'，最不可到。"（《四友斋丛说》卷三十七《词曲》）这里的"脂粉""学问"就是剧作的整体风格压制了人物的独特性格，

---

① 《容与堂本水浒传》，上海古籍出版社 1988 年版，第 1096 页。
② 戏曲作为一个艺术门类是一种综合艺术，涉及表演、美术和音乐等，也包括它的文学性的审美特点。这里根据传统习惯，把它放在文学美学里论述。
③ 《汤显祖集》，徐朔方笺校，中华书局 1962 年版，第 1337 页。
④ 《汤显祖集》，徐朔方笺校，中华书局 1962 年版，第 1426 页。
⑤ 中国戏曲研究院编：《中国古典戏曲论著集成》第四册，中国戏剧出版社 1959 年版，第 6 页。

人物的唱词不是来自人物的性格，而是来自作者的风格（其实指的是戏曲创作中语言的“时文化”）。徐渭提出“贱相色，贵本色”也是这一意思。他在《西厢序》中说：“世事莫不有本色，有相色。本色犹俗言正身也，相色，替身也。”① 替身，就是作者代替人物说话，所说的话，不是说具有人物个性的话，而是说作者认为在语言上美的话。而徐渭的《南词序录》则说：“南曲固是末技，然作者未易臻其妙。《琵琶》尚矣，其次则《玩江楼》、《江流儿》、《莺燕争春》、《荆钗》、《拜月》数种，稍有可观，其余皆俚俗语也；然有一高处：句句是本色语，无今人时文气。”② 就剧中人物语言而言，本色语即个性语言，时文气即官话套话。本色是从符合人物性格来讲，如果从剧场性来讲，就是“当行”。何、徐两人对《琵琶记》的评价虽有差异，但他们在倡导“本色”方面是一致的。对于“当行本色”的理解，相比之下，当时的吴江派更重视“守法”，临川派更重视“尚趣”，王骥德认为王实甫的《西厢记》体现了法与趣的统一，是典范之作。而吕天成《曲品》则云：“果属当行，则句调必多本色；果具本色，则境态必是当行矣。”③ 在评《拜月亭》时云：“天然本色之句，往往见宝。”④

戏曲不但要写各色各样的人物和各种各样主题，还要写理想人物和理想主题，在前一方面，是本色与当行的问题，在后一方面则是“至情至性”的问题。汤显祖的“临川四梦”写了理想主题，而四梦中的《牡丹亭》则写了理想人物。因此，汤显祖写四梦以“情”贯穿始终。徐渭高度重视这种“情”在戏曲中的表现，认为《牡丹亭》是“因情成梦，因梦成戏”⑤。特别是在写《牡丹亭》时，汤显祖让至情至性达到了极为浪漫的思想高度，进而认为“情”不但是戏曲的灵魂与核心，而且要渗透到戏曲的一切方面。汤显祖在《焚香记总评》中云：“其填词皆尚真色，所以入人最深，遂今后世之听者泪，读者颦，无情者心动，有情者肠裂。何物情种，具此传神手！”⑥

明代曲论家对戏曲的情感特点，尤其是戏曲对人所引发的悲喜效果颇为重视。如汤显祖从“主情”论出发，提出“神情意趣”的审美理想。汤显祖更关注戏曲作品深蕴的情感价值，认为戏曲的“意趣神色”正是从“至性至情”的真情中自然流露出来的。他在《宜黄县戏神清源师庙记》中说：“人生而有情。思欢怒愁，

---

① 《徐渭集》第三册，中华书局 1983 年版，第 1089 页。

② 中国戏曲研究院编：《中国古典戏曲论著集成》第三册，中国戏剧出版社 1959 年版，第 243 页。

③ 吕天成：《曲品校注》，吴书荫校注，中华书局 1990 年版，第 451 页。

④ 吕天成：《曲品校注》，吴书荫校注，中华书局 1990 年版，第 165 页。

⑤ 《复甘义麓》，见《汤显祖集》，徐朔方笺校，中华书局 1962 年版，第 1367 页。

⑥ 《汤显祖集》，徐朔方笺校，中华书局 1962 年版，第 1486 页。

感于幽微，流于啸歌，行诸动摇。”① 他又说：戏曲可以“使天下之人无故而喜，无故而悲。或语或嘿，或鼓或疲，或端冕而听，或侧弁而咍……无情者可使有情，无声者可使有声”②。王骥德则说：“摹欢则令人神荡，写怨则令人断肠。”③ 陈继儒则从戏曲的效果谈悲喜：“读《西厢》令人解颐，读《琵琶》令人鼻酸。”④ 卓人月《新西厢序》：“天下欢之日短而悲之日长，生之日短而死之日长，此定局也；且也欢必居悲前，死必在生后。今演剧者，必始于穷愁泣别，而终于团圆宴笑，似乎悲极得欢而欢后更无悲也，死中得生，而生后更无死也，岂不大谬也！夫剧以风世，风莫大乎使人超然于悲欢而泊然于生死。生与欢，天之所以鸩人也；悲与死，天之所以玉人也。第如世之所演，当悲而犹不忘欢，处死而犹不忘生，是悲与死亦不足以玉人矣，又何风焉?”⑤ 更是主张戏曲要超越俗世生死、悲喜而臻于理想的人生境界。

在剧作家的才情与戏曲形式的关系上，明代曲论家大都主张才情与音律的统一。王骥德更推重汤显祖。他重视戏曲的每一个细节之美，同时把才情和音律分别看成天然美与人工美：才情来自天工，而音律出自人工。相比较而言，吕天成的《曲品》主张才情与音律并重，他虽对汤显祖和沈璟都很推崇，但作为沈璟的门生，认为沈璟在汤显祖之上，形式美占有相当的比重。王骥德《曲律》与吕天成一样主张才情与音律并重，同样对汤显祖和沈璟都很推崇，对他们的优点大加赞扬，同时也批评了二人的不足。

到明后期，围绕着“音律”和“意趣”的创作倾向，引发了以沈璟为代表的吴江派与以汤显祖为代表的临川派的论辩，这就是著名的“汤沈之争”。作为一种“意法之争”，它是汤显祖所认为的“意”与沈璟所坚持的“法”的争论。汤显祖认为戏曲创作应立足于曲意，首重“立意”，音律次之，若文章境往神来，意绝境佳，辞丽音俊，意趣盎然，何必为形式所拘束，削足适履，迁就“九宫四声”“按字摸声”，拼凑成句，损伤“意趣神色”。若音律与文采发生冲突，宁可放宽音律的规矩与法度，甚至不妨“拗折天下人嗓子”。沈璟则提出，戏曲是在剧场上表演的综合艺术，歌唱是其主要的表现手段，四声不协，五音不合，必然不利于演员的演唱，也会影响曲词的表达效果，纵然剧本文采洋溢，辞藻典雅，也不可取。宁可强调曲律而适当牺牲案头文辞之美，以质朴本色之语言，守律和腔，音调雅正，歌协曲和，才为上品佳作。沈璟的声律论，在一定程度上纠正了传奇创作只

---

① 《汤显祖集》，徐朔方笺校，中华书局 1962 年版，第 1127 页。
② 《汤显祖集》，徐朔方笺校，中华书局 1962 年版，第 1127 页。
③ 《王骥德曲律》，陈多、叶长海注释，湖南人民出版社 1983 年版，第 138 页。
④ 吴毓华编：《中国古代戏曲序跋集》，中国戏剧出版社 1990 年版，第 160 页。
⑤ 吴毓华编：《中国古代戏曲序跋集》，中国戏剧出版社 1990 年版，第 298 页。

顾案头雕琢、脱离舞台实际的弊病，对当时曲坛影响甚大，得到王骥德、吕天成、卜大荒、叶宪祖、冯梦龙、沈自晋等一批曲家的支持，被尊为“吴江派”之领袖。因此，以沈璟为代表的音律派着重于戏曲的形式美，以汤显祖为代表的临川意趣派着重戏曲的意境美。两派就“音律”与“意趣”孰重孰轻，“内容”与“形式”孰先孰后，展开论争，从不同角度推动了戏曲美学的发展。

而后来的王骥德等曲论家综合了沈璟与汤显祖二家之说，提出了“夫曰‘神品’，必法与词两擅其极”①，认为戏曲文采与音律二者不可偏废，如果音律不协，平仄不论，即使文采洋溢，辞藻典雅，音乐动人，旋律优美，也不足取；但制曲造词也不能一味地拘泥于音律，斤斤守法，不顾内容，限制作者才情的表达，以致损伤文章的“意趣神色”，只有二者兼顾并重，才是戏曲创作的最高境界。

第四节 明代的艺术美学

明代艺术理论成就甚多，这里且举画论、书论、琴论、园林、工艺五个方面的代表性思想。

一、董其昌的《画禅室随笔》

董其昌（1555—1636）作为松江画派的领袖，著有《容台集》《画禅室随笔》《画旨》《画眼》等。他的总体思想体现为学画论、画境论和南北宗。

董其昌的学画理论主张既师法古人又师法造化。首先要多向古人学习，而且重视兼学诸家。这也是他的经验之论。他先临摹南宋马远、夏圭、李唐等，后来又临写元四家黄公望、吴镇、倪瓒、王蒙。他说：在“画家以古人为师，已自上乘”之后，“进此当以天地为师。每朝起，看云气变幻，绝近画中山。山行时见奇树，须四面取之。树有左看不入画，而右看入画者，前后亦尔。看得熟，自然传神。传神者必以形。形与心手相凑而相忘，神之所托也。”② 模仿前人的艺术技巧和师法造化的灵心妙悟两方面的进步，可使二者相互补充和相互发扬。“以境之奇怪论，则画不如山水；以笔墨之精妙论，则山水绝不如画。”③ 笔墨精妙来自古人的笔法程式，画境奇怪来自天地之造化。

中国画论有两套合二而一的言说方式：传神论和气韵论。上面的一段话，用

① 《王骥德曲律》，陈多、叶长海注释，湖南人民出版社1983年版，第247页。

② 董其昌：《画禅室随笔》卷二《画诀》，屠友祥校注，江苏教育出版社2005年版，第121页。以下凡引《画禅室随笔》语皆据此本。

③ 董其昌：《画旨》，毛建波校，西泠印社出版社2008年版，第26—27页。

的是传神论，所谓“盖临摹最易、神气难传”（《画禅室随笔》卷二《画源》）。要传神，游历天下，广师造化就成为重要的了。在气韵论上，董其昌一方面继承宋代郭若虚《图画见闻志·论气韵非师》的观点，另一方面又补充说：“画家六法。一气韵生动。气韵不可学，此生而知之，自有天授。然亦有学得处，读万卷书，行万里路，胸中脱去尘浊，自然丘壑内营，成立鄞鄂，随手写出，皆为山水传神矣。”（《画禅室随笔》卷二《画诀》）这里将气韵论与传神论结合起来。综合两论可知，画家的造成，在于三个方面：天赋（有气韵的主体因素），古人（笔墨程式的习得），造化（外在世界的探索）。文人画之后，书法的笔成为绘画的基础，绘画的用笔与书法的用笔相通，董其昌通过讲书法，提到了书画相同的技法境界：“自唐初虞、褚辈变其法，乃不合而合。”（《画禅室随笔》卷二《画源》）

在画境上，董其昌推崇宋人的平淡，但又加上了自己的见解。“余谓张旭之有怀素，犹董元之有巨然，衣钵相承，无复馀恨，皆以平淡天真为旨，人目之为狂，乃不狂也。”（《画禅室随笔》卷一《跋自书》）张旭之书法被公认为“狂”，但董其昌从狂中看到了不狂，认为其内在是平淡天真，是由狂而达到平淡天真。正如其在《画禅室随笔·跋自书》中，大力赞扬苏轼的“渐老渐熟，乃造平淡”。狂是一种努力，老与熟也是一种努力，但最后都是要达到平淡。对由老与熟而达到平淡，董其昌称为“熟外熟”：“画与字各有门庭。字可生，画不可不熟，字须熟后生，画须生外熟。”（《画禅室随笔》卷二《画诀》）这种熟外熟实际上是在学习古人的基础上，师法造化、自出机杼的结果，是一种别开生面、独创一格的境界。在对书法的评价中，他说：“晋人书取韵，唐人书取法，宋人书取意。”① 高度凝炼地概括了三个时代的主导风格，并且特别推崇“宋人自以其意为书耳，非能有古人之意也”。即超越古人之意而自以为意，故能意胜于法。

董其昌的南北分宗理论是他绘画美学中的重要思想。他认为，自从唐代以来，中国画出现了两大宗系，一是以王维为代表的南宗，一是以李思训父子为代表的北宗。南宗是“士气”，墨色“渲淡”，主要有王维、董源、范宽、李成、李龙眠、王晋卿、米芾、米友仁、黄子久、王蒙、倪瓒、吴镇、文徵明、沈周等人；北宗是“精工”，采用“着色”和“勾斫之法”，主要有李思训、李昭道、李唐、刘松年、马远、夏圭、赵伯驹、赵伯骕、仇英等。

南北分宗源于因地域差别而造成的风格差异，这是客观存在的事实。《世说新语·文学第四》载：“褚季野语孙安国云：‘北人学问渊综广博。’孙答曰：‘南人学问清通简要。’”《隋书·儒林传序》亦云：“南人约简，得其英华；北学深芜，

① 刘正成主编：《中国书法全集》第54卷，荣宝斋出版社1992年版，第286页。

穷其枝叶。”① 在绘画方面，宋代李成叟《画山水诀》曾贬抑“北人北水”，沈括《梦溪笔谈》则推崇“江南真山”，元代汤垕《画鉴》则从绘画风格上阐述北派李思训的山水“金碧辉映”，南派王维“笔意清润”“董源天真烂漫”等，而明代杜琼《赠刘草窗三十韵》“山水金碧到二李，水墨高古归王维”，何良俊《四友斋画论》分“正脉”和“院体”，王世贞《艺苑卮言》分王维的“真趣”、二李的“精工”等，均不但有分南北二宗的端倪，而且明显有“崇南抑北”的倾向。

董其昌继承了前人的观点，并加以系统化和深化，又受到禅学的影响，以禅论画、以禅论书，明显体现出“崇南抑北”的倾向。董其昌常常参拜禅师、阅读佛学经典，《居士传》和《容台别集》载有他的相关自述，故他能以禅学观点来阐述南北分宗，并由此使南北分宗思想产生重大影响。他说：“惠崇、巨然皆僧中之画禅也。惠崇如神秀，巨然如惠能。南能北秀，二宗各有意趣。”（《画禅室随笔》卷二《题自画》）他反对北宗如“积劫方成菩萨”的“禅定”方式，以一超直入如来地的“顿悟”阐述南宗画派的重要特点。他以悟统学，强调画“须悟后可学”。他认为“妙处不在法”，悟而后能变法。通过顿悟，“思无思”，画家超越既有规范的束缚，“变其法，乃不合而合”（《画禅室随笔》卷二《画源》）。董其昌将其比喻为庄子的“目击而道存”境界。他认为这是一种“妙在能合”和“神在能离”的统一状态，即在学习它、掌握它的基础上，“析骨还父，析肉还母”，经由顿悟而扬弃和超越，从而形成自己独到的风格。董其昌推崇南派风格，推崇的是南派的“文人画”“士人气”，是其天趣，包括其“雨点皴”和“下笔均直”；而贬抑北派的“刻画工巧”，包括其“小斧斫皴”和“下笔手重尾轻”。与推崇南宗的文人画、重兴致和即兴之作相呼应，在绘画功能上董其昌也是推崇南宗的“以画为寄，以画为乐”，要求“寄乐于画”，重视绘画对性情的陶养。

二、项穆的《书法雅言》

项穆（约1550—约1600）有《书法雅言》《双美帖》和《贞元子诗草》等传世。《书法雅言》包括书统、古今、辨体、形质、品格、资学、规矩、常变、正奇、中和、老少、神化、心相、取舍、功序、器用、知识，共17篇。

项穆提倡“中和”的书法境界。他说：“法书仙手，致中极和，可以发天地之玄微，宣道义之蕴奥，继往圣之绝学，开后觉之良心。”② “中和”要把对立的东西综合起来，达到中正、适度，有礼有节。他说：“圆而且方，方而复圆，正能含奇，奇不失正，会于中和，斯为美善。中也者，无过不及是也；和也者，无乖无

① 魏徵等撰：《隋书》第六册，中华书局1973年版，第1706页。

② 项穆：《书法雅言》，李永忠编，中华书局2010年版，第187—188页。

戾是也。”（《书法雅言·中和》）

“中和”观首先表现为书品与人品的关系。项穆从儒家伦理思想出发，重视书法的社会教化功能，强调人的精神品格对于书法的重要作用，以及书法对人心的重要影响。他认为“人心之良，皆好乎中和”（《书法雅言·规矩》）。书法乃是人品性情的具体表现，“同流天地，翼卫教经”（《书法雅言·书统》），“规矩从心，中和为的”（《书法雅言·古今》），“人品既殊，性情各异，笔势所运，邪正自形”（《书法雅言·心相》）。他强调书法家的主体内在修养，重视心灵与笔法的互相渗透。

根据中和观，项穆提出了书法的所谓“三要”：“又书有三要：第一要清整，清则点画不混杂，整则形体不偏邪；第二要温润，温则性情不骄怒，润则折挫不枯涩；第三要闲雅，闲则运用不矜持，雅则起伏不恣肆。”（《书法雅言·功序》）这便是不偏不倚的中庸书法观。这种清整、温润、娴雅，书者神闲气定，笔墨温润中矩，是正宗的台阁体的要求。

在书法结构上也同样体现了中和观。项穆认为书法要“修短合度，轻重协衡，阴阳得宜，刚柔互济”；要“瘦不露骨，肥不露肉”，“临池之士，进退于肥瘦之间，深造于中和之妙”（《书法雅言·形质》）。中和的结构看起来当然是理想的，但是不宜过度强调，否则会影响作品的个性，影响作品风格的多元性和丰富性。在适当的限度内偏瘦和偏肥的风格均有佳作，杜甫《李潮八分小篆歌》说“书贵瘦硬方通神”①，表达了他个人的偏好。而苏轼《孙莘老求墨妙亭诗》则更公允地说：“杜陵评书贵瘦硬，此论未公吾不凭。短长肥瘦各有态，玉环飞燕谁敢憎。”

与中和相关的，有“常”与“变”和“正”与“奇”。对于前者，项穆说：“兵无常阵，字无定形；临阵决机，将书审势；权谋庙算，务在万全。然阵势虽变，行伍不可乱也；字形虽变，体格不可逾也。”（《书法雅言·常变》）强调以艺术规律的不变，应对丰富多彩的万变，在变与不变的辩证统一中体现中和。在具体阐释常变的过程中，项穆有想当然的主观狭隘之处，且趋于保守，但是他能重视变化，是难能可贵的。关于后者，项穆说：“所谓正者，偃仰顿挫，揭按照应，筋骨威仪，确有节制是也。所谓奇者，参差起复，腾凌射空，风情姿态，巧妙多端是也。奇即运于正之内，正即列于奇之中。正而无奇，虽庄严沉实，恒朴厚而少文；奇而弗正，虽雄爽飞妍，多谲厉而乏雅。”（《书法雅言·正奇》）他主张正奇互补而不偏颇，认为这样才能真正体现中和原则。项穆有时还以肥、瘦得体互补作为结构的要求，主张阴阳得宜，刚柔互济，还讲过规矩与神化的关系，说神化并不“外乎规矩”“规矩入巧，乃名神化”。

---

① 《全唐诗》（增订本），中华书局编辑部点校，中华书局1999年版，第2365页。

在书法的气质风格上，项穆又提出了老、少观。老者精密、高古，少者雅秀、风流："书有老少，区别浅深。势虽异形，理则同体。所谓老者，结构精密，体裁高古，岩岫耸峰，旌旗列阵是也。所谓少者，气体充和，标格雅秀，百般滋味，千种风流是也。老而不少，虽古拙峻伟，而鲜丰茂秀丽之容。少而不老，虽婉畅纤妍，而乏沉重典实之意。二者混为一致，相待而成者也。……老乃书之筋力，少则书之姿颜。筋力尚强健，姿颜贵美；会之则并善，折之则两乖。融而通焉，书其几矣。"（《书法雅言·老少》）强调老少两种风格互为交融、相互补充。上述常变、正奇、老少等，反映出项穆在中和原则的基础上还讲究辩证，讲究以不变驭变的变通观，从而使其观点内容更为丰富。

三、徐上瀛的《溪山琴况》

徐上瀛（约 1582—1662）是虞山琴派代表人物，其《溪山琴况》系统阐述七弦琴表演艺术理论，是古琴美学思想的集大成著作。

琴况是指琴乐的审美况味，"况"即况味、趣味，指古琴的二十四种风格和境界。徐上瀛发展了北宋崔遵度《琴笺》中"清丽而静，和润而远"的思想和明初冷谦《琴声十六法》，取诸家之长，把琴乐的审美风格分为"和、静、清、远、古、澹、恬、逸、雅、丽、亮、采、洁、润、圆、坚、宏、细、溜、健、轻、重、迟、速"二十四况，阐述了运指、用力、取音等弹琴要点和古琴原则。

"和"是《溪山琴况》中的重要原则和风格取向，是徐上瀛"所首重者"。他继承了儒家关于琴乐可以陶冶人的性情，使人心和的思想。他还从由听觉而带来身心愉悦的角度谈到和。"和之始，先以正调品弦、循徽叶声，辨之在指，审之在听，此所谓以和感，以和应也。"① 强调古琴从形制、指法、音声效果等都以"和"为标准。"和也者，其众音之窾会，而优柔平中之橐龠乎？"（《溪山琴况·一曰和》）

徐上瀛关于古琴"和"的审美思想体现了儒道兼容的特点。其中儒家的审美价值观占主导地位。在论述取音时，徐上瀛说："如右之抚也弦，欲重而不虐，轻而不鄙，疾而不促，缓而不弛；左之按弦也，若吟若猱，圆而无碍（吟猱欲恰好，而中无阻滞），以绰以注，定而可伸（言绰注甫定，而或再引伸）。纡回曲折，疏而实密，抑扬起伏，断而复联。此皆以音之精义，而应乎意之深微也。"（《溪山琴况·一曰和》）这里继承了先秦儒家美学和《乐记》的中和观，强调适度、中节、有序和恰到好处。在行文中他多次提到雅乐，反对郑卫之音，都体现了孔子以来的儒家思想，要求琴乐"绝去尘嚣"，"黜俗归雅"。《溪山琴况》云："古之人于

---

① 蔡仲德：《中国音乐美学史资料注译》（增订版）下，人民音乐出版社 2007 年版，第 733 页。

诗，则曰‘风雅’，于琴，则曰‘大雅’。”（《溪山琴况·一曰雅》）他还在《大还阁琴谱》（一名《青山琴谱》）的凡例中说：“琴谱不啻充栋，独称《松弦馆》为最，以其音调大雅，与俗不侔。”①

而在“静”“远”“迟”诸况中，徐上瀛推崇老庄“希声”和淡泊宁静的境界与超逸精神。“静”况中的所谓“声希则知指静”，所谓“淡泊宁静，心无尘翳”，所谓“至静之极，通乎杳渺，出有入无，而神游于羲皇之上者也”（《溪山琴况·一曰静》），“清”况中的“则澄然秋潭，皎然寒月，湱然山涛，幽然谷应”（《溪山琴况·一曰清》），“远”况中的“盖音至于远，境入希夷”（《溪山琴况·一曰远》），以及“淡”况中的“孤高岑寂，不杂丝竹伴内。清泉白石，皓月疏风，翛翛自得”（《溪山琴况·一曰澹》）等，都是道家精神的体现。因此，徐上瀛的“大音希声”和“性情中和”说，反映了他儒道互补的思想。

徐上瀛对于古琴艺术，从弦指音心，由技入道，阐述了琴乐艺术的整个过程。在具体的演奏中，他要求：“弦与指合，指与音合，音与意合，而和至矣。”（《溪山琴况·一曰和》）在演奏中，指法得心应手，与弦高度契合和协调，琴音发乎指，又不能滞于指。“未始是指，未始非指，不即不离，要言妙道，固在指也。”（《溪山琴况·一曰洁》）说明琴音不离指又超越于指，故妙音要有妙指，要在轻重缓急中体现韵味和情趣。但琴音不只是在指上，故他引述苏轼的“若言声在指头上，何不于君指上听”，注重指法与琴、与心的统一。而指法的演奏技巧与音的表达效果也是需要相互契合的。音应当准确、贴切地表达出主观情意，即“音从意转，意先乎音，音随乎意”（《溪山琴况·一曰和》），是“众妙归焉”。在音和意的关系上，音对于意的表达，包括对情趣和意味的表达，演奏者要产生移情作用，要“体曲之意，悉曲之情”（《溪山琴况·一曰轻》），将乐谱中的意转换为弹琴者的心中之意，“此皆以音之精义，而应乎意之深微也”（《溪山琴况·一曰和》），意在音先，以音随意。当然，弹琴者要想恰如其分地以音达意，必先练音，“得之心应之手”，使指法能够恰当地表情达意。这也要借助于弦外、音外来充分而贴切地表达。这些都是“和”的具体表现和最高境界。

徐上瀛还重视古琴的乐音的美，重点阐述了亮丽、圆润等琴音特点。他所谓的音亮，本于“清”，“造就清实，出有金石声”（《溪山琴况·一曰亮》），如同“水之至清者，得日而益明”“游神于无声之表”，故琴音能清澈、亮丽。关于“丽”，徐上瀛认为：“丽者，美也。于清静中发为美音。丽从古澹出，非从妖冶出也。”（《溪山琴况·一曰丽》）他所谓的“丽”，是指源于古淡的雅音，清丽动人，

---

① 蔡仲德：《中国音乐美学史资料注译》（增订版）下，人民音乐出版社2007年版，第773页。

而不同于妖冶、媚艳的靡靡之音。而关于温润，徐上瀛则反对浮躁和繁杂，主张纯正、温泽。他还主张“宛转”“圆满”，“其趣如水之兴澜，其体如珠之走盘，其声如哦咏之有韵”（《溪山琴况·一曰圆》）。他所倡导的“采”，乃是有“丰神”“神气”，如视觉之有光彩。徐上瀛在描述“清”时说：“地不僻则不清，琴不实则不清，弦不洁则不清，心不静则不清，气不肃则不清。”（《溪山琴况·一曰清》）要求地僻、琴实、弦洁、心静、气肃等，乃是要超尘绝俗，淡泊宁静，方能体神合道；他在描述“洁”况时所谓“无声不涤，无弹不磨”，“一尘不染，一滓弗留”（《溪山琴况·一曰洁》），要求有炉火纯青的艺术技巧，纯粹而自然，臻于天然无痕之妙，而进入化境。

《溪山琴况》体现了中国哲学精神和中国艺术精神。受中国传统思想的影响，徐上瀛以造化的自然之气、主体的生理之气、心理之气等贯穿于琴乐之中。他重视乐中之气的规律，强调“气有候”，弹琴者要成为“养气之士”“调气则神自静”，心平气和，去躁气、浊气，使演奏体现“太和之气”和“逸气”。在弹琴之前要虚静，要平心静气：“未按弦时，当先肃其气，澄其心，缓其度，远其神。”（《溪山琴况·一曰迟》）总之，琴乐一气相贯，从演奏者，到作品，到欣赏者，都是通过调气陶冶性灵、涵养情性。同时，徐上瀛的二十四况还兼收并蓄，如宏细、轻重、迟速互存互用而不偏废等，体现了辩证精神。在“迟”况中，他提出“或章句舒徐，或缓急相间，或断而复续，或幽而致远”（《溪山琴况·一曰迟》），超越了当时严澈“清、微、澹、远”的局限性，强调对立统一和多样融合。

《溪山琴况》反映了徐上瀛对音乐最高境界的追求。古琴作为中国古代文人雅士休闲和抒情达意的寄予物，是传统的修养和人格理想的体现，弹琴者和欣赏者都可以从琴音中获得性情的陶冶和人格的提升。

除了琴论外，明代朱载堉（1536—1611）的曲律思想也值得重视。朱载堉在中国律学史上创建了“十二平均律”，他称之为“新法密率”。他认为乐律研究中“象之与数，若异用也，而本则一；若殊途也，而归则同。不明乎数，不足与语象；不明乎象，不足与语数。是故欲明律历之学，必以象数为先”。（《律历融通·序》）“夫尺短则声高，尺长则声下，此乃自然之理。”（《律学新说·证之以黍粟》）他崇尚“自然之理,”提倡天地人同构和谐。“大抵管长则气隘，隘则虽长而反清；管短则气宽，宽则虽短而反浊。此自然之理。”（《律吕精义·不取围径皆同》）

四、计成《园冶》的园林美学思想

计成（1579—?）的造园理论著作初稿名为《园牧》，后更名为《园冶》刊行，卷一包括“兴造论”“园说”和“相地”“立基”“屋宇”“装折”四篇，其中强调“因、借、体、宜”的造园原则；卷二专论“栏杆”；卷三有“门窗”“墙垣”“铺地”“掇山”“选石”“借景”六篇。书中阐述了作者的造园观，详述了相地、立基、铺地、掇山、选石等方法，涉及园林地貌、建筑地基、建筑形式、大小木作、山石水体的种类等问题。

在造园原则上，计成倡导“虽由人作，宛自天开”① 的自然风格观。他强调要借助自然，其景色真实可感，仿佛是自然生成一般，具有天趣，体现大自然的生命精神，反对矫揉造作、了无生意。在建筑物的建造上，他也强调与自然的吻合，以使景物体现自然精神，传达主体情意。“风生寒峭，溪湾柳间栽桃；月隐清微，屋绕梅余种竹；似多幽趣，更入深情。”（《园冶》卷一《相地》），从而“得体合宜”，诗意盎然。当然，这不是对自然的简单模仿，而是要依托自然，顺应自然，“深得山林之趣”，气象万千，景色宜人，与自然和谐共生，达到出神入化、巧夺天工的境地，“蟠根嵌石，宛若画意”（《园冶》自序），仿佛是一幅天然图画，体现了当时文人和士大夫阶层崇尚自然、清雅的趣味，故深得园主的认同和重视。

借景理论是计成的重要贡献。他提出：“巧于‘因’、‘借’，精在‘体’、‘宜’。”（《园冶》卷一《兴造论》）所谓“因”，是指充分利用已有的自然山水景物和风水形势，因势利导，从中体现出主人的造园理想与审美趣味。计成认为：“‘因’者：随基势之高下，体形之端正，碍木删桠，泉流石注，互相借资；宜亭斯亭，宜榭斯榭，不妨偏径，顿置婉转，斯谓‘精而合宜’者也。”（《园冶》卷一《兴造论》）造园因地制宜，种植花草树木则因时制宜，精于布局，使山水草木虚实相生，交融为一。而“借”，则在“因”的基础上，充分利用园外的远近自然和人文景色，或作为背景，或作为景色的有机组成部分，“景到随机”，使园林在时空上得到拓展，从而以小见大，以小喻大，“纳千顷之汪洋，收四时之烂漫”，使有限延伸到无限。《园冶》认为：“夫借景，园林之最要者也。如远借，邻借，仰借，俯借，应时而借。”（《园冶》卷三《十借景》）“‘借’者：园虽别内外，得景则无拘远近”（《园冶》卷一《兴造论》），“极目所至，俗则屏之，嘉则收之”（《园冶》卷一《兴造论》），使园垣内外，交叠而为一体，一眼望去，构成一幅如画的景致。青峦叠翠、远山古刹等，与园林近景交相辉映。有时，造园者还通过镂空的窗户和院墙，巧于借景，使园外的原野与园内融为一体，做到得体合宜。

计成强调，无论是“因”还是“借”，都要有选择、有取舍，要把握“度”，要做到恰到好处。如论栏杆图式，有“笔管式”“锦葵式”“波纹式”“梅花式”“联瓣葵花式”“尺栏式”“短栏式”“短尺栏式”，每式下又有诸多变式；论诸砖

---

① 计成：《园冶》卷一《园说》，见《园冶注释》，陈植注释，杨伯超校注，中国建筑工业出版社 1988 年版，第 51 页。

地，有“人字式”“席纹式”“间方式”和“斗纹式”，每式作图样详解。他提出：“园林屋宇，虽无方向，惟门楼基，要依厅堂方向，合宜则立。”（《园冶》卷一《二立基》）但这种度，又“从心不从法”（《园冶》郑元勋《题词》），不拘泥于固定的程式和模仿因袭，而应当以意为主，意在笔先。故计成说：“构园无格，借景有因。切要四时，何关八宅。”（《园冶》卷三《十借景》）因此，在法式方面，乃是常与变的统一。其中重在由巧而妙，体现了计成重神轻形、重艺轻技的造园观，强调主人趣味的主导作用。

在具体的设计中，计成不仅注意到四季花木，而且还重视彩云、月色、风声、鹤唳等对园林整体的影响及效果。他所谓的“溶溶月色，瑟瑟风声”（《园冶》卷一《园说》）、“风鸦几树夕阳，寒雁数声残月”（《园冶》卷三《十借景》）等，乃至“峰峦飘渺”“池塘倒影”等，虚实相生，动静相成，构成了园林整体的诗情画意。种种构思，看似率性随意，实乃覃思精研的结果，凝聚着设计者的奇思妙想。

计成《园冶》的造园理念追求天然之趣，提出所谓“境仿瀛壶，天然图画，意尽林泉之癖，乐余园圃之间”，以适应主体宁静、淡雅、超凡的心态，体现了明代士大夫阶层清雅脱俗的审美趣味和闲隐退避的处世情怀。他主张园林以自然为基础，人工与自然高度融合，体现了中国传统的“天人合一”思想。虽然由于某种原因，《园冶》本身在清代不被重视，但计成所倡导的江南园林模式趣味却在清代广为流行，并影响到皇家园林的设计。

五、文震亨《长物志》的工艺美学思想

中国古代工艺美学思想源远流长。春秋末期的《考工记》中就有着精湛的工艺美学思想，提出了技以载道、道器合一和技艺统一等观念，主张“天有时，地有气，材有美，工有巧，合此四者，然后可以为良”，蕴含着天人合一、五行相生、虚实结合、仿生造物等思想，重视材质和工巧的特点。而宋代李诫的《营造法式》则在建筑和彩画等方面提出了自己的见解。明代，宋应星的《天工开物》也强调人与自然、艺与技、实用与审美的统一；黄大成的《髹饰录》，则就漆艺提出了“巧法造化，质则人身，文象阴阳”的法则等；而文震亨《长物志》的工艺美学思想则更为具体和系统。

文震亨（1585—1645）著《长物志》十二卷，并有《香草诗选》《仪老园记》《金门录》《文生小草》等问世，还有“香草垞”等造园作品。《长物志》以造园、居室为主，内容包括室庐、花木、水石、禽鱼、书画、几榻、器具、衣饰、舟车、位置、蔬果、香茗等，涉及建筑、园林、园艺、家具、书画、服饰等多个方面。其中，在园林方面，计成的《园冶》侧重于南方的园林实践，《长物志》则侧重于

北方的园林实践。

“长物”一词源于《世说新语》中的王恭语，原指多余之物。文震亨以“长物”指身外之物，乃至林泉竹石园林等，主要反映了文人生活环境中的精神追求，要求居处求雅，内心求静。文震亨在造园艺术和风格等方面具有独到见解，体现了他的趣味、修养和对精致生活的追求。他在书中侧重于赏玩品鉴，反映了清闲淡雅的士大夫文人情趣和精致的生活品位。他强调文人闲适、儒雅的生活情趣，“令居之者忘老，寓之者忘归，游之者忘倦”①，反映了当时士大夫的生活理想。

文震亨对器物提倡“制具尚用”，其趣味奠定在以用为本的基础上，讲究功能效果和质地效果，重视实用与审美的统一。他提出“随方制象，各有所宜”（《长物志》卷一），各得其所，方能如书如画。他提出家居和陈设等“位置之法，繁简不同，寒暑各异，高堂广榭，曲房奥室，各有所宜，即如图书鼎彝之属，亦须安设得所，方如图画”（《长物志》卷十），“衣冠制度，必与时宜”（《长物志》卷八）。

文震亨提倡尚雅贬俗、趋雅避俗的审美趣味，不追逐时尚，不过度尚巧。《长物志》虽然内容上“通彻雅俗”（《长物志》陈从周序），但情调古雅。他提出“宁古无时，宁朴无巧，宁俭无俗”（《长物志》卷一）的思想，体现了复古时尚，也反映出当时流行的对简约风格的追求。在风格上，文震亨一是讲究自然之趣，反对矫揉造作。如他提出“居山水间者为上”（《长物志》卷一），要求椅靠“莹滑如玉，不露斧斤者为佳。近见有以五色芝粘其上者，颇为添足”（《长物志》卷六）。二是追求古朴大气，“厚质无文”。对此，文震亨的友人沈春泽在《长物志》序中有很好的概括：“予观启美是编，室庐有制，贵其爽而倩、古而洁也；花木、水石、禽鱼有经，贵其秀而远、宜而趣也；书画有目，贵其奇而逸、隽而永也；几榻有度，器具有式，位置有定，贵其精而便、简而裁、巧而自然也。”（《长物志》沈春泽序）在明代初中期，明式家具精致典雅、简洁明快、流畅自如，至晚明方有浮华、颓废之风。而文震亨针砭时风，“删繁去奢”（《长物志》沈春泽序），倡导简洁古雅、质朴自然的趣味。

总之，《长物志》是晚明士大夫造园理想和园林生活的百科全书。文震亨在其中重点强调“精”“简”“宜”“韵”“古雅”，尚俭尚雅，力倡精致生活，高雅追求。这乃是儒家文化理想和道家“物物而不物于物”（《庄子·外篇·山木第二十》）思想的融合统一，反映了明代中后期日常生活中的审美情趣。

思考题

1. 怎样理解明代心学与美学的关系？

---

① 文震亨：《长物志校注》，陈植校注，江苏科学技术出版社 1984 年版，第 10 页。

2. 怎样理解李贽的“童心说”内容？
3. 怎样理解戏曲美学中的本色观念？
4. 怎样理解《园冶》中的园林思想？

▶ 本章小结与知识拓展

第八章　清代美学

清代是中国古代最后一个朝代。在美学上主要体现出以下特点：第一，作为继元代之后由少数民族建立的政治大一统王朝，审美风尚呈现新的面貌；第二，作为中国传统的继承者，清代在美学理论、艺术门类、生活美学等方方面面进行总结，产生了一批总结性的著作；第三，宋代以来新型都市的发展和新型都市经验的积累，在清代达到高峰，清代在小说、戏曲美学和生活美学方面，产生了一系列理论创新；第四，中华各民族之间的交往互动，产生了丰富多样的审美文化圈；第五，西方文化此时已经完成现代化升级并向世界扩张，中西文化的互动和中西美学的互动也出现了新的局面。

第一节　清代美学的基本面貌

一、清代美学的时空范围

清代从1644年顺治皇帝迁都北京至1911年辛亥革命宣统皇帝退位，共267年的历史。这段历史可分成两个阶段。第一，自清朝迁都北京到1840年鸦片战争；第二，从鸦片战争到1911年辛亥革命。第二阶段的美学包括两方面的内容，一是前一阶段内容的进一步演化，二是西方思想的全方位进入。本章只探讨第二阶段前一方面的内容。

有清一代，版图巨大。“自乾隆年间平定南疆后，清朝疆域内的辖地除顺天府和盛京外，还包括称为本部的18行省和称为藩部的内蒙古、青海蒙古、喀尔喀蒙古、西藏、新疆等地。其疆界北至恰克图，南到海南岛、西沙群岛，西达葱岭和巴尔喀什湖北岸，东临太平洋包括库页岛，已经形成一个幅员辽阔、国势盛强的统一多民族国家。”① “清朝境内的主要民族区域有：（1）以满族为主体的东北民族区（东三省）；（2）以蒙古族为主体的大漠南北区（内、外蒙古区）；（3）以回族及维吾尔等族为主体的西北民族区（甘肃、新疆）；（4）以藏族及蒙古族为主体的青藏高原区（青海、西藏）；（5）南方土司民族区（湖广、云、贵、川及广西）；（6）海岛民族区（台湾岛与海南岛）等。”② 在这一文化地理之中形成了几大审美文化圈。

---

① 罗贤佑：《中国民族史纲要》，中国社会科学出版社2009年版，第356—357页。

② 安介生：《历史民族地理》下，山东教育出版社2007年版，第736—737页。

首先，以京城为中心的包括18个行省的满汉融合文化圈。主要有两种审美场极：以北京为中心的政治—文化场极和以扬州为中心的商业—文化场极。

其次，以各大少数民族为主的审美文化圈：以青藏高原为主的藏族文化圈，它以藏传佛教寺院为中心，以寺院建筑、佛像制作、法会仪式为主的审美文化形式，佛教美学成为核心；以大漠南北为主的蒙古族文化圈，草原茫茫，天高地远，民风淳朴，松散简约，敬天、雄阔、豪放，信仰藏传佛教，寺庙建筑却是藏汉满因素的结合，其寺庙与敖包等其他传统文化符号一起嵌镶在草原之中，结合成草原审美文化；位于西北的维吾尔族—回族文化圈，受伊斯兰文化的滋养，形成了带有独特装饰风格的建筑艺术，以及诗、乐、舞三位一体，带有喜剧色彩的民间麦西莱甫、十二木卡姆等艺术形式，集中体现为伊斯兰教美学；南方土司地区和海岛地区，又各有多姿多彩的审美文化特色。

各个少数民族审美文化圈在保持自身特色的同时，又都以朝廷为中心，在与18个行省的满汉审美文化圈的互动之中形成具有统一性的清代美学。

二、清代美学的主要领域

满族人以中华的天下观入主中原，一方面继承了以汉文化为主体的中华文化的精华，另一方面又把满族文化的精华加在中华文化的主体之中，并对中华主要民族（蒙、藏、维、回）的文化进行了新的整合。在这一社会条件下，特别突出的是江南一带的都市繁荣，为新兴艺术门类的发展提供了土壤，作为新兴艺术门类的小说和戏曲得到了发展。同时，面对西学东渐，在中西互看中对西方的审美文化和艺术进行了包容中的定位。因此，清代的美学领域可以分为四个大的场极：朝廷、士人、都市、民族。以朝廷为核心展开来的审美文化，突出体现在制度性的建筑、城市、服饰、舞乐、工艺等领域；以士人为核心展开来的审美文化，主要体现在诗、文、书、画等领域；以都市为核心的审美文化，主要是小说、戏曲、版画、年画；以民族为核心而展开来的，是满汉核心区和边疆少数民族地区各带地方特色的审美文化。

首先，中国美学的主体是诗、文、书、画中的美学思想。清代社会稳定下来并走向繁荣之际，士人主流开始与朝廷结合，在承接中国传统美学话语的同时，体现了时代美感的转变。在诗学上，王士禛的“神韵说”，沈德潜的“格调说”，袁枚的“性灵说”，翁方纲的“肌理说”，表现出升平、秩序、优雅的美感。在词学上，从朱彝尊《词综》、万树《词律》、徐 釚《词苑丛谈》到张惠言《词选》、周济《词辨》，形成了寄托、比兴、含蓄的美感情调。在文论上，方苞、刘大櫆、姚鼐为代表的桐城派文论，呈现了神、理、气、味、格、律、声、色的美学理论。在骈文美学上，从清初陈维崧《词选序》、毛序可《安序堂文钞》、袁枚《胡稚威骈体文序》、孔广森《仪郑堂骈俪文》、曾燠《国朝骈体正宗》到阮元在《四六丛话》后序中支持用骈丽之美来雕刻世事和性情，契合着社会繁华和文人求美的一面。在绘画方面，四僧（弘仁、髡残、朱耷、石涛）由朱耷突出的愤激一面转向石涛《画语录》中的画理追求。绘画主潮由王原祁《麓台画跋》、王时敏《西庐画跋》、王翚《清晖画跋》《雨窗漫笔》、吴历《墨井画跋》、恽寿平《南田画跋》、笪重光《画筌》、唐岱《绘事发微》主导，显示了文人画进入主流，对画理、画法、画韵的讲究。在书法方面，帖学继续发展，顺治爱欧阳询，康熙先喜王羲之后好董其昌，乾隆嗜赵孟頫。于是，笪重光、沈荃、姜宸英、查昇、汪士鋐、何焯成为康熙朝的帖学大家，乾隆朝则北有翁方纲、刘墉、永瑆、铁保，南有梁同书、王文治、姚鼐、钱澧，体现了传统的主流美学。然而，宋代以来的文玩趣味与清代国运的宏大，使碑学在清代崛起，郑簠、朱彝尊、陈恭尹、王时敏、巴慰祖等显出风采，阮元《南北书派论》《北碑南帖论》、顾蔼吉《隶辨卷六·偏旁五百四十部》、蒋和《汉碑隶体举要》则显示书法美学不但与朝廷主流和士人主流相关联，而且有着更为广阔的境界。

其次，社会的稳定和发展，特别体现为江南的城市和经济繁荣。这里，朝廷、士人、民间各种审美文化有了多方面的交会。扬州八怪的美学风貌，是集诗、文、书、画为一体的新形式，显出了文人画的另类风格。在书法上，把碑学从阳刚雄壮引入到自由表达的怪、拙、丑方向。在诗文上，把个性抒发与世情俗貌完美结合起来。扬州八怪艺术的审美风貌，把士人的个性情怀与商业市场、社会民俗、时尚美感紧密地结合在一起，具有多方面的意义。都市、商业、市民、时代、士人在清代的结合典型地体现在版画、小说、戏曲这三门新兴的艺术之中。版画领域，出现了《绘像三国志》《扬州梦传奇》《红楼梦图吟》等一大批精美插图，版画的传统画派如徽派在清代也取得新的成就，如工匠、艺人、画家联合制作的《太平山水图》43 幅，影响深远。特别是专业画家与民间工匠的结合，成为一种艺术—商业模式。萧云从《离骚图》、刘源《凌烟阁功臣图》、上官周《晚笑堂画传》等让版画艺术得到大的提升；王概兄弟制作的《芥子园画传》（四集）具有了教材性的示范意义。版画在由工匠水平进入文人境界的同时，也进入宫廷，成为朝廷美学的“殿画”。乾隆皇帝命宫廷画家专门制清廷一统天下时“十大武功”的大型版画，并亲自题御诗于上，完成了皇帝与画师的合作。版画向民间性方面的发展就是木版年画，天津杨柳青、江苏桃花坞、河南朱仙镇、河北武强、山东潍县、陕西凤翔、四川绵竹、湖南邵阳、福建的漳州和泉州、广东的广州和佛山，都成了刻印和销售中心，呈现出多样的民俗美感。最能体现清代具有都市、经济、市场、社会趣味合一的美学形式是小说和戏曲，二者不但具有广泛的社会—文化—美学联系，而且代表了中国美学的两种新方向：小说的叙事性和写人物，戏曲的叙事性与综合性。关于小说和戏曲美学将在第三节中详论。

再次，经济发展而来的工艺美学。在康熙、雍正、乾隆三朝，陶瓷、染织、漆器、雕刻都有发展。在制瓷方面，景德镇还是全国制瓷中心，清代的瓷器蔚为大观。“清又可分为五期，康熙、雍正、乾隆、道光、光绪，均为一代制作之杰出者。”① 尤其是前三代，和国家的强盛相关，制瓷艺术也达到很高的水平：“至清康熙，专以名工制瓷，名手绘画，殆纯入于美术范围，而高穆浑雅之气犹未尽掩入，雍正则专以佚丽胜矣。至乾隆则华缛极矣，精巧之至，几于鬼斧神工，而古朴浑厚之致，荡然无存。”② 在染织方面，江宁、苏州、杭州有织造局，其绸缎全国有名，苏绣、湘绣、粤绣、蜀绣、京绣各放异彩。在漆器、雕刻方面，色泽华美的福州脱胎、精工细雕的玉器作品、种类繁多的石雕竹雕，构成了有清一代丰富多彩的工艺面貌。工艺的繁盛结出的理论硕果，在陶瓷方面，有朱琰的《陶说》、唐英的《陶冶图说》、吴骞的《阳羡名陶录》、蓝浦的《景德镇陶录》等；在织造方面，有孙珮的《苏州织造局志》；在刺绣方面，有丁珮的《绣谱》、沈寿的《雪宧绣谱》、朱启钤的《丝绣笔记》，等等。这些工艺类的资料，注重描述历史、总结技法、辨析类型，同时，也把握了清代工艺的美学特征。工艺的美学追求，不是文人画的体道、写意，而是用技巧展示一个可直接感知的“真实”世界。这一世界因其直接联系着生活经验，更容易为日常生活中的公众所接受。清代工艺方面的著作，比较准确地把握了工艺审美的“民间”特色。

复次，民俗美学。清代民俗美学方面的资料，大全性质的如徐珂的《清稗类钞》，其中有学术文化、民俗风情方面的内容。地方性的风俗采录，如震钧的《天咫偶闻》共 10 卷，记述了北京地区的政治、文化、典章制度和风土人情；范祖述的《杭俗遗风》从时序、乐善、声色、婚姻、寿诞、丧事、排场、俦品、女红、饮食、驰名、备考等十二个大类，记述了杭州地方的风俗；李斗的《扬州画舫录》、袁学澜的《吴郡岁华纪丽》分别记述了扬州一地的园亭奇观、风土人物和吴地的风俗。这些民俗方面的资料，因其创造了审美意象而具备美学价值。比如，《天咫偶闻》描述北京三月三的太平宫庙会“地近河壖，了无市聒。春波泻绿，壖土铺红。百戏竞陈，大堤入曲。衣香人影，摇飏春风，凡三里余。”并盛赞它是“一幅活《清明上河图》也”③。又如，《吴郡岁华纪丽》描述支硎山香市：“则有红袴稚儿、青裙游女，肩负花枝，随风弱步。富豪侠少，宝骑珊鞭，结队闲行，翱翔容与……道旁柳荫，鸟唤提壶，酒人扶醉，呼俦袒臂。复有货郎地摊，童孺戏具，筠篮木盏、泥孩竹马、地铃丝鹞、蚕帘柳棬诸物。男妇争买，论价聒杂，

① 许之衡：《饮流斋说瓷》，山东画报出版社 2010 年版，第 4 页。
② 许之衡：《饮流斋说瓷》，山东画报出版社 2010 年版，第 12 页。
③ 震钧：《天咫偶闻》，北京古籍出版社 1982 年版，第 153 页。

声如潮沸。”① 支硎山香市的审美，则融合了服装、行为、风景、交易、人声等多种因素，构成了一幅生活审美的图画。民俗方面的资料中，还包含了节庆、寿辰、婚丧、服饰、戏曲、风物等方面的内容，是研究清代生活美学需要进一步发掘的。

最后，以朝廷为中心的多方面的整合。前文论述了清代空间体现为满汉一体18个行省和不同少数民族聚居区的多样审美文化圈。这多元一体又是以朝廷为中心来进行整合的。一是在中华民族大一统观念上的汉满美学整合，二是以汉满美学为基础与各少数民族地区进行的多方面整合。这两种整合与清王朝走向一统、保卫一统、巩固一统的过程相伴随，又与这一过程中各民族的流动和交往相伴随，还与各文化圈人民在以上两种过程中进行的审美创造相关联。有清一代在以朝廷为中心对各民族进行整合的同时，还面临着西学东渐而来的中西文化的交流、冲突、融合。这意味着中华民族的美感开始正式融入一种新的因素，呈现出中西交融中的美学思想和审美风貌。以上两点主要在第二节中讲述。

三、清代美学的演进逻辑

清代美学的演进包括三个方面的内容。一是由清代大一统带来的满汉核心区与边疆少数民族区的形成，主要是一种多元的空间审美文化在一体的主导下之形成。这里还包括对西方美感形式东渐的因素进行定位。二是中华民族以诗文书画为主体的传统美学在清代的演进，内容最为丰富。主要体现为，在传统艺术门类中产生新的美感形式和站在新现实的高度对传统艺术门类的千年发展进行总结。三是对自宋以来在都市繁荣和经验发展中产生的小说、戏曲、版画等进行总结、定位、创新。把这三个方面综合归纳，可以简述如下。

第一，是改朝换代后的逸民美学。包括黄宗羲、贺贻孙、廖燕在诗文上的愤激美学，钱谦益、吴伟业在诗学上的沉思美学，朱耷在画学上“非哭非笑”的美学和傅山在书法上的“宁丑毋媚”的美学，多面地表现了明末清初剧烈的历史冲突在美感上的凝结。

第二，是礼制美学。它在清代大一统中逐步形成审美风貌，体现在大一统的京城模式的形成，体制性典章制度的形成，包括建筑上宫府官宅的体制、服饰体系（帝后服与文武官服的典制）和宫廷音乐体系（祭祀音乐、朝会音乐、宫廷宴乐、巡幸音乐）的形成。

第三，在朝廷大一统的框架中，士人美学开始登台。诗文上，愤激美学变成诗歌中雍容优雅的肌理、格调、性灵、神韵，转为桐城派的呈现了神、理、气、

---

① 袁学澜：《吴郡岁华纪丽》，江苏古籍出版社1998年版，第70—71页。

味、格、律、声、色的美学理论。在绘画上，从四僧的“无法”与“四王”的“有法”到石涛《画语录》时，两个方面虽还有所对立，但也已经有了一种互补和会通的关系。

第四，朝廷画院中的画种定义显示了一种在清人天下观背景上的美学等级秩序。从康熙朝到乾隆朝，宫廷画院中，四王的文人画，版画进入宫廷而成的殿画；进入宫廷又被中画所规训了的西洋画（如意大利人朗世宁、安德义、潘廷章，法人王致诚、贺清泰，波希米亚人艾启蒙的画作），已经进入了一个稳定的秩序之中。

第五，从宫廷到社会，画种区分显出了另一种社会的等级区别，朝廷之画与以“扬州八怪”这类带着都市新因素的士人画显出了区别，还与商业版画产生了区别，也与民间年画形成了区别。正如在宫廷各类画种具有自己的等级定位一样，在全国范围内，这四类画也有自己的等级定位。这里冲突较为激烈的是“四王”型美感和“八怪”型美感。

第六，在书法上，最初是帖学的承转，先有王铎、傅山的晚明书法，继而有由朝廷风气和科举制度而来的台阁体。然而，在金石学和文字学的氛围中和都市的繁荣中，碑学崛起，扬州八怪和邓石如、尹秉绶各放光彩。而后，由包世臣到何绍基到康有为，碑学不断掀起美学高潮。帖学与碑学之争，体现了士人中两种美学风尚之争。

第七，都市趣味和士人新潮体现在小说和戏曲之中。其演进与要点，将在第三节详论。

第八，清代美学作为几千年中华民族美学的总结，具有丰富的成就和自己的特色，将在第四节详论。

第二节 清代的政治/社会美学

一、多元一体中的美学总貌

满族入主中原，成为中华的统治民族，必然要强调满族从发源地到文化的正统性①，同时，又要强调对华夏文明的承继性。对正统性的强调，使以汉民族为主体的中原文明向清朝统治屈服，也为“剃发易服”的满族文化符号标示行为提供

① 乾隆七年定的《巡幸铙歌清乐》中，“溯兴京第十七”有“溯兴京，实帝乡，艰难开创。奠中原，覆万方，太平休养”的歌词。在《巡幸铙歌大乐》中，歌颂了兴京（辽宁省新宾县）、长白山、布尔湖（长白山天池）、辽阳、沈阳、铁岭山等满族发源、发展之地的神圣性。

了依据。在华夏文明的继承方面，来自满族的统治者继承了明代的紫禁城，以及传统的礼乐系统，在“天下观”的背景下构筑了新的审美意象。乾隆七年定的《巡幸铙歌大乐》歌词中“中天盛世第六”：“中天盛世㽞安宁，瑞麦嘉禾表岁成。驺虞白象出郊垧，共祝吾皇圣，嵩岳欣传万岁声。”① 就是正统性和承继性相统一而产生的新的政治审美意象之一。

尽管强调满族的正统性，但为了巩固大一统，在八旗军分镇京师和全国各地、满族人口大量入关分布到东西南北的同时，满族还是全面继承了由历代汉族主导的中华文化，开始了全面学习由汉语所负载的中华文化的过程。为此，在京师设立了景山官学、咸安宫官学；在各地设八旗官学、义学，既学满语和骑射，又学汉语和汉语所载的文化经典。② 同时，设托忒学、蒙古官学，培养通晓少数民族语言的人才，又在边疆少数民族地区设立义学，招收少数民族首领子弟，增进了民族间的互相了解。大多官书都有少数民族语言本，例如《八旗通志》《外藩蒙古回部王公表传》等。大型字典和辞典，各族文字对照，如《五体清文鉴》是满、蒙、汉、藏、维吾尔五文对照，《四体合璧清文鉴》是满、蒙、汉、藏四文对照，《三合便览》是满、蒙、汉三文对照，《西域同文志》是满、蒙、汉、藏、维吾尔、托忒蒙文六文对照，极大地方便了中华各民族之间的交流。

同时，清代对以汉语为载体的中华文化进行了系统的总结。编于康雍年间的《古今图书集成》是古代中国最大的一部类书。全书分 6 编、32 典、6 117 部，正文 1 万卷。编于乾隆间的《四库全书》包括存书 3 503 部，总计 79 337 卷，装成 36 304 册。此外，还有《四库全书总目提要》200 卷，《四库全书考证》100 卷，《四库全书简明目录》20 卷。这种学术的指导思想和治学方式，影响了艺术的各个方面，包括诗、文、词、书、画、音乐、舞蹈、小说、戏曲、建筑等。清代不仅是时代美学的开创者，也是美学历史的总结者。

在朝廷主导下，为了巩固大一统，在各少数民族之间文化交流也密切了。

首先，在满汉主体对民族团结的主导下，汉语和汉语负载的文化在整个中华文化圈中产生了重要影响，西北的回族、土族、裕固族、东乡族、撒拉族或已讲汉语或多会汉语，同时，汉语对西南的彝族、纳西族、基诺族、侗族、苗族、羌族、阿昌族，以及中南和东南的壮族、土家族、黎族等，也产生了相当的影响。

其次，满族与蒙古族之间，满族与藏族之间，蒙古族与藏族之间，有着非常

① 赵尔巽等撰：《清史稿》第十一册，中华书局 1976 年版，第 2945 页。

② 这一文化工程的成果，仅从美学上讲：乾隆皇帝成为古代写诗最多之人，曹雪芹的《红楼梦》是古代最优秀的长篇小说，纳兰性德是清代写词最好的人，奕赓创造了新的鼓词《清音子弟书》，永瑆和铁保成为书法名家，永瑢创作了气象万千的《长江帆影图卷》，等等。

密切的政治、文化、美学、文字交往。

最后，各邻近地区的少数民族的交往也更加密切，如东北地区的满族人、鄂伦春人、达斡尔人、鄂温克人、赫哲人、蒙古人，西南地区同信仰藏传佛教的门巴族、珞巴族、纳西族人，西北同信仰伊斯兰教的维吾尔、哈萨克、乌孜别克、柯尔克孜等民族……清代中华各民族在满汉为主体的大一统下，各审美文化圈都有自己的贡献。在此以几大少数民族为例进行说明。

在藏族地区，密布着藏传佛教的寺庙。寺庙有雕塑、壁画、图案，有各种佛教故事。同时，有清一代，又有六世达赖喇嘛仓央嘉措写出的名诗《仓央嘉措情歌集》，书面民间故事《尸语故事》，还有次仁旺杰的《旋努达美》和达普寺第四代活佛罗桑登白坚赞的《郑宛达娃》这两部优秀的长篇小说，以及各种民间舞蹈（锅庄舞、弦子舞、踢踏舞、热巴舞等）。

在蒙古族地区，不但有具有满汉因素的藏传佛教寺庙，以及庙的佛像、壁画、装饰图案和蒙古包、敖包，还有《格斯尔传》（即藏文的《格萨尔王传》）、《额尔戈乐岱的故事》《巴拉根仓》这样的民间文学作品，联韵即兴诗《好来宝》，还有欢快的马头琴和快速旋转的倒喇舞。

在维吾尔族地区①，不但有各色各样的清真寺和大巴札，而且在《福乐智慧》《阿凡提故事》之上，又有布杜热依本·尼札里的长诗《热碧娅-赛丁》，还有十二木卡姆（即大型乐曲），说、唱、演奏等多种形式组合而成的叙事民歌，如《艾里甫与西苓》《塔赫尔左胡来》《好汉斯依提》等。

在贵州苗族地区，不但有独具特色的苗寨，而且有流传悠久的说古歌（如《开天辟地》等），反映生活的歌谣（如《龙乌支离》《爷觉力唐》等），以及有阳刚之气的反歌，还有民间故事《哈迈》《花边姑娘》《老猎手和皇帝》等。

各文化区显出了中华审美文化的多元性，但多元又在一体之中。这一体，不仅体现为中华民族几千年来的宇宙观和天下观本质上的同一性，也体现为有清一代天下观的特殊性。因此，这多元一体典型地体现在清代的京城模式上。

清代京城承继了明代的京城，这是明清宇宙观和天下观的一致之处，但清代又加了圆明园，从园林象征的角度体现天下观，还加了长城外的避暑山庄和木兰围场。如果说圆明园从九州清晏这样静的景观方面体现了天下一体，那么，避暑山庄和木兰围场则从政治典礼活动中体现了天下一体，这就是年班和围班制度。年班即蒙古王公定期朝见皇帝，要举行各种活动。围班是未出痘疹的蒙古族王公，每年秋夏到木兰围场随皇帝狩猎，在避暑山庄朝觐，其间也举行各种文艺活动。

① 在清代文献中，把中国西北包括新疆在内信仰伊斯兰教的各民族，统称为“回”或“回部”。

顺治年间五世达赖喇嘛来京，朝廷专门为他在德胜门外修了黄寺。六世班禅喇嘛为庆贺乾隆七十岁寿辰进京，朝廷为他在承德修建了须弥福寿寺。整个京城体系的建筑布局，本身就服务于大一统的天下观。

多元一体还体现在宫廷音乐体系（祭祀音乐、朝会音乐、宫廷宴乐、巡幸音乐）之中。比如，祭祀音乐主要面对天神、地祇、先祖，是传统的雅乐体系，体现了中华主体的承继。宫廷宴乐主要体现君臣之欢、多元一体，由中和韶乐、清乐、庆隆舞、笳吹、番部合奏、高丽国排、瓦尔喀部乐舞、回部乐、卤簿乐、丹陛乐等组成，包含了传统和现实、中央和地方的多样性统一。

多元一体还体现在清代的戏曲体系之中。除了京城清初高雅的昆曲和乾隆时徽班进京后形成的京剧，各地都有地方剧种，内蒙古、山东、江苏、浙江、福建、安徽、江西、湖北、湖南、广东、广西、云南、贵州、四川都有多种多样的地方戏，此外还有藏族、白族、壮族、傣族、侗族、布依族、蒙古族、满族等民族戏剧。各个戏剧都有自己的流行区域，它们共同构成了清代丰富的戏曲面貌。

总之，从政治/社会美学的角度看，清代延续了中国传统的天下观的一体性，它体现在新的京城模式的整合性，也体现在以满（政治）汉（文化）为主体对各民族审美文化的整合性。在这种整合性的背景下，各民族、地域的艺术审美经验丰富多彩，显示了多元一体的审美文化和美感模式，为从理论上进行概括、提升打下了坚实的基础。

二、满汉交融中的美学思想

在清代多元一体的文化建构中，满汉交融在美学上主要体现在以下三个方面。

第一，伦理思想上的互相影响。清朝统治者非常自觉地吸收儒家的伦理思想为自己服务。比如，皇太极崇德元年（1636）颁布《登基（极）议定会典》五十二条，就是在吸收汉族文化传统的基础上，对身份等级、婚姻、丧葬、分家、跳神等做出明确规定，使儒家的伦理观念成为可供遵守执行的教条，为满汉人民所共同遵守。在光绪五年（1879）撰修谱书时，也模仿汉俗，自七世起列二十八字排列辈份，同字必为同辈，这就固化了封建的等级秩序，形成了自上而下至达民间百姓的伦理美学。

第二，文化艺术上的交融。作为“天下”的继任者，清朝皇帝和满族贵族对汉族优秀的文化艺术成果采取了吸收、学习的态度。比如，乾隆皇帝在位时间最长、年寿最高，他的书法作品数量也非常多，包括自作的诗文、宫苑寺观匾联、书画题跋，以及大量的临摹古人的法帖之作。乾隆皇帝还将历代法书名迹刻成丛帖公诸天下。乾隆十五年（1750），集魏至明法书 300 余种刻成《三希堂石渠宝笈法帖》32 册；乾隆二十年，续选历代法书 39 种刻成《墨妙轩法帖》4 卷；乾隆三十四年，又命重刻宋《淳化阁帖》10 卷，它表明乾隆皇帝对历代书法佳作的欣赏和推崇。

在学习汉文化的过程中，满族贵族具有特殊的优势。至乾隆年间，已形成了规模可观的宗室文人阶层。他们中的大多数人熟读经史、能诗善文。清末民初，八旗蒙古诗人恩华编录的《八旗艺文编目》共收作家1 035 位，作品目录 1 779 部。① 其中，共收录 107 位宗室作家的个人诗文集。在和汉族文化交流的过程中，满族贵族创造了卓越的文化艺术成果。

第三，生活方式上的交融。在清代，满族的分布特点是“大分散，小聚居”，它使全国各地的满汉人民相互接近、相互渗透，将文化落实到社会生活层面。其中，“京旗文化”的形成是典型而杰出的。从康熙至乾隆时期，北京划分出八旗人的居住区域，生活在八旗圈内的满族人士，在语言、文化、习俗等方面保留本民族的个性，形成了与外界不同的景观。在和外界的交流过程中又杂进部分汉族文化，在伦理思想、语言、服饰，以及饮食、文学艺术、习俗等诸多方面都不同程度地受到汉族的影响，从而使清代的京城文化区别于以往历代的京城文化，“京旗文化”成为“北京文化”的重要构成要素。生活方式的交融，为文化和审美的交融提供了深厚的根基。

下面举几个审美实例来看满汉交融。作为政治/社会美学的标志，是清代官服和民间服饰的样式；作为文学艺术的代表，是京剧和文学名著《红楼梦》。

首先看服饰。官服制度始于唐代，定型于明代。因其饰有带图案的补缀，故又称为“补服”。清朝统治者基于满族的民族特点，吸取了明朝“补服”的精髓，形成清朝的官服。清朝官服和明朝官服有同有异，如下表：

清朝官服	明朝官服
胸前为对襟	胸前为大襟
补服后为整片	补服图案前后为整片
文官补服用单禽	文官补服用双禽
武官补服用单兽	武官补服用单兽

明清官服补缀形状都是方形。不同之处在于清代官服借鉴了满族骑射的特点，把胸前设计为对襟，补服后为整片。从百姓的服饰来说，在入关之后，满族百姓

① 关纪新：《〈八旗艺文编目〉检读札记》，见《满族历史与文化》，中央民族大学出版社 1996 年版。

的生活方式由渔猎转为农耕，他们的服饰也发生了变易：箭袖因不适于农耕而废弃，袖口放宽；因不需要骑射，四开襟变为左右开襟或不开襟，下摆收敛。至清末民初，满族服饰除流行于本民族之外，也流行于汉、蒙古等民族，为不同民族的百姓所认可和接受。

其次看京剧。京剧诞生于清代中后期，其服饰融入了大量的满族元素：京剧服饰中的箭衣是与骑射、武事相关的轻便型的戎服；其袖口属于窄袖，为马蹄袖或白色紧腕小袖；箭衣在腿部的前后、左右都有很大的开气儿等。

最后看《红楼梦》。在《红楼梦》中，作者用了很多笔墨描述人物的衣饰，以显示其得体、恰当。这些描述包括衣着的品种、纹样、质料等。比如，王熙凤年轻貌美，她的穿戴也非比寻常。第三回一出场，在林黛玉眼里，王熙凤打扮得与姑娘们不同，“彩绣辉煌，恍若神妃仙子：头上戴着金丝八宝攒珠髻，绾着朝阳五凤挂珠钗；项上带着赤金盘螭璎珞圈；裙边系着豆绿宫绦，双衡比目玫瑰佩；身上穿着缕金百蝶穿花大红洋缎窄褙袄，外罩五彩刻丝石青银鼠褂；下着翡翠撒花洋绉裙”。王熙凤的穿戴是清代乾隆时期八旗世家少妇的典型装束。其中“缕金百蝶穿花大红云缎窄褙袄，外罩五彩刻丝石青银鼠褂”是乾隆年间社会上的时髦样式。《红楼梦》的主人公贾宝玉，许多气质和行径都能从八旗贵族的政治/社会美学找到踪迹：贾宝玉是“富贵闲人”，兼有满汉文化气质，集满人的优势地位与汉族的深厚文化底蕴于一身，这是八旗贵族子弟的精神和气韵特质；贵族的身份和社会地位，使贾宝玉能够过上安富尊荣的有闲生活，他对这种生活是肯定和依恋的；贾宝玉追求高雅闲适的文化生活而淡薄封建功利，这是许多八旗文人的特色，是清代政治/社会美学在艺术中的映影。

在满汉交融中，清代的政治/社会美学从伦理、书画、诗文的整合，渗透、延伸到社会生活的审美整合，产生了京剧这一新的艺术审美形式，也生成了《红楼梦》中贾宝玉、大观园的女儿群等新的审美范式，为传统的政治/社会审美观念注入了新的元素。

三、中外交流中的美学思想

清代，中国不但与亚洲的日本、朝鲜、琉球、越南、缅甸等国有广泛的交流和相互影响，而且与欧洲各国同样有广泛的文化交流和相互影响。然而，鸦片战争之前，中国只把欧洲的思想和审美文化作为自己容纳万有的四夷之一来看待。明代中叶，西方文化传至中国。明清改朝，来自意大利的耶稣会传教士汤若望继续得到清代朝廷的宠信，在与中国士大夫的历法之争失败后，南怀仁又重新获得宠信。至康熙四十年（1701），前来中国的传教士已有400余人，教徒10余万人。直到乾隆三十八年（1773），在中西的礼仪之争以后，传教行为在中国被禁止。这一百多年间，中西交流在审美观上的主要体现包括四点。

第一，天文历法和地图绘制。在天文方面，南怀仁等编《康熙永年历法》32卷，伽利略学科和日心说都被介绍；在地图方面，康熙朝传教士与中国士人共绘《皇舆全览图》，雍正朝编绘十排《皇舆图》，乾隆朝编绘《乾隆十三排图》。这两个方面带来了新宇宙的信息，然而，并没有根本动摇中国的天下观念。乾隆朝敕修的《皇朝文献通考》仍然是“中土居大地之中，瀛海四环，其缘边滨海而居者，是谓之裔，海外诸国，亦谓之裔”①。

第二，在建筑方面，朗世宁主持的圆明园西洋楼工程可为代表。这组建筑包括谐奇趣、蓄水楼、黄花阵、方外观、海晏堂、远瀛观、大水法、线法桥等，展现了意大利的巴洛克风格。然而，西洋楼只是天下景观之一，是朝廷容纳万有的胸怀的体现。

第三，在音乐方面，葡萄牙人徐日升、意大利人德里格进入宫廷，教康熙、皇子及宫中人士西洋音乐，徐著有《律吕纂要》，德里格参与了《律吕纂要续编》，介绍西洋音乐。

第四，在绘画方面，宫廷画院之中，朗世宁、安德义、潘廷章、王致诚、贺清泰、艾启蒙等，作了帝王画和皇后画、国家重大题材画，以及山水画、花鸟画、风俗画等一大批画作，这些画作都具有西方特点。然而，这些特点又在整个中国画风的影响之下，亦中亦西。同时，中国人焦秉贞、冷枚、丁观鹏、张为邦、王幼学，或受其影响或以其为师，作品都有了西画的透视法、立体感。然而，对于这些画风，邹一桂《小山画谱》代表中国主流美学对之作了一个定位：“西洋人善勾股法，故其绘画于阴阳、远近不差锱黍。所画人物、屋树皆有日影。其所用颜色与笔与中华绝异，布影由阔而狭，以三角量之，画宫室于墙壁，令人几欲走进。学者能参用一一，亦具醒法，但笔法全无，虽工亦匠，故不入画品。”② 就是说，画得是很像，如同真的一样，但也仅是匠人型的工（技术精细）而已，算不上艺术家。邹一桂的看法，可以代表当时中国学人对西方的根本认识。

在这一阶段，与西方诸国的交往充实或丰富了天下观模式的内容，与亚洲邻国的交往则验证或强化了传统的天下观模式。无论是强化还是充实，它都显示了传统的天下观模式的稳定性。西方的绘画和音乐艺术，以一种全新的宇宙模式和宗教信仰为基础。以邹一桂为代表的中国文人，在传统的天下观背景中，无法形成对西方的真正认识。直到中国在鸦片战争失败之后才真正认识到一个现代化的西方，宇宙观念以及与此紧密相联的审美观念才产生了巨大的变化，与此相关的

① 《皇朝文献通考》卷293《四裔考》，见影印本《景印文渊阁四库全书》，台湾商务印书馆股份有限公司2008年版。

② 邹一桂：《小山画谱》，王其和点校，山东画报出版社2009年版，第144页。

美学学科、美学理论才真正开始了与世界对话的历程。

第三节　清代的小说、戏曲美学

一、清代小说戏曲美学总貌

清代的小说戏曲理论，在明代的基础上，有了进一步的发展。在小说理论方面，主要以评点的形式表现出来，有金圣叹评《水浒传》、毛宗岗评《三国演义》、张竹坡评《金瓶梅》、冯镇峦和但明伦评《聊斋志异》、闲斋老人和张文虎的《儒林外史》《女仙外史》集评，董孟汾评《雪月梅》，脂胭斋等评《红楼梦》。除评点外，在众多序跋、题辞、例言、凡例中，构成了巨大的小说美学资料体。清代的曲论著作大致可归纳为以下几种形式：一是专著、专论。重要的有丁耀亢《啸台偶著词例》（附于《赤松游》卷首）、查继佐《九宫谱定总论》（附于《钦定曲谱》卷首）、李渔《闲情偶寄·词曲部》（一名《李笠翁曲话》）、毛先舒《南曲入声客问》、吴仪一《牡丹亭或问十七则》（附于三妇会评本卷末）、徐大椿《乐府传声》、黄图珌《看山阁集闲笔·文学部·词曲》、焦循《花部农谭》、陈栋《北径草堂曲论》（《论曲十二则》）等。二是评点。重要的有金圣叹评《西厢记》、毛声山评《琵琶记》、毛奇龄论定并参释《西厢记》、吴吴山三妇合评《牡丹亭》、吴仪一评《长生殿》等。三是序跋（包括题辞、小引、凡例、例言）。重要的有丁耀亢《赤松游题辞》、毛奇龄《长生殿序》、洪昇《长生殿自序、例言》、孔尚任《桃花扇小引、小识、凡例》、周祥钰《大成曲谱论例》（即《九宫大成谱》例言）等。四是笔记。重要的有刘廷玑《在园曲志》（从《在园杂志》中辑出，收入《新曲苑》）、焦循《易余曲录》（从《易余箭录》中辑出，收入《新曲苑》）等。五是汇辑（即汇辑前人的曲论或资料）。重要的有李调元《雨村曲话》《剧话》、焦循《剧说》、梁廷枏《藤花亭曲话》等。

清代的小说戏曲理论，就其共同点来说，一是强调小说戏曲与整个中国之“文”的一致性，二是强调小说戏曲与其他文学艺术形式相比的独特性，三是突出了小说与戏曲各自的规律。

在第一方面，金圣叹在《水浒传》评点的几篇序里和在《西厢记》评点里，把作为小说的《水浒传》和作为戏曲的《西厢记》与《论语》《周易》《诗经》类的六经，与《庄子》类的诸子，与《公羊传》《谷梁传》这样的学术之文，与《华法经》这样的宗教之文，与《离骚》“杜诗”类的抒情文学，与《战国策》《史记》类的历史著作放在一起，都归为文章；而且一再强调，这些里面，有共同的“文法”（作文的基本方法）。

在第二方面，小说和戏曲理论，都注重作为叙事作品的特点。一是叙事需要虚构，章学诚、李渔、脂砚斋、冯镇峦等人讨论了真与幻、虚与实，故事的写实与虚构，详写与略写，等等。二是叙事理论，金圣叹、毛宗岗、李渔等人对叙事理论进行了深入的论述。三是在人物塑造上，金圣叹评点《水浒传》《西厢记》，以及清代其他小说戏曲论著中有多方面的论述。四是把新的概念用于小说戏曲，在术语上，如金圣叹评《水浒传》中，仅在第三十七回里，就用了：妙、绝、奇、好、谲、如画、有趣、成精、骇、吓、杀等。

在第三方面，对小说和戏曲各自的专有特点进行了论述。比如小说中的用词和戏曲的用典。在小说中，如金圣叹评《水浒传》第三十回“张都监血溅鸳鸯楼”里，一些关键词如刀、角门、灯、月的不断出现，构成了小说这一回里叙事的独特氛围。在戏曲中，叙事与唱曲相关联，因此，曲与词、诗的区别，曲律与词华之辩，唱曲的里本色与骈俪的用处等成了理论讨论的重点。整个清代的小说戏曲理论在这三个方面都有体系性的推进。

二、金圣叹及其小说美学

金圣叹的小说美学，有体系性的成就，且举重要之点如下。

（一）“因文生事”的创作理论

金圣叹说：《水浒》是因文生事，《史记》是以文运事。历史著作的以文运事，是先有事，再用文去写这已有的事。艺术著作是本来无事，要用文去编造出事来。因文生事，是正式提出，小说最主要的不是写事实而是靠虚构，用金圣叹的话说，是“凭空造谎”，因为小说是虚构，因此，小说家有虚构的自由：“笔性随我”，而虚构的结果却可以假事胜真：“《宣和遗事》具载三十六人姓名，可见三十六人是实有。只是七十回中许多事迹，须知都是作书人凭空造谎出来。如今却因读此七十回，反把三十六个人物都认得了，任凭提起一个，都似旧时熟识，文字有气力如此。”①（《读第五才子书法》）

（二）突出性格的人物审美

金圣叹在评《水浒传》时，对小说人物塑造进行了系统的论述。

第一，性格的复杂性。首先是写出人物性格。金圣叹说：“《水浒》所叙，叙一百八人，人有其性情，人有其气质，人有其形状，人有其声口。”（《水浒传》序三）只有写出每个人的个性，小说才好看，才吸引人读下去，并获得丰富的审美享受：“别一部书，看过一遍即休。独有《水浒传》，只是看不厌，无非为他把一

① 《金圣叹全集》，《贯华堂第五才子书水浒传》部分，江苏古籍出版社 1985 年版。本章凡引金圣叹评《水浒传》语皆据此本。

百八个人性格，都写出来。”（《读第五才子书法》）其次要让性格多层面地展开。金圣叹认为，在《水浒传》一书中人物性格最复杂的是宋江，宋江性格的复杂性是在和他人的对比中呈现的。在第二十五回总评中，金圣叹说，把宋江与鲁达相比，鲁达是阔人，宋江是狭人；把宋江与林冲相比，林冲是毒人，宋江是甘人；把宋江与杨志相比，杨志是正人，宋江是驳人；把宋江与柴进相比，柴进是良人，显出宋江是歹人……展示了宋江性格的多面性。

第二，通过肖像和语言的个性化，显现了人物性格的特征。《水浒传》第三十七回李逵第一次出场：“（戴宗）不多时引着一个黑凛凛大汉上楼来。宋江看见，吃了一惊。”金圣叹批注道：“‘黑凛凛’三字，不惟画出李逵形状，兼画出李逵顾盼、李逵性格、李逵心地来。”（《第三十七回批语》）在第十四回夹批中，金圣叹说：“定是小七语，小二、小五说不出。爽快奇妙不可言。”在第五十七回批语中，说：“如此妙语，自非李大哥，谁能道之。”在第五十七回夹批中，说：“句句使人洒出热泪，字字使人增长义气。非鲁达，定说不出此语，非此语，定写不出鲁达。”小七的“爽快奇妙”、李大哥的“妙语”、鲁达的“义气”都显示了特定环境中人物的性格。

（三）强调奇、妙和叙事审美

小说中所叙之事是虚构，而虚构之事要被叙得美，体现为“奇”和“妙”两个字。金圣叹用“奇”和“妙”来解说叙事之美。

第一，小说叙事之美，具有“奇”“妙”的境界。

奇，不仅相对于传统诗文的“正”，更与小说所叙之事相关。指出故事的发展出人意料，是事奇。金圣叹《第二十七回回首总评》说：“读第一段并不谓其又有第二段，读第二段更不谓其还有第三段，文势离奇屈曲，非目之所尝睹也。”相同的事件写出不同的“文”，是叙事方式之奇。“江州城劫法场一篇，奇绝了；后面却又有大名府劫法场一篇，一发奇绝。潘金莲偷汉一篇，奇绝了；后面却又有潘巧云偷汉一篇，一发奇绝。景阳冈打虎一篇，奇绝了；后面却又有沂水县杀虎一篇，一发奇绝。”（《读第五才子书法》）

事件的发生既在意料之外又在情理之中，称为“妙”。武松打虎一节，金圣叹评道：“读打虎一篇，而叹人是神人，虎是怒虎，固已妙不容说矣。乃其尤妙者，则又如读庙门榜文后，欲待转身回来一段：风过虎来时，叫声‘阿呀’，翻下青石来一段……皆是写极骇人之事，却尽用极近人之笔。”（《第二十二回回首总评》）作者用“极近人之笔”，把武松的每一表现和动作完全放在情理之中，使之符合整体情境的逻辑，从而产生了“妙”的效果。

“奇”是“妙”的前提条件，有了“奇”，才能超出读者基于日常识见的心理期待，产生丰富的审美体验；“妙”是“奇”的导向，有了“妙”，“奇”才不会荒唐怪异，才能把情节置放于一个完整、合理的情境中，使事件不会荒诞不经。第四十一回，宋江被赵能、赵得带领的四五十人追赶至还道村，躲入一所古庙。赵能等人入庙搜了一番没有找到，正要离开，几个士兵叫道：“都头，你来看庙门上两个尘手迹。”金圣叹批道：“何等奇妙！真乃天外飞来，却是当面拾得。”

第二，通过多种多样的叙事技巧，达成“奇”“妙”的效果。

金圣叹认为，小说有许多技巧，如有倒叙法、夹叙法、草蛇灰线法、大落墨法、绵针泥刺法、背面铺粉法、弄引法、獭尾法等。这些方法的采用，都是为了达到“奇”“妙”的艺术效果。比如，夹叙法“谓急切里两个人一齐说话，须不是一个说完了，又一个说，必要一笔夹写出来”（《读第五才子书法》）。在《水浒传》第五回，鲁智深很气愤地问和尚：“和尚吃了一惊，急道：‘师兄请坐，听小僧说。’智深睁着眼，在一旁央道：‘你说，你说！’”金圣叹认为，和尚的话应该说到“听小僧”，然后是智深讲“你说你说”，然后再接着和尚的“说……”，这样有利于表现智深的气愤。在第五回回首总评，金圣叹也为此洋洋得意：“将‘听小僧’三字隔在上文，‘说’字隔在下文……总之只为描写智深性急，此虽史迁，未有此妙也。”

第三，叙事的“奇”“妙”，能够兴发情感，使人获得精神愉悦。

《水浒传》的阅读能引起读者强烈的理智和情感活动，从而产生精神愉悦。金圣叹多次谈到这一问题：“令人大哭，令人大叫。”“武二神威，读者皆欲起立。”“句句使人洒出热泪。”（《第十回、二十三回、五十七回批语》）“读之，令我想，令我哭。”（《第一回批语》）哭、叫、起立、洒出热泪都是在艺术欣赏过程中的情感兴发、精神愉悦状态，它是《水浒传》审美价值的实现。第三十九回宋江、戴宗在江州被判死刑，金圣叹在回首对惊险的故事情节做了分析。他说：“写急事不得多用笔，盖多用笔则其事缓矣。独此书不然：写急事不肯少用笔，盖少用笔则其急亦遂解矣……使读者乃自陡然见有‘第六日’三字便吃惊起，此后读一句吓一句，读一字吓一字，直至两三页后，只是一个惊吓。”在这一回中，金圣叹有两个夹批：“偏是急杀人事，偏要故意细细写出，以惊吓读者。盖读者惊吓，斯作者快活也。读者曰：不然，我亦以惊吓为快活，不惊吓处，亦便不快活也。”

金圣叹明确了小说和历史著作的区别，能够从审美而不是社会政治的角度进行批评。在评点中，金圣叹对人物性格的复杂性及其相关联的语言、行为进行了系统的论析，对小说叙事追求的“奇”“妙”效果做了精到的评点，正确把握了审美活动中情感兴发的特征，以及小说语言的表现力和节奏韵律的美。由于金圣叹创造性的工作，小说批评成为文学批评的一种新形式，从而真正建立了中国小说美学，并对张竹坡、毛宗岗、脂砚斋产生了重要影响。

三、李渔及其戏曲美学

李渔（1611—约1680），字笠鸿、谪凡，号笠翁，浙江兰溪人。家设戏班，有丰富的戏剧创作和组织演出经验。作品有传奇《比目鱼》《风筝误》等十余种，短篇小说集《十二楼》。其《闲情偶寄》是论述戏曲、建筑、园艺、烹饪等方面的杂著。

《闲情偶寄》中的词曲部、演习部讲的是戏曲美学。

李渔认为，不能把戏曲看成“末技”“小道”，它是一种新的文学形式，和历史上已经存在的史、传、诗文等文学形式是“同源而异派”。像传统的文学形式一样，戏曲也能传录史实、劝善惩恶，因此，它有存在的合理性。

但是，戏曲又不同于史传。史传是对历史事实的描述，戏曲则是一种艺术形式，可以虚构。戏曲也不同于诗文。诗文重视情感的抒发，而戏曲“结构第一”，重视“宾白”，它要重视叙事功能。这样，李渔就把戏曲从表演提升到叙事。同时，诗文、小说是文人案头把玩的东西，它和广大受众之间有一定的距离；戏曲则不然，戏曲创作的直接目的是舞台演出，李渔说：“填词之设，专为登场。”（《演习部·选剧第一》）① 因此，它的创作应该时时考虑演出的需要。李渔说：“笠翁手则握笔，口却登场，全以身代梨园，复以神魂四绕，考其关目，试其声音，好则直书，否则搁笔，此其所以观听咸宜也。”（《词曲部下·词别繁减》）在这里，李渔又把戏曲从文人的案头搬上了舞台。

演出的对象是普通的、广大的受众，受众对戏曲的欣赏应该不受文化程度的限制，而做到“观听咸宜”。李渔准确地把握了戏曲艺术的特点，他的戏曲美学和其戏曲的创作、导演紧密结合在一起。可以说，作为艺术生产，戏曲创作直接服务于新生的市民阶层的艺术消费需求，这就和宋代以来勃兴生长的市民意识相契合，也形成了李渔美学追求“乐”的基本风貌。

（一）综合艺术之美

戏曲演出涉及剧本、观众，演员对角色的感受体验、演员的唱念，音响等多种元素，戏曲艺术呈现出的是综合艺术之美。李渔强调戏曲的舞台特点，从舞台艺术的角度论述了戏曲艺术的综合之美。李渔认为，剧本要符合人情，符合人情才能打动人。他说：“传奇无冷热，只怕不合人情。如其离合悲欢，皆为人情所必至，能使人哭，能使人笑，能使人怒发冲冠，能使人惊魂欲绝，即使鼓板不动，

① 李渔：《闲情偶寄》，见《李渔全集》第三卷，浙江古籍出版社1991年版。本章凡引《闲情偶寄》语若无特别标注，皆据此本，只在正文中注名篇名。

场上寂然，而观者叫绝之声，反能震天动地。”（《演习部·剂冷热》）就是说，戏曲所演的故事，要符合情理、符合事件发展的内在逻辑，这是戏曲打动人的首要条件。从艺术上说，虽是编造杜撰，但符合情理、看来是“必定然之事”，就能够打动观众。演员是戏曲的中心，演员要对角色有很好的理解和体验、能够“解明曲意”。表演艺术要求演员体验角色的情感、和戏曲中的情意合为一体，这样才能“说一人，肖一人，勿使雷同”。同时，演员要体现自身的主体性，依靠高超的艺术技巧，把戏曲中的情意创造性地传达出来，给受众带来新鲜之感。李渔反对“百岁登场，乃为三万六千日雷同合掌之事”的机械重复，以玩花赏月为喻来说明演戏的新鲜之感。他说，同样的花、同样的月，今日看它明日看它，它必在人面前展开为不同的面貌，桃陈李代，月盈则亏，花月尚能自变其审美样态，何况人的演唱呢？

在演唱过程中，演员的唱、念都要讲究技巧。在唱的方面，演员要掌握好每一个字的“字头”“字尾”和“余音”，唱出的字音清晰辽远，入耳受听。在念的方面，“白有高低抑扬……若唱曲然。曲文之中有正字有衬字，每遇正字必声高而气长，若遇衬字，则声低气短而疾忙带过，此分别主客之法也。说白之中亦有正字，亦有衬字，其理同，则其法亦同”（《演习部·高低抑扬》）。念白要把握好缓、急、顿、挫的规律，这样，才能产生抑扬顿挫的节奏感，产生动听的音乐美感。

李渔还论及戏曲舞台上的其他元素。如锣鼓要创造气氛、控制节奏，“戏场锣鼓，筋节所关，当敲不敲，不当敲而敲，与宜重而轻，宜轻反重者，均足令戏文减价。”（《演习部·锣鼓忌杂》）又如音乐伴奏要配合演唱，“吹合宜低”，“以肉为主，而丝竹副之”，不可喧宾夺主。再如演出的光线“宜晦不宜明”，“妙在隐隐跃跃之间”。如果是日间演出，光线太觉分明，没有朦胧之美，无法产生审美效果。从演员的角度说，日间演出“难施幻巧”，演员的十分音容观众只得五分。看戏之人，白天事杂，不能安心欣赏。在晚上演戏，主客心安，才能认真欣赏和演出。这是欣赏的条件，放下杂事，才能有好的效果。

（二）戏曲的生命是新奇

李渔把新奇作为戏曲艺术的生命。戏曲作为新的艺术形式，为文人（案头）、观众（演出现场）提供了一种不同于诗、文等艺术形式的新的感受和体验世界的方式。

首先，戏曲的“新”，是道前人所未道、道自己所未道：“新也者，天下事物之美称也。而文章一道，较之他物，尤加倍焉……古人呼剧本为‘传奇’者，因其事甚奇特，未经人见而传之，是以得名，可见非奇不传。新即奇之别名也。”（《词曲部上·脱窠臼》）李渔认为，戏曲“新”的要求较其他艺术形式更高，它处在一个随时创新的动态过程中，这正是戏曲艺术的魅力所在。剧本的流传和演出的魅力，都是因事之奇，读者、观众都能从中获得新鲜感。

其次，如果前人已道，我必以新的方式道之。李渔把这种情况叫做“尖新”：“同一话也，以尖新出之，则令人眉扬目展，有如闻所未闻。”（《词曲部下·意取尖新》）新，能够吸引读者和观众，它是产生审美感受的前提条件。

再次，戏曲之“新”，不能脱离世俗生活，不是在“寻常闻见”之外“别有所闻所见”，而是“在饮食居处之内，布帛菽粟之间，尽有事之极奇，情之极艳，询诸耳目，则为习见习闻；考诸诗词，实为罕听罕睹；以此为新，方是词内之新”①。这就要求日常生活中可见、可闻、可历的事情进入艺术，在艺术的境域中使之成为“罕听罕睹”的东西，给人带来丰富的审美享受。

由此可知，新奇，是使日常生活的事件进入艺术境域，从而展示一种新的面貌。具体而言，就是通过戏曲艺术的形式，为日常生活中的事件提供一种新的经验方式。戏曲的生命是新奇，但这种新奇就在日常生活之中，要在日常生活的基础上给人带来审美的快乐。这就是戏曲的审美价值所在。

（三）戏曲要使人想象无穷

传奇所以吸引人，在于它能够出人意外，使人想象无穷，“即不如离、近不如远；和盘托出，不若使人想象于无穷耳”②。在这一过程中调动人的感知、情感、理解等多种因素，获得审美愉悦。

李渔认为，在戏剧的进程中要有悬念、吊足胃口，这样观众看戏才过瘾。制造悬念的方式，在戏曲的开头要用“奇句”抓住人的注意力，使人不能离弃；在结尾要使人留连不已、欲罢不能：“‘开卷之初，当以奇句夺目，使之一见而惊，不敢弃去，此一法也；终篇之际，当以媚语摄魂，使之执卷留连，若难遽别，此一法也。’收场一出，即勾魂摄魄之具，使人看过数日，而犹觉声音在耳，情形在目者，全亏此出撒娇，作‘临去秋波那一转’也。”（《词曲部下·大收煞》）李渔认为，戏曲结尾“临去秋波那一转”，能够勾魂摄魄，使人如声音在耳、情形在目，留下更广阔的想象空间，所谓“余音绕梁，三日不绝”。

在戏曲演出的过程中，悬念能够充分调动观众的情感、想象，实现审美价值：“水穷山尽之处，偏宜突起波澜，或先惊而后喜，或始疑而终信，或喜极信极而反致惊疑，务使一折之中，七情俱备，始为到底不懈之笔，愈远愈大之才，所谓有团圆之趣者也。”（《词曲部下·大收煞》）就是说，戏曲要充分调动欣赏者惊、喜、疑、惧等多种情感，使人的情绪在喜和悲、乐和忧、疑和惧等相反相异的两极之间摆动、变化，使多种情感、意念进入欣赏者的心中，充

① 《李渔全集》第二卷，浙江古籍出版社 1991 年版，第 509 页。
② 《李渔全集》第一卷，浙江古籍出版社 1991 年版，第 198 页。

分实现审美的效果。

(四)“乐”中要有“庄”

李渔在戏曲理论上把求“乐”放在首要地位。他重视戏曲中悬念等戏剧性因素，不否认喜、惧、疑等审美情感，虽然从广义上说，让人心痛、让人快活也是“乐”，但李渔更重视世俗生活基础上的喜剧。李渔认为，清代世人“喜读闲书，畏听庄论”，他便适应市场需求，以求乐为鹄的，使戏曲和小说娱人，给人提供笑资。他在《风筝误·尾声》中说：“传奇原为消愁设，费尽杖头歌一阕；何事将钱买哭声？反令变喜成悲咽。惟我填词不卖愁，一夫不笑是吾忧；举世尽成弥勒佛，度人秃笔始堪投。”① 李渔的传奇著作《笠翁十种曲》体现了强烈的喜剧色彩。比如，《奈何天》写几位薄命的红颜，奇丑之人却连遇才色兼具的妙龄佳人，颇有喜剧色彩，最后以大团圆收场；《风筝误》是李渔喜剧的代表作品，角色差不多都是喜剧人物，其中的“惊丑”“婚闹”“通婚”“诧美”等，至今还在京剧、昆曲和其他剧种中搬演；有的作品即使从整体上构不成喜剧，李渔也尽力切入一些喜剧情节或场面，他用尽良才，目的是要让读者会心一笑。

在戏曲中，除情节或场面之外，最能体现喜剧色彩的是“科诨”。李渔对它提出了两个要求。一个是，科诨要自然，不能为科诨而科诨。“妙在水到渠成，天机自露，‘我本无心说笑话，谁知笑话逼人来’，斯为科诨之妙境耳。”（《词曲部下·贵自然》）李渔举到东方朔说彭祖的脸长等例子，来说明科诨的自然：从一种被接受的说法或情形开始，经比喻、推演得出荒谬背理的结论，令人捧腹大笑。另一个是，科诨一定不能太俗，必须“忌俗恶”“戒淫亵”。李渔说：“科诨之妙，在于近俗，而所忌者又在于太俗。不俗则类腐儒之谈，太俗即非文人之笔。”（《词曲部下·忌俗恶》）因此，科诨是在雅和俗之间寻得一个合适的位置。“俗”的实质是接近日常生活，在日常生活中，最能吸引人的莫过于“性”的问题。李渔批评了当时戏曲中将“房中道不出口之话，公然道之戏场”的现象，提出解决问题的方法：“如讲最亵之话虑人触耳者，则借他事喻之，言虽在此，意实在彼，人尽了然，则欲事未入耳中，实与听见无异。”（《词曲部下·戒淫亵》）用含蓄的方式来表达，就是将原始的情欲进行了“文明化”。

李渔认为，科诨之中最难处理的是“关系”，这种关系就是喜剧形式中应该包含深刻的思想内容：“于嘻笑诙谐之处，包含绝大文章；使忠孝节义之心，得此愈显。”（《词曲部下·重关系》）作为喜剧主要形式的戏曲，承担着“载道”的功能。李渔的看法，即是戏曲对传统的文艺观念的认同，是一种身份认同和延续；同时，也是对以喜剧为审美风格的戏曲所应该担当的社会责任的要求。这样，就

① 《李渔全集》第四卷，浙江古籍出版社 1991 年版，第 203 页。

保证了晚明以来对“感官之乐”的追求，不至于堕入恶俗，从而保持了戏曲的文明面貌。

第四节　清代美学的总结性著作

一、清代美学的总结性著作及主要观念

有清一代，中国传统美学在诗学、画学、小说、戏剧、生活和民俗的审美等各领域呈现出总结的趋势，表现为一系列总结性的著作和思想。在诗文上有王夫之的系列诗评和王士禛《带经堂诗话》等；在小说上有金圣叹评点《水浒传》、张竹坡评点《金瓶梅》等；在戏曲上有金圣叹评点《西厢记》和李渔《闲情偶寄》中的词曲部和演习部等；在绘画上有石涛的《画语录》、龚贤的《画诀》、邹一桂的《小山画谱》、笪重光的《画筌》等；在音乐上有江永的《律吕新论》、徐大椿的《乐府传声》、徐养沅的《律吕臆说》、凌廷堪的《燕乐考原》、陈澧的《声律通考》等；在工艺审美领域有朱琰的《陶说》、寂园叟的《匋雅》、沈寿的《雪宧绣谱》等；在民俗审美领域，有徐珂的《清稗类钞》、震钧的《天咫偶闻》；在城市美学上有李斗《扬州画舫录》等；在生活美学上有李渔的《闲情偶寄》等；在多种门类的综合总结上，有刘熙载的《艺概》等。

这些体系性的著作及其观念，主要体现在以下四类作品之中。

第一，寓论于作品之中。即在某一美学类型上，用编集作品的方式对之进行总结。在文学中，姚鼐的《古文辞类纂》是一代表；在绘画上，王概、王耆、王臬的《芥子园画谱》是代表。前者把古文从古到今分为十三类，以“神、理、气、味、格、律、声、色”为标准进行选取，在评点优秀古文作品的同时，揭示了历史上文章演化发展的脉络，并体现了姚鼐评价它们使用的美学标准。后者分为三集，初集为山水卷，二集为兰竹梅菊四谱，三集为花鸟草虫卷。绘画的主要类型、境界、技法一一得到呈现，讲述分为画法、歌诀、起手式等，对画理、画技、画规进行了体系性的呈现。

第二，寓主张于总结之中。即以理论著作方式，对某一艺术门类进行总结。如阮元在书法理论上的《南北书派论》《北碑南帖论》，是书法的总结。阮元把晋代以来的书法分成南北两个系统，但在具体的划分中，又是为了说明北派才是书法的正统，书法中的隶意在北派中得到了保存。而北派的书法又源于碑石，因此，在这样的总结中，把崇碑的主张提了出来。同时，伊秉绶、邓石如的碑学书法创作取得了巨大成功，包世臣在《艺舟双楫》、康有为在《广艺舟双楫》中，进一步发展了阮元的碑学理论，何绍基、张裕钊、杨守敬、赵之谦、吴昌硕、康有为等

一大批书法大师出现，碑学一跃而居于书法的正统地位，书法艺术一扫帖派书风的柔靡、飘逸、妍媚，而展现出质朴之美、刚健之美、雄强豪放之美，实现了从书法艺术理论到实践的巨大变化。

第三，正统性的综合总结。刘熙载《艺概》是其代表，该书包括文概、诗概、赋概、词曲概、书概、经义概等六个部分，完全从古典正统美学的眼光和范围来总结与文字相关的艺术门类，对中国古代美学进行了全面系统的把握。

第四，生活美学的系统总结。《闲情偶寄》是其代表，它从中国后期社会文化转型的新质去总结美学。《艺概》由道而艺，这艺是以文字为主体的艺，由此而延伸到曲，到经义。《闲情偶寄》从生活出发，从人情立论，对鲜活的生活样态进行总结，让宋代以来文化转型中的新领域得到了体系性的总结。《艺概》延伸到了曲，但是没有进入曲中之戏，停留在转型思想的边上，《闲情偶寄》从戏曲开始，向生活的广大领域扩张，抓住了戏曲的新质。当这一新质向生活领域扩展的时候，就有了不同于《艺概》的趣味。

二、王夫之及《薑斋诗话》和叶燮《原诗》中的美学思想

王夫之的《薑斋诗话》和叶燮的《原诗》，是清代诗学体系性著作的代表，代表了清代诗歌美学的成就。

先讲王夫之。

王夫之的《薑斋诗话》，兼及关于诗的评论、注译等其他相关方面的论述，较为系统地把握了意象这一美学的核心问题。

（一）审美意象是情和景的统一

王夫之用情和景的统一来说明审美意象的特点。他说：“情景名为二，而实不可离。”（《薑斋诗话》卷二）①“情景虽有在心在物之分，而景生情，情生景，哀乐之触，荣悴之迎，互藏其宅。”（《薑斋诗话》卷一）就是说，情、景的分别，只是名言的分别，在审美活动中它们是不能分开的。正因为它们不可区分，所以“情”才不是主观、个别和散漫的“情”，而是能化为“景”，从而供人观赏和体验；“景”才不是存在于客观世界中、遵循自然律令生生灭灭的“景”，而是昭示着新的情感体验、新的“观看”方式的“景”，从而进入审美的界域。

在这里，“情”外化为“景”，成为景的有机构成部分；“景”贯注了“情”，成为“情”的外化和显现，二者达到了内在的统一，构成情景交融的审美意象。

“意”是“情欲”“观念”等主观的内容，它要成为观照、把玩的对象，必须

① 王夫之：《薑斋诗话笺注》，人民文学出版社1981年版。本章凡引《薑斋诗话》语皆据此本，只在正文中注明卷数或篇名。

“客观化”为“象”，对已存的“象”进行借用、加工、剪裁、创造，形成“意象”。意象是主观和客观的统一，它囊括了所有的审美对象，具有公共性、体验性等特征。王夫之的审美意象理论，接近现代美学的基本理念。①

（二）审美意象连接天地的内在精神

王夫之认为，在“天”和“人”沟通的过程中，引动审美情感，生成审美意象。他说：“天地之际，新故之迹，荣落之观，流止之几，欣厌之色，形于吾身以外者化也，生于吾身以内者心也；相值而相取，一俯一仰之际，几与为通，而浡然兴矣。”② 发生于天地之间的动静、色相、新故等，都是自然生生之大化的显现，它和人的精神相沟通，形成审美意象，从而把人的精神境界提升到“天”的层面。从这个意义上说，审美意象作为媒介，能够实现“我”和“物”的沟通，将“我”的整体生命和自然精神进行沟通。

这样，审美意象就超出了个人的情感、物质的功利，而能提升为一种公共性的标准，和中国传统的文化语境相一致。王夫之的这种思想同时是对审美意象价值的认定，也是对艺术创造出来的审美意象的判定标准。从这个标准来看，作为意象创造的艺术并非“小道”，而是“大观”。作为“大观”，不是以政治功利、道德功利为标准，而是以天地的“大心”为标准。因此，在审美意象中，“情”不是个人的小我之情，而是具有可沟通性的天地之情；“景”不仅是“心灵化”的物象，而且连接着天地的内在精神。唯有如此，它才能沟通天人、洞开心胸。

王夫之把审美和艺术活动同天地万物的内在精神联系在一起。他说：“含情而能达，会景而生心，体物而得神，则自有灵通之句，参化工之妙。”（《薑斋诗话》卷二）“李杜则内极才情，外周物理，言必有意，意必繇衷。”（《薑斋诗话·夕堂永日绪论外编》）这个境界是观照宇宙整体的美，是以审美的方式对天地自然的把握。王夫之把“情”“景”合一的“意象”提升到沟通天人的高度。

王夫之的审美意象理论，是中国传统的哲学理论在感性领域的体现。如果说，在《易传》中讲“生生之谓易”（《系辞上》）、“天地之大德曰生”（《系辞下》）是从哲学的角度描述天地框架中的宇宙万物之生成，那么，王夫之的审美意象理论则一脉相承，在美学领域实现了《易传》所奠基的中国传统哲学的意图。

（三）现量——审美意象的性质

王夫之借用印度因明学中的“现量”一词，来说明审美意象的性质。佛学以解脱人生之痛苦为旨归，从普遍性的“空”来看待世界，从而“了分别、泯物我”。王夫之对审美意象性质的论述，从审美的视角达到“了分别、泯物我”，揭

---

① 见叶朗：《美学原理》第一章第五、六、七、八节关于美在意象的论述（北京大学出版社 2010 年版）。

② 王夫之：《诗广传》，中华书局 1964 年版，第 68 页。

示了审美活动的基本特征。他说："'现量'现者，有现在义，有现成义，有显现真实义。现在，不缘过去作影。现成，一触即觉，不假思量计较。显现真实，乃彼之体性本自如此，显现无疑，不参虚妄。"①

第一，现在。它是当下感知所获得的知识。审美意象存在于经验的过程中，经验都是当下的，而不是过去的印象。

第二，现成。它是瞬间的直觉获得的知识，不是"思量比较"得来的。思量比较是一个概念、判断、推理的过程，是抽象思维活动的结果。王夫之说："'比量'比者，以种种事，比度种种理。以相似比同，如以牛比兔，同是兽类；或以不相似比异，如以牛有角，比兔无角，遂得确信。"② 这种知识的结果是抽象的，用概念、语言把完整的存在进行了分割。现量的知识不依赖抽象思维，它保持了存在的完整性。

第三，显现真实。在审美意象中，显现了对象的"体性""实相"。既不是脱离对象本身（"非量"）的"虚妄"的知识，也不是强调对象某一方面的特征或规定性（"比量"）的"抽象"的知识。在审美意象中，保持了对象生动、完整的存在，同时把握了对象的本质。

在王夫之看来，审美意象生动、完整的存在是"物态"（事物外表情状）和"物理"（事物内在规律）的有机统一。

王夫之用"现量"来说明审美意象的性质，不仅把握了审美直觉的基本特征，而且也可能意味着审美意象的形而上功用：审美意象是一种"解蔽"的形式。在现实世界中，虚妄知识之蔽、功利实用之蔽、科学分别之蔽，阻隔了人和自然的深层交通。审美意象显示了物之本然"体性"，对"体性"的把握，是审美活动的最高境界。

（四）作为审美意象的诗

作为一种艺术形式，诗是创造出来的审美意象，不能把"志""意"作为重点，它和"志""意"是有区别的，主要区别就在于"兴"。

王夫之说："诗之深远广大，与夫舍旧趋新也，俱不在意。唐人以意为古诗，宋人以意为律诗、绝句，而诗遂亡。如以意，则直须赞《易》、陈《书》，无待诗也。"③ 在这里，"意"是"理"，指自然万物之理、道德人伦之理。作为审美意象，诗不应该以表达"理"为旨归、变成表达"理"的工具。普通语言可以清楚地表达"理"，如果用"诗"来表达，就会带有画蛇添足的成分。

王夫之说的"意"，还包括作者的"意图"。他说："风雅之道，言在而使人自

---

① 王夫之：《相宗络索》，见《船山全书》第十三册，岳麓书社 2011 年版，第 536 页。

② 王夫之：《相宗络索》，见《船山全书》第十三册，岳麓书社 2011 年版，第 537 页。

③ 王夫之：《明诗评选》，文化艺术出版社 1997 年版，第 361 页。

动，则无不动者；恃我动人，亦孰令动之哉？”[1] 诗之动人，应该是自然动人，如果把作者的意图加进去追求动人，意图是外在于诗的东西，它会破坏诗的审美意象。

王夫之认为，是否可以“兴”，是诗和志、歌和言的区别。王夫之所说的“兴”，就是引动情感，使之较强烈地表现出来。因此，诗、歌作为审美意象，和“情”紧密地联系在一起，它的本质性规定是“即事生情”“即语绘状”“永言和声”中的兴（“相感”），如果不符合这一规定，对诗歌就是一种损害。杜甫的诗“于史有余，于诗不足”，因此，把“史”作为标准、用“诗史”来赞美杜甫，从某种意义上说是不懂诗的表现。

王夫之在评论一些诗歌时，常赞扬它“不作意”[2]“宽于用意”[3]“寄意在有无之间”[4]。王夫之用“诗无达志”来概括诗歌意蕴的宽泛性和不确定性的特点。他说：“只平叙去可以广通诸情，故曰‘诗无达志’。”[5]

如果可以把诗看成对“志”“意”的“解释”或“表达”，那么，它不是一种与“志”“意”完全一致的语言形式。换言之，一种明晰的逻辑语言形式，无法对诗进行解释，不能穷尽诗的含义。诗歌意象是情感性、体验性的，因此，它是多义的。

王夫之的审美意象理论，从情景交融、连通天地、直觉感悟、情感本位等方面较为系统地把握了审美意象的基本特征，在中国美学史上作出了巨大贡献。

叶燮《原诗》中的美学思想。

叶燮的美学思想，集中表现在《原诗》一书中，他对审美主体、审美创造等问题做了系统的阐述。和王夫之一样，叶燮从天地的角度来讲审美和艺术问题，这是清代美学中给艺术一个本体论根据的总体理论趋向的表现，也是中国哲学传统的必然表现。在这一传统中，叶燮建立了一个天地—气—理、事、情—艺术的美学理论体系。

（一）美的根源在天地

叶燮说：“凡物之美者，盈天地间皆是也，然必待人之神明才慧而见。”[6]“天地之生是山水也，其幽远奇险，天地亦不能自剖其妙；自有此人之耳目手足一历

① 王夫之：《古诗评选》，文化艺术出版社 1997 年版，第 174 页。
② 王夫之：《古诗评选》，文化艺术出版社 1997 年版，第 274 页。
③ 王夫之：《唐诗评选》，文化艺术出版社 1997 年版，第 177 页。
④ 王夫之：《古诗评选》，文化艺术出版社 1997 年版，第 260 页。
⑤ 王夫之：《唐诗评选》，文化艺术出版社 1997 年版，第 202 页。
⑥ 北京大学哲学系美学教研室：《中国美学史资料选编》下册，中华书局 1981 年版，第 324 页。

之，而山水之妙始泄。”（《原诗·外篇下》一九）① 这两段话包含了至少三层意思：第一，天地是美的事物、现象的根源，由天地生出万物之美；第二，在天地生物之美中，山水的地位得到突出的强调；第三，万物之美离不开人的“神明才慧”去发现、感悟，它存在于人的感受体验之中。

叶燮接受了中国古代哲学的基本观念，认为天地之间充盈的是“气”，“气”的运行生成了万事万物，万事万物以“理”“事”“情”为存在方式，它统贯整个现象界。

> 曰理、曰事、曰情三语，大而乾坤以之定位、日月以之运行，以至一草一木一飞一走，三者缺一，则不成物。文章者，所以表天地万物之情状也……吾故曰，三者藉气而行者也。得是三者，而气鼓行于其间，絪缊磅礴，随其自然，所至即为法，此天地万象之至文也。（《原诗·内篇下》三）

“理”是事物发生的原因、依据；“事”是事物发生的现象和过程；“情”是事物的样态、情状、形式。如果说，事物发生的依据、事实更具客观性，那么，事物的情状和样态就是一种“情感的形式”，它和“理”“事”结合在一起，形成了“天地万象之至文”，就是林林总总的美的现象，它是艺术关注的对象，是艺术表现的对象。

（二）艺术的基础是对理、事、情的把握

理、事、情来自于天地之间气的运行，形成了天地万物的美，那么，作为艺术家，就必须“格物”——去把握自然的理、事、情。“惟理、事、情三语，无处不然。三者得，则胸中通达无阻，出而敷为辞，则夫子所云‘辞达’。‘达’者，通也。通乎理、通乎事、通乎情之谓。而必泥乎法，则反有所不通矣。辞且不通，法更于何有乎？”（《原诗·内篇下》三）

就是说，艺术家必须做到通、达，它是艺术创造的前提条件。通、达一方面是对事物理、事、情的客观把握，另一方面做到了能够用公共的、可交流的语言来把握对象。在叶燮这里，它们是一回事：把握了理、事、情，就能够做到“通”和“达”。

理、事、情还是“法”的基础。叶燮说：“诗文一道，岂有定法哉！先揆乎其理；揆之于理而不谬，则理得。次征诸事；征之于事而不悖，则事得。终絜诸情；絜之于情而可通，则情得。三者得而不可易，则自然之法立。故法者，当乎理，

① 叶燮：《原诗·一瓢诗话·说诗晬语》，人民文学出版社1979年版。本章凡引《原诗》语皆据此本，只在正文中注明篇名。

确乎事，酌乎情，为三者之平准，而无所自为法也。”（《原诗·内篇下》三）叶燮在这里说明了“法”的本质，他反对拘泥于成法而忘却“法”的本质。

叶燮的思想可以概括为：以理、事、情为基础的审美现象，是艺术表现的对象。在艺术表现中，“法”一定要以理、事、情为基础。我们认为，虽然说，任何艺术都有“法”，“法”是一类艺术大体的边界，蕴含着某类艺术的传统，但艺术家不能拘泥于“法”而忘记艺术的基础。否则，这种艺术传统就是虚假的东西，就会使艺术因失去生命的根基而枯萎。

（三）艺术用特殊的方式把握理、事、情

叶燮认为，诗作为艺术，必须把握理、事、情。或者说，艺术中融合了理、事、情。从逻辑上说，既然天地之间的气化为理、事、情，那么，艺术就和天地约略实现了沟通。

叶燮注意到艺术把握理、事、情的方式的特殊性。他说：“可言之理，人人能言之，又安在诗人之言之！可征之事，人人能述之，又安在诗人之述之！必有不可言之理，不可述之事，遇之于默会意象之表，而理与事无不灿然于前者也。”（《原诗·内篇下》五）

就是说，艺术言理，但所言不是人人能言的“名言之理”；艺术言事，但所言不是人人能述的“可征之事”。“名言之理”和“可征之事”所使用的都是普通语言或逻辑语言的形式，它们能够清楚地对这类理和事进行表达、描述。但艺术所提供的，不是普通或逻辑的语言形式，而是以意象的形式表达的理和事，它们和名言之理、可征之事相比，是“灿然”而现的。就是说，它更集中地表达了理、事、情，而且创造了一种新的表述方式，这种新的表述方式融合了情感体验。

叶燮认为，艺术把握的是另外一种特殊的理、事、情，它们无法和普通语言形式相对应，因其是“幽渺”“想象”“惝恍”的。在这里，叶燮描述的是在审美经验之中的理、事、情。这一思想可以引述为：审美经验是艺术表达的前提条件，只有在审美经验之中，理、事、情才能融合在一起，进入艺术，在艺术中展开一种新的样态、面貌。

这种新的样态、面貌不是普通语言所可描述的，它“冥漠恍惚”，不可言、不可解、穷尽思维。叶燮指出：“诗之至处，妙在含蓄无垠，思致微渺，其寄托在可言不可言之间，其指归在可解不可解之会，言在此而意在彼，泯端倪而离形象，绝议论而穷思维，引人于冥漠恍惚之境，所以为至也。”（《原诗·内篇下》五）

叶燮描述的是审美体验的基本特征：含蓄无垠，思致微渺。这是在审美经验之中、用艺术把握“理”“事”“情”的特殊方式，艺术创造的不是与日常语言、逻辑语言完全相等的语言形式，因此，在艺术批评中，即使使用普通和逻辑语言描述，也只能描述出一个大体的边界范围。

（四）艺术家要具备才、力、胆、识

叶燮认为，文章之成，藉乎人“先有所触以兴起其意”，在这个基础上“兴会所至”“无意出之”，实现艺术的创造。叶燮指出，艺术品就是作为现象客体的理、事、情和作为创造主体的艺术家的才、胆、识、力的统一：现象客体的所有一切，都有赖于主体的“发宣昭著”；“在我之四”和“在物之三”能够实现完全的统一，从而使艺术和天地相契合。

第一，“识”是才、胆、力的基础。叶燮没有讲“识”的具体内容，而是从功能的角度强调了“识”的意义：“惟有识，则能知所从、知所奋、知所决，而后才与胆力，皆确然有以自信；举世非之，举世誉之，而不为其所摇。”（《原诗・内篇下》四）“识”是对对象过去、现在和未来的情状、缘起的分辨能力，它是知觉、理性、洞见的复合体。有了“识”，才能很好地把握理、事、情。

第二，“才”是艺术中的构思和传达能力。叶燮说，“夫于人之所不能知，而惟我有才能知之”，是构思能力；“于人之所不能言，而惟我有才能言之”（《原诗・内篇下》四），是通过艺术媒介将构思的内容进行传达的能力。

有了这种能力，艺术家的想象能力才得以发挥，“纵其心思之氤氲磅礴，上下纵横，凡六合以内外，皆不得而囿之”；有了这种能力，才能把握理、事、情，并把它有效地传达出来：“以是措而为文辞，而至理存焉，万事准焉，深情托焉，是之谓有才。”（《原诗・内篇下》四）

第三，“胆”是艺术家创造的勇气。“无胆则笔墨畏缩。胆既诎矣，才何由而得伸乎？惟胆能生才，但知才受于天，而抑知必待扩充于胆邪！”（《原诗・内篇下》四）才受于天，才的实现离不开艺术家的创造勇气，艺术家的创造勇气能使“才”得到扩充、发扬。

第四，“力”是艺术独创性的依据。有了“力”，才能开天辟地、穷尽宇宙之所有，从而形成艺术史上一个又一个顶峰，因此，叶燮认为，“力”是一位艺术家“自成一家”的重要条件。

叶燮用才、胆、识、力来论证艺术家的能力，把它作为艺术家沟通天地、把控幽渺、咏叹讴吟的前提条件，为主体和客体的统一做了充分的理论论证。

总之，在叶燮的美学中，天地是美的依据，气的运行化出了理、事、情。作为审美的形式，情内蕴了理和事，从而形成天地之间丰富生动的美的现象，这种美的现象由艺术（诗）来把握，艺术家需要格物，格物不离理、事、情，艺术创造离不开艺术家的才、力、胆、识，艺术家的才、力、胆、识之综合就是“神明才慧”。这样，叶燮的美学就形成了一个从主客观统一到天人合一的完整、闭环的系统。

三、石涛《画语录》中的美学思想

石涛（1642—约 1717），清初著名画家、绘画美学家。石涛著有《画语录》（又名《苦瓜和尚画语录》）一书，另外有大量的题画诗跋，汪绎辰辑为《大涤子题画诗跋》，是研究石涛美学思想的重要材料。1960 年，上海博物馆出版了康熙四十九年（1710）胡琪作序、用石涛手写本刻印的《画谱》，被学术界认为是伪作，不足凭依。①

石涛是在画学本体论的基础上，论述了审美的主体、客体，并通过绘画艺术把审美的主、客体联结起来，完成了绘画美学体系的建构。

（一）画学本体论

石涛用“一画”作为画学本体论建构的基本概念。在《画语录》的开篇，石涛说：“一画者，众有之本，万象之根。”（《一画章第一》）② 这里的“众有”“万象”属于绘画的领域，囊括了绘画当中的“法”“笔墨”“受”“识”“运腕”等。换句话说，“一画”是绘画之“道”，是绘画活动的依凭，是绘画作为一种现象所赖以存在的根据，绘画的林林总总，都以“一画”为本。“一画之法立而万物著矣。”（《一画章第一》）有了“一画之法”，就有了绘画世界的生成，“一画”是绘画这一独立世界的逻辑基础。

作为逻辑基础，“一画”必然连接着画家、“造化”和艺术品。

首先，“一画”是艺术家创造艺术世界的利器，画家掌握了“一画”，就能把大千世界的美收进画面。绘画艺术的万千笔墨，都是始于斯而终于斯：从一到万，又从万复归于一。就是说，“一画”对画家的万千笔墨具有统摄的作用。因此，对艺术家来说，掌握了“一画”之法，便能“以一画具体而微，意明笔透”（《一画章第一》）。做到形具而神现，意明而笔透。

绘画离不开技法技巧，技法技巧是绘画的“法”，任何一个学画的人，都要学习绘画的“法”，它是一种基本训练。但是，一个艺术家不能停留于对绘画技法的掌握，他必须能够创造审美意象，来满足精神对深广伟大的境界的追求。要实现这一目的，就必须掌握“一画之法”。掌握了“一画之法”，就能够洞悉绘画技巧、技法的本质，从而打破“法障”，超越“成法”的限制，在艺术创造中自由地表达心灵，展示世界的存在。石涛认为，古今至明之士，都是认识、掌握了“一画”之法，从而悟解天地自然的生生之道，实现了艺术的自由创造。

---

① 朱良志：《石涛研究》，北京大学出版社 2005 年版，第 668—704 页。

② 《石涛画语录》，俞剑华标点注译，人民美术出版社 1962 年版。本章凡引《画语录》语皆据此本，只在正文中注明篇名。

其次，掌握了“一画”之法，就能够把握自然的精髓、能够和“造化”相通。

在中国画家看来，绘画不是“照猫画虎”地描摹客观物象，而是描绘客观物象中的“灵”或“神道”①，如何才能达到这一高度？在石涛看来，前提就是掌握“一画”之法。因为，一画和自然的精神、和天地的造化相贯通。石涛认为，一画包容了大千世界，掌握了“一画”的法则，就可以将“山川人物之秀错，鸟兽草木之性情，池榭楼台之矩度”，深入其理，曲尽其态，这样就不会把山水画做成地形图。因此，“一画”连接现象世界的“灵”和“神”，它统摄自然山川，沟通天地大化的生命精神，用它可以写出天地万物的内在生命，体验把握山川的形势，领悟感受土地的广袤，审视观察峰峦的疏密，了解识别云烟的幽昧。

最后，“一画”还要落实在绘画创作中，形成绘画艺术品。

自然的阴阳之气化为自然界的山川，“一画”统领山川万物，同时它贯穿在操笔运墨的“一笔一画”中。石涛说：“我有是一画，能贯山川之形神。”（《山川章第八》）“一画”在绘画艺术中落实为操笔运墨：“墨能栽培山川之形，笔能倾复山川之势，未可以一丘一壑而限量之也。”（《兼字章第十七》）一笔一画的笔墨线条，不局限于描写一丘一壑，而是真实生动地刻画山川的形态和气势。

石涛还说：“一画者，字画下手之浅近功夫也。”（《运腕章第六》）掌握了书法和绘画的基本功，就能够正确运用线条的变化，突破成法的限制，在写山川形势、体验天地造化时尽现它的生机活力，胸有成竹，心手相应，挥洒自如，出神入化。

作为绘画艺术的本体，“一画”具有统摄画家主体心灵和现象客体的意义，石涛用“一画”概念和画家的创造、客体的生命精神相契合，赋予绘画一个最后的根据和解释，为绘画艺术的自由创造、审美生成提供了逻辑上的依据。

（二）审美主体论

在石涛的美学体系中，“我”是艺术创造的主体，也是审美主体，二者是统一的。

第一，“受”和审美感兴。

在《画语录》中，石涛提出了“尊受”的思想。“受”是佛学用语，它的基本含义是领纳。在佛学中，“受”包括“身受”和“心受”两部分。如冷热的感觉属于身受；忧喜的感觉属于心受，身受和心受是分不开的，冷热的感觉必然带来精神的忧喜，引发人的爱欲。

从审美主体的角度看，“受”包括三层含义。首先，从身和心两方面对外界的形相、情状、物态进行“领纳”，获得的新知识。所获取的是对象形式方面的知

---

① 李泽厚、刘纲纪主编：《中国美学史》第二卷，中国社会科学出版社 1987 年版，第 528 页。

识，是对事物的“态”的体验感受；其次，由这种领纳、会通引发生理感受，它是审美活动中“身”的因素，能对心理和意识发生重要影响；再次，情感的兴发、引动，属于审美活动中“心”的部分。石涛说：“山川与予神遇而迹化也。”（《画语录·山川章第八》）“神遇”是“受”，“迹化”是“受”的结果。

由此来看，石涛是借用佛学概念说明审美创造中的感兴活动，其“尊受”，就是强调这种感兴活动的重要作用。石涛说：“画受墨，墨受笔，笔受腕，腕受心。如天之造生，地之造成，此其所以受也。”（《画语录·尊受章第四》）这里的“受”是把感兴贯彻到绘画活动每一环节而产生的心手相应的自由协调活动。

第二，“识”和审美意识。

在佛学中，“识”的基本含义是“了别”，指意识对事物的区分。意识能够对过去、现在、未来所领纳和可能领纳的对象的缘起、相状进行追忆、思虑。“识”具有知性和理性认识的特征，它对对象进行区分、识别，使其显现本身的性状。

从美学角度看，“识”属于审美意识的内容，它在“受”的基础上形成，是理性认识渗入审美感兴形成的审美判断。从这个意义上说，艺术家对自然客体的认识、对现象形式的把握，属于“识”；前人的绘画作品与笔墨之法是前人“识”的沉淀，后人对前人艺术作品和笔墨之法的认识、掌握也称为“识”。

石涛说：“受与识，先受而后识也。识然后受，非受也。”（《画语录·尊受章第四》）就是说，审美感兴是审美意识、艺术品、笔墨之法的基础，画家在心师造化而产生审美感兴的基础上，得出审美判断，总结出绘画经验，形成绘画技法。“受”是基础性、根本性的，古今至明之士能够“借其识而发其所受，知其受而发其所识”（《画语录·尊受章第四》），把审美判断、艺术经验、前人作品作为引动审美感兴的素材，又在自身师造化、创造艺术品的基础上总结，形成自己的“识”。

第三，“快”“清”与审美胸怀。

“快”是清代美学的一个重要词汇，它包括生理和心理两方面的含义：在生理方面表现为需求满足后的生理体验，在心理方面则表现为精神的愉快、舒畅、自由的状态。石涛着眼于“快”字的心理意义，他说：“人为物蔽，则与尘交。人为物使，则心受劳。劳心于刻画而自毁，蔽尘于笔墨而自拘。此局隘人也。但损无益，终不快其心也。”（《画语录·远尘章第十五》）人为物欲所蒙蔽，则精力陷入尘虑俗念的纠缠中而疲惫不堪；人为外物所役使，则精神陷入得失利害的纷扰中而心力交瘁。作为画家，为外物所役使而心力交瘁，是毁灭自己的艺术创作；受物欲驱遣而劳思竭神，是给自己套上精神枷锁。

因此，需要抱持审美的态度来面对世界。石涛说：“夫画贵乎思，思其一则心有所著而快，所以画则精微之，人不可测矣。”（《画语录·远尘章第十五》）对生活采取超越利害、因任自然的态度，就可以排除“外物”对主体心理的干扰，使精神专一而畅快。精神专一而畅快，则主客体交融合一，笔下所写的山水就有可能出神入化。

在这种情况下，也就可以去除愚昧、摆脱俗气，实现精神的“智”与“清”。“愚者与俗同识。愚不蒙则智，俗不溅则清。俗因愚受，愚因蒙昧。”（《画语录·脱俗章第十六》）人的精神被名禄占据就是俗。俗是愚的根源，它蒙昧了人的清明之智，要去除愚昧就必须脱俗。这和中国传统的美学思想是一脉相承的。

（三）审美客体论

在石涛的画学体系中，审美客体系统包括山川、林木、四时，它们都以天地为根基，是天地的表现：山川是天地的形势；林木既是天地之生物，又是山川生命的表征；四时的暖寒、枯荣、阴晴贯穿在山川和林木之中，使它们富有表情。

天地构成了中国人的宇宙，天地的运行和“道”相统一。山水以其形质之美，体现了天地的精神，它使人在山水的感受之中，去触摸、体悟最高的“道”，从而获得精神的愉悦。因此，写山水之精神，就成为中国绘画美学的基本追求。

第一，自然的审美价值，在于山川显示“天地”之“象”。

石涛说：“山川，天地之形势也。”（《山川章第八》）天地是山川的依据，它的精神落实为山川，山川的“象”显示着天地的形势，使天地精神成为可感、可悟的东西，使中国文人对“道”的追求得以实现。天高高在上、无垠广大，特征是“高明”；地开阔辽远、生机勃发，特征是“博厚”。天用风云的变化把山川联结在一起，显示山川万物气脉之贯通；地用水石的动态激发山川的生气，显示大自然的生命情怀。天地的高明和博厚，产生了山川的气象万千。

山川有着生命意义和节奏特征：“风雨晦明，山川之气象也。疏密深远，山川之约径也。纵横吞吐，山川之节奏也。阴阳浓淡，山川之凝神也。水云聚散，山川之联属也。蹲跳向背，山川之行藏也。”（《山川章第八》）风雨晦明，是山川的气象变幻；疏密深远，是山川的透迤曲折；纵横吞吐，是山川的生命律动；阴阳浓淡，是山川的倩姿秀态；水云聚散，是山川的气脉连贯；蹲跳向背，是山川的行止动静，山川呈现着生命的节奏。

第二，自然的审美价值，表现为自然事物在形式上相互借重，在精神上彼此沟通。

在《画语录·海涛章第十三》中，石涛从形式美的角度论证了“海”和“山”在形式上的贯通。海水的洪流、山势的起伏；海流的吞吐、山势的拱揖；海的灵异景观、山的气脉相通；海潮、海汐和山峰、山岭都有从形式和内在精神上的贯通性。山有层峦叠嶂，邃谷深崖，高峰峻岭，岚气、雾露，烟云随时而来，犹如海之洪流，海之吞吐。海面的汪洋无涯、海流的宽广深邃、海涛的汹涌澎湃、海景的海市蜃楼、海运的鲸跃龙腾，犹如山的气势、山的韵致。石涛说，山和海的这种相似相通之处，人们是不难发现的："山海自居者若是，而人亦有目视之者。如瀛洲、阆苑、弱水、蓬莱、元圃、方壶，纵使棋布星分，亦可以水源龙脉，推而知之。"(《海涛章第十三》)

山、海相互沟通的根据，就是自然的内在生命。有了自然的内在生命，人可以推而广之，发现大自然本身的内在统一性，进行绘画创造。

第三，自然的审美价值，在于林木的英雄精神，四时的风味变化。

石涛说："古人写树，或三株、五株、九株、十株，令其反正阴阳，各自面目，参差高下，生动有致。吾写松柏古槐古桧之法，如三五株，其势似英雄起舞，俯仰蹲立，蹁跹排宕。或硬或软，运笔运腕，大都多以写石之法写之。"(《林木章第十二》) 作为绘画的惯例，写树要向背阴阳，各具面目，参差错落，生动有致。但是，石涛在画树时借用了画石的方法，要把树画得像石一样，其样子似英雄起舞，俯仰高下，有蹁跹婀娜之姿、排推鼓荡之势。石涛在《画语录·四时章第十四》中说："凡写四时之景，风味不同，阴晴各异，审时度候为之。"满目云山，随时而变，人能够以丰富的感觉状态和情感体验把握自然的全维性、丰富性。

在《画语录》一书中，石涛把其绘画美学建立在宇宙论的根据之上，从而使绘画美学超越了技法技巧、道德教化等层面的意义，具备了哲学品格，实现了它和传统文化的统一。

四、李渔的生活美学和刘熙载《艺概》的美学思想

李渔的《闲情偶寄》既是戏曲美学的总结，也是生活美学的总结。刘熙载的《艺概》以文字为范围，对中国传统美学做了系统的总结。李渔的生活美学意味着传统美学向生活的延展，是宋代以来兴起的市民意识在美学上的凝结；刘熙载的《艺概》则以正统的观念对诗、书、文进行全面总结，预示着传统美学的终结。

先讲李渔的生活美学。

《闲情偶寄》包括词曲部、演习部、选姿部、居室部、器玩部、饮馔部、种植部、颐养部八个部分。从现代的学术分类来说，里面有三个部分属于艺术，词曲部和演习部是戏曲，居室部是建筑。然而，居室部讲建筑，不是宫殿陵寝等礼制性建筑，而只是生活型的个人家居建筑。词曲和演习两部的戏曲，也是从个人在家享乐角度讲的，以个人的生活享乐为指归。因此，《闲情偶寄》的目的追求是生活享乐。可以说，李渔的生活美学是以日常的衣食住行为核心进行审美设计，包括衣（声容部，远远大于衣）、食（饮馔）、住（居室、器玩、种植）、娱乐（词曲、演习）、颐养（行乐、止忧、却病）等内容，他提出了审美设计的方法、要求，并在其中贯穿了"行乐"的理念。

（一）女性的审美设计

无论古代还是当代、中国还是外国，女性都是人体审美设计的主要对象。李渔把女性之美作为生活美学的首要内容，在他看来，女性之美包括形态、衣饰、气质等内容，它的目的指向是生活的审美。

在外形方面，女性美的要素包括肌肤、眉眼、手足等，它们都很重要。但最重要的是女性的自然“媚态”：“媚态之在人身，犹火之有焰，灯之有光，珠贝金银之有宝色，是无形之物，非有形之物也……态之为物，不特能使美者愈美，艳者愈艳，且能使老者少而媸者妍，无情之事变为有情，使人暗受笼络而不觉者。”（《声容部·选姿第一》）媚态来于自然天生，不能人为造作。自然天生是女性审美的关键之点。

在装饰方面，衣着服饰都是为女性的美、快乐、健康而设，一定要遵循“物服从于人”的原则。穿衣服要符合“衣以章身”的道理，衣服要与人的品貌气度相适合：“贵人之妇，宜披文采；寒俭之家，当衣缟素，所谓与人相称也”（《声容部·治服》）首饰也服务于女性的审美，过度的装饰、穿金戴玉会掩盖和减损女性本身的娇媚，因此，要避免“但见金而不见人”，“人饰珠翠宝玉，非以珠翠宝玉饰人也”（《声容部·治服》）的情况。就是说，首饰不能掩人之美、把人变成金玉珠翠的展示架。

在内在气质方面，女性还要学文习艺。学文习艺的目的是“变化性情”，为生活增添美的成分。李渔认为，学歌舞的本质是“习声容”，女性学了歌舞、学了弹奏，这些艺术的元素能够化为女性的内在修养，使之把优美的声音和动作带到生活中，使生活充满高尚的快乐。

（二）家居环境的审美设计

家居环境的审美设计，包括房舍、窗栏、墙壁、联匾、山石等内容。李渔主张以适中、适性为原则，以生活之乐为目的进行设计。

李渔反对奢靡，主张房舍要和人相称。他说：“吾愿显者之居，勿太高广。夫房舍与人，欲其相称。”（《居室部·房舍第一》）房舍如果过高过大，就会和所住之人不相称，不相称就破坏了生活的审美。因此，应该以人的尺度为基础来建设房舍，考虑人在房中的空间感受，不过大也不过小，这样才能给人舒适的感觉。

在家居环境中，窗栏是最能带来审美品位的。窗栏的审美，在于它把“我”和“物”进行区隔制造出天然图画，从而引动人的情感，使生活充满审美的情调和韵致。李渔说：“开窗莫妙于借景。”（《居室部·窗栏第二》）船上的窗能把外面的景借过来，创造出湖光山色、寺观浮屠、云烟竹树、樵人牧竖、醉翁游女的意象，构成一幅幅精彩的画面。李渔还论述了不同的开窗方式的审美意义。这些方式包括湖舫式、便面窗外推板装花式、便面窗花卉式、山水图窗式、尺幅窗图式、梅窗，等等。它们的审美效果是："譬如我坐窗内，人行窗外，无论见少年女子是一幅美人图，即见老妪、白叟扶杖而来，亦是名人画图中必不可无之物；见婴儿群戏是一幅百子图，即见牛羊并牧、鸡犬交哗，亦是词客文情内未尝偶缺之资。"（《居室部·窗栏第二》）窗户如此神奇，它创造了一幅又一幅美妙的生活图景。

（三）家居生活的审美设计

家居环境是室外的生活环境，家居生活包括家中的陈设、用品以及饮食起居。李渔仍然坚持适宜的原则进行设计，使实用的物品有了审美价值，带来生活的乐趣。

房舍是静止的，不可移动，但家中的陈设却是活的，可以经常变化。李渔说："幽斋陈设，妙在日异月新……居家所需之物，惟房舍不可动移，此外皆当活变。何也？眼界关乎心境，人欲活泼其心，先宜活泼其眼。"（《器玩部·位置第二》）房舍的"静"和陈设的"动"构成了多样统一，能够通过视觉的传导带来心灵的愉悦。

在生活中，吃饭可以是审美。李渔注重蔬食、清淡，他认为食物的美在于清新、自然、洁净，在于保有食物的纯鲜真味。"论蔬食之美者，曰清，曰洁，曰芳馥，曰松脆而已矣。不知其至美所在，能居肉食之上者，只在一字之鲜。"（《饮馔部·蔬食第一》）睡觉也可以是审美。李渔说，人睡在经过审美设计的床帐上，"身非身也，蝶也，飞眠宿食尽在花间；人非人也，仙也，行起坐卧无非乐境"（《器玩部·制度第一》）。"行"也是审美，是养生。在行的过程中游览风光，赏花阅草，其乐融融，"使乘车策马之人，能以步趋为乐，或经山水之胜，或逢花柳之妍，或遇戴笠之贫交，或见负薪之高士，欣然止驭，徒步为欢"（《颐养部·行乐第一》）。"饮"是审美，是养生，也是行乐："不好酒而好客；不好食而好谈；不好长夜之欢，而好与明月相随而不忍别……"（《颐养部·行乐第一》）即令听琴观棋、看花听鸟、蓄养禽鱼、浇灌竹木，都是行乐，都是审美。

《闲情偶寄》的最后一章是《颐养部》，李渔全方位地论证了富贵、贫贱、家庭、道途以及春夏秋冬的行乐之法，提出即事即景就事行乐的主张，把感官之乐和精神之乐完美结合在一起。

再讲刘熙载的《艺概》。①

刘熙载（1813—1881），字伯简，江苏兴化人，清道光二十四年进士，官至广东提学史。54 岁时辞官，在上海龙门书院讲学。刘熙载生活的年代跨越鸦片战争

---

① 刘熙载：《艺概》，上海古籍出版社 1978 年版。本章凡引《艺概》语皆据此本，只在正文中注明篇名。

前后，但他的美学思想仍然属于中国古典美学的范畴。不同于只涉及文学一个门类的传统诗话、词话，《艺概》涉及诗、文、词、曲、书法等艺术的广阔领域，是对中国文学审美的全面总结。

（一）正统美学

《艺概》共包含六个部分，它们是：《文概》《诗概》《赋概》《词曲概》《书概》《经义概》。这六部分的选定，表明了刘熙载正统的美学观念：作为新的文学形式的小说属于“文”，金圣叹曾经把它和《史记》《国语》并列，但刘熙载在“文”的范围内没有收纳小说，而是把叙事性的《史记》《左传》放在重要位置；尽管戏剧、生活美学并非简单的感官之乐和生活点缀，而是有益于“世道人心”，但仍在《艺概》的关注范围之外。由于“曲”本是诗的一种形式，刘熙载把“曲”和“词”放在一起；“经义”是八股文，为科举考试的文体，既属正统文体，又为时代流行，将它作为《艺概》的一个部分，强化了《艺概》的正统面貌。

在《艺概》中，《文概》排在第一位。刘熙载说：“六经，文之范围也。圣人之旨，于经观其大备；其深博无涯涘，乃《文心雕龙》所谓‘百家腾跃，终入环内’者也。”（《文概》）文章以圣人之道为法则、以儒家经典为依据，它的使命就是载道、显道、达道。诗、书都是重要的艺术形式：“《诗纬·含神雾》曰：‘诗者，天地之心。’文中子曰：‘诗者，民之性情也。’此可见诗为天人之合。”（《诗概》）“圣人作《易》，立象以尽意。意，先天，书之本也；象，后天，书之用也。”（《书概》）诗是天地之心和民之性情相合的象征和形式，这就沟通了天人；书法的基础在《易》，它的本质是“意”和“象”的统一。这样，刘熙载就把文、诗、书等中国文学的主要形式建立在正统的儒家美学基础上。

（二）有主有对

刘熙载在《艺概》中强调了“有主有对”的观念：“《易·系传》言‘物相杂故曰文’，《国语》言‘物一无文’，可见文之为物，必有对也，然对必有主是对者矣。”（《经义概》）刘熙载说的“主”和“对”是指有差异的主要要素构成和谐的统一体形成“文”，闪耀着辩证的智慧光彩。

为实现“物一无文”的审美效果，刘熙载提出了物和我、意与象、意与法、人品和诗品等一系列“有主有对”的概念。其中，“我”“意”“人品”为主，“物”“象”“法”“诗品”为对。关于物和我，《赋概》说：“在外者物色，在我者生意，二者相摩相荡而赋出焉。若与自家生意无相入处，则物色只成闲事，志士遑问及乎？”赋是物和我“相摩相荡”产生出来的，外在的“物色”如果没有美、没有人情，只能是客观的物质事实，也不会有艺术的产生。关于意和象，《赋概》指出：“春有草树，山有烟霞，皆是造化自然，非设色之可拟。故赋之为道，重象尤宜重兴。兴不称象，虽纷披繁密而生意索然，能无为识者厌乎？”刘熙载强调“兴”和“象”的相称、和谐，它不是客观的“象”的罗列，而是把“兴”贯注到“象”之中，使“象”有了生命，从而实现主观的情和客观的景的统一。因为“我”处于主位，起着主导作用，所以，刘熙载特别强调作家的人品和人格。他反复提出：“诗品出于人品”（《诗概》），“赋尚才不如尚品。或竭尽雕饰以夸世媚俗，非才有余，乃品不足也”（《赋概》），等等。

在主和对的辩证关系中，以“我”为主，才可以“凭虚构象”、使艺术富有魅力：“赋以象物，按实肖象易，凭虚构象难。能构象，象乃生生不穷矣。”（《赋概》）象的生生不穷，正是艺术家创造性劳动的结果。

（三）中和之美

古典美学的基本格调是中和，中和的核心是“情”和“理”的统一。在《艺概》中，刘熙载始终把诗词的“情志”与“礼义”放在一起，力求它们的和谐统一。他说：“不发乎情，即非礼义，故诗要有乐有哀；发乎情，未必即礼义，故诗要哀乐中节。”（《诗概》）诗要有哀有乐，还要哀乐中节。这个“节”就是礼义的边界。在礼义的边界之内、诗的哀乐之中渗透了礼义，礼义内蕴于情志之中，和它达成和谐统一。

从中和之美的要求出发，刘熙载强调辞采使用要避免“过”和“不及”。他说：“辞之患不外过与不及。”（《文概》）辞章应该有文采、将文采充分表达，这是“无不及”；文章也要避免辞采太过华丽，否则就会“过”。刘熙载认为，“论之失，或在失出，或在失入”（《文概》）。“失出”是喻文辞之议论未达一定程度；“失入”是喻文辞超过一定限度。要做到既不过又无不及，言各有当，才能显出中和之美。

“中和”也是刘熙载评价文学作品的美学原则。他说，韩文“结实处何尝不空灵，空灵处何尝不结实”（《文概》），这是结实和空灵的统一，它远胜于片面追求清空、不要质实的艺术趣味。在文和质方面，“‘文’字要善认，当知孤质非文，浮艳亦非文也”（《文概》）。就是说，在艺术中的“孤质”是指只求理胜、不讲艺术情趣；“浮艳”是指内容空泛、文藻华丽，没有实现文和质的和谐。这样，刘熙载就将“中和”的标准由情理扩展至道与艺、内容与形式、空灵与结实、文与质等方面，显示了“中和”这一审美格调的整合性。

刘熙载对每一种文体都结合作品进行论述。在谈到性质源流之后，他以时代为段、以作家为点逐层展开论述，把文艺的审美、文体的历史、作家结合起来，使《艺概》一书包含了更加丰富的审美内容。同时，《艺概》也有其不足，这是与时代的局限性相关联的。在一个艺术分裂的时代，从正统美学立场对整个审美领域进行总结，其内蕴的意义既复杂丰富，又多样多面，还是相互解构的。《艺概》意图用“文”的叙事理论指涉和包含小说，但“文”的叙事理论却把握不住小说和戏曲里叙事的新质。形成对照的是，金圣叹将《水浒传》《西厢记》和《史记》《国语》等并列而企图把握中国叙事的总体；《艺概》则要通过曲来把握戏曲，但从词曲角度却把握不住戏曲的新质。

思考题

1. 怎样理解清代满汉一体的美学？
2. 怎样理解金圣叹的小说美学？
3. 怎样理解清代美学的总结性？
4. 怎样理解石涛《画语录》的美学体系？

► 本章小结与知识拓展

阅读文献

■ 马克思：《1844经济学哲学手稿》，人民出版社2000年版。

■ 中共中央文献研究室编：《毛泽东文艺论集》，中央文献出版社2002年版。

■ 习近平：《在文艺工作座谈会上的讲话》，人民出版社2015年版。

■ 李泽厚、刘纲纪主编：《中国美学史》（第一卷），中国社会科学出版社1984年版。

■ 李泽厚、刘纲纪主编：《中国美学史》（第二卷），中国社会科学出版社1987年版。

■ 叶朗：《中国美学史大纲》，上海人民出版社1985年版。

■ 李泽厚：《华夏美学》，中外文化出版公司1989年版。

■ 敏泽：《中国美学思想史》，齐鲁书社1987年版。

■ 周来祥主编：《中国美学主潮》，山东大学出版社1992年版。

■ 王向峰：《中国美学论稿》，中国社会科学出版社1996年版。

■ 陈望衡：《中国古典美学史》，湖南教育出版社1998年版。

■ 王振复：《中国美学史教程》，复旦大学出版社2004年版。

■ 张法：《中国美学史》，四川人民出版社2006年版。

■ 朱良志：《中国美学十五讲》，北京大学出版社2006年版。

■ 许明主编：《华夏审美风尚史》，河南人民出版社2000年版。

■ 陈炎主编：《中国审美文化史》，山东画报社2000年版。

■ 叶朗主编：《中国历代美学文库》，高等教育出版社2003年版。

■ 胡经之主编：《中国古典美学丛编》，中华书局1988年版。

■ 北京大学哲学系美学教研室：《中国美学史资料选编》（上下册），中华书局1980、1981年版。

■ 郭绍虞主编：《中国历代文论选》（一卷本），上海古籍出版社2001年版。

■ 俞剑华：《中国画论类编》，人民美术出版社1957年版。

■ 周积寅：《中国画论辑要》，江苏美术出版社1985年版。

■ 蔡仲德注译：《中国音乐美学史资料注释》（增订版），人民音乐出版社2004年版。

■ 上海书画出版社、华东师范大学古籍整理研究室选编、校点：《历代书法论文选》，上海书画出版社 1979 年版。

■ 程国政编注：《中国古代建筑文献精选》（先秦—五代），同济大学出版社 2008 年版。

■ 程国政编注：《中国古代建筑文献精选》（宋辽金元）上、下册，同济大学出版社 2010 年版。

■《宗白华全集》（1—4 卷），安徽教育出版社 1994 年版。

■《邓以蛰全集》，安徽教育出版社 1998 年版。

■ 钱穆：《中国文学讲演集》，巴蜀书社 1987 年版。

■ 徐复观：《中国艺术精神》，春风文艺出版社 1987 年版。

■ 李泽厚：《美的历程》，文物出版社 1981 年版。

■ 叶维廉：《中国诗学》，人民文学出版社 2006 年版。

■ 高友工：《美典：中国文学研究论集》，生活・读书・新知三联书店 2008 年版。

■ 葛路：《中国画论史》，北京大学出版社 2009 年版。

■ 成复旺：《中国古代的人学与美学》，中国人民大学出版社 1992 年版。

■ 张少康：《中国文学理论批评史》（上卷），北京大学出版社 2005 年版。

■ 张少康：《中国文学理论批评史》（下卷），北京大学出版社 2005 年版。

■［美］张光直：《美术、神话与祭祀》，郭净、陈星译，王海晨校，辽宁教育出版社 1988 年版。

■ 杨荫浏：《中国古代音乐史稿》（上、下册），人民音乐出版社 1981 年版。

■ 刘敦桢：《中国古代建筑史》（第二版），中国建筑工业出版社 1984 年版。

■ 贺业矩：《考工记营国制度研究》，中国建筑工业出版社 1985 年版。

■ 程建军：《燮理阴阳：中国传统建筑与周易哲学》，中国电影出版社 2005 年版。

■ 杨宽：《中国古代都城制度史研究》，上海人民出版社 2003 年版。

■ 陈从周：《说园》，同济大学出版社 2007 年版。

■ 周维权：《中国古典园林史》（第三版），清华大学出版社 2008 年版。

■ 王毅：《园林与中国文化》，上海人民出版社 1990 年版。

■ 金学智：《中国书法美学》（上、下册），江苏文艺出版社 1994 年版。

■ 张庚、郭汉城主编：《中国戏曲通史》（全三册），中国戏曲出版社 2007 年版。

■ 赵山林：《中国戏剧学通论》，安徽教育出版社 1995 年版。

■ 袁禾：《中国舞蹈意象论》，文化艺术出版社 1994 年版。

■ 周锡保：《中国古代服饰史》，中国戏剧出版社 1984 年版。

■ 王瑶：《中古文学史论集》，上海古籍出版社 1982 年版。

■ 范子烨：《中古文人生活研究》，山东教育出版社 2001 年版。

■ 罗宗强：《玄学与魏晋士人心态》，南开大学出版社 2003 年版。

■ 吕思勉：《中华民族源流史》，九州出版社 2009 年版。

■ 王桐龄：《中国民族史》，吉林出版社集团有限责任公司 2010 年版。

■ 钱穆：《中国文化史导论》（修订本），商务印书馆 1994 年版。

■ 张岱年、方克立主编：《中国文化概论》（修订版），北京师范大学出版社 2004 年版。

■ 冯天瑜、杨华、任放：《中国文化史》，高等教育出版社 2005 年版。

■ 冯友兰：《中国哲学史》（上、下册），商务印书馆 2011 年版。

■ 刘长林：《中国系统思维》，中国社会科学出版社 1990 年版。

■ 谭其骧主编：《简明中国历史地图集》，中国地图出版社 1991 年版。

■ 安介生：《历史民族地理》（上、下册），山东教育出版社 2007 年版。

■ 萧兵：《中庸的文化省察——一个字的思想史》，湖北人民出版社 1997 年版。

■ 江晓原：《天学真原》，辽宁教育出版社 2007 年版。

■ [日] 笠原仲二：《古代中国人的美意识》，魏常海泽，北京大学出版社 1987 年版。

后　记

《中国美学史》是马克思主义理论研究和建设工程重点教材，是在教育部实施马克思主义理论研究和建设工程领导小组领导下组织编写的。在编写过程中，得到了教育部马克思主义理论研究和建设工程重点教材审议委员会的指导，得到了中宣部、中央党校、中央编译局、求是杂志社、中国社会科学院等有关部门和有关专家学者的支持。同时，广泛听取了高校教师和学生的意见建议。

本教材由首席专家张法主持编写，朱良志任副主编。张法撰写绪论，刘成纪撰写第一章，余开亮撰写第二章，张法撰写第三章，刘方喜撰写第四章，冷成金撰写第五章，邹其昌撰写第六章，朱志荣撰写第七章，贺志朴撰写第八章。杜书瀛、李醒尘、孙周兴、杨春时、陈望衡等参加了学科专家审议并提出了修改意见。顾海良、陈炎作了出版前的审读。

2014 年 11 月 4 日

第二版后记

定期修订马克思主义理论研究和建设工程重点教材是保证其编写质量的重要途径。党的十九大胜利召开后，为推动习近平新时代中国特色社会主义思想进教材、进课堂、进头脑，深入贯彻落实党的十九大和十九届二中、三中全会精神，教育部统一组织对已出版教材进行了全面修订。本书经国家教材委员会高校哲学社会科学（马工程）专家委员会审查通过。

张法主持了本次教材修订工作，余开亮、贺质朴、邹其昌参加了具体的修订工作。

2018 年 6 月

郑重声明

读者意见反馈

防伪查询说明

教学支持服务说明

资源访问与防伪查询说明

使用微信扫描本书内的二维码，输入封底防伪二维码下的 20 位数字进行微信绑定后即可免费访问相关资源。（只需输入一次，绑定后不必再次输入。注意：微信绑定只可操作一次，为避免不必要的损失，请您刮开防伪码后立即进行绑定操作！）

用户也可将防伪二维码下的 20 位数字按从左到右、从上到下的顺序发送短信至 106695881280，免费查询所购图书真伪。

防伪客服电话

(010)58582300

本书有配套教学课件，供教师免费下载使用，请访问 xuanshu.hep.com.cn，经注册认证后，搜索书名进入具体图书页面，即可下载。